洪錦魁簡介

一位跨越電腦作業系統與科技時代的電腦專家，著作等身的作家。

❑ DOS 時代他的代表作品是 IBM PC 組合語言、C、C++、Pascal、資料結構。
❑ Windows 時代他的代表作品是 Windows Programming 使用 C、Visual Basic。
❑ Internet 時代他的代表作品是網頁設計使用 HTML。
❑ 大數據時代他的代表作品是 R 語言邁向 Big Data 之路。

除了作品被翻譯為簡體中文、馬來西亞文外，2000 年作品更被翻譯為 Mastering HTML 英文版行銷美國，近年來作品則是在北京清華大學和台灣深智同步發行：

1：**Java** 最強入門邁向頂尖高手之路王者歸來
2：Python 最強入門邁向**頂尖高手**之路王者歸來
3：Python 最強入門邁向**數據科學**之路王者歸來
4：Python **網路爬蟲**：大數據擷取、清洗、儲存與分析王者歸來
5：**演算法**最強彩色圖鑑 + Python 程式實作王者歸來
6：網頁設計 **HTML+CSS+JavaScript+jQuery+Bootstrap+Google** Map 王者歸來
7：**機器學習**彩色圖解 + 基礎數學篇 + Python 實作王者歸來
8：**R** 語言邁向 Big Data 之路
9：Excel 完整學習邁向最強職場應用王者歸來

他的近期著作分別登上**天瓏、博客來、Momo** 電腦書類暢銷排行榜第一名，他的著作最大的特色是，所有程式語法會依特性分類，同時以實用的程式範例做解說，讓整本書淺顯易懂，讀者可以由他的著作事半功倍輕鬆掌握相關知識。

R 語言
邁向 Big Data 之路
王者歸來
第二版
序

2015 年這本書的第一版上市，隨即獲得許多好評，也獲得許多大專院校選為上課教材，這本書是第 2 版，相較第一版基本上增訂下列資訊：

❑ 將 R 的軟體改為最新版測試，可以參考附錄 A。

❑ 附贈全書實例檔案。

❑ 讀者附贈是非、選擇、複選題的題目與解答，這些題目是美國 Silicon Stone Education 的國際證照考古題，另外加贈偶數實作題解答。

寫了許多許多的書，曾經也想退休，……，仍在職場。

❑ 在 DOS 時代，我寫了 Assembly Language

❑ 在 Windows 時代，我寫了 Windows Programming Using C 和 Visual Basic

❑ 在 Internet 時代，我寫了 HTML

❑ 在 Big Data 時代，我寫了 R 語言

❑ 在 AI 時代，我寫了機器學習基礎數學篇 +Python 實作

DOS 時代，撰寫 Assembly Language，當我完成組合語言語法以及完整的 DOS 和 BIOS 應用時，我已知，這本書是當時最完整的組合語言教材，我心情是愉快的。

Windows 時代，撰寫 Windows Programming，我幾乎完成所有 Windows 元件的重新設計，當初愉快的心情再度湧入心頭。

Internet 時代，撰寫 HTML，我完成了各類瀏覽器的幾乎所有元件設計，內心有了亢奮。

　　在 Big Data 時代，若想進入這個領域，R 可說是最重要的程式語言，目前 R 語言的參考資料不多，現有幾本 R 語言教材皆是統計專家所撰寫，內容敘述在 R 語言部分著墨不多，其實這也造成了目前大多數人無法完整學習 R 語言，再進入 Big Data 的世界，即使會用 R 語言作數據分析，對於 R 的使用也無法全盤瞭解。因緣，我進入這個領域，我完成了這本 R 語言著作，這本書最大特色：

1： 從無到有一步一步教導讀者 R 語言的使用

2： 學習本書不需要有統計基礎，但在無形中本書已灌溉了統計知識給你

3： 完整講解所有 R 語言語法與使用技巧

4： 豐富的程式實例與解說，讓你事半功倍

　　坦白說，當年撰寫組合語言時，心情愉快亢奮的感覺再度湧上心頭，因為我知道這將是目前 R 語言最完整的教材。

　　最後預祝讀者學習順利。

洪錦魁

蔡桂宏

2020 年 12 月 1 日

臉書粉絲團

　　歡迎加入：王者歸來電腦專業圖書

讀者資源說明

　　本書所有習題實作題均有習題解答，如果您是學校老師同時使用本書教學，歡迎與本公司聯繫，本公司將提供習題解答。

　　另外，本書也有教學簡報檔案供教師教學使用。

教學資源說明

　　請至本公司網頁 https://deepwisdom.com.tw 下載本書程式實例，此外，讀者也可從所下載的資源獲得實作題偶數題的解答。

　　如果參加 iCoding 程式語言讀書會 (Python, Java, C, C++, C#, JavaScript, 大數據 , 人工智慧等不限)，也可以看到本書於上市日期公佈的完整習題解答密碼。

目錄

第十六章　數據彙總與簡單圖表製作

目錄

第一章

基本觀念

1-1　Big Data 的起源

　　Big Data 一詞，有人解釋為大數據，也有人解釋為巨量資料，其實都 OK，本書則以大數據為主要用法。

　　2012 年世界經濟論壇在瑞士達沃夫 (Davos) 有一個主要議題 "Big Data, Big Impact."，同年紐約時報 (The New York Times) 的一篇文章，How Big Data Became So Big，清楚揭露大數據時代已經降臨，它可以用在商業、經濟和其他領域中。

本圖片取材自 The New York Times

1-2　R 語言之美

　　大數據需處理的資料是廣泛的，基本上可分成二大類，有序資料與無序資料，對於有序資料，目前許多程式語言已可處理。但對於無序資料，例如，地理位置資訊，臉書訊息，視訊資料…. 等，是無法處理。而 R 語言正可以解決這方面的問題，自此 R 已成為有志成為資訊科學家 (Data Scientist) 或大數據工程師 (Big Data Engineer) 所必需精通的電腦語言。

　　Google 首席經濟學家 Hal Ronald Varian 有一句經典名言形容 R。

本圖片取材自 Wikipedia

The Great beauty of R is that you can modify it to do all sorts of things. And you have a lot of prepackaged stuff that's already available, so you're standing on the shoulders of giants.

上述大意是，R 語言之美在於，你可以透過修改很多高手已經寫好的套件程式，解決各式各樣的問題。因此，當你使用 R 語言時，你已經站在巨人的肩膀了。

1-3　R 語言的起源

提到 R 語言，不得不提 John Chambers。他是加拿大多倫多大學畢業，然後拿到哈佛大學統計碩士和博士。

John Chambers 本圖片取材自網路

John Chambers 在 1976 年於 Bell 實驗室工作時，為了節省使用 SAS 和 SPSS 軟體經費，以 Fortran 為基礎，開發了 S 語言。這個 S 語言主要是處理，向量 (Vector)、矩

陣 (Matrix) 、陣列組 (Array) 以及進行圖表和統計分析，初期只是可以在 Bell 實驗室的系統上執行，隨後這個 S 語言被移植至早期的 UNIX 系統下執行。然後 Bell 實驗室以很低廉價格授權各大學使用。

　　R 語言主要是以 S 語言為基礎，開發完成。

　　1993 年紐西蘭 University of Auckland 大學統計系的教授 Ross Ihaka 和 Robert Gentleman 兩位 R 先生，為了方便教授統計學以 S 語言為基礎開發完成一個程式語言，因為他兩人名字首字皆是 R，於是他們所開發的語言就稱 R 語言。

Ross Ihaka 本圖片取材自網路　　　Robert Gentleman 本圖片取材自網路

R 語言標準 logo

　　現在的 R 語言則有一個 R 核心開發團隊負責，當然 Ross Ihaka 和 Robert Gentleman 是這個開發團隊成員，另外，S 語言開發者 John Chambers 也是這個 R 語言開發團隊成員。目前這個開發團隊共有 18 個成員,這些成員擁有修改 R 核心代碼的權限。下列是 R 語言開發的幾個有意義的時間點。

1: 1990 年代初期 R 語言開發

2: 1993 年 Ross Ihaka 和 Robert Gentleman 開發了 R 語言軟體,在 S-news 郵件中發表。吸引的一些人關注並和他們合作,自此一組針對 R 的郵件被建立。如果你想瞭解更多這方面的訊息可參考下列網址。

🔒 r-project.org/mail.html

[Home]

Download

CRAN

R Project

About R

Logo

Contributors

What's New?

Reporting Bugs

Conferences

Search

Get Involved: Mailing Lists

Developer Pages

R Blog

Mailing Lists

Please read the instructions below and the posting guide *before* sending anything to any mailing list!

Thanks to Martin Maechler (and ETH Zurich), there are five general mailing lists devoted to *R*.

R-announce

This list is for *major* announcements about the development of *R* and the availability of new code. It has a *low volume* (typically only a few messages a month) and everyone mildly interested should consider subscribing, but note that R-help gets everything from R-announce as well, so you don't need to subscribe to both of them.

Note that the list is *moderated* to be used for announcements mainly by the R Core Development Team. Use the web interface for information, subscription, archives, etc.

R-help

The 'main' *R* mailing list, for discussion about problems and solutions using *R*, announcements (not covered by 'R-announce' or 'R-packages', see above), about the availability of new functionality for *R* and documentation of *R*, comparison and compatibility with *S-plus*, and for the posting of nice examples and benchmarks. Do read the posting guide *before* sending anything!

3: 1995 年 6 月在 Martin Maechler 等人的努力下,這個 R 語言同意免費供使用,同時遵守自由軟件基金會 (Free Software Foundation) 的 GNU General Public License(GPL) Version 2 的協議。

Dr. Martin Maechler 取材自 stat.ethz.ch/people/maechler

4： 1997 年 R 語言核心開發團隊成立。

5： 2000 年第 1 版 R1.0.0 正式發表。

Ross Ihaka 有將 R 開發簡史記錄下來，可參考下列網址。

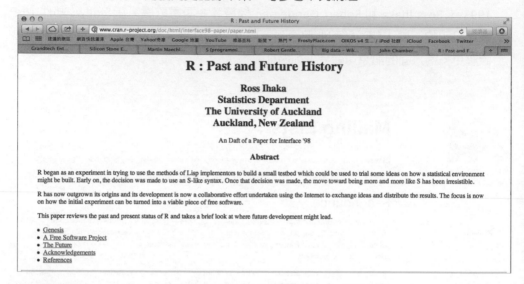

1-4 R 的執行環境

在 R 語言核心開發團隊的努力下，目前 R 語言已可以在常見的各種作業系統下執行。例如，Windows、Mac OS、Unix 和 Linux。

1-5 R 的擴展

R 的一個重要優點是，R 是 Open Source License，這表示任何人均可下載並修改，因此許多人在撰寫增強功能的套件，同時供應他人免費使用。

1-6 本書學習目標

不容否認，不論是 S 語言或 R 語言皆是統計專家所開發的，因此，R 具有可以處理各種統計的工具。但已有越來越多的程式設計師開始加入學習 R，使得 R 也開始可以處理非統計方面的工作,例如,數據處理、圖形處理、心理學、遺傳學、生物學 ….
市場調查等等。

　　本書在撰寫時,盡量將讀者視為初學者,輔以豐富實例,期待讀者可以用最輕鬆
方式學會 R 語言。

習題

一:是非題

(　) 1: 要成為大數據工程師 (Big Data Engineer),學習 R 語言是一件很重要的事。

(　) 2: 臉書 (Face book) 訊息、視訊資料是可排序的資料。

(　) 3: R 語言目前只能在 Windows 和 Mac OS 系統下執行。

(　) 4: R 語言是免費軟體。

二:選擇題

(　) 1: R 語言無法在以下那一個系統下執行。

    A:Linux　　　　　B:Unix　　　　　C:Android　　　　D:Mac OS

(　) 2: 下列那一個人對 R 語言的開發比較沒有貢獻。

    A:Steve Job　　　　　　　　　B:Ross Ihaka

    C:John Chambers　　　　　　D:Robert Gentleman

(　) 3: R 語言是以那一個語言為基礎開發完成。

    A:SAS　　　　　　B:S　　　　　　C:SPSS　　　　　D:C

三:複選題

(　) 1: 我們現在可以免費使用 R 語言,下列那些人是有貢獻的。(選擇 3 項)

    A:Martin Maechler　　　　　B:Ross Ihaka

    C:Robert Gentleman　　　　D:Tim Cook

    E:Marissa Mayer

第二章

第一次使用 R

有關安裝 R 語言程式與 RStudio 作業環境套件可以參考附錄 A，本章筆者將介紹如何啟動和在 R Console 視窗下撰寫 R 程式。

2-1 第一次啟動 R

2-1-1 在 Mac OS 啟動 R

在 Mac 環境，如果先前只是安裝 R，並沒有安裝 RStudio，則可以在應用程式資料夾看到 R 語言圖示，然後啟動。

點選標準 R 圖示，可以正式進入 R-Console 環境。

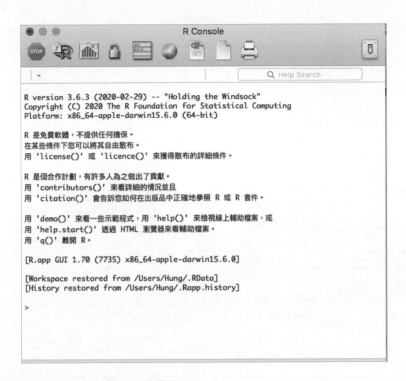

在這裡，就可以正式使用 R 語言了。

2-1-2　在 Mac OS 啟動 RStudio

如果你安裝完 R，然後安裝 RStudio，則可以在螢幕下方工具列看到 RStudio 圖示。

即可以啟動，R 的整合式視窗環境。

　　由上圖可以看到整合式視窗共有 4 個區塊，基本上左下方的 Console 視窗，也是我們最常使用的視窗。

註　未來所有實例，皆是在 RStudio 視窗內執行。

2-1-3　在 Windows 環境啟動 R 和 RStudio

　　安裝完成 Windows 系統的 R 後，如果啟動 R，可以看到下列 R-Console 窗。

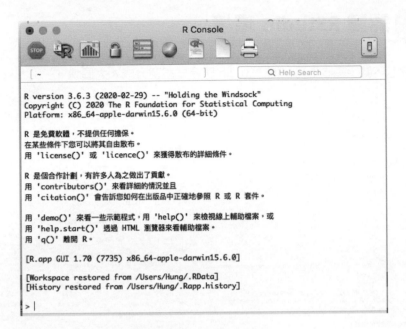

如果啟動 RStudio，可以看到下列 RStudio 視窗。

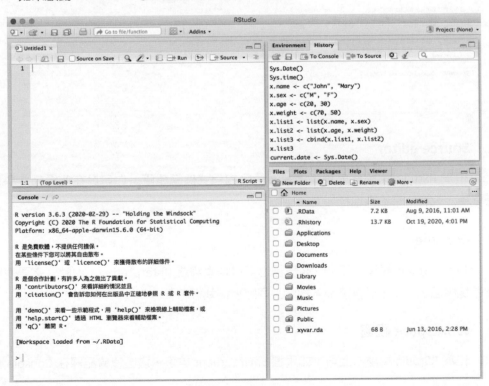

2-2 認識 RStudio 環境

可參考下圖，基本上可以將 RStudio 整合式視窗分成 4 大區塊。

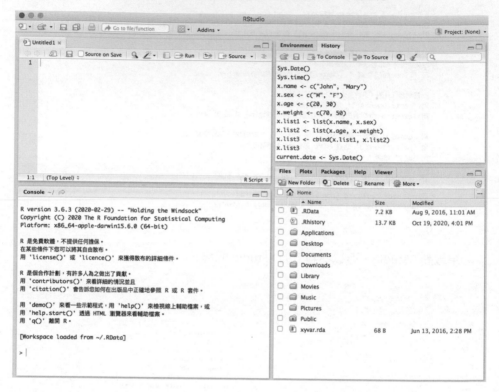

1. Source editor

位於 RStudio 視窗左上角，這是 R 語言的程式碼編輯區，你可以在此編輯 R 語言程式碼，儲存，最後再執行。

2. Console

位於 RStudio 視窗左下角，R 語言也可以是直譯器 (Interpretor)，此時就需要使用此區塊視窗，在此可以直接輸入指令，同時獲得執行結果。

3. Workspace 視窗

位於 RStudio 視窗右上角，如果選 Environment 標籤，這區塊會紀錄在 Console 輸入所有指令相關物件的變數名稱和值。如果選 History 標籤，可以在此看到 Console 視窗所有執行指令的記錄。

4. Files、Plots、Packages、Help 和 Viewer

位於 RStudio 視窗右下角，這幾個標籤功能如下：

Files：在此可以查看個資料夾的內容。

Plots：在此可以呈現圖表。

Packages：在此可以看到已安裝 R 的擴充套件。

Help：可在此瀏覽輔助說明文件內容。

2-3 第一次使用 R

先前說過 R 可以是直譯器，下列是列印 "Hello! R"，可參考下列使用 Console 視窗的操作範例和結果。

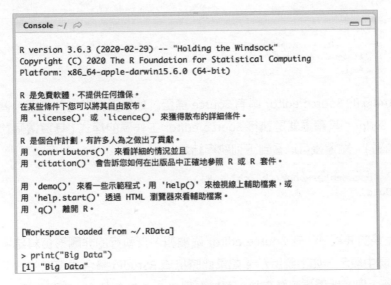

在上述可以瞭解，直譯器 " > " 是 R 直譯器的提示訊息，當看到此訊息時，即可以輸入 R 指令。

當然我們也可以使用 Source editor，編輯程式，然後再執行，同樣執行結果的範例，可參考下圖。首先編輯下列程式碼。

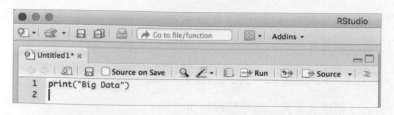

接著執行 File/Save As，儲存上述程式碼，接著選擇適當的資料夾，再輸入適當的
檔案名稱，此例是 ch2_1，R 語言預設的延伸檔名是 R，

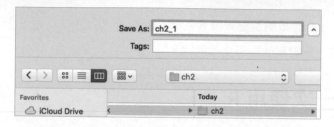

所以執行完上述指令，相當於將檔案儲存在 ch2_1.R。

在 RStudio 的 Source editor 區有 Source 標籤，如果這時點選此標籤，這個動作稱
Sourcing a Script。其實這就是執行 Source editor 工作區的程式 (其實這個動作也會同
時儲存程式碼)。點選後可以看到下列執行結果。

```
> source('~/Documents/Rbook/ch2/ch2_1.R')
[1] "Big Data"
>
```

一個完整的 R 程式，在 Source editor 區編輯，其執行的非圖形資料結果，將是在
Console 視窗中顯示，如上圖所示。如果此時檢查 RStudio 整合式視窗的右下方，再點
選 Files 標籤，適當地選擇資料夾後，可以看到 ch2_1.R 檔案，如下圖所示。

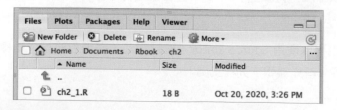

假設現在想編輯新的檔案，可點選下圖 ch2_1.R 標籤右邊的關閉鈕 ⊗ 。

此時 Source editor 區的視窗會暫時消失，可用點選下圖 Console 視窗右上角的鈕
⊡ 。

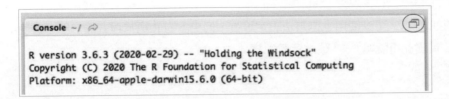

然後可恢復顯示 Source editor 視窗。

註　如果 Source editor 視窗內，同時有編輯多個檔案時，如果關閉一個所編輯的檔案，
　　此時將改成顯示其它編輯的檔案。

2-4　R 語言的物件設定

如果你學過其它電腦語言，想將變數 x 設為 5，可使用下列方法。

x = 5

註 R 語言是一種物件導向語言，上述 x，也可稱物件變數。甚至，有的 R 程式設計師稱 x 為物件。在本書本章筆者先用完整敘述 " 物件變數 "，未來章節，筆者將直接以物件 (object) 稱之。

在 R 語言，可以使用上述方法設定等號，但更多的 R 語言程式設計師，會使用 " <- " 符號，其實此符號與 " = " 號，意義一樣。

x <- 5

可參考下列範例。

```
> x = 5
> x
[1] 5
> x <- 5
> x
[1] 5
> |
```

在上圖，如果直接列出物件變數 x，相當於可列出物件變數值，此例是列出 5。至於 "[1]" 是指這是第一筆輸出。

另一個奇怪 R 的等號表示方式，等號是以 " -> " 表示，這種表示方式的物件變數是放在等號右邊。如下所示：

5-> x

可參考下列範例。

```
> 5 -> x
> x
[1] 5
>
```

不過這種方法，一般 R 程式設計師比較少用。

註 有些電腦語言，變數在使用前要先宣告，R 語言與當下最流行的 Python 一樣，不需先告，可在程式中直接設定使用，如本節範例所示。

2-5 Workspace 視窗

在這個視窗環境，如果點選 Environment 標籤，可以看到至今所使用的物件變數及此物件變數的值。

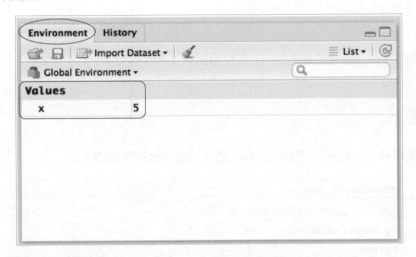

如果點選 History 標籤，可以看到 Console 視窗的所有執行指令的記錄。

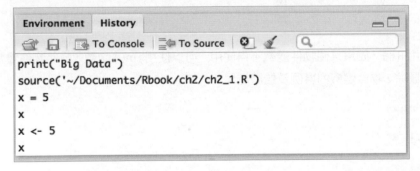

此外，若在 Console 視窗輸入 ls( )，可以列出目前 Environment 所記錄的所有物件變數。

```
> ls()
[1] "x"
>
```

延續先前實例，增加設定物件變數 y 等於 10，物件變數 z 值等於物件變數 x 加上物件變數 y。如下所示：

```
> y <- 10
> z <- x + y
> z
[1] 15
> |
```

此時在 Console 視窗輸入 ls( )，可以看到有 3 個物件變數，x, y 和 z。

```
> ls( )
[1] "x" "y" "z"
> |
```

如果檢查 Workspace 視窗可以看到這 3 個物件變數及其值。

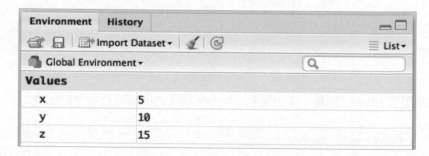

使用 R 時，如果某個物件變數不再使用，可以使用 rm( ) 函數，將此物件變數刪除，下列是刪除 z 物件變數的實例及驗證結果。

```
> rm(z)
> ls( )
[1] "x" "y"
>
```

此時 Workspace 視窗內的 z 物件變數也不再出現了。

Environment	History			
Global Environment ▾				🔍
Values				
x	5			
y	10			

2-6 結束 RStudio

在 Console 視窗，可以輸入 q( )，結束使用 RStudio，如下所示。

```
> q()
Save workspace image to ~/.RData? [y/n/c]:
```

y：表示儲存上述物件變數和物件變數的值在 ".RData" 檔案，未來只要啟動 RStudio，此 ".RData" 檔案皆會被載入 Workspace 視窗。如果你將此檔案在資料夾中刪除，則重新啟動 RStudio 時，Workspace 視窗的內容就會是空白。2-7-2 節會介紹此檔案，供未來使用。

n：表示不儲存。

c：表示取消。

也可以執行 RStudio 視窗的 File/Quit Session 指令，結束使用 RStudio，會有相同效果。

2-7 保存工作成果

在正式談保存工作成果前，筆者將介紹另一個函數 getwd( )，由這個函數可以瞭解目前工作的資料夾，相當於未來保存工作成果的資料夾。下列是筆者電腦的執行結果。

```
> getwd()
[1] "/Users/cshung"
>
```

使用不同的作業系統，可能會有不同的結果。

2-7-1 使用 save( ) 函數保存工作成果

下列是筆者保存x和y物件變數,將這些物件變數保存在 "data2.rda",的執行範例。

```
> save(x, y, file = "data2.rda")
>
```

執行完後,無任何確認訊息,不過,可以在 RStudio 視窗的右下方 Files/Plots 視窗看到此 "data2.rda" 檔案。

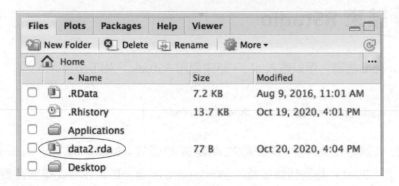

當看到上述檔案,表示保存物件變數 x 和 y 成功了。

2-7-2 使用 save.image( ) 函數保存 Workspace

使用 save.image( ) 函數可以保存整個 Workspace。整個 Workspace 被保存在系統預設的 ".RData" 檔案內。

```
> save.image()
>
```

上述執行後可以得到下列執行結果。

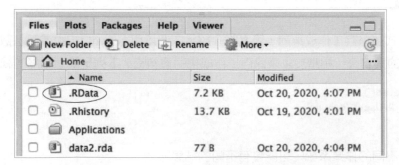

2-7-3 下載先前保存的工作

請先使用 rm( ) 函數清除 Workspace 視窗的物件變數值。下列是清除物件變數 x 和 y 的值。

```
> rm(x)
> rm(y)
> |
```

方法 1：使用 load( ) 函數，直接下載先前保存的值。

```
> load("data2.rda")
>
```

如果此時檢查 Workspace 視窗，可以得到下列結果，列出物件變數 x 和 y 的值。

方法 2：也可以直接點選 RStudio 視窗右下方 Files/Plots 視窗的 "data2.rda" 檔案，即可下載先前儲存的工作。

Files	Plots	Packages	Help	Viewer		
New Folder	Delete	Rename	More ▾			
☐ 🏠 Home						⋯
	▲ Name		Size	Modified		
☐	.RData		7.2 KB	Oct 20, 2020, 4:07 PM		
☐	.Rhistory		13.7 KB	Oct 19, 2020, 4:01 PM		
☐	Applications					
☐	data2.rda		77 B	Oct 20, 2020, 4:04 PM		

筆者在 2-7-2 節有介紹，使用 save.image( ) 將工作儲存在 ".RData"，其實也可以使用上述方法，點選 "RData"，下載所儲存的工作。

2-8　歷史紀錄

啟動 RStudio 後，基本上所有執行的指令皆會被記錄在 Workspace 視窗的 History 標籤選項內。有時為了方便，不想太麻煩重新輸入指令，可以點選此區執行過指令，然後執行下列 2 個動作。

To Console：將所點選指令，重新載入 Console 視窗。

To Source：將所點選指令，重新載入 Source editor 視窗。

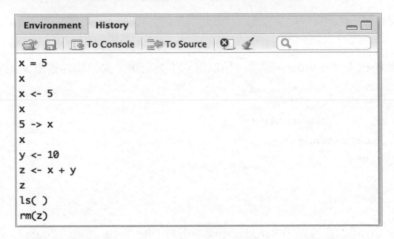

這可方便查閱所使用過的指令，或重新執行。如果你想將此歷史紀錄保存，可以使用 savehistory( ) 函數。然後此歷史紀錄會被存入 ".Rhistory" 檔案內。你可以查看 RStudio 視窗右下方的 Files/Pilot 視窗，可以看到此檔案。

如果想用其它名稱儲存此歷史檔，可使用下列方式，下列是將歷史檔案儲存至 "ch2_2.Rhistory" 檔案內。

```
> savehistory(file = "ch2_2.Rhistory")
>
```

如果想載入 ".Rhistory"，可以使用下列指令。

```
> loadhistory( )
>
```

如果想載入特定的歷史檔案，例如先前儲存的 "ch2_2.Rhistory"，可以使用下列指令。

```
> loadhistory(file = "ch2_2.Rhistory")
>
```

2-9　程式註解

程式註解主要功能是讓你所設計的程式可讀性更高，更容易瞭解。在企業工作，一個實用的程式可以很輕易超過幾千或上萬列，此時你可能需設計好幾個月，程式加上註解，可方便你或他人，未來較便利瞭解程式內容。

不論是使用直譯器或是 R 程式文件中，"#" 符號右邊的文字，皆是稱程式註解，R 語言的直譯器或編譯程式皆會忽略此符號右邊的文字。可參考下列實例。

```
> x <- 5
> x    # print x
[1] 5
>
```

上述第二列 "#" 符號右邊的文字，" print x"，是此程式註解。下列是 R 程式文件的一個實例。

上述程式實例 ch2_2.R 的前 3 列，由於有 "#" 符號，代表是程式註解，在此筆者特別註明，這是程式 ch2_2.R，相當於第二章，第二個程式實例。所以真正程式只有第 4 列。

習題

一：是非題

(　) 1： RStudio 的 Console 視窗主要是編輯 R 語言程式碼，儲存，最後再執行的窗。

(　) 2： R 語言有支援直譯器 (Interpretor)，可以在 Console 視窗直接輸入指令，同時獲得執行結果。

(　) 3： 在 Workspace 視窗，如果選 Environment 標籤，可以在此看到 Console 視窗所有執行指令的記錄。

(　) 4： 一個完整的 R 程式，即使在 Source editor 區編輯，其執行的非圖形資料結果，將是在 Console 視窗中顯示。

(　) 5： 下列 3 個指令的執行結果是一樣的。

```
> x = 10
```

或

```
> x <- 10
```

或

```
> 10 -> x
```

二：選擇題

(　) 1： 下列那一個符號是程式註解符號。

　　　　A：%　　　　　　　B：@　　　　　　　C：#　　　　　　　　D：~

(　) 2： 如果我們想使用 R 語言的直譯功能，可以在下列那一個視窗輸入指令。

　　　　A：Console 視窗　　　　　　　　B：Source editor 視窗
　　　　C：Workspace 視窗　　　　　　　D：File/Plots 視窗

(　) 3： 可以在那一個視窗看到所有變數名稱和它的內容。

　　　　A：Console 視窗　　　　　　　　B：Source editor 視窗
　　　　C：Workspace 視窗　　　　　　　D：File/Plots 視窗

(　) 4： 下列那一個符號不是 R 語言的賦值 (也可想成設定) 符號。

　　　　A：=　　　　　　　B：<-　　　　　　　C：->　　　　　　　　D：#

( )5： 那一個函數可以在 Console 視窗列出所有變數資料。

　　　 A：ls( )　　　　　B：rm( )　　　　　C：q( )　　　　　D：getwd( )

( )6： 那一個函數可以保存整個 Workspace，同時將它保存在系統預設的 ".RData" 檔案內。

　　　 A：save( )　　　　B：save.image( )　　　C：load( )　　　D：savehistory( )

三：複選題

( )1： 那幾個函數可以保存 Console 視窗執行過的指令。（選擇 2 項）

　　　 A：save( )　　　　B：save.image( )　　　C：load( )

　　　 D：savehistory( )　　E：getwd( )

四：問答題

1： 請研究 RStudio 視窗右上角的 Workspace 視窗，說明下列標籤的功能。

　　 a. Environment

　　 b. History

　　 c. To Console

　　 d. To Source

2： 請研究 RStudio 視窗右下角的 Files/Plots 視窗，說明下列標籤的功能。

　　 a. Files

　　 b. Export

第三章

R 的基本算術運算

本章筆者將從為物件變數 (也可簡稱物件) 命名說起，接著介紹 R 的算術基本運算。

3-1 物件命名原則

在 2-9 節，筆者介紹過，可以使用程式註解增加程式的可讀性。在為物件命名時，如果使用適當名稱，也可以讓你所設計的程式可讀性增加許多。R 的基本命名規則如下：

1： 下列名稱是 R 語言的保留字，不可當做是物件名稱。

> break, else, FALSE, for, function, if, Inf, NA,
>
> NaN, next, repeat, return, TRUE, while

2： R 對英文字母大小寫是敏感的，所以 basket 與 Basket，會被視為 2 個不同的物件。

3： 物件名稱開頭必須是英文字母或點號 (".")，當以點號 (".") 開頭時，接續的第二個字母不可是數字。

4： 物件名稱只能包含字母，數字，底線 ("_")，和點號 (".")。

筆者曾深深體會，所設計的程式，時間一久後，常常會忘記各變數物件所代表的意義，所以除了為程式加上註解外，為物件取個好名字也是程式設計師很重要的課題。例如，假設想為 James 和 Jordon 打籃球得分取物件名稱。你可以設計如下：

> ball1--- 代表 James 得分
> ball2--- 代表 Jordon 得分

上述方式簡單，但時間久了，比較容易忘記。如果用下列方式命名。

> basket.James--- 代表 James 得分
> basket.Jordon--- 代表 Jordon 得分

相信即使幾年後，你仍可瞭解此物件所代表的意義。在上述命名時，筆者在名稱中間加上點號 (".")，在 R 語言中，這是 R 程式設計師常用的命名風格，又稱**點式風格** (Dotted Style)。事實上，R 語言的許多函數皆是採用此點式風格命名的，例如，2-9 節所介紹的 save.image( ) 函數。

另外，為物件命名時也會採用駝峰式 (Camel Case)，將組成物件名稱的每一個英文字母開頭用大寫。例如，my.First.Ball.Game，這樣可以直接明白此物件名稱的意義。

3-2 基本數學運算

3-2-1 四則運算

R 的四則運算是指加 (+)、減 (-)、乘 (*) 和除 (/)。

實例 ch3_1：下列是加法與減法運算實例。

```
> x1 = 5 + 6        # 將5加6設定給物件x1
> x1
[1] 11
> x2 = x1 + 10      # 將x1加10設定給物件x2
> x2
[1] 21
> x3 = x2 - x1      # 將x2減x1設定給物件x3
> x3
[1] 10
>
```

註 以上賦值 (也可想成等號) 筆者故意用 "=" 符號，本章賦值 (也可想成等號) 有時候也會用 "<-"，主要是用實例讓讀者瞭解 R 是接受這 2 種用法，從第四章起筆者將統一使用 "<-" 當做賦值 (也可想成等號)。

實例 ch3_2：乘法與除法運算實例。

```
> x1 = 5
> x2 = 9
> x3 = x1 * x2      # x3等於x1乘以x2
> x3
[1] 45
> x4 = x2 / x1      # x4等於x2除以x1
> x4
[1] 1.8
>
```

3-2-2 餘數和整除

餘數 (mod) 所使用的符號是 "%%"，可計算出除法運算中的餘數。整除所使用的符號是 "%/%"，是指除法運算中只保留整數部分。

實例 ch3_3：餘數和整除運算實例。

```
> x = 9 %% 5        # 計算9除以5的餘數
> x
[1] 4
> x = 9 %/% 2       # 計算9除以2所得的整數部分
> x
[1] 4
>
```

3-2-3　次方或平方根

次方的符號是 "**" 或 "^"，平方根的符號是使用函數 sqrt( )。

實例 ch3_4：平方、次方和平方根運算實例。

```
> x = 3 ** 2        # 計算3的平方
> x
[1] 9
> x = 3 ^ 2         # 計算3的平方
> x
[1] 9
> x = 8 ^ 3         # 計算8的3次方
> x
[1] 512
> x = sqrt(64)      # 計算64的平方根
> x
[1] 8
> x = sqrt(8)       # 計算8的平方根
> x
[1] 2.828427
>
```

3-2-4　絕對值

絕對值的函數名稱是 abs( )，不論函數內的值是正數或負數，結果皆是正數。

實例 ch3_5：絕對值運算實例。

```
> abs(10)           # 計算10的絕對值
[1] 10
> x = 5.5
> y = abs(x)        # 計算x的絕對值
> y
[1] 5.5
> x = -7
```

```
> y = abs(x)        # 計算x的絕對值
> y
[1] 7
>
```

3-2-5 exp( ) 與對數

exp(x) 是指自然數 e 的 x 次方，其中 e 的近似值是 2.718282。

實例 ch3_6：exp( ) 運算實例。

```
> x = exp(1)        # 可列出自然數e的值
> x
[1] 2.718282
> x = exp(2)        # 可列出自然數e的2次方
> x
[1] 7.389056
> x = exp(0.5)      # 可列出自然數e的0.5次方
> x
[1] 1.648721
>
```

對數有 2 種類型。

1： 以自然數 e 為底的對數，$\log_e x = \ln x$，語法是 log(x)

2： 一般基底的對數，$\log_m x$，語法是 log(x, m)。如果基底是 10，也可使用另一個對數函數 log10(x) 取代。

實例 ch3_7：不同底的對數運算實例。

```
> x = log(2)        # 計算以自然數e為底的對數值
> x
[1] 0.6931472
> x = log(2, 10)    # 計算以自然數10為底的對數值
> x
[1] 0.30103
> x = log10(2)      # 計算以自然數10為底的對數值
> x
[1] 0.30103
> x = log(2, 2)     # 計算以自然數2為底的對數值
> x
[1] 1
>
```

exp( ) 和 log( ) 也可稱互為反函數。

3-2-6　科學符號 e

科學符號使用 e 表示，例如數字 12800，實際等於 "1.28 * 10^4"，也可以用 "1.28e4" 表示。

實例 ch3_8：科學符號的運算實例。

```
> x <- 1.28 * 10^4
> x
[1] 12800
> x <- 1.28e4
> x
[1] 12800
>
```

數字 0.00365，實際等於 "3.65 * 10^-3"，也可以用 "3.65e-3" 表示。

實例 ch3_9：另一個科學符號的運算實例。

```
> x <- 3.65 * 10^-3
> x
[1] 0.00365
> x <- 3.65e-3
> x
[1] 0.00365
>
```

當然也可以直接使用科學符號執行四則運算。

實例 ch3_10：直接使用科學符號的運算實例。

```
> x <- 8e5 / 2e2
> x
[1] 4000
>
```

上述相當於 800000 除以 200。

3-2-7　圓周率與三角函數

圓周率就是指 pi，pi 是系統預設的參數，其近似值是 3.141593。

實例 ch3_11：列出 pi 值。

```
> pi
[1] 3.141593
>
```

　　R 語言所提供的三角函數有許多，例如，sin( )、cos( )、tan( )、asin( )、acos( )、atan( )、sinh( )、cosh( )、tanh( )、asinh( )、acos( )、atan( )。

實例 ch3_12：三角函數運算範例。

```
> x = sin(1.0)
> x
[1] 0.841471
> x = sin(pi / 2)
> x
[1] 1
> x = cos(1.0)
> x
[1] 0.5403023
> x = cos(pi)
> x
[1] -1
>
```

3-2-8　四捨五入函數

　　R 語言的四捨五入函數是 round( )。

　　round(x, digits = k)，相當於將實數 x，以四捨五入方式，計算至第 k 位小數。另外，round( ) 函數中的第 2 個參數 "digits =" 也可以省略，直接在第 2 個參數位置輸入數字。

實例 ch3_13：各種 round( ) 函數的運用。

```
> x <- round(93.563, digits = 2)
> x
[1] 93.56
> x <- round(93.563, digits = 1)
> x
[1] 93.6
> x <- round(93.563, 2)
> x
[1] 93.56
```

```
> x <- round(93.563, 1)
> x
[1] 93.6
>
```

使用 round( ) 函數時，如果第 2 個參數是負值，表示計數是以四捨五入取整數位數。
例如，若參數是 "-2"，表示取整數至百位數。若參數是 "-3"， 表示取整數至千位數。

實例 ch3_14：使用 round( ) 函數，但 digits 參數是負值的運用。

```
> x <- round(1234, digits = -2)
> x
[1] 1200
> x <- round(1778, digits = -3)
> x
[1] 2000
> x <- round(1234, -2)
> x
[1] 1200
> x <- round(1778, -3)
> x
[1] 2000
>
```

signif(x, digits = k)，也是一個四捨五入的函數，x 是預做處理的實數，k 是有效數
字的個數。例如，signif(79843.597, digits = 6)，代表取 6 個數字，左邊算來第 7 個數
字以四捨五入方式處理。

實例 ch3_15：signif( ) 函數的應用。

```
> x <- signif(79843.597, digits = 6)
> x
[1] 79843.6
> x <- signif(79843.597, 6)
> x
[1] 79843.6
> x <- signif(79843.597, digits =  3)
> x
[1] 79800
> x <- signif(79843.597, 3)
> x
[1] 79800
>
```

3-2-9 近似函數

R 語言有 3 個近似函數。

1： floor(x)：可得到小於 x 的最近整數。所以，floor(234.56) 等於 234。floor(-234.45) 等於 -235。

2： ceiling(x)：可得到大於 x 的最近整數。所以，ceiling(234.56) 等於 235。ceiling(-234.45) 等於 -234。

3： trunc(x)：可直接取整數。trunc(234.56) 等於 234。trunc(-234.45) 等於 -234。

實例 ch3_16：floor( )、ceiling( ) 和 trunc( ) 函數的運用。

```
> x <- floor(234.56)
> x
[1] 234
> x <- floor(-234.45)
> x
[1] -235
> x <- ceiling(234.56)
> x
[1] 235
> x <- ceiling(-234.45)
> x
[1] -234
> x <- trunc(234.56)
> x
[1] 234
> x <- trunc(-234.45)
> x
[1] -234
>
```

3-2-10 階乘

factorial(x) 可以返回 x 的階乘。

實例 ch3_17：factorial( ) 函數的運用。

```
> x <- factorial(3)
> x
[1] 6
> x <- factorial(5)
> x
```

```
[1] 120
> x <- factorial(7)
> x
[1] 5040
>
```

3-3 R 語言控制運算的優先順序

　　R 語言碰上計算式同時出現在一個指令內時，除了括號 " ("、") " 最優先外，其餘計算優先次序如下。

1：　指數

2：　乘法、除法、求餘數 (%%)、求整數 (%/%)，彼此依照出現順序運算。

3：　加法、減法，彼此依照出現順序運算。

實例 ch3_18：R 語言控制運算的優先順序的應用。

```
> x <- ( 5 + 6 ) * 8 - 2
> x
[1] 86
> x <- 5 + 6 * 8 - 2
> x
[1] 51
>
```

3-4 無限大 Infinity

　　R 語言可以處理無限大的值，使用代號值 Inf，如果是負無限大則是 -Inf。其實只要某一個數字除以 0，就可獲得無限大。

實例 ch3_19：無限大 Inf 的取得。

```
> x <- 5 / 0
> x
[1] Inf
>
```

　　某一個數字減去無限大 Inf，可以獲得負無限大 -Inf。

實例 ch3_20：負無限大 -Inf 的取得。

```
> x <- 10 - Inf
> x
[1] -Inf
>
```

另一個思考，如果某一個數字除以無限大 Inf 或負無限大 -Inf 是多少？答案是 0。

實例 ch3_21：Inf 和 -Inf 當做分母的應用。

```
> x <- 999 / Inf
> x
[1] 0
> x <- 999 / -Inf
> x
[1] 0
>
```

某一個數字是否為無限大 (正值無限大或負值無限大)，可以使用 is.infinite(x)，如果 x 是則傳回邏輯值 (logical Value)TRUE，否則傳回 FALSE。

實例 ch3_22：使用 is.infinite( ) 測試 Inf 和 -Inf 是否為正或負無限大，傳回 TRUE 的範例。

```
> x <- 10 / 0
> x
[1] Inf
> is.infinite(x)
[1] TRUE
> x <- 10 - x
> x
[1] -Inf
> is.infinite(x)
[1] TRUE
>
```

實例 ch3_23：使用 is.infinite( ) 測試 Inf 和 -Inf 是否為正或負無限大，傳回 FALSE 的例子。

```
> x <- 999
> is.infinite(x)
[1] FALSE
> x <- -99999
> is.infinite(x)
[1] FALSE
>
```

另一個有關函數式 is.finite(x)，如果數字 x 是有限的（正值有限大或負值有限大）則傳回 TRUE，否則傳回 FALSE。

實例 ch3_24：使用 is.finite( ) 測試是否有限大。

```
> x <- 999
> is.finite(x)
[1] TRUE
> x <- -99999
> is.finite(x)
[1] TRUE
> x <- 10 / 0
> is.finite(x)
[1] FALSE
> x <- 10 - ( 10 / 0 )
> x
[1] -Inf
> is.finite(x)
[1] FALSE
>
```

註 在其他程式語言，TRUE 和 FALSE 值被稱布林值 (Boolean Value)，但在 R 語言中，R 的開發人員將此稱邏輯值 (Logical Value)。

3-5 Not a Number(NaN)

Not a Number(NaN) 可以解釋為非數字或稱無定義數字，由上一小節可知，任一數字除以 0 是無限大，任一數字除以無限大是 0，那無限大除以無限大呢？此時可以獲得 NaN，Not a Number。這是 R 語言用來表示無定義數字的方式。

實例 ch3_25：NaN 值得取得。

```
> x <- Inf / Inf
> x
[1] NaN
>
```

在 R 語言中是將 NaN 當做一個數字，可以使用 NaN 參加四則運算，但所得結果皆是 NaN。

實例 ch3_26：NaN 值的四則運算。

```
> x <- NaN + 999
> x
[1] NaN
> x <- NaN * 2
> x
[1] NaN
>
```

　　is.nan(x) 函數，可檢測 x 值是否為 NaN，如果是則傳回 TRUE，否則傳回 FALSE。

實例 ch3_27：is.nan( ) 函數的參數是 NaN 值的運算。

```
> x <- Inf / Inf
> x
[1] NaN
> is.nan(x)
[1] TRUE
> y <- 999
> is.nan(y)
[1] FALSE
>
```

　　另外，對於 NaN 而言，使用 is.finite( ) 和 is.infinite( ) 檢測，皆傳回 FALSE。

實例 ch3_28：is.finite( ) 和 is.infinite( ) 函數的參數是 NaN 值的運算。

```
> x <- Inf / Inf
> x
[1] NaN
> is.finite(x)
[1] FALSE
> is.infinite(x)
[1] FALSE
>
```

3-6 Not Available(NA)

　　Not Available 也可稱缺失值 NA，我們可以將 NA 當一個有效數值，甚至也可以將此值應用在四則運算中，不過，通常計算結果是 NA。

實例 ch3_29：缺失值 NA 的運算。

```
> y <- NA + 100
> y
[1] NA
> z <- NA / 10
> z
[1] NA
>
```

　　R 語言提供 is.na(x) 函數可檢測 x 是否為 NA 值，如果是傳回 TRUE，否則傳回 FALSE。

實例 ch3_30：is.na( ) 函數的參數是缺失值 NA 和一般值的運算。

```
> x <- NA
> is.na(x)
[1] TRUE
> x <- 1000
> is.na(x)
[1] FALSE
>
```

　　對於 NaN 而言，使用 is.na( ) 檢測，可以得到 TRUE。

實例 ch3_31：is.na( ) 函數的參數是 NaN 的運算。

```
> x <- Inf / Inf
> x
[1] NaN
> is.na(x)
[1] TRUE
>
```

習題

一：是非題

(　) 1：有 2 個指令如下：

```
> x1 <- 9 %% 5
> x2 <- 9 %/% 2
```

上述指令執行後，x1 和 x2 的值是相同皆是 4。

(　) 2： 有 2 個指令如下：

```
> x1 <- 2 ^ 3
> x2 <- sqrt(64)
```

上述指令執行後，x1 和 x2 的值是相同皆是 8。

(　) 3： 有 2 個指令如下：

```
> x1 <- round(88.882, digits = 2)
> x2 <- round(88.882, 2)
```

上述指令執行後，x1 和 x2 的值是相同皆是 88.88。

(　) 4： 有 1 個指令如下：

```
> x <- round(1560.998, digits = -2)
```

上述指令執行結果 x 值是 1600。

(　) 5： 有 1 個指令如下：

```
> x <- factorial(3)
```

上述指令執行結果 x 值是 8。

(　) 6： 有 1 個指令如下：

```
> x <- 10 / Inf
```

上述指令執行結果 x 值是 0。

(　) 7： 有 2 個指令如下：

```
> x <- 999 / 0
> is.infinite(x)
```

上述指令執行結果是 FALSE。

(　) 8： 有 1 個指令如下：

```
> x <- Inf / Inf
```

上述指令執行結果 x 值是 1。

( ) 9： 有 2 個指令如下：

```
> x <- NA + 999
> is.na(x)
```

上述指令執行結果 x 值是 TRUE。

( ) 10： 有 2 個指令如下：

```
> x <- 888 * 999
> is.finite(x)
```

上述指令執行結果 x 值是 TRUE。

二：選擇題

( ) 1： 下列那一個 R 語言不合法的變數名稱。

A：x3　　　　　B：x.3　　　　　C：.x3　　　　　D：3.x

( ) 2： 以下指令會得到何數值結果？

```
> -3 + 2 ** 3 - 4^2 / 8
```

A：[1] 4　　　　　B：[1] 2　　　　　C：[1] 3　　　　　D：[1] 1

( ) 3： 以下指令會得到何數值結果？

```
> round(pi, 2)
```

A：[1] 3.1415926　B：[1] pi　　　　C：[1] 3.14　　　　D：[1] 3

( ) 4： 以下指令會得到何數值結果？

```
> 36 ** 0.5
```

A：[1] 18　　　　　B：[1] 6　　　　　C：[1] 9　　　　　D：[1] 3

( ) 5： 以下指令會得到何數值結果？

```
> signif(5678.778, 6)
```

A：[1] 5678.78　　B：[1] 5678.77　　C：[1] 5678.778　　D：[1] 5678.778000

( ) 6： 以下指令會得到何數值結果？

```
> floor(789.789)
```

A：[1] 789.8　　　B：[1] 789.789　　C：[1] 789　　　　D：[1] 790

( ) 7： 以下指令會得到何數值結果？

```
> x <- Inf / 1000
```

A：[1] 0　　　　　B：[1] Inf　　　　C：[1] NA　　　　D：[1] NaN

三：複選題

( ) 1：下列哪些執行結果是 TRUE。（選擇 2 項）

A：
```
> x <- Inf - Inf
> is.infinite(x)
```

B：
```
> x <- Inf + Inf
> is.infinite(x)
```

C：
```
> x <- Inf + 1010
> is.na(x)
```

D：
```
> x <- Inf / Inf
> is.nan(x)
```

E：
```
> x <- 1010
> is.nan(x)
```

四：實作題（每一題皆附解答，讀者需列出計算方式）

1： 求 99 的平方、立方和平方根，下列只列出結果。

```
> x
[1] 9801
```

```
> x
[1] 970299
```

```
> x
[1] 9.949874
```

2： x = 345.678，將 x 放入 round( )、signif( ) 使用預設值測試，並依次序列出結果。

```
> y
[1] 346
```

```
> y
[1] 345.678
```

3： 重複上一習題的 round( )，參數 digits 從 -2 測試到 2，並列出結果。

```
> y          > y          > y          > y          > y
[1] 300      [1] 350      [1] 346      [1] 345.7    [1] 345.68
```

4： 重複習題 2 的 signif( )，參數 digits 從 1 測試到 5，並列出結果。

```
> y          > y          > y          > y          > y
[1] 300      [1] 350      [1] 346      [1] 345.7    [1] 345.68
```

5： x = 674.378，將 x 放入 floor( )、ceil( ) 和 trunc( )，使用預設值測試，並依次序列出結果。

```
> y          > y          > y
[1] 674      [1] 675      [1] 674
```

6： 重複上一習題，將 x 改為負值 -674.378，並列出結果。

```
> y          > y          > y
[1] -675     [1] -674     [1] -674
```

7： 計算下列執行結果。

a：Inf + 100

```
> x
[1] Inf
```

b：Inf − Inf + 10

```
> x
[1] NaN
```

c：NaN + Inf

```
> x
[1] NaN
```

d：Inf − NaN

```
> x
[1] NaN
```

e：NA + Inf

```
> x
[1] NA
```

f：Inf－NA

```
> x
[1] NA
```

g：NaN + NA

```
> x
[1] NaN
```

8： 將上述資料 (a－g) 執行結果用下列函數測試並列出結果。

a：is.na( )

```
[1] FALSE   [1] TRUE    [1] TRUE    [1] TRUE    [1] TRUE    [1] TRUE    [1] TRUE
```

b：is.nan( )

```
[1] FALSE   [1] TRUE    [1] TRUE    [1] TRUE    [1] FALSE   [1] FALSE   [1] TRUE
```

c：is.finite( )

```
[1] FALSE   [1] FALSE   [1] FALSE   [1] FALSE   [1] FALSE   [1] FALSE   [1] FALSE
```

d：is.infinite( )

```
[1] TRUE    [1] FALSE   [1] FALSE   [1] FALSE   [1] FALSE   [1] FALSE   [1] FALSE
```

第四章

向量物件運算

　　R 語言最重要的特色是向量 (Vector) 物件觀念，如果你學過其他電腦語言，應該知道一維陣列 (array) 的觀念，其實所謂的向量物件就是類似一組一維陣列的數據資料，在此組數據資料中，每一個元素的資料類型是一樣的，不過向量的使用比其他高階語言靈活太多了，R 的開發團隊將此一維陣列數據資料稱向量 (Vector)。

　　說穿了，R 語言就是一種處理向量的語言。

　　其實 R 語言中最小的運作單位是向量物件，至於前面章節筆者使用一些物件變數當作範例，從技術上講可視為那些物件變數是一個只含一個元素的向量物件變數。至今在每一筆輸出資料首先出現的是 "[1]"，中括號內的 "1" 表示接下來是從物件的第 1 筆元素開始列印輸出。對數學應用而言，向量物件元素大都是數值資料型態，R 的更重要功能是向量物件元素可以是其他資料型態，本書未來章節將一一介紹。

4-1 數值型的向量物件

　　數值型的向量物件有可分為規則型的數值向量物件或不規則型的數值向量物件。

4-1-1　建立規則型的數值向量物件使用序列符號

　　從起始值到終值，每次遞增 1，如果是負值則每次增加 -1。例如從 1 到 5，可用 1:5 方式表達。從 11 到 16，可用 11:16 方式表達。在 "1:5" 或 "11:16" 的表達式中的 " : " 符號，中文可稱冒號，在 R 語言中稱序列符號 (Sequence)。

實例 ch4_1：使用序列號 " : " 建立向量物件。

```
> x <- 1:5          # 設定向量變數物件包含1到5共5個元素
> x
[1] 1 2 3 4 5
> x <- 11:16         # 設定向量變數物件包含11到16共6個元素
> x
[1] 11 12 13 14 15 16
>
```

　　這種方式也可以應用在負值，每次增加 -1。例如，從 -3 到 -7，可用 -3:-7 方式表達。

實例 ch4_2：使用序列號建立含負數的向量物件。

```
> x <- -3:-7         # 設定向量變數物件包含-3到-7共5個元素
```

```
> x
[1] -3 -4 -5 -6 -7
>
```

如果是實數也可以每次增加正 1 或負 1。

實例 ch4_3：使用序列號建立實數的向量物件。

```
> x <- 1.5:5.5        # 設定向量變數物件包含1.5到5.5共5個元素
> x
[1] 1.5 2.5 3.5 4.5 5.5
> x <- -1.8:-3.8        # 設定向量變數物件包含-1.8到-3.8共3個元素
> x
[1] -1.8 -2.8 -3.8
>
```

在建立向量物件時，如果寫成 1.5:4.7，結果會如何呢？這相當於建立含下列元素的向量物件，1.5、2.5、3.5、4.5 等 4 個元素，至於多餘部分指大於 4.5 至 4.7 之間的部分則可不理會，負值觀念依此類推。

實例 ch4_4：另一種使用序列號建立實數的向量物件。

```
> x <- 1.5:4.7        # 設定向量變數物件包含1.5到4.5共4個元素
> x
[1] 1.5 2.5 3.5 4.5
> x <- -1.3:-5.2        # 設定向量變數物件包含-1.3到-4.3共4個元素
> x
[1] -1.3 -2.3 -3.3 -4.3
>
```

4-1-2　簡單向量物件的運算

向量物件一個重要功能是向量物件執行運算時，向量物件內的元素將同時被執行。

實例 ch4_5：將每一個元素加 3 的執行情形。

```
> x <- 1:5
> y <- x + 3
> y
[1] 4 5 6 7 8
>
```

一個向量物件也可以與另一個向量物件相加。

實例 ch4_6：向量物件相加的實例。

```
> x <- 1:5
> y <- x + 6:10       # 設定x向量加6:10向量，結果設定給向量y
> y
[1]  7  9 11 13 15
>
```

　　讀至此節，相信各位讀者一定已經感覺 R 語言的強大功能了，如果上述指令使用非向量語言，需使用迴圈指令處理每個元素，要好幾個步驟才可完成。在執行向量物件元素運算時，也可以處理不相同長度的向量物件運算，但先決條件是較長的向量物件是較短的向量物件的倍數。如果非倍數，會出現錯誤訊息。

實例 ch4_7：不同長度向量物件相加，出現錯誤的範例。

```
> x <- 1:5
> y <- x + 5:8
Warning message:
In x + 5:8 : 較長的物件長度並非較短物件長度的倍數
```

　　上述由於較長的向量物件是有 5 個元素，較短向量物件有 4 個元素，所以較長向量非較短向量的倍數，因此最後執行後出現警告訊息。

實例 ch4_8：不同長度向量物件相加，下列是較長向量物件是較短向量物件的倍數的運算實例。

```
> x <- 1:3
> y <- x + 1:6
> y
[1] 2 4 6 5 7 9
>
```

　　上述的運算規則是，向量物件 y 是較長的向量物件其長度是 6，較長向量物件第 1 個元素與 1:3 的 1 相加，較長向量物件第 2 個元素與 1:3 的 2 相加，較長向量物件第 3 個元素與 1:3 的 3 相加，較長向量物件第 4 個元素與 1:3 的 1 相加，較長向量物件第 5 個元素與 1:3 的 2 相加，較長向量物件第 6 個元素與 1:3 的 3 相加。未來如果碰上不同倍數的情況，觀念可依此類推。

實例 ch4_9：下列是另一個不同長度向量物件相加的範例。

```
> x <- 1:5
> y <- 5
> x + y
[1]  6  7  8  9 10
>
```

在上述範例中，x 向量物件有 5 個元素，y 向量物件有 1 個元素，碰上這種加法，相當於每個 x 向量元素皆加上 y 向量的元素值。過去範例，在列印輸出時，筆者皆直接輸出向量物件變數，即可在 Console 視窗列印此向量物件變數，在此例中，可以看到第 3 列，即使仍是一個數學運算，Console 視窗仍將列印此數學運算的結果。

4-1-3　建立向量物件函數 seq( ) 函數

這個函數可用於建立一個規則型的數值向量物件。

seq(from, to, by = width, length.out = numbers)

上述 from 是數值向量物件的起始值，to 是數值向量物件的終值，by 則指出每筆元素的增值。如果省略 by 參數同時沒有 length.out 參數存在，則增值是 1 或 -1。length.out 參數欄位可設定 seq( ) 函數所建立的元素個數。

實例 ch4_10：使用 seq( ) 建立規則型的數值向量物件。

```
> seq(1, 9)                    # 建立1:9向量
[1] 1 2 3 4 5 6 7 8 9
> seq(1, 9, by = 2)           # 建立1至9間增值為2的向量
[1] 1 3 5 7 9
> seq(1, 9, by = pi)          # 建立1至9間增值為pi的向量
[1] 1.000000 4.141593 7.283185
> seq(1.5, 4.5, by = 0.5)     # 建立1.5至4.5間增值為0.5的向量
[1] 1.5 2.0 2.5 3.0 3.5 4.0 4.5
> seq(1, 9, length.out = 5)   # 建立1至9間元素個數為5的向量
[1] 1 3 5 7 9
>
```

4-1-4　連接向量物件 c( ) 函數

c( ) 函數的 c 其意義為 concatenate 的縮寫，這個函數並不是一個建立向量物件函數，只是將向量元素連接起來。

實例 ch4_11：使用 c( ) 函數建立一個簡單的向量物件。

```
> x <- c(1, 3, 7, 2, 9)          # 一個含5個元素的向量
> x
[1] 1 3 7 2 9
>
```

上述 x 是一個向量物件，共有 5 個元素，內容分別是 1、3、7、2、9。

適度地為變數取一個容易記的變數名稱，可以增加程式的可讀性。例如，我們想建立 NBA 球星 Lin，2016 年前 6 場賽季進球數，假設他的每場進球數如下：

7, 8, 6, 11, 9, 12

此時可用 baskets.NBA2016.Lin 當變數名稱，相信這樣處理後，程式放再久，未來也可以輕易瞭解程式內容。

實例 ch4_12：建立 NBA 球星進球數的向量物件。

```
> baskets.NBA2016.Lin <- c(7, 8, 6, 11, 9, 12)
> baskets.NBA2016.Lin
[1]  7  8  6 11  9 12
>
```

如果球星 Lin 的進球皆是 2 分球，則他每場得分如下。

實例 ch4_13：計算 NBA 球星的得分。

```
> baskets.NBA2016.Lin <- c(7, 8, 6, 11, 9, 12)
> scores.NBA2016.Lin <- baskets.NBA2016.Lin * 2
> scores.NBA2016.Lin
[1] 14 16 12 22 18 24
>
```

假設隊友 Jordon 前 6 場進球數分別是 10, 5, 9, 12, 7, 11，我們可以用下列方式計算每場 2 個人的得分總計。

實例 ch4_14：計算 NBA 球星 Lin 和 Jordon 的每場總得分。

```
> baskets.NBA2016.Lin <- c(7, 8, 6, 11, 9, 12)
> baskets.NBA2016.Jordon <- c(10, 5, 9, 12, 7, 11)
> total <- ( baskets.NBA2016.Jordon + baskets.NBA2016.Lin ) * 2
> total
[1] 34 26 30 46 32 46
>
```

先前介紹可以使用 c( ) 函數，將元素連接起來，其實也可以將 2 個向量物件連接起來，下列是將 Lin 和 Jordon 進球連接起來，結果是一個含 12 個元素的向量的實例。

實例 ch4_15：使用 c( ) 函數建立向量物件，其中 c( ) 函數內是有多個向量物件參數。

```
> all.baskets.NBA2016 <- c(baskets.NBA2016.Lin, baskets.NBA2016.Jordon)
> all.baskets.NBA2016
 [1]  7  8  6 11  9 12 10  5  9 12  7 11
>
```

從上述執行結果可以看到，c( ) 函數有保持每個元素在向量物件內的順序，這個觀念很重要，因為未來我們要講解如何從向量物件中存取元素值。

4-1-5　重複向量物件 rep( )

如果向量物件內某些元素是重複的，則可以使用 rep( ) 函數建立這類型的向量物件。

rep(x, times = 重複次數 , each = 每次每個元素重複次數 , length.out = 向量長度)

如果 rep( ) 函數內只含有 x 和 times 參數，則 "times =" 參數可省略。

實例 ch4_16：使用 rep( ) 函數建立向量物件的應用

```
> rep(5, 5)               # 重複向量元素5，共5次
[1] 5 5 5 5 5
> rep(5, times = 5)       # 重複向量元素5，共5次
[1] 5 5 5 5 5
> rep(1:5, 3)             # 重複向量1:5，共3次
 [1] 1 2 3 4 5 1 2 3 4 5 1 2 3 4 5
> rep(1:3, times = 3, each = 2)    # 重複向量1:3，共3次，每個元素出現2次
 [1] 1 1 2 2 3 3 1 1 2 2 3 3 1 1 2 2 3 3
> rep(1:3, each = 2, length.out = 8)  # 重複向量1:3，每個元素出現2次，向量元素個數
是8
[1] 1 1 2 2 3 3 1 1
>
```

4-1-6　numeric( ) 函數

這也是建立一個函數，主要是可用此建立一個固定長度的向量物件，同時向量物件元素預設值是 0。

實例 ch4_17：建立一個含 10 個元素的向量物件，同時這些向量物件元素值皆為 0。

```
> x <- numeric(10)          # 建立一個含10個元素值接為0的向量
> x                         # 驗證結果
 [1] 0 0 0 0 0 0 0 0 0 0
>
```

4-1-7　程式列跨列的處理

在 4-1-5 節最後一個實例中，很明顯看到 rep( ) 函數包含說明文字已超出一列，其實 R 語言是可以識別這列的指令未完，下一列是相同列的。除了上述狀況外，下列是幾種可能發生程式跨列的狀況。

1：　該列以數學符號 (+、-、*、/) 作結尾，此時 R 語言的編譯器會知道下一列是接續此列。

實例 ch4_18：以數學符號作結尾，瞭解程式跨列的處理。

```
> all.baskets.NBA2016 <- baskets.NBA2016.Jordon +
+                        baskets.NBA2016.Lin
> all.baskets.NBA2016
[1] 17 13 15 23 16 23
>
```

2：　使用左括號 " ("，R 編輯器會知道在下一列出現片斷資料將是同一括號指令，直至出現右括號 ") "，才代表指令結束。

實例 ch4_19：使用左括號 " (" 和右括號 ") "，瞭解程式跨列的處理。

```
> x <- rep(1:5, times = 2,
+           each = 2)
> x
 [1] 1 1 2 2 3 3 4 4 5 5 1 1 2 2 3 3 4 4 5 5
>
```

3：　字串是指以雙引號間的文字字元，使用設定字串，如果有了第一個雙引號，但尚未出現第二個雙引號，R 語言編輯器可以知道下一列出現的字串是相同字串向量變數的資料，此時換列字元將被視為字串的一部分。

註　有關字串資料的觀念，將在 4-4 節說明。

實例 ch4_20：使用字串，瞭解程式跨列的處理。

```
> coffee.Knowledge <- "Coffee is mainly produced
+ in frigid regions."
> coffee.Knowledge
[1] "Coffee is mainly produced\nin frigid regions."
>
```

4-2 常見向量的數學運算函數

　　研讀至此，如果你學過其他高階電腦語言，你會發現向量物件變數已經取代了一般電腦程式語言的變數，這是一種新的思維，同時如果你閱讀本節的常用向量的數學運算函數後，你將發現為何 R 這麼受到歡迎。

1： 常見運算

　　sum( )：可計算所有元素的和。

　　max( )：可計算所有元素的最大值。

　　min( )：可計算所有元素的最小值。

　　mean( )：可計算所有元素的平均值。

實例 ch4_21：sum( )、max( )、min( ) 和 mean( ) 函數的應用。

```
> baskets.NBA2016.Lin <- c( 7, 8, 6, 11, 9, 12)
> sum(baskets.NBA2016.Lin)        # 計算Lin的總進球數
[1] 53
> max(baskets.NBA2016.Lin)        # 計算Lin的最高進球數
[1] 12
> min(baskets.NBA2016.Lin)        # 計算Lin的最低進球數
[1] 6
> mean(baskets.NBA2016.Lin)       # 計算Lin的平均進球數
[1] 8.833333
>
```

　　此外這幾個函數也可以在參數內放上幾個向量物件變數執行運算。

實例 ch4_22：sum( )、max( ) 和 min( ) 函數的參數含有多個向量物件變數的應用。

```
> baskets.NBA2016.Jordon <- c(10, 5, 9, 15, 7, 11)
> baskets.NBA2016.Lin <- c(7, 8, 6, 11, 9, 12)
> sum(baskets.NBA2016.Lin, baskets.NBA2016.Jordon)   #計算2人的總進球數
[1] 110
> max(baskets.NBA2016.Lin, baskets.NBA2016.Jordon)   # 計算2人的最高進球數
[1] 15
> min(baskets.NBA2016.Lin, baskets.NBA2016.Jordon)   # 計算2人的最低進球數
[1] 5
>
```

2：　prod( ) 函數

　　prod( )：計算所有元素的積。

實例 ch4_23：使用 prod( ) 執行相乘積階乘的運算。

```
> prod(1:5)                    # 計算從1乘到5，相當於factorial(5)
[1] 120
>
```

　　這個函數可以用在排列組合，假設有 5 筆數字，請問有幾種組合。在實際操作前，各位可以先簡化，假設有 2 筆數字，會有多少種排列方式？很容易，是 2 種排列方式。那有 3 筆數字呢？是 6 種排列方式。如果是 4 筆數字呢？是 24 種排列方式。

實例 ch4_24：有 2、3 或 4 筆數字，排列組合方法有多少種的應用。

```
> prod(1:2)
[1] 2
> prod(1:3)
[1] 6
> prod(1:4)
[1] 24
>
```

3：　累積運算函數

　　cumsum( )：計算所有元素的累積和。

　　cumprod( )：計算所有元素的累積積。

　　cummax( )：可返回各元素從向量起點到該元素位置所有元素的最大值。

　　cummin( )：可返回各元素從向量起點到該元素位置所有元素的最小值。

實例 ch4_25：累積函數的應用。

```
> baskets.NBA2016.Jordon
[1] 10  5  9 15  7 11
> cumsum(baskets.NBA2016.Jordon)
[1] 10 15 24 39 46 57
> cumprod(baskets.NBA2016.Jordon)
[1]     10     50    450   6750  47250 519750
> cummax(baskets.NBA2016.Jordon)
[1] 10 10 10 15 15 15
> cummin(baskets.NBA2016.Jordon)
[1] 10  5  5  5  5  5
>
```

4： 向量差值運算函數

　　diff( )：返回各元素與下一個元素的差。

　　由於是傳回每筆與下一筆的差值，所以結果向量物件會比原先向量少一個元素。

實例 ch4_26：diff( ) 函數的應用。

```
> baskets.NBA2016.Jordon
[1] 10  5  9 15  7 11
> diff(baskets.NBA2016.Jordon)
[1] -5  4  6 -8  4
>
```

5： 向量物件排序函數

　　sort(x, decreasing = FALSE)：預設是從小排到大，所以預設可以省略寫 decreasing 參數。如果設定 "decreasing = TRUE"，則是從大排到小。

　　rank( )：傳回向量物件，這個向量內容是各元素在原向量從小排到大的排序順位 (rank)。

　　rev( )：這個函數可將向量物件顛倒排列。

實例 ch4_27：排序函數的應用。

```
> baskets.NBA2016.Jordon
[1] 10  5  9 15  7 11
> sort(baskets.NBA2016.Jordon)                    # 從小排到大
[1]  5  7  9 10 11 15
```

```
> sort(baskets.NBA2016.Jordon, decreasing = TRUE)    # 從大排到小
[1] 15 11 10  9  7  5
> rank(baskets.NBA2016.Jordon)
[1] 4 1 3 6 2 5
>
```

實例 ch4_28：向量顛倒排列的應用。

```
> x <- c(7, 11, 4, 9, 6)
> rev(x)
[1]  6  9  4 11  7
>
```

6： 向量長度

length( )：可計算向量長度，也就是向量物件元素個數。

實例 ch4_29：計算向量物件的長度。

```
> baskets.NBA2016.Jordon          # 先檢查此向量的元素內容
[1] 10  5  9 15  7 11
> x <- baskets.NBA2016.Jordon
> length(x)                       # 列出此向量的元素個數
[1] 6
>
```

很明顯向量元素有 6 個，所以傳回長度是 6。

7： 基本統計函數

sd( )：樣本標準差

var( )：樣本變異數

實例 ch4_30：基本統計函數的使用。

```
> sd(c(11, 15, 18))
[1] 3.511885
> var(14:16)
[1] 1
>
```

4-3　向量運算考量 Inf、-Inf、NA

前一小節所介紹的向量是允許元素含有正無限大 Inf、負無限大 -Inf 和缺失值 NA(Not Available)。任何整數或實數值與 Inf 相加，皆是 Inf。任何整數或實數值與 -Inf 相加，皆是 -Inf。

實例 ch4_31：向量物件運算，其中函數內含 Inf 和 -Inf。

```
> max(c(43, 98, Inf))
[1] Inf
> sum(c(33, 98, Inf))
[1] Inf
> min(c(43, 98, Inf))
[1] 43
> min(c(43, 98, -Inf))
[1] -Inf
> sum(c(65, -Inf, 999))
[1] -Inf
>
```

如果函數運算中出現向量的參數是 NA，則結果是 NA。

實例 ch4_32：向量運算，其中函數參數內含 NA。

```
> max(c(98, 54, 123, NA))
[1] NA
>
```

為了克服向量元素可能有缺失值 NA 的情形，在函數內通常可以加上 "na.rm = TRUE" 參數，這樣函數碰上有向量參數是 NA 時，也可正常運作了。

實例 ch4_33：向量運算，其中函數內含 Inf 和 -Inf，同時向量參數含 "na.rm = TRUE"。

```
> max(c(98, 54, 123, NA), na.rm = TRUE)
[1] 123
> sum(c(100, NA, 200), na.rm = TRUE)
[1] 300
> min(c(98, 54, 123, NA), na.rm = TRUE)
[1] 54
>
```

特別注意的是，diff( ) 函數與累積函數 cummax( ) 和 cummin( ) 相同，無法使用去掉缺失值 NA 的參數 "na.rm = TRUE"，

實例 ch4_34：diff( ) 和累積函數無法使用 "na.rm = TRUE" 參數的實例。

```
> x <- c(9, 7, 11, NA, 1)
> cummin(x)
[1]  9  7  7 NA NA
> cummax(x)
[1]  9  9 11 NA NA
> diff(x)
[1] -2  4 NA NA
>
```

　　上述 cummin( ) 和 cummax( ) 函數由於計算到第 4 個向量參數碰上 NA，自此以後的結果皆以 NA 表示。對於 diff( ) 函數而言，第 3 個元素 11 和第 4 個元素 NA 比較是傳回 NA，第 4 個 NA 元素和第 5 個元素 1 比較也是傳回 NA。

4-4 R 語言的字串資料屬性

　　至今所介紹的向量資料大都是整數，其實常見的 R 語言是可以有下列資料型態。

　　integer：整數

　　double：R 語言在處理實數運算時，預設是用雙倍精確實數計算和儲存。

　　character：字串

　　處理字串向量與處理整數向量類似，可以使用 c( ) 函數建立字串向量，特別留意字串是可以用雙引號 (") 也可以用單引號 (') 包夾。

實例 ch4_35：建立一個字串向量物件，以及驗證結果，本實例同時用雙引號 (") 和單引號 (')，驗證串列使用原則。

```
> x <- c("Hello R World")
> x
[1] "Hello R World"
> x.New <- ('Hello R World')
> x.New
[1] "Hello R World"
>
```

實例 ch4_36：另外 2 種字串向量物件的使用。

```
> x1 <- c("H", "e", "l" , "l", "o")
> x1
[1] "H" "e" "l" "l" "o"
> x2 <- c("Hello", "R", "World")
> x2
[1] "Hello" "R"     "World"
>
```

　　4-2 節所介紹的 length( ) 函數也可應用在字串向量，可由此瞭解向量物件的長度 (可想成元素個數)。請留意，必須接著上述實例，執行下列實例。

實例 ch4_37：延續上一個實例，計算向量物件的長度。

```
> length(x)
[1] 1
> length(x1)
[1] 5
> length(x2)
[1] 3
>
```

　　nchar( ) 函數可用於列出字串向量物件每一個元素的字元數。

實例 ch4_38：延續上一個實例，計算向量物件每一個元素的字元數。

```
> nchar(x)
[1] 13
> nchar(x1)
[1] 1 1 1 1 1
> nchar(x2)
[1] 5 1 5
>
```

　　字串綜合整理如下：

　　"Hello R World"：向量長度是 1，字元數是 13。

　　"H", "e", "l", "l", "o"：向量長度是 5，每一個元素的字元數是 1。

　　"Hello", "R", "World"：向量長度是 3，每一個元素的字元數分別是 5、1、5。

4-5　探索物件屬性

4-5-1　探索物件元素的屬性

　　至今筆者已介紹整數向量、實數向量、字串向量，在 R 語言程式設計過程中，可能會有一時無法知道物件變數屬性的情形，這時可以使用下列函數判斷物件屬性，這些函數如果是真傳回 TRUE，否則傳回 FALSE。

　　is.integer( )：物件是否為整數。

　　is.numeric( )：物件是否為數字。

　　is.double( )：物件是否為雙倍精確實數。

　　is.character( )：物件是否為字串。

實例 ch4_39：判斷物件是否為整數的應用。

```
> x1 <- c(1:5)              # 整數向量
> x2 <- c(1.5, 2.5)         # 實數向量
> x3 <- c("Hello")          # 字串向量
> is.integer(x1)
[1] TRUE
> is.integer(x2)
[1] FALSE
> is.integer(x3)
[1] FALSE
>
```

　　對以下實例而言，x1、x2、x3 物件內容與上述相同。

實例 ch4_40：判斷物件是否為數字的應用。

```
> is.numeric(x1)
[1] TRUE
> is.numeric(x2)
[1] TRUE
> is.numeric(x3)
[1] FALSE
>
```

實例 ch4_41：判斷物件是否為雙倍精確實數的應用。

```
> is.double(x1)
[1] FALSE
> is.double(x2)
[1] TRUE
> is.double(x3)
[1] FALSE
>
```

實例 ch4_42：判斷物件是否為字串的應用。

```
> is.character(x1)
[1] FALSE
> is.character(x2)
[1] FALSE
> is.character(x3)
[1] TRUE
>
```

4-5-2 探索物件的結構

str( ) 函數可用於探索物件的結構。對於向量而言，可由此瞭解物件的資料類型、長度和元素內容。

實例 ch4_43：探索物件的結構。

```
> baskets.NBA2016.Lin               # 先瞭解向量物件內容
[1]  7  8  6 11  9 12
> str(baskets.NBA2016.Lin)          # 驗證與瞭解向量結構
 num [1:6] 7 8 6 11 9 12
>
```

從上述執行結果可知以 baskets.NBA2016.Lin 物件而言，其結構是資料類型為 num(數值)，這個向量是 1 個維度，索引長度是 6，元素內容分別是 7、8、6、11、9、12。如果元素太多，則只列出部分元素內容。下列是查詢字串物件 x1 和 x2 的結構。

實例 ch4_44：探索另二個物件的結構。

```
> x1 <- c("H", "e", "l" , "l", "o")    # 建立物件x1
> str(x1)
 chr [1:5] "H" "e" "l" "l" "o"
> x2 <- c("Hello", "R", "World")       # 建立物件x2
> str(x2)
 chr [1:3] "Hello" "R" "World"
>
```

4-5-3　探索物件的資料類型 class( ) 函數

對於向量物件而言，可以使用 class( ) 函數，立刻瞭解此物件元素的資料類型。

實例 ch4_45：class( ) 函數的應用，瞭解物件元素的資料類型。

```
> x1 <- c(1:5)
> x2 <- c(1.5, 2.5)
> x3 <- c("Hello!")
> class(x1)
[1] "integer"
> class(x2)
[1] "numeric"
> class(x3)
[1] "character"
>
```

需特別留意的是，如果向量內的元素參雜整數，實數，字元時，若使用 class( ) 判別他的資料類型，將返回 "character"(字元)。

```
> x4 <- c(x1, x2, x3)
> class(x4)
[1] "character"
>
```

4-6　向量物件元素的存取

4-6-1　使用索引取得向量物件的元素

瞭解向量的觀念後，本節將介紹取得向量內的元素，先前範例可以看到每一筆資料輸出時輸出資料左邊先看到 "[1]"，中括號內的 " 1 " 代表索引值，表示是向量的第 1 個元素。R 語言與 C 語言不同，它的索引 (index) 值是從 1 開始 (C 語言從 0 開始)。

實例 ch4_46：認識向量物件的索引。

```
> numbers_List <- 25:1
> numbers_List
 [1] 25 24 23 22 21 20 19 18 17 16 15 14 13 12 11 10  9  8  7  6  5  4
[23]  3  2  1
>
```

在上述範例中，numbers_List 向量物件的第 1 筆索引值是 25，第 2 筆索引值是 24，第 23 筆是 3。

實例 ch4_47：延續前一實例，分別從向量物件 numbers_List 取得第 3 筆資料、第 19 筆資料和第 24 筆資料的結果。

```
> numbers_List[3]
[1] 23
> numbers_List[19]
[1] 7
> numbers_List[24]
[1] 2
>
```

上述只是很平凡的指令，R 語言的酷炫在於索引也可以是一個向量，這個向量可用 c( ) 函數建立起來。所以可以用下列簡單的指令取代上述指令，取得索引為第 3、19 和 24 的值。

實例 ch4_48：延續前一實例，索引也可以是向量的應用。

```
> numbers_List[c(3, 19, 24)]
[1] 23  7  2
>
```

此外，我們也可以用下列已建好的向量物件當作索引取代上述實例。

實例 ch4_49：延續前面實例，索引也可以是向量物件的另一個應用。

```
> index_List <- c(3, 19, 24)
> numbers_List[index_List]
[1] 23  7  2
>
```

其實上述利用索引取得原先向量部分元素 (也可稱子集) 的過程稱取子集 (Subsetting)。

4-6-2　使用負索引挖掘向量物件內的部分元素

我們可以利用索引取得向量物件的元素，也可以利用索引取得向量物件內不含特定索引的部分元素，方法是使用負索引。

實例 ch4_50：取得不含第 2 筆元素以外的所有其它向量物件元素。

```
> numbers_List                      # 原先向量內容
 [1] 25 24 23 22 21 20 19 18 17 16 15 14 13 12 11 10  9  8  7  6  5  4
[23]  3  2  1
> newnumbers_List <- numbers_List[-2]
> newnumbers_List                   # 新向量內容
 [1] 25 23 22 21 20 19 18 17 16 15 14 13 12 11 10  9  8  7  6  5  4  3
[23]  2  1
>
```

由上述實例可以看到 newnumber_List 向量物件不含元素內容 24。此外，負索引也可以是一個向量物件，也可以利用此特性取得負索引向量物件所指以外的元素。

實例 ch4_51：負索引也可以是一個向量物件的應用，下列是取得第 1 個到第 15 個以外元素的實例。

```
> numbers_List                      # 原先向量內容
 [1] 25 24 23 22 21 20 19 18 17 16 15 14 13 12 11 10  9  8  7  6  5  4
[23]  3  2  1
> newnumbers_List <- numbers_List[-(1:15)]
> newnumbers_List                   # 新向量內容
 [1] 10  9  8  7  6  5  4  3  2  1
>|
```

需留意的是索引內是使用 "-(1:15)"，而不是 "-1:15"。可參考下列範例。

實例 ch4_52：索引使用錯誤的範例。

```
> numbers_List[-1:15]
Error in numbers_List[-1:15] : 只有負數下標中才能有 0
>
```

4-6-3　修改向量物件元素值

使用向量物件做資料記錄時，難免會有錯，碰上這類情況，可以使用本節的方法修改向量物件元素值。下列是將 Jordon 第 2 場進球數修改為 8 的結果。

實例 ch4_53：修改向量物件元素值的應用。

```
> baskets.NBA2016.Jordon            # 列出各場次的進球數
[1] 10  5  9 15  7 11
> baskets.NBA2016.Jordon[2] <- 8    # 修正第2場進球數為8
```

```
> baskets.NBA2016.Jordon          # 驗證結果
[1] 10  8  9 15  7 11
>
```

從上述結果，可以看到第 2 場進球已經修正為 8 球了。此外，上述修改向量物件的索引參數也可以是一個向量物件，例如，假設第 1 場和第 6 場，Jordon 的進球數皆是 12，此時可使用下列方式修訂。

實例 ch4_54：一次修改多個向量物件元素的應用。

```
> baskets.NBA2016.Jordon              # 列出各場次的進球數
[1] 10  8  9 15  7 11
> baskets.NBA2016.Jordon[c(1, 6)] <- 12  # 修訂新的進球數
> baskets.NBA2016.Jordon              # 驗證結果
[1] 12  8  9 15  7 12
>
```

當修改向量物件元素資料時，原始資料就沒了，所以建議各位讀者，在修改前可以先建立一份備份，下列是實例。

實例 ch4_55：修改向量物件前，先做備份的應用。

```
> baskets.NBA2016.Jordon              # 列出各場次的進球數
[1] 12  8  9 15  7 12
> copy.baskets.Jordan <- baskets.NBA2016.Jordon   # 建立備份
> baskets.NBA2016.Jordon              # 列出Jordon進球數
[1] 12  8  9 15  7 12
> copy.baskets.Jordan                 # 列出Jordon的拷貝結果
[1] 12  8  9 15  7 12
>
```

實例 ch4_56：下列是修改 Jordon 第 6 場進球為 14 的結果。

```
> baskets.NBA2016.Jordon              # 列出各場次的進球數
[1] 12  8  9 15  7 12
> baskets.NBA2016.Jordon[6] <- 14   # 修改第6場進球數
> baskets.NBA2016.Jordon              # 檢查結果
[1] 12  8  9 15  7 14
> copy.baskets.Jordan                 # 列出原先拷貝向量值
[1] 12  8  9 15  7 12
>
```

上述實例可以看到 Jordon 第 6 場進球數已經修正為 14。如果現在想將 Jordon 的各場次進球數資料復原為原先拷貝向量物件值，可參考下列實例。

實例 ch4_57：復原原先拷貝向量物件的應用。

```
> baskets.NBA2016.Jordon          # 列出各場次的進球數
[1] 12  8  9 15  7 14
> copy.baskets.Jordan             # 列出原先拷貝向量值
[1] 12  8  9 15  7 12
> baskets.NBA2016.Jordon <- copy.baskets.Jordan   # 回復原先的拷貝值
> baskets.NBA2016.Jordon          # 驗證結果
[1] 12  8  9 15  7 12
>
```

4-6-4　認識系統內建的數據集 letters 和 LETTERS

　　本小節將以 R 語言系統內建的數據集 letters 和 LETTERS 為例，講解如何取得向量的部分元素或稱取得子集 (Subsetting)。

實例 ch4_58：認識系統內建的數據集 letters 和 LETTERS。

```
> letters
 [1] "a" "b" "c" "d" "e" "f" "g" "h" "i" "j" "k" "l" "m" "n" "o" "p" "q"
[18] "r" "s" "t" "u" "v" "w" "x" "y" "z"
> LETTERS
 [1] "A" "B" "C" "D" "E" "F" "G" "H" "I" "J" "K" "L" "M" "N" "O" "P" "Q"
[18] "R" "S" "T" "U" "V" "W" "X" "Y" "Z"
>
```

實例 ch4_59：取得 letters 物件索引值是 10 和 18。

```
> letters[c(10, 18)]
[1] "j" "r"
>
```

實例 ch4_60：取得 LETTERS 物件索引值是 21 至 26。

```
> LETTERS[21:26]
[1] "U" "V" "W" "X" "Y" "Z"
>
```

　　對前面的範例而言，由於我們知道有 26 個字母，所以可用 "21:26" 取得後面 6 筆元素，如果許多數據集，我們不知道元素個數，應該怎麼辦？ R 語言提供 tail( ) 函數，可解決這方面的困擾，可參考下列範例。

實例 ch4_61：使用 tail( ) 函數取得 LETTERS 物件最後 8 筆元素。另外測試，如果省略第 2 個參數，會列出多少個元素。

```
> tail(LETTERS, 8)
[1] "S" "T" "U" "V" "W" "X" "Y" "Z"
> tail(LETTERS)
[1] "U" "V" "W" "X" "Y" "Z"
>
```

由上述實例可知，tail( ) 函數的第一個參數是數據集的物件名稱，第二個參數是預計取得多少元素，如果省略第二個參數，系統自動返回 6 個元素。head( ) 函數使用方式與 tail( ) 函數相同，但是返回數據集的最前面的元素。

實例 ch4_62：使用 head( ) 函數取得 LETTERS 物件最前 8 筆元素。另外測試，如果省略第 2 個參數，會列出多少個元素。

```
> head(LETTERS, 8)
[1] "A" "B" "C" "D" "E" "F" "G" "H"
> head(LETTERS)
[1] "A" "B" "C" "D" "E" "F"
>
```

4-7 邏輯向量 (Logical Vector)TRUE 和 FALSE

4-7-1 基本應用

在先前介紹的函數運算中，筆者偶而穿插使用了 TRUE 和 FALSE，這個值在 R 語言稱邏輯值 (Logical Vaule)，這一節將對此做一個完整的說明。有些函數在使用時會傳回 TRUE 或 FALSE，例如，3-4 節所介紹的 is.finite( )、is.infinite( )，基本觀念是，如果函數執行結果是真，則傳回 TRUE，如果是偽，則傳回 FALSE。這 2 個值對於程式流程的控制很重要，未來章節會做詳細的說明。

本節主要介紹含邏輯值的向量，當一個函數內的參數含有邏輯向量時，整個 R 語言設計將顯得可更靈活。R 語言可以用比較 2 個值的方式傳回邏輯值。

運算式	說明
x == y	如果x等於y，則傳回TRUE
x != y	如果x不等於y，則傳回TRUE
x > y	如果x大於y，則傳回TRUE
x >= y	如果x大於或等於y，則傳回TRUE
x < y	如果x小於y，則傳回TRUE
x <= y	如果x小於或等於，則傳回TRUE
x & y	相當於AND運算，如果x和y皆是TRUE則傳回TRUE
x | y	相當於OR運算，如果x或y是TRUE則傳回TRUE
!x	相當於NOT運算，傳回非x
xor(x, y)	相當於XOR運算，如果x和y不同，則傳回TRUE

對於上述比較的運算式而言，x 和 y 也可以是一個向量物件。

實例 ch4_63：下列是列出 Jordon 在比賽中進球數高於 10球的比賽輸出 TRUE，否則輸出 FALSE。

```
> baskets.NBA2016.Jordon          # 了解Jordon的各場次進球數
[1] 12  8  9 15  7 12
> baskets.NBA2016.Jordon > 10
[1]  TRUE FALSE FALSE  TRUE FALSE  TRUE
> |
```

which( ) 函數所使用的參數是一個比較運算式，可以列出符合條件的索引值，相當於可以找出向量物件那些元素是符合條件。

實例 ch4_64：下列是列出 Jordon 進球超過 10 球的場次。

```
> baskets.NBA2016.Jordon          # 了解Jordon的各場次進球數
[1] 12  8  9 15  7 12
> which(baskets.NBA2016.Jordon > 10)
[1] 1 4 6
> |
```

which.max( )：可列出最大值的第 1 個索引值。

which.min( )：可列出最小值的第 1 個索引值。

一個向量物件可能最大值會出現好幾次在不同的索引，which.max( ) 函數則只列出第 1 個出現的索引值，which.min( ) 意義相同，除了是列出最小值。

實例 ch4_65：下列實例是列出進球數最多和最小的場次。

```
> baskets.NBA2016.Jordon          # 了解Jordon的各場次進球數
[1] 12  8  9 15  7 12
> which.max(baskets.NBA2016.Jordon)
[1] 4
> which.min(baskets.NBA2016.Jordon)
[1] 5
>
```

實例 ch4_66：下列是將 Jordon 和 Lin 作比較，同時列出 Jordon 進球數較多的場次。

```
> baskets.NBA2016.Jordon          # 了解Jordon的各場次進球數
[1] 12  8  9 15  7 12
> baskets.NBA2016.Lin             # 了解Lin的各場次進球數
[1]  7  8  6 11  9 12
> best.baskets <- baskets.NBA2016.Jordon > baskets.NBA2016.Lin
> which(best.baskets)
[1] 1 3 4
```

在上述實例中，可以發現 Jordon 和 Lin 有 2 場比賽進球數相同，如果修正，列出 Jordon 進球相同或較多的場次，可以參考下列範例。

實例 ch4_67：列出 Jordon 進球相同或較多的場次。

```
> baskets.NBA2016.Jordon          # 了解Jordon的各場次進球數
[1] 12  8  9 15  7 12
> baskets.NBA2016.Lin             # 了解Lin的各場次進球數
[1]  7  8  6 11  9 12
> best.baskets <- baskets.NBA2016.Jordon >= baskets.NBA2016.Lin
> which(best.baskets)
[1] 1 2 3 4 6
>
```

當然我們也可以繼續延伸使用 best.baskets 向量物件。

實例 ch4_68：下列是使用 best.baskets 向量物件列出 Jordon 在得分較多或相同的比賽中，的實際進球數，同時也列出 Lin 的進球數。

```
> baskets.NBA2016.Jordon[best.baskets]
[1] 12  8  9 15 12
> baskets.NBA2016.Lin[best.baskets]
[1]  7  8  6 11 12
>
```

4-7-2　Inf、-Inf 和缺失值 NA 的處理

使用邏輯運算式執行篩選滿足一定條件的值時，若是碰上 NA，會如何呢。請看下列範例。

實例 ch4_69：NA 在邏輯運算式的應用。

```
> x <- c(9, 1, NA, 8, 6)
> x[x > 5]
[1]  9 NA  8  6
>
```

從上述看，NA 好像是大於 5，所以 NA 也傳回，非也。

NA 對於任何比較，對於 NA 而言皆是返回 NA，可參考下列範例。

實例 ch4_70：NA 在邏輯運算式的另一個應用。

```
> x <- c(9, 1, NA, 8, 6)
> x > 5
[1]  TRUE FALSE    NA  TRUE  TRUE
>
```

接下來考量的是 Inf 和 -Inf，可參考下列的範例。

實例 ch4_71：Inf 在邏輯運算式的應用。

```
> x <- c(9, 1, Inf, 8, 6)
> x[x > 5]
[1]   9 Inf   8   6
>
```

由上述範例可知，Inf 的確大於 5 所以上述也傳回 Inf 的索引。可以用下列範例驗證這個結果。

實例 ch4_72：Inf 在邏輯運算式的另一個應用。

```
> x <- c(9, 1, Inf, 8, 6)
> x > 5
[1]  TRUE FALSE  TRUE  TRUE  TRUE
>
```

很明顯，當比較 Inf 是否大於 5 時，是傳回 TRUE。接下來，下列是用 -Inf 測試的實例。

實例 ch4_73：-Inf 在邏輯運算式的應用。

```
> x <- c(9, 1, -Inf, 8, 6)
> x[x > 5]
[1] 9 8 6
> x > 5
[1]  TRUE FALSE FALSE  TRUE  TRUE
>
```

很明顯，-Inf 是小於 5，所以傳回 FALSE。

4-7-3　多組邏輯運算式的應用

再度使用 Jordon 的進球數，下列可得到 Jordon 的最高進球數和最低進球數。

實例 ch4_74：得到 Jordon 最高進球數和最低進球數。

```
> baskets.NBA2016.Jordon          # 了解Jordon的各場次進球數
[1] 12  8  9 15  7 12
> max.baskets.Jordon <- max(baskets.NBA2016.Jordon)
> min.baskets.Jordon <- min(baskets.NBA2016.Jordon)
>
```

有了以上資料，可用下列方法求得某區間的資料。

實例 ch4_75：下列是列出不是最高進球數和最低進球數的場次和進球數。

```
> max.baskets.Jordon <- max(baskets.NBA2016.Jordon)     # 最高進球數
> min.baskets.Jordon <- min(baskets.NBA2016.Jordon)     # 最低進球數
> lower.baskets <- baskets.NBA2016.Jordon < max.baskets.Jordon # 非最高進球場
次
> upper.baskets <- baskets.NBA2016.Jordon > min.baskets.Jordon #非最低進球場次
> range.basket.Jordon <- lower.baskets & upper.baskets # 我們要的區間場次
> which(range.basket.Jordon)                            # 列出我們要的區間場次
[1] 1 2 3 6
> baskets.NBA2016.Jordon[range.basket.Jordon]           # 列出區間場次的進球數
[1] 12  8  9 12
>
```

由上述運算可知，lower.baskets 是得到非最高進球的場次 [1, 2, 3, 5, 6] 是 TRUE，
upper.baskets 是得到非最低進球的場次 [1, 2, 3, 4, 6] 是 TRUE，接著我們用邏輯運算符
號 " & "，因此可以得到非最高進球與最低進球是 [1, 2, 3, 6] 場次。

4-7-4　NOT 運算式

從 4-7-2 節的範例可知，若向量中含缺失值 NA 時，會造成我們使用時的錯亂，碰上這類狀況，可先用 " is.na( ) " 函數判斷是否為 NA，然後再用 " !is.na( ) "，即可剔除 NA，可參考下列範例。

實例 ch4_76：NOT 運算式和 is.na( ) 函數的應用。

```
> x <- c(9, 1, NA, 8, 6)
> x[x > 5 & !is.na(x)]
[1] 9 8 6
>
```

若與 4-7-42 節的範例作比較，可以看到 NA 被剔除了。

4-7-5　邏輯值 TRUE 和 FALSE 的運算

R 語言和其他高階語言一樣 (例如 C 語言)，可以將 TRUE 視為 1，將 FALSE 視為 0 使用。下列範例可列出，Jordon 共有幾場進球數表現比 Lin 較好或一樣多。

實例 ch4_77：列出 Jordon 共有幾場進球數表現比 Lin 較好或一樣多。

```
> baskets.NBA2016.Jordon          # 了解Jordon的各場次進球數
[1] 12  8  9 15  7 12
> baskets.NBA2016.Lin             # 了解Lin的各場次進球數
[1]  7  8  6 11  9 12
> better.baskets <- baskets.NBA2016.Jordon >= baskets.NBA2016.Lin
> sum(better.baskets)
[1] 5
>
```

any( ) 函數的用法是，只要參數向量物件有 1 個元素是 TRUE，則傳回 TRUE。

實例 ch4_78：any( ) 函數的應用。

```
> baskets.NBA2016.Jordon          # 了解Jordon的各場次進球數
[1] 12  8  9 15  7 12
> baskets.NBA2016.Lin             # 了解Lin的各場次進球數
[1]  7  8  6 11  9 12
> better.baskets <- baskets.NBA2016.Jordon > baskets.NBA2016.Lin
> any(better.baskets)
[1] TRUE
>
```

上述範例，筆者將 better.baskets 調整為 Jordon 進球數需大於 Lin 的進球數，才傳回 TRUE。由於仍有 3 場 Jordon 進球數是大於 Lin，所以 any( ) 函數傳回 TRUE。

另外一個常用函數是 all( )，用法是，所有參數須是 TRUE，才傳回 TRUE。

實例 ch4_79：all( ) 函數的應用。

```
> baskets.NBA2016.Jordon          # 了解Jordon的各場次進球數
[1] 12  8  9 15  7 12
> baskets.NBA2016.Lin             # 了解Lin的各場次進球數
[1]  7  8  6 11  9 12
> better.baskets <- baskets.NBA2016.Jordon >= baskets.NBA2016.Lin
> all(better.baskets)
[1] FALSE
>
```

上述範例，筆者將 better.baskets 調整為 Jordon 進球數需大於或等於 Lin 的進球數，才傳回 TRUE。雖然有 5 場 Jordon 進球數是大於 Lin，但 all( ) 函數仍傳回 FALSE。

4-8 不同長度向量物件相乘的應用

實例 ch4_7 和 ch4_8 筆者介紹了，2 個不相同長度向量物件相加的實例，本節將講解 2 個不同長度向量物件相乘的應用，不同長度向量物件相乘基本原則是，長的向量物件是短向量物件的倍數，本節將直接以實例作說明。

實例 ch4_80：假設 baskets.Balls.Jordon 向量物件，奇數元素是單場 2 分球的進球數，偶數元素是 3 分球的進球數，請由此數據求出 Jordon 總得分及平均得分。

```
> baskets.Balls.Jordon <- c(12, 3, 8, 2, 9, 4, 15, 5, 7, 2, 12, 3) #列出6場球
賽2分球和3分球的進球數
> scores.Jordon <- baskets.Balls.Jordon * c(2, 3)       # 計算得分向量
> scores.Jordon                                         # 列出得分向量
 [1] 24  9 16  6 18 12 30 15 14  6 24  9
> sum(scores.Jordon)                                    # 列出Jordon6場比賽總得分
[1] 183
> scores.Average.Jordon <- sum(scores.Jordon) / 6       # 求出Jordon 6場比賽平均
得分
> scores.Average.Jordon                                 # 列出Jordon 6場比賽平均
得分
[1] 30.5
>
```

　　由上述實例可以看到 baskets.Balls.Jordon 的奇數元素會乘以 c(2, 3) 中的 2，偶數元素會乘以 c(2, 3) 中的 3，所以可以產生得分 scores.Jordon 向量物件，其中奇數元素是 2 分球產生的分數，偶數元素是 3 分球產生的分數。接著可以很輕鬆的計算 6 場比賽的總得分和平均得分。

4-9　向量物件的元素名稱

4-9-1　建立簡單含元素名稱的向量

　　雖然我們可以使用索引很方便取得向量物件的元素，R 語言有一個強大的功能是為向量的每一個元素命名，未來我們也可以利用物件的元素名稱引用元素內容。下列是建立向量物件，同時物件元素含名稱的方法。

```
object <- c(name1= data1, name2 = data2, … )
```

實例 ch4_81：為 Jordon 的前三場 NBA 得分，建立一個含元素名稱的向量。在本實例，除了建立此含元素名稱的向量 baskets.NBA.Jordon 物件外，同時列出各索引值和此物件的結構。

```
> baskets.NBA.Jordon <- c(first = 28, second = 31, third = 35)
> baskets.NBA.Jordon[1]
first
   28
> baskets.NBA.Jordon[2]
second
   31
> baskets.NBA.Jordon[3]
third
   35
> str(baskets.NBA.Jordon)
 Named num [1:3] 28 31 35
 - attr(*, "names")= chr [1:3] "first" "second" "third"
>
```

4-9-2　names( ) 函數

　　names( ) 函數可以查詢向量元素名稱，也可更改向量元素名稱。

實例 ch4_82：查詢前一範例所建的元素名稱。

```
> names(baskets.NBA.Jordon)
[1] "first"  "second" "third"
>
```

names( ) 函數也可以用來修改元素名稱。

實例 ch4_83：修改物件 baskets.NBA.Jordon 的元素名稱，以及驗證結果。

```
> names(baskets.NBA.Jordon) = c("Game1", "Game2", "Game3")  # 修改元素名稱
> baskets.NBA.Jordon
Game1 Game2 Game3
   28    31    35
>
```

如果想要刪除向量元素名稱，只要將其設為 NULL 即可，例如下列可以將上述實例所建向量 baskets.NBA.Jordon 的名稱刪除。

  names(baskets.NBA.Jordon) <- NULL

系統內建一個數據集 month.name，此向量物件內容如下。

```
> month.name
 [1] "January"   "February"   "March"    "April"     "May"
 [6] "June"      "July"       "August"   "September" "October"
[11] "November"  "December"
>
```

有了以上資料，我們將用另一種方式為向量建立元素名稱。

實例 ch4_84：建立一個月份表，這個月份表的元素含當月月份的英文名稱和當月天數。

```
> month.data <- c (31, 28, 31, 30, 31, 30, 31, 31, 30, 31, 30, 31)
> names(month.data) <- month.name
> month.data                # 列出結果
  January February    March    April      May     June     July
       31       28       31       30       31       30       31
   August September  October November December
       31       30       31       30       31
>
```

實例 ch4_85：列出 30 天的月份。

```
> names(month.data[month.data == 30])
[1] "April"     "June"        "September" "November"
>
```

4-9-3　使用系統內建的數據集 islands

這個數據及含有全球 48 個島嶼名稱及面積，其內容如下：

```
> islands
            Africa          Antarctica             Asia           Australia
             11506                5500            16988                2968
      Axel Heiberg              Baffin            Banks              Borneo
                16                 184               23                 280
           Britain             Celebes            Celon                Cuba
                84                  73               25                  43
             Devon           Ellesmere           Europe           Greenland
                21                  82             3745                 840
            Hainan          Hispaniola         Hokkaido              Honshu
                13                  30               30                  89
           Iceland             Ireland             Java              Kyushu
                40                  33               49                  14
             Luzon          Madagascar         Melville            Mindanao
                42                 227               16                  36
          Moluccas         New Britain       New Guinea     New Zealand (N)
                29                  15              306                  44
    New Zealand (S)        Newfoundland    North America       Novaya Zemlya
                58                  43             9390                  32
    Prince of Wales            Sakhalin    South America        Southampton
                13                  29             6795                  16
        Spitsbergen             Sumatra           Taiwan            Tasmania
                15                 183               14                  26
    Tierra del Fuego             Timor        Vancouver            Victoria
                19                  13               12                  82
>
```

上述數據集是依照英文字母排列此數據元素，下列是一系列取此數據子集的實例。

實例 ch4_86：取子集依島嶼大小從大排到小。

```
> newislands <- sort(islands, decreasing = TRUE)
> newislands
            Asia          Africa   North America   South America
           16988           11506            9390            6795
       Antarctica          Europe       Australia       Greenland
            5500            3745            2968             840
       New Guinea          Borneo      Madagascar          Baffin
             306             280             227             184
          Sumatra          Honshu         Britain       Ellesmere
             183              89              84              82
         Victoria         Celebes  New Zealand (S)           Java
              82              73              58              49
   New Zealand (N)           Cuba    Newfoundland           Luzon
              44              43              43              42
          Iceland        Mindanao         Ireland   Novaya Zemlya
              40              36              33              32
       Hispaniola        Hokkaido        Moluccas        Sakhalin
              30              30              29              29
          Tasmania          Celon           Banks           Devon
              26              25              23              21
  Tierra del Fuego   Axel Heiberg        Melville     Southampton
              19              16              16              16
       New Britain     Spitsbergen         Kyushu          Taiwan
              15              15              14              14
           Hainan  Prince of Wales          Timor       Vancouver
              13              13              13              12
```

實例 ch4_87：取得最小的 10 個島嶼。

```
> small10.islands <- tail(sort(islands, decreasing = TRUE), 10)
> small10.islands
        Melville     Southampton     New Britain     Spitsbergen
              16              16              15              15
          Kyushu          Taiwan          Hainan Prince of Wales
              14              14              13              13
           Timor       Vancouver
              13              12
>
```

如果只想取得島嶼的名稱，可參考下列範例。

實例 ch4_88：取得最大的 10 個島嶼的名稱，只列出名稱。

```
> big10.islands <- names(head(sort(islands, decreasing = TRUE), 10))
> big10.islands
 [1] "Asia"         "Africa"        "North America" "South America"
 [5] "Antarctica"   "Europe"        "Australia"     "Greenland"
 [9] "New Guinea"   "Borneo"
>
```

實例 ch4_89：以不用 head( ) 函數方式，完成前一個範例。

```
> big10.islands <- names(sort(islands, decreasing = TRUE)[1:10])
> big10.islands
 [1] "Asia"         "Africa"        "North America" "South America"
 [5] "Antarctica"   "Europe"        "Australia"     "Greenland"
 [9] "New Guinea"   "Borneo"
>
```

習題

一：是非題

(　) 1： 有 2 個指令如下：

```
> x <- -2.5:-3.9
> length(x)
```

上述指令執行結果如下：

[1] 3

(　) 2： 有 2 個指令如下：

```
> x <- 1:3
> y <- x + 9:11
```

上述指令執行後，下列的執行結果是正確的。

```
> y
[1] 10 11 12
```

(　) 3： 下列指令會出現 Warning message：

```
> x <- 1:5
> y <- x + 1:10
```

(　　) 4： 在 R 語言的 Console 視窗，若某列以數學符號 (+、-、*、/) 作結尾，此時 R
語言的編譯器會知道下一列是接續此列。

(　　) 5： 有 2 個指令如下：

```
> x <- c(7, 12, 6, 20, 9)
> sort(x)
```

上述指令執行結果如下所示。

```
[1] 20 12  9  7  6
```

(　　) 6： 有 1 個指令如下：

```
> sum(c(99, NA, 101, NA), na.rm = TRUE)
```

上述指令執行時會有錯誤訊息產生。

(　　) 7： 字串是可以用雙引號 (") 也可以用單引號 (') 包夾。

(　　) 8： 有 4 個指令如下：

```
> x1 <- c(1:2)
> x2 <- c(1.5:2.5)
> x3 <- c(x1, x2)
> class(x3)
```

上述指令的執行結果如下：

```
[1] "numeric"
```

(　　) 9： 有 2 個指令如下：

```
> x <- 1:5
> x[-(2:5)]
```

上述指令執行結果如下。

```
[1] 1
```

(　　) 10： 有 2 個指令如下：

```
> head(letters)
[1] "a" "b" "c" "d" "e" "f"
> letters[c(1, 5)]
```

上述指令執行結果如下。

```
[1] "e"
```

(　) 11：有 2 個指令如下：

```
> x <- c(10, NA, 3, 8)
> x[x > 6]
```

上述指令執行結果如下。

```
[1] 10 NA  8
```

(　) 12：有 3 個指令如下：

```
> x <- c(10, Inf, 3, 8)
> y <- x > 6
> any(y)
```

上述指令執行結果如下。

```
[1] FALSE
```

(　) 13：有 3 個指令如下：

```
> x <- c(5, 7)
> names(x) <- c("Game1", "Game2")
> names(x) <- NULL
```

上述指令相當於是將 x 向量元素值設為 0。

(　) 14：有 2 個指令如下：

```
> x.small <- names(head(sort(islands)))
> y.small <- names(sort(islands)[1:6])
```

上述 x.small 和 y.small 兩個向量內容是相同。

(　) 15：R 語言邏輯運算的結果只可能有兩種：TRUE 與 FALSE。

(　) 16：有一道指令如下：

```
> x[ is.na(x) ] <- 0
```

設定後，會將 x 物件內的所有缺失值以 0 替代。

(　) 17：有一道指令如下：

> x <- seq(-10, 10, 15)

執行後 x 向量的最大值是 10。

二：選擇題

(　) 1： 假設有 n 個字母，想瞭解這 n 個字母的排列組合方法，下列那一個函數可以最方便解這類問題。

A：max( )　　　　B：mean( )　　　　C：sd( )　　　　D：prod( )

(　) 2： 以下指令會得到何數值結果？

```
> x <- 1:3
> y <- x + 1:6
> y
```

A：[1] 1 3 5　　B：[1] 2 4 5　　C：[1] 2 4 6 5 7 8　　D：[1] 2 4 5 6 8 9

(　) 3： 以下指令會得到何數值結果？

```
> seq(1, 9, length.out = 5)
```

A：[1] 1 3 5 7 9　　　　　　　B：[1] 1 6
C：[1] 1 2 3 4 5 6　　　　　　D：[1] 5 6 7 8 9

(　) 4： 以下那一指令會得到下列結果？

```
[1] 2 2 2
```

A： > rep(3, 2)

B： > rep(2, 3)

C： > rep(2, 2, 2)

D： > rep(3, 2, 2)

(　) 5： 以下指令會得到何數值結果？

```
> x <- mean(8:12)
> x
```

A：[1] 10　　　　B：[1] 8　　　　C：[1] 12　　　　D：[1] 5

(　) 6： 以下指令會得到何數值結果？

```
> x <- c(12, 7, 8, 4, 19)
> rank(x)
```

A：**[1]** 12 7 8 4 19

B：**[1]** 4 7 8 12 19

C：**[1]** 4 2 3 1 5

D：**[1]** 19 12 8 7 4

(　) 7： 以下指令會得到何數值結果？

```
> max(c(9, 99, Inf, NA))
```

A：[1] 9　　　　B：[1] 99　　　　C：[1] Inf　　　　D：[1] NA

(　) 8： 以下指令會得到何數值結果？

```
> max(c(9, 99, Inf, NA), na.rm = TRUE)
```

A：[1] 9　　　　B：[1] 99　　　　C：[1] Inf　　　　D：[1] NA

(　) 9： 以下指令會得到何數值結果？

```
> x <- c("Hi!", "Good", "Morning")
> nchar(x)
```

A：[1] 3 4 7　　　B：[1] 3　　　　C：[1] 14　　　　D：[1] 7 7

(　) 10： 以下指令會得到何結果？

```
> head(letters, 5)
[1] "a" "b" "c" "d" "e"
> letters[c(1, 5)]
```

A：[1] "a"　　　B：[1] "a" "e"　　C：[1] "b"　　　D：[1] "b" "c" "d"

(　) 11： 以下指令會得到何數值結果？

```
> x <- c(8, 12, 19, 4, 5)
> which.max(x)
```

A：[1] 19　　　　B：[1] 3　　　　C：[1] 4　　　　D：[1] 5

( ) 12：以下指令會得到何數值結果？

```
> x <- c(6, 9, NA, 4, 2)
> x[x > 5 & !is.na(x)]
```

A：[1] 6 9   B：[1] 6 9 NA   C：[1] 6 9 NA 4 2   D：[1] 4 2

( ) 13：有以下指令：

```
> x1 <- c(9, 6, 8, 3, 4)
> x2 <- c(6, 10, 1, 2, 5)
> y <- x1 >= x2
```

將 y 放進那一個函數內可以得到下列結果。

[1] FALSE

A：any( )   B：rev( )   C：sort( )   D：all( )

( ) 14：使用 head( ) 或 tail( ) 函數，若省略第 2 個參數，系統將自動返回多少元素。

A：1   B：3   C：5   D：6

( ) 15：有以下指令。

```
> x <- 1:10
> names(x) <- letters[x]
> x
 a  b  c  d  e  f  g  h  i  j
 1  2  3  4  5  6  7  8  9 10
```

以下哪種方法不能傳回 x 向量的前 5 個元素，即：

```
a b c d e
1 2 3 4 5
```

A：x["a", "b", "c", "d", "e"]   B：x[1:5]

C：head(x, 5)   D：x[letters[1:5]]

( ) 16：以下指令集會得到何數值結果？

```
> x <- seq(-2, 2, 0.5)
> length(x)
```

A：[1] 5   B：[1] 9   C：[1] 2   D：[1] 8

(　) 17：以下指令集會得到何數值結果？

```
> c(3, 2, 1) == 2
```

A：[1] TRUE   B：[1] FALSE

C：[1] FALSE TRUE FALSE   D：[1] NA

三：複選題

(　) 1： 以下哪些方式可以用來計算 1, 2, 3, 4 的平均值，執行結果如下所示：(選擇 2 項)

[1] 2.5

A：mean(1, 2, 3, 4)   B：mean(c(1, 2, 3, 4))

C：sum(c(1, 2, 3, 4))/4   D：max(c(1, 2, 3, 4))

E：ave(c(1, 2, 3, 4))

(　) 2： 以下哪些函數可以用來產生 x 向量，x 向量的值如下：(選擇 3 項)

```
 [1]  1  2  3  4  5  6  7  8  9 10
```

A：seq(10)   B：seq_len(10)

C：numeric(10)   D：1:10

E：seq(1,10,10)

四：實作題 (題目下方是筆者自訂資料的解答)

1： 建立家人的向量資料。

　 a： 將家人名字（至少 10 人）建立為字串向量，可用英文，同時為每一個元素建立名稱，並列印出來。

```
> fname
[1] "Austin"  "Ben"      "Charlie" "Danial" "Ellen"   "Frank"
[7] "Golden"  "Helen"    "Ivan"    "Jessie"
```

　 b： 將家人或親人（至少 10 人）的血型建立為字元向量，同時為每一個元素建立名稱，並列印出來。

```
> fblood
 Austin     Ben Charlie  Danial   Ellen   Frank  Golden   Helen
    "A"     "O"     "O"     "B"     "O"     "B"     "A"    "AB"
   Ivan  Jessie
    "O"     "O"
```

c: 將家人或親人（至少10人）的年齡建立為整數向量，同時為每一個元素建立
名稱，並列印出來。

```
> fage
  Austin      Ben Charlie  Danial   Ellen   Frank  Golden   Helen
      22       23      21      20      20      19      18      18
    Ivan  Jessie
      19       20
```

d: 將上述所建的年齡向量，執行從小排序到大。

```
> agesort
  Golden   Helen   Frank    Ivan  Danial   Ellen  Jessie Charlie
      18       18      19      19      20      20      20      21
  Austin      Ben
      22       23
```

e: 將上述所建的年齡向量，執行從大排到小。

```
> reagesort
     Ben  Austin Charlie  Danial   Ellen  Jessie   Frank    Ivan
      23       22      21      20      20      20      19      19
  Golden   Helen
      18       18
```

2: 參考實例 ch4_84，列出當月有 31 天的月份。

```
> names(month.data[month.data==31])
[1] "January"  "March"    "May"      "July"     "August"   "October"
[7] "December"
```

3: 使用系統內建數據集 islands，列出排序第 30 和 35 名的島名稱和面積。

```
New Zealand (S)          Honshu
             58              89
```

4: 使用系統內建數據集 islands，列出最小 15 大的島名稱和面積。

```
    Vancouver          Hainan Prince of Wales            Timor
           12              13              13               13
      Kyushu          Taiwan     New Britain      Spitsbergen
           14              14              15               15
 Axel Heiberg        Melville     Southampton Tierra del Fuego
           16              16              16               19
        Devon           Banks           Celon
           21              23              25
```

5：　使用系統內建數據集 islands，列出前 15 大島名稱和面積。

Britain	Honshu	Sumatra	Baffin
84	89	183	184
Madagascar	Borneo	New Guinea	Greenland
227	280	306	840
Australia	Europe	Antarctica	South America
2968	3745	5500	6795
North America	Africa	Asia	
9390	11506	16988	

6：　使用系統內建數據集 islands，分別列出排序奇數的島名稱和面積。

Vancouver	Prince of Wales	Kyushu	New Britain
12	13	14	15
Axel Heiberg	Southampton	Devon	Celon
16	16	21	25
Moluccas	Hispaniola	Novaya Zemlya	Mindanao
29	30	32	36
Luzon	Newfoundland	Java	Celebes
42	43	49	73
Victoria	Honshu	Baffin	Borneo
82	89	184	280
Greenland	Europe	South America	Africa
840	3745	6795	11506

7：　使用系統內建數據集 islands，分別列出排序偶數的島名稱和面積。

Hainan	Timor	Taiwan	Spitsbergen
13	13	14	15
Melville	Tierra del Fuego	Banks	Tasmania
16	19	23	26
Sakhalin	Hokkaido	Ireland	Iceland
29	30	33	40
Cuba	New Zealand (N)	New Zealand (S)	Ellesmere
43	44	58	82
Britain	Sumatra	Madagascar	New Guinea
84	183	227	306
Australia	Antarctica	North America	Asia
2968	5500	9390	16988

第五章

處理矩陣與更高維數據

向量 (Vector) 相當於是 Microsoft Excel 表格的一列 (row) 或一行 (column)，同時存放著相同類型的資料。在真實的世界裡，這是不夠的，我們常碰上需要處理不同類型的資料。

數據資料中，一維資料稱向量 (Vector)、二維資料稱矩陣 (Matrix)，超過二維的資料稱陣列組 (Array)。

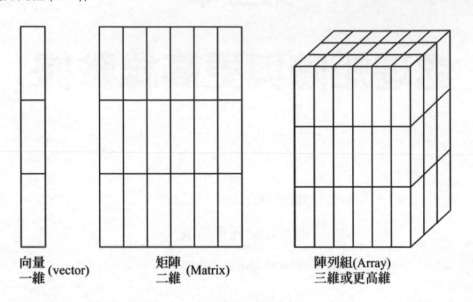

向量　(vector)　　　　矩陣　(Matrix)　　　　陣列組(Array)
一維　　　　　　　　　二維　　　　　　　　　三維或更高維

此外，也可將 Vector 稱一維 Array，將矩陣 (Matrix) 稱二維 Array，其餘則依維度數稱 N 維 Array。

5-1 矩陣 Matrix

若是將向量想成線，可將矩陣想成面，如上圖所示。對 R 程式設計師而言，首先要思考的是，如何建立矩陣。

5-1-1 建立矩陣

建立矩陣可使用 matrix( ) 函數，格式如下：

```
matrix(data, nrow = ?, ncol = ?, byrow = logical, dimnames = NULL)
```

　　data：數據資料

　　nrow：預計列的數量

　　ncol：預計欄的數量

　　byrow：邏輯值。預設是 FALSE，表示先循欄 (col) 填資料，第 1 欄填滿再填第 2 欄，其它依此類推，此時可省略此參數。如果是 TRUE 則先填列 (row) 第 1 列填滿再填第 2 列，其它依此類推。

　　dimnames：矩陣屬性。

實例 ch5_1：建立 first.matrix，資料 1:12，4 列矩陣。

```
> first.matrix <- matrix(1:12, nrow = 4)
> first.matrix
     [,1] [,2] [,3]
[1,]    1    5    9
[2,]    2    6   10
[3,]    3    7   11
[4,]    4    8   12
>
```

實例 ch5_2：建立 second.matrix，資料 1:12，4 列矩陣，byrow 設為 TRUE。

```
> second.matrix <- matrix(1:12, nrow = 4, byrow = TRUE)
> second.matrix
     [,1] [,2] [,3]
[1,]    1    2    3
[2,]    4    5    6
[3,]    7    8    9
[4,]   10   11   12
>
```

實例 ch5_3：建立 third.matrix，資料 1:12，4 列矩陣，byrow 設為 FALSE。這個實例結果與 ch5_1 相同。

```
> third.matrix <- matrix(1:12, nrow = 4, byrow = FALSE)
> third.matrix
     [,1] [,2] [,3]
[1,]    1    5    9
[2,]    2    6   10
[3,]    3    7   11
[4,]    4    8   12
>
```

5-1-2　認識矩陣的屬性

str( ) 函數也可以查看矩陣物件的結構。

實例 ch5_4：使用 str( ) 函數查看 first.matrix 和 second.matrix 的結構。

```
> str(first.matrix)
 int [1:4, 1:3] 1 2 3 4 5 6 7 8 9 10 ...
> str(second.matrix)
 int [1:4, 1:3] 1 4 7 10 2 5 8 11 3 6 ...
>
```

nrow( ) 函數可以得到矩陣的列數。

實例 ch5_5：使用 nrow( ) 函數查看 first.matrix 和 second.matrix 的列數。

```
> nrow(first.matrix)
[1] 4
> nrow(second.matrix)
[1] 4
>
```

ncol( ) 函數可以得到矩陣的欄數。

實例 ch5_6：使用 ncol( ) 函數查看 first.matrix 和 second.matrix 的欄數。

```
> ncol(first.matrix)
[1] 3
> ncol(second.matrix)
[1] 3
>
```

dim( ) 函數則可以獲得矩陣物件的列數和欄數。

實例 ch5_7：使用 dim( ) 函數查看 first.matrix 和 second.matrix 的列數和欄數。

```
> dim(first.matrix)
[1] 4 3
> dim(second.matrix)
[1] 4 3
>
```

此外，length( ) 函數也可用於取得矩陣 (Matrix) 或陣列組 (Array) 物件的元素個數。

實例 ch5_8：取得 first.matrix 和 second.matrix 的元素個數。

```
> length(first.matrix)
[1] 12
> length(second.matrix)
[1] 12
>
```

is.matrix( ) 函數可用於檢查物件是否是矩陣。

實例 ch5_9：檢查 first.matrix 和 second.matrix 是否是矩陣。

```
> is.matrix(first.matrix)
[1] TRUE
> is.matrix(second.matrix)
[1] TRUE
>
```

is.array( ) 函數可用於檢查物件是否 Array。

實例 ch5_10：檢查 first.matrix 和 second.matrix 是否是 Array。

```
> is.array(first.matrix)
[1] TRUE
> is.array(second.matrix)
[1] TRUE
>
```

5-1-3　將向量組成矩陣

R 語言提供 rbind( ) 函數可將 2 個或多個向量組成矩陣，各自佔用一列，只要各向量之間能成倍數即可，並不一定要長度相等。

實例 ch5_11：使用 rbind( ) 函數，簡單將 2 個向量組成矩陣的實例。

```
> v1 <- c(7, 11, 15)          # 向量1
> v2 <- c(5, 10, 9)           # 向量2
> a1 <- rbind(v1, v2)         # 組合
> a1
   [,1] [,2] [,3]
v1   7   11   15
v2   5   10    9
>
```

由上圖可以看到矩陣左邊保留了原向量名稱，後面章節會介紹如何使用這個向量名稱。

實例 ch5_12：矩陣也可以和向量組合成矩陣。

```
> v3 <- c(3, 6, 12)              # 向量3
> a2 <- rbind(a1, v3)            # 組合
> a2
   [,1] [,2] [,3]
v1    7   11   15
v2    5   10    9
v3    3    6   12
>
```

在上一章筆者講解了有關 baskets.NBA2016.Jordon 和 baskets.NBA2016.Lin 這 2 個向量物件，下列是將這 2 個物件組成矩陣的實例。

實例 ch5_13：將這 2 個物件組成矩陣的實例。

```
> baskets.NBA2016.Lin
[1]  7  8  6 11  9 12
> baskets.NBA2016.Jordon
[1] 12  8  9 15  7 12
> baskets.NBA2016.Team <- rbind(baskets.NBA2016.Lin, baskets.NBA2016.Jordon)
> baskets.NBA2016.Team
                       [,1] [,2] [,3] [,4] [,5] [,6]
baskets.NBA2016.Lin       7    8    6   11    9   12
baskets.NBA2016.Jordon   12    8    9   15    7   12
>
```

cbind( ) 函數可將 2 個或多個向量組成矩陣，功能類似 rbind( ) 不過，它是以矩陣欄方式組織向量。

實例 ch5_14：使用 cbind( ) 函數重新設計實例 ch5_11。

```
> v1 <- c(7, 11, 15)            # 向量1
> v2 <- c(5, 10, 9)             # 向量2
> a3 <- cbind(v1, v2)           # 組合
> a3
     v1 v2
[1,]  7  5
[2,] 11 10
[3,] 15  9
>
```

實例 ch5_15：使用 cbind( ) 將 2 個向量與 1 個矩陣組成矩陣的應用。

```
> cbind(1:3, 11:13, matrix(21:26, nrow = 3))
     [,1] [,2] [,3] [,4]
[1,]    1   11   21   24
[2,]    2   12   22   25
[3,]    3   13   23   26
>
```

5-2 取得矩陣元素的值

使用索引執行矩陣元素的存取與上一章所述存取向量類似。

5-2-1 矩陣元素的取得

與向量相同，索引必須在中括號內，中括號參數第一個是列 (row)，第二個是欄 (col)。

實例 ch5_16：使用實例 ch5_12 所建矩陣物件 a2，取得 a2[2, 1] 和 a2[1, 3] 的值。

```
> a2
   [,1] [,2] [,3]
v1    7   11   15
v2    5   10    9
v3    3    6   12
> a2[2, 1]
v2
 5
> a2[1, 3]
v1
15
>
```

在矩陣元素內容取得時，如果原先矩陣有列名或欄名也將同時列出。假設有一個 my.matrix 矩陣 (matrix) 內容如下，下列是一系列取得此矩陣內容值的實例 (ch5_17 至 ch5_22)。

```
> my.matrix <- matrix(1:20, nrow = 4)
> my.matrix
     [,1] [,2] [,3] [,4] [,5]
[1,]    1    5    9   13   17
```

```
[2,]    2    6   10   14   18
[3,]    3    7   11   15   19
[4,]    4    8   12   16   20
>
```

實例 ch5_17：取得 my.matrix[3, 5]。

```
> my.matrix[3, 5]
[1] 19
>
```

實例 ch5_18：取得 my.matrix[2,]，相當於取得第 2 列所有元素。

```
> my.matrix[2, ]
[1]  2  6 10 14 18
>
```

註　當某一索引被省略時，代表該維度的列或欄，皆必須被計算在內。

實例 ch5_19：取得 my.matrix[, 3]，相當於取得第 3 欄所有元素。

```
> my.matrix[ , 3]
[1]  9 10 11 12
>
```

實例 ch5_20：取得 my.matrix[2, c(3,4)]，相當於取得第 2 列第 3 和第 4 欄元素。

```
> my.matrix[2, c(3,4)]
[1] 10 14
>
```

　　也可將上述指令改寫成下列指令格式。

```
> my.matrix[2, 3:4]
[1] 10 14
>
```

實例 ch5_21：取得 my.matrix[3:4, 4:5]，相當於取得第 3 列到第 4 列和第 4 欄到第 5 欄。所取得資料也是一個矩陣。

```
> my.matrix[3:4, 4:5]
     [,1] [,2]
[1,]   15   19
[2,]   16   20
>
```

實例 ch5_22：取得第 3 列和第 4 列所有資料。

```
> my.matrix[3:4, ]
     [,1] [,2] [,3] [,4] [,5]
[1,]    3    7   11   15   19
[2,]    4    8   12   16   20
>
```

5-2-2 使用負索引取得矩陣元素

對於矩陣，使用負索引，相當於拿掉負索引所指的列 (row) 或欄 (col)。

實例 ch5_23：取得第 3 列，第 4 欄以外所有元素。

```
> my.matrix
     [,1] [,2] [,3] [,4] [,5]
[1,]    1    5    9   13   17
[2,]    2    6   10   14   18
[3,]    3    7   11   15   19
[4,]    4    8   12   16   20
> my.matrix[-3, -4]
     [,1] [,2] [,3] [,4]
[1,]    1    5    9   17
[2,]    2    6   10   18
[3,]    4    8   12   20
>
```

實例 ch5_24：取得第 3 列和第 4 列，第 4 欄以外所有元素。

```
> my.matrix
     [,1] [,2] [,3] [,4] [,5]
[1,]    1    5    9   13   17
[2,]    2    6   10   14   18
[3,]    3    7   11   15   19
[4,]    4    8   12   16   20
> my.matrix[-c(3:4), -4]
     [,1] [,2] [,3] [,4]
[1,]    1    5    9   17
[2,]    2    6   10   18
>
```

5-3 修改矩陣的元素值

修改矩陣 (Matrix) 的值與修改向量 (Vector) 的值類似。

實例 ch5_25：修改 my.matrix[3, 2] 的值為 100。

```
> my.matrix                # 修改前
     [,1] [,2] [,3] [,4] [,5]
[1,]    1    5    9   13   17
[2,]    2    6   10   14   18
[3,]    3    7   11   15   19
[4,]    4    8   12   16   20
> my.matrix[3, 2] <- 100   # 修改
> my.matrix                # 修改後
     [,1] [,2] [,3] [,4] [,5]
[1,]    1    5    9   13   17
[2,]    2    6   10   14   18
[3,]    3  100   11   15   19
[4,]    4    8   12   16   20
>
```

我們也可以直接更改整列 (row) 或整欄 (col) 值。

實例 ch5_26：修改 my.matrix 矩陣，將整個第 3 列 (row) 改成 101 的應用。

```
> my.matrix                     # 修改前
     [,1] [,2] [,3] [,4] [,5]
[1,]    1    5    9   13   17
[2,]    2    6   10   14   18
[3,]    3  100   11   15   19
[4,]    4    8   12   16   20
> my.matrix[3, ] <- 101
> my.matrix                     # 修改後
     [,1] [,2] [,3] [,4] [,5]
[1,]    1    5    9   13   17
[2,]    2    6   10   14   18
[3,]  101  101  101  101  101
[4,]    4    8   12   16   20
>
```

實例 ch5_27：修改 my.matrix 矩陣，將整個第 4 欄 (col) 元素值修改的應用。

```
> my.matrix                   # 修改前
     [,1] [,2] [,3] [,4] [,5]
[1,]    1    5    9   13   17
[2,]    2    6   10   14   18
[3,]  101  101  101  101  101
[4,]    4    8   12   16   20
> my.matrix[, 4] <- c(3, 9)
> my.matrix                   # 修改後
     [,1] [,2] [,3] [,4] [,5]
[1,]    1    5    9    3   17
[2,]    2    6   10    9   18
[3,]  101  101  101    3  101
[4,]    4    8   12    9   20
>
```

實例 ch5_28：修改 my.matrix 矩陣，將整個第 4 欄 (col) 元素值修改的應用。

```
> my.matrix                   # 修改前
     [,1] [,2] [,3] [,4] [,5]
[1,]    1    5    9    3   17
[2,]    2    6   10    9   18
[3,]  101  101  101    3  101
[4,]    4    8   12    9   20
> my.matrix[, 4] <- c(25:28)
> my.matrix                   # 修改後
     [,1] [,2] [,3] [,4] [,5]
[1,]    1    5    9   25   17
[2,]    2    6   10   26   18
[3,]  101  101  101   27  101
[4,]    4    8   12   28   20
>
```

實例 ch5_29：修改矩陣子集的應用，這個範例將修改 my.matrix[3:4, 2:3]。

```
> my.matrix                   # 修改前
     [,1] [,2] [,3] [,4] [,5]
[1,]    1    5    9   25   17
[2,]    2    6   10   26   18
[3,]  101  101  101   27  101
[4,]    4    8   12   28   20
> my.matrix[3:4, 2:3] <- c(10, 31, 22, 99)
> my.matrix                   # 修改後
     [,1] [,2] [,3] [,4] [,5]
[1,]    1    5    9   25   17
[2,]    2    6   10   26   18
[3,]  101   10   22   27  101
[4,]    4   31   99   28   20
>
```

實例 ch5_30：用一個小矩陣，修改原矩陣之子集。

```
> my.matrix                      # 修改前
    [,1] [,2] [,3] [,4] [,5]
[1,]   1    5    9   25   17
[2,]   2    6   10   26   18
[3,] 101   10   22   27  101
[4,]   4   31   99   28   20
> my.matrix[3:4, 2:3] <- matrix(1:4, nrow = 2)
> my.matrix                      # 修改後
    [,1] [,2] [,3] [,4] [,5]
[1,]   1    5    9   25   17
[2,]   2    6   10   26   18
[3,] 101    1    3   27  101
[4,]   4    2    4   28   20
>
```

實例 ch5_31：用一個小矩陣，修改原矩陣之子集，採用列 (row) 優先方式。

```
> my.matrix                      # 修改前
    [,1] [,2] [,3] [,4] [,5]
[1,]   1    5    9   25   17
[2,]   2    6   10   26   18
[3,] 101    1    3   27  101
[4,]   4    2    4   28   20
> my.matrix[3:4, 2:3] <- matrix(5:8, nrow = 2, byrow = TRUE)
> my.matrix                      # 修改後
    [,1] [,2] [,3] [,4] [,5]
[1,]   1    5    9   25   17
[2,]   2    6   10   26   18
[3,] 101    5    6   27  101
[4,]   4    7    8   28   20
>
```

5-4 降低矩陣的維度

　　使用負索引取得矩陣部分元素時，如果所取得的部分元素剩一列或一欄，則 R 語言將自動降低維度，從矩陣變向量。

實例 ch5_32：3 列 4 欄矩陣降為向量的應用，這個範例會捨棄第 2 列和第 3 列。

```
> simple.matrix <- matrix(1:12, nrow = 3)
> simple.matrix
     [,1] [,2] [,3] [,4]
[1,]    1    4    7   10
[2,]    2    5    8   11
[3,]    3    6    9   12
> simple.matrix[-c(2, 3), ]
[1]  1  4  7 10
>
```

其實如果捨棄一個矩陣的某些元素，整個矩陣也將降為向量。

實例 ch5_33：3 列 4 欄矩陣降為向量的應用，這個範例會捨棄 [2, 3] 元素，最後整個矩陣將變為向量。

```
> simple.matrix <- matrix(1:12, nrow = 3)
> simple.matrix
     [,1] [,2] [,3] [,4]
[1,]    1    4    7   10
[2,]    2    5    8   11
[3,]    3    6    9   12
> simple.matrix[-c(2, 3)]
 [1]  1  4  5  6  7  8  9 10 11 12
>
```

假設有數列 (row) 或數欄 (col) 的矩陣，部分資料被捨棄，只剩一列或一欄時，如果仍希望此物件以矩陣方式呈現，可增加 "drop = FALSE" 參數。

實例 ch5_34：類似實例 ch5_32 將 3 列 4 欄矩陣降為 1 列 4 欄，但物件仍保持矩陣格式。

```
> simple.matrix <- matrix(1:12, nrow = 3)
> simple.matrix
     [,1] [,2] [,3] [,4]
[1,]    1    4    7   10
[2,]    2    5    8   11
[3,]    3    6    9   12
> simple.matrix[-c(2, 3), , drop = FALSE]
     [,1] [,2] [,3] [,4]
[1,]    1    4    7   10
>
```

5-5 矩陣的列名和欄名

其實直接輸入矩陣物件名稱就可以瞭解該矩陣物件的列名 (row name) 和欄名 (column name)。

實例 ch5_35：瞭解前一節所建的 simple.matrix 矩陣物件的列名和欄名。

```
> simple.matrix
     [,1] [,2] [,3] [,4]
[1,]    1    4    7   10
[2,]    2    5    8   11
[3,]    3    6    9   12
>
```

從上述執行結果可知，simple.matrix 是沒有列名和欄名。

實例 ch5_36：了解程式實例 ch5_13 所建 baskets.NBA2016.TEAM 物件的列名和欄名。

```
> baskets.NBA2016.Team
                    [,1] [,2] [,3] [,4] [,5] [,6]
baskets.NBA2016.Lin      7    8    6   11    9   12
baskets.NBA2016.Jordon  12    8    9   15    7   12
>
```

由上述可知，baskets.NBA2016.TEAM 物件有 2 個列名，分別是 baskets.NBA2016. Lin 和 baskets.NBA2016.Jordon。不過，此物件沒有欄名。

5-5-1 取得和修改矩陣物件的列名和欄名

rownames( ) 函數可以取得和修改矩陣物件的列名。

colnames( ) 函數可以取得和修改矩陣物件的欄名。

實例 ch5_37：使用 rownames( ) 函數取得 baskets.NBA2016.Team 和 simple.matrix 的列名。

```
> rownames(simple.matrix)              # 取得列名
NULL
> rownames(baskets.NBA2016.Team)       # 取得列名
[1] "baskets.NBA2016.Lin"     "baskets.NBA2016.Jordon"
>
```

　　從上述實例可知，我們已經使用 rownames( ) 函數取得了 baskets.NBA2016.Team 的列名，但是名稱似乎太長了，下一個實例是更改列名。

實例 ch5_38：將矩陣物件 baskets.NBA2016.Team 的列名分別改成 Lin 和 Jordon。

```
> rownames(baskets.NBA2016.Team) <- c("Lin", "Jordon")
> rownames(baskets.NBA2016.Team)
[1] "Lin"    "Jordon"
>
```

　　從實例 ch5_36 可知 baskets.NBA2016.Team 矩陣物件共有 6 欄，其實每一欄位代表每一場球，我們可參考下列範例，設定物件的欄名。

實例 ch5_39：設定 baskets.NBA2016.Team 物件的欄名。

```
> colnames(baskets.NBA2016.Team)        # 瞭解目前沒有欄名
NULL
> colnames(baskets.NBA2016.Team) <- c("1st", "2nd", "3rd", "4th", "5th", "6t
h")                                     # 設定欄名
> colnames(baskets.NBA2016.Team) # 驗證結果
[1] "1st" "2nd" "3rd" "4th" "5th" "6th"
> baskets.NBA2016.Team               # 另一方式驗證結果
       1st 2nd 3rd 4th 5th 6th
Lin      7   8   6  11   9  12
Jordon  12   8   9  15   7  12
>
```

　　如果我們想要修改某個欄名，可參考下列實例。

實例 ch5_40：將第 4 欄索引值的欄名由 "4th"，改成 "4"。本實例筆者會先複製一份矩陣物件 baskets.NEW，然後再使用這份新的物件執行修改欄名的工作。

```
> baskets.NBA2016.Team
       1st 2nd 3rd 4th 5th 6th
Lin      7   8   6  11   9  12
Jordon  12   8   9  15   7  12
> baskets.New <- baskets.NBA2016.Team
> colnames(baskets.New)[4] <- "4"
> baskets.New            # 驗證結果
       1st 2nd 3rd   4 5th 6th
Lin      7   8   6  11   9  12
Jordon  12   8   9  15   7  12
>
```

　　如果我們想要將整個欄名或列名刪除，只要將整個欄名或列名設為 NULL 即可。

實例 ch5_41：baskets.New 物件的欄名刪除。

```
> baskets.New          # 檢查欄名
       1st 2nd 3rd  4 5th 6th
Lin      7   8   6 11   9  12
Jordon  12   8   9 15   7  12
> colnames(baskets.New) <- NULL
> baskets.New              # 驗證結果
       [,1] [,2] [,3] [,4] [,5] [,6]
Lin       7    8    6   11    9   12
Jordon   12    8    9   15    7   12
>
```

5-5-2　dimnames( ) 函數

　　列名和欄名事實上是存在 dimnames 的屬性中，我們可以使用 dimnames( ) 函數取得和修改這個屬性值。

實例 ch5_42：使用 dimnames( ) 函數取得矩陣物件的列名和欄名。

```
> dimnames(baskets.New)
[[1]]
[1] "Lin"     "Jordon"

[[2]]
NULL
```

　　由上述執行結果可以知道，目前 baskets.New 物件列名分別是 "Lin"、"Jordon"，沒有欄名。

實例 ch5_43：使用 dimnames( ) 函數設定矩陣物件的欄名。

```
> dimnames(baskets.New)[[2]] <- c("1st", "2nd", "3rd", "4th", "5th", "6th")
> dimnames(baskets.New)
[[1]]
[1] "Lin"     "Jordon"

[[2]]
[1] "1st" "2nd" "3rd" "4th" "5th" "6th"

>
```

5-6 將列名或欄名作為索引

一個矩陣有了列名和欄名後，R 的重要特色是，可以將這些名稱代替數字型式的索引，取得矩陣物件的元素，讓整個程式可讀性更高。

實例 ch5_44：使用 baskets.New 物件，取得 Lin 第 3 場進球數。

```
> baskets.New["Lin", "3rd"]
[1] 6
>
```

實例 ch5_45：使用 baskets.New 物件，取得 Jordon 第 2 場和第 5 場的進球數。

```
> baskets.New["Jordon", c("2nd", "5th")]
2nd 5th
  8   7
>
```

實例 ch5_46：使用 baskets.New 物件，取得 Jordon 所有場次的進球數。

```
> baskets.New["Jordon", ]
1st 2nd 3rd 4th 5th 6th
 12   8   9  15   7  12
>
```

實例 ch5_47：使用 baskets.New 物件，取得第 5 場所有球員的進球數。

```
> baskets.New[ , "5th"]
   Lin Jordon
     9      7
>
```

5-7 矩陣的運算

5-7-1 矩陣與一般常數的四則運算

碰上這種狀況，只要將各個元素與該常數分別執行運算即可。在正式介紹實例前，筆者先建立下列 m1.matrix 矩陣。

```
> m1.matrix <- matrix(1:12, nrow = 3)
> m1.matrix
     [,1] [,2] [,3] [,4]
[1,]    1    4    7   10
[2,]    2    5    8   11
[3,]    3    6    9   12
```

實例 ch5_48：將 m1.matrix 矩陣加 3。

```
> m2.matrix <- m1.matrix + 3
> m2.matrix
     [,1] [,2] [,3] [,4]
[1,]    4    7   10   13
[2,]    5    8   11   14
[3,]    6    9   12   15
>
```

實例 ch5_49：將 m2.matrix 矩陣減 1。

```
> m3.matrix <- m2.matrix - 1
> m3.matrix
     [,1] [,2] [,3] [,4]
[1,]    3    6    9   12
[2,]    4    7   10   13
[3,]    5    8   11   14
>
```

實例 ch5_50：將 m3.matrix 矩陣乘 5。

```
> m4.matrix <- m3.matrix * 5
> m4.matrix
     [,1] [,2] [,3] [,4]
[1,]   15   30   45   60
[2,]   20   35   50   65
[3,]   25   40   55   70
>
```

實例 ch5_51：將 m4.matrix 矩陣除 2。

```
> m5.matrix <- m4.matrix / 2
> m5.matrix
     [,1] [,2] [,3] [,4]
[1,]  7.5 15.0 22.5 30.0
[2,] 10.0 17.5 25.0 32.5
[3,] 12.5 20.0 27.5 35.0
>
```

實例 ch5_52：將 m1.matrix 加上 m2.matrix，執行 2 個矩陣相加的實例。

```
> m6.matrix <- m1.matrix + m2.matrix
> m6.matrix
     [,1] [,2] [,3] [,4]
[1,]    5   11   17   23
[2,]    7   13   19   25
[3,]    9   15   21   27
>
```

　　特別需留意的是，2 個矩陣在執行四則運算時，先決條件是他們彼此的維度需相同，否則會出現錯誤訊息。一個有意思的是，R 是允許矩陣和向量相加的，只要矩陣的列數與向量長度相同即可，可參考下列實例。

實例 ch5_53：矩陣與向量相加的運算。

```
> m1.matrix
     [,1] [,2] [,3] [,4]
[1,]    1    4    7   10
[2,]    2    5    8   11
[3,]    3    6    9   12
> m7.matrix <- m1.matrix + 11:13
> m7.matrix
     [,1] [,2] [,3] [,4]
[1,]   12   15   18   21
[2,]   14   17   20   23
[3,]   16   19   22   25
>
```

　　如果矩陣的欄數與向量長度相同，也可以執行相加，但一般較不常用，讀者可以自行測試瞭解。矩陣也可與向量相乘，只要向量長度與矩陣列數相同即可。

實例 ch5_54：矩陣與向量相乘的運算。

```
> m1.matrix
     [,1] [,2] [,3] [,4]
[1,]    1    4    7   10
[2,]    2    5    8   11
[3,]    3    6    9   12
> m8.matrix <- m1.matrix * 1:3
> m8.matrix
     [,1] [,2] [,3] [,4]
[1,]    1    4    7   10
[2,]    4   10   16   22
[3,]    9   18   27   36
>
```

上述執行時，相當於矩陣第一列所有元素與向量第一個元素相乘，此例是乘 1。矩陣第二列所有元素與向量第二個元素相乘，此例是乘 2。矩陣第三列所有元素與向量第三個元素相乘，此例是乘 3。

特別說明是，" * " 乘號是單一元素逐步操作，如果是要計算矩陣的內積，需使用另一個特殊 " 矩陣相乘符號 " %*% "，將在 5-7-4 節說明。

5-7-2　列 (row) 和欄 (column) 的運算

在 4-2 節筆者介紹了向量常用的函數 sum( ) 和 mean( )，這些函數已被修改可應用在矩陣。

rowSums( )：計算列的總和。

colSums( )：計算欄的總和。

rowMeans( )：計算列平均。

colMeans( )：計算欄的平均。

實例 ch5_55：利用 rowSums( ) 和 rowMeans( ) 函數，以及使用 baskets.New 物件計算 Lin 和 Jordon 的總進球數和平均進球數。

```
> baskets.New
       1st 2nd 3rd 4th 5th 6th
Lin      7   8   6  11   9  12
Jordon  12   8   9  15   7  12
> rowSums(baskets.New)              # 計算總進球數
   Lin Jordon
    53     63
> rowMeans(baskets.New)             # 計算平均進球數
     Lin    Jordon
8.833333 10.500000
>
```

使用上述 rowSums( ) 和 rowMeans( ) 函數一次可計算所有列的資料，假設只想要一個人的資料，可回頭使用 sum( ) 和 mean( ) 函數。

實例 ch5_56：利用 sum( ) 和 mean( ) 函數，以及使用 baskets.New 物件計算 Lin 的總
進球數和平均進球數。

```
> baskets.New
      1st 2nd 3rd 4th 5th 6th
Lin     7   8   6  11   9  12
Jordon 12   8   9  15   7  12
> sum(baskets.New["Lin", ])
[1] 53
> mean(baskets.New["Lin", ])
[1] 8.833333
>
```

實例 ch5_57：使用 baskets.New 物件計算各場次的總進球數和平均每位球員進球數。

```
> baskets.New
      1st 2nd 3rd 4th 5th 6th
Lin     7   8   6  11   9  12
Jordon 12   8   9  15   7  12
> colSums(baskets.New)
1st 2nd 3rd 4th 5th 6th
 19  16  15  26  16  24
> colMeans(baskets.New)
 1st  2nd  3rd  4th  5th  6th
 9.5  8.0  7.5 13.0  8.0 12.0
>
```

　　使用上述 colSums( ) 和 colMeans( ) 函數一次可計算所有欄的資料，假設只想要一
場比賽的資料，可回頭使用 sum( ) 和 mean( ) 函數。

實例 ch5_58：使用 baskets.New 物件計算第 3 場次的總進球數和平均每位球員進球數。

```
> baskets.New
      1st 2nd 3rd 4th 5th 6th
Lin     7   8   6  11   9  12
Jordon 12   8   9  15   7  12
> sum(baskets.New[ , "3rd"])
[1] 15
> mean(baskets.New[ , "3rd"])
[1] 7.5
>
```

5-7-3　轉置矩陣

t( ) 函數可執行矩陣轉置，轉置矩陣後，矩陣的列欄資料將互相對調。

實例 ch5_59：將 baskets.New 矩陣執行轉置。

```
> baskets.New
       1st 2nd 3rd 4th 5th 6th
Lin      7   8   6  11   9  12
Jordon  12   8   9  15   7  12
> t(baskets.New)
    Lin Jordon
1st   7     12
2nd   8      8
3rd   6      9
4th  11     15
5th   9      7
6th  12     12
>
```

5-7-4　%*% 矩陣相乘

矩陣相乘的運算基本上和數學矩陣相乘是一樣的。

實例 ch5_60：分別使用 " * " 和 " %*% " 計算矩陣和向量的乘法。

```
> m1.matrix
     [,1] [,2] [,3] [,4]
[1,]    1    4    7   10
[2,]    2    5    8   11
[3,]    3    6    9   12
> m9.matrix <- m1.matrix * 1:4
> m9.matrix
     [,1] [,2] [,3] [,4]
[1,]    1   16   21   20
[2,]    4    5   32   33
[3,]    9   12    9   48
> m10.matrix <- m1.matrix %*% 1:4
> m10.matrix
     [,1]
[1,]   70
[2,]   80
[3,]   90
>
```

讀者可以試著比較上述運算結果。

實例 ch5_61：2 個 3 列 3 欄矩陣乘法的應用。

```
> m11.matrix <- matrix(1:9, nrow = 3)
> m11.matrix %*% m11.matrix
     [,1] [,2] [,3]
[1,]   30   66  102
[2,]   36   81  126
[3,]   42   96  150
>
```

　　矩陣相乘時最常發生的錯誤是 2 個相乘矩陣的維度不符矩陣運算原則，此時會出現非調和引數錯誤訊息。

```
> n1 <- matrix(1:9, nrow = 3)
> n2 <- matrix(1:8, nrow = 2)
> n1 %*% n2
Error in n1 %*% n2 : 非調和引數
>
```

5-7-5　diag( )

　　diag( ) 函數很活，當第一個參數是矩陣時，可傳回矩陣對角線之向量值。

實例 ch5_62：在各種不同維度的陣列中，傳回矩陣對角線的向量值。

```
> m1.matrix
     [,1] [,2] [,3] [,4]
[1,]   1    4    7   10
[2,]   2    5    8   11
[3,]   3    6    9   12
> diag(m1.matrix)
[1] 1 5 9
> baskets.New
       1st 2nd 3rd 4th 5th 6th
Lin      7   8   6  11   9  12
Jordon  12   8   9  15   7  12
> diag(baskets.New)
[1] 7 8
>
```

　　diag( ) 函數另一個用法是傳回矩陣，此矩陣對角線是使用 x 向量值，其餘填 0。

　　diag(x, nrow, ncol)

其中 x 是向量，nrow 是矩陣列數，ncol 視矩陣欄數。若省略 nrow 和 ncol 則用 x 向量元素個 (假設是 n) 數建立 n 列 n 欄矩陣。

實例 ch5_63：使用 diag( ) 函數傳回矩陣的實例。

```
> diag(1:5)
     [,1] [,2] [,3] [,4] [,5]
[1,]    1    0    0    0    0
[2,]    0    2    0    0    0
[3,]    0    0    3    0    0
[4,]    0    0    0    4    0
[5,]    0    0    0    0    5
> diag(1, 3, 3)
     [,1] [,2] [,3]
[1,]    1    0    0
[2,]    0    1    0
[3,]    0    0    1
> diag(1, 2, 4)
     [,1] [,2] [,3] [,4]
[1,]    1    0    0    0
[2,]    0    1    0    0
> diag(1:2, 3, 4)
     [,1] [,2] [,3] [,4]
[1,]    1    0    0    0
[2,]    0    2    0    0
[3,]    0    0    1    0
```

5-7-6　solve( )

這個函數可傳回反矩陣，使用這個函數時要小心，有時會碰上小數位數被捨棄的問題。

實例 ch5_64：反矩陣的應用。

```
> n3 <- matrix(1:4, nrow = 2)
> solve(n3)
     [,1] [,2]
[1,]   -2  1.5
[2,]    1 -0.5
>
```

5-7-7　det( )

det 是指數學的 determinant，這個函數可以計算矩陣的行列式值 (determinant)。

實例 ch5_65：det( ) 函數的應用。

```
> n3
     [,1] [,2]
[1,]    1    3
[2,]    2    4
> det(n3)
[1] -2
>
```

5-8　三維或高維陣列組

在 R 語言中，如果將矩陣的維度加 1，則稱三維陣列組，這個維度是可持續視需要而增加，雖然 R 程式設計師比較少用到三維或更高維的數據結構，但在某些含時間序列的應用中，是有可能用到的。

5-8-1　建立三維陣列組

array( ) 函數可用於建立三維陣列組，筆者直接以實例做解說。

實例 ch5_66：建立一個元素為 1:24 的三維陣列組，列數是 3，行數是 4，表格數是 2。

```
> first.3array <- array(1:24, dim = c(3, 4, 2))
> first.3array
, , 1

     [,1] [,2] [,3] [,4]
[1,]    1    4    7   10
[2,]    2    5    8   11
[3,]    3    6    9   12

, , 2

     [,1] [,2] [,3] [,4]
[1,]   13   16   19   22
[2,]   14   17   20   23
[3,]   15   18   21   24

>
```

　　由上述實例可知，第一個表格填完後再填第二格表，而填表方式與填矩陣方式相同。此外，我們也可以使用 dim( ) 函數建立三維陣列組，方法是將一個向量，利用 dim( ) 函數轉成三維陣列組。

實例 ch5_67：用 dim( ) 函數重建上一個實例的三維陣列組。

```
> second.3array <- 1:24
> dim(second.3array) <- c(3, 4, 2)
> second.3array
, , 1

     [,1] [,2] [,3] [,4]
[1,]    1    4    7   10
[2,]    2    5    8   11
[3,]    3    6    9   12

, , 2

     [,1] [,2] [,3] [,4]
[1,]   13   16   19   22
[2,]   14   17   20   23
[3,]   15   18   21   24

>
```

5-8-2　identical( ) 函數

　　這個函數主要是可以比較 2 個物件是否完全相同。

實例 ch5_68：比較 first.3array 和 second.3array 物件是否完全相同。

```
> identical(first.3array, second.3array)
[1] TRUE
>
```

5-8-3　取得三維陣列組的元素

　　與向量或矩陣相同也是使用索引，可參考下列實例。

實例 ch5_69：取得第 2 個表格，第 1 列，第 3 欄元素。

```
> first.3array[1, 3, 2]
[1] 19
>
```

實例 ch5_70：取得第 2 個表格，去掉第 3 列，取第 1 至 3 欄。

```
> first.3array[-3, 1:3, 2]
     [,1] [,2] [,3]
[1,]   13   16   19
[2,]   14   17   20
>
```

　　由上述結果可以發現，原先 3 維陣列組資料經篩選後，變成矩陣。如果期待篩選完，資料仍是三維陣列組，可加上參數 "drop = FALSE"。

實例 ch5_71：重新設計 ch5_70，保持篩選結果是三維陣列組。

```
> first.3array[-3, 1:3, 2, drop = FALSE]
, , 1

     [,1] [,2] [,3]
[1,]   13   16   19
[2,]   14   17   20

>
```

實例 ch5_72：篩選每個表格的第 3 列資料。

```
> first.3array[3, , ]
     [,1] [,2]
[1,]    3   15
[2,]    6   18
[3,]    9   21
[4,]   12   24
>
```

　　細心的讀者應該發現，原先第 3 列的資料，已經不是第 3 列資料了，這是因為降維度後，第 1 個表格資料以列優先方式先填充，第 2 個表格再填充，所以可以得到上述結果。

實例 ch5_73：篩選每個表格第 2 欄資料。

```
> first.3array[ , 2, ]
     [,1] [,2]
[1,]    4   16
[2,]    5   17
[3,]    6   18
>
```

5-9 再談 class( ) 函數

在前一章我們介紹使用 class( ) 函數時，如果將向量變數放在此函數內時，可列出此向量變數資料的資料類型，如果將矩陣放入此函數內，結果如何呢？

實例 ch5_74：class( ) 函數參數是矩陣變數的應用。

```
> first.matrix <- matrix(1:12, nrow = 4)
> class(first.matrix)
[1] "matrix"
>
```

上述執行結果是矩陣 (matrix)。

實例 ch5_75：class( ) 函數參數是陣列組變數的應用。

```
> first.3array <- array(1:24, dim = c(3, 4, 2))
> class(first.3array)
[1] "array"
>
```

上述執行結果是陣列組 (array)。同樣的觀念可以應用在未來幾章要介紹的因子 (factor)、數據框 (data frame) 和串列 (list)。但是如果 class( ) 函數放入的參數是變數 (例如，矩陣) 的特定元素，則將顯示該元素的資料型態。

實例 ch5_75：class( ) 函數參數是矩陣特定元素的應用。

```
> first.matrix <- matrix(1:12, nrow = 4)
> class(first.matrix[2, 3])
[1] "integer"
>
```

習題

一：是非題

(　) 1：將 2 個向量做列合併組成矩陣，向量的長度不一定要相等。

(　) 2：有 2 個指令如下：

```
> x <- matrix(1:12, nrow = 4, byrow = TRUE)
> x
```

上述指令執行後，下列的執行結果是正確的。

```
     [,1] [,2] [,3]
[1,]   1    5    9
[2,]   2    6   10
[3,]   3    7   11
[4,]   4    8   12
```

( ) 3： 有個指令如下：

```
> str(x)
 int [1:4, 1:3] 1 2 3 4 5 6 7 8 9 10 ...
```

由上述執行結果可知，x 是一個矩陣 (matrix)。

( ) 4： 有 2 個指令如下：

```
> x <- matrix(1:12, nrow = 4)
> is.array(x)
```

上述執行結果如下：

```
    [1] TRUE
```

( ) 5： 有 2 個指令如下：

```
> x <- matrix(1:12, nrow = 3)
> x[-c(2, 3)]
```

上述指令執行結果如下所示。

```
     [,1] [,2] [,3] [,4]
[1,]   1    4    7   10
```

( ) 6： names( ) 函數可以更改矩陣的列名和欄名。

( ) 7： 有個指令如下：

```
> dimnames(x)
[[1]]
[1] "A" "B" "C"

[[2]]
NULL
```

由上述執行結果可以知道，目前 x 物件列名分別是 "A"、"B"、"C"，沒有欄名。

(　　) 8： R 是允許矩陣和向量相加的，只要矩陣的列數與向量長度相同即可。

(　　) 8： 有 2 個指令如下：

```
> x1 <- matrix(1:9, nrow = 3)
> x2 <- matrix(1:8, nrow = 2)
> x1 %*% x2
```

上述指令執行結果如下。

```
     [,1] [,2] [,3]
[1,]   30   66  102
[2,]   36   81  126
[3,]   42   96  150
```

(　　) 10： 有個指令如下：

```
> diag(1, 3, 3)
```

上述指令執行結果如下。

```
     [,1] [,2] [,3]
[1,]    1    0    0
[2,]    0    1    0
[3,]    0    0    1
```

(　　) 11： 可使用下列指令，建立一個元素為 1:24 的三維陣列組，列數是 3，行數是 4，表格數是 2。

```
> x <- array(1:24, dim = c(3, 4, 2))
```

二：選擇題

(　　) 1： 已知 3 個向量：

a <- c(1, 2, 3)

b <- c(4, 5, 6)

c <- c(7, 8, 9)

想要生成如下矩陣：

1　2　3

4　5　6

7　8　9

可以使用下列哪個指令？

A：cbind(a, b, c)　　　　　　　　B：rbind(a, b, c)

C：matrix(a, b, c)　　　　　　　　D：matrix(c(a, b, c), ncol = 3)

( ) 2： 以下指令會得到何數值結果？

```
> x <- c(1, 3, 5)
> y <- c(3, 2, 10)
> cbind(x, y)
```

A：長度為 3 的 Vector　　　　　　B：一個 3x2 的 Matrix

C：一個 3x3 的 Matrix　　　　　　D：一個 2x3 的 Matrix

( ) 3： 以下指令會得到何數值結果？

```
> x <- matrix(4:15, nrow = 3 )
> x
```

A：
```
     [,1] [,2] [,3] [,4]
[1,]    4    7   10   13
[2,]    5    8   11   14
[3,]    6    9   12   15
```

B：
```
     [,1] [,2] [,3]
[1,]    4    8   12
[2,]    5    9   13
[3,]    6   10   14
[4,]    7   11   15
```

C：
```
     [,1] [,2] [,3] [,4]
[1,]    4    5    6    7
[2,]    8    9   10   11
[3,]   12   13   14   15
```

D：
```
     [,1] [,2] [,3]
[1,]    4    5    6
[2,]    7    8    9
[3,]   10   11   12
[4,]   13   14   15
```

( ) 4： 以下指令會得到下列結果？

```
> x <- matrix(1:12, nrow = 3)
> x[2, 3]
```

A：[1] 6　　　　　B：[1] 5　　　　　C：[1] 8　　　　　D：[1] 9

( ) 5： 以下指令會得到何數值結果？

```
> x <- matrix(1:12, nrow = 3)
> ncol(x)
```

A：[1] 3　　　　　　B：[1] 4　　　　　C：[1] 5　　　　　D：[1] 6

( ) 6： 以下指令會得到何結論？

```
> dim(x)
[1] 3 4
```

A：x 物件列數是 3　　　　　　　　B：x 物件列數是 4
C：x 物件欄數是 3　　　　　　　　D：x 物件列數是 7

( ) 7： 以下指令會得到何數值結果？

```
> dim(x)
[1] 3 4
> length(x)
```

A：[1] 3　　　　　　B：[1] 4　　　　　C：[1] 7　　　　　D：[1] 12

( ) 8： 以下指令會得到何結果？

```
> cbind(4:6, 11:13, matrix(1:6, nrow = 3))
```

A：
```
     [,1] [,2] [,3] [,4]
[1,]    1    4    7   10
[2,]    2    5    8   11
[3,]    3    6    9   12
```

B：
```
     [,1] [,2] [,3] [,4]
[1,]    4    7   10   13
[2,]    5    8   11   14
[3,]    6    9   12   15
```

C：
```
     [,1] [,2] [,3] [,4]
[1,]    4   11    1    4
[2,]    5   12    2    5
[3,]    6   13    3    6
```

D：
```
     [,1] [,2] [,3] [,4]
[1,]    2    5    8   11
[2,]    3    6    9   12
[3,]    4    7   10   13
```

( ) 9： 以下指令會得到何結果？

```
> x <- matrix(10:21, nrow = 3)
> x[2, ]
```

A：[1] 11 14 17 20   B：[1] 10 13 16 19

C：[1] 10 11 12   D：[1] 13 14 15

( )10： 以下指令會得到何結果？

```
> x <- matrix(1:20, nrow = 4)
> x[3:4, 4:5]
```

```
       [,1] [,2]
A： [1,]   9   13
    [2,]  10   14
```

```
       [,1] [,2]
B： [1,]  15   19
    [2,]  16   20
```

```
       [,1] [,2]
C： [1,]   3    7
    [2,]   4    8
```

```
       [,1] [,2]
D： [1,]   6   10
    [2,]   7   11
```

( )11： 以下指令會得到何結果？

```
> x <- matrix(1:20, nrow = 4)
> x[-c(3:4), -2]
```

```
       [,1] [,2] [,3] [,4]
A： [1,]   1    9   13   17
    [2,]   2   10   14   18
```

```
       [,1] [,2] [,3] [,4]
B： [1,]   5    9   13   17
    [2,]   6   10   14   18
```

```
       [,1] [,2] [,3] [,4]
C： [1,]   2   10   14   18
    [2,]   3   11   15   19
    [3,]   4   12   16   20
```

```
       [,1] [,2] [,3]
D： [1,]   1    5   17
    [2,]   3    7   19
    [3,]   4    8   20
```

( )12： 以下指令會得到何數值結果？

```
> x <- matrix(1:20, nrow = 4)
> rowSums(x)
```

A：[1] 2.5 6.5 10.5 14.5 18.5

B：[1] 10 26 42 58 74

C：[1] 45 50 55 60

D：[1] 9 10 11 12

(　)13： 以下指令會得到何數值結果？

```
> x <- array(1:24, dim = c(3, 4, 2))
> x[1, 2, 2]
```

A：[1] 13　　　　　B：[1] 14　　　　　C：[1] 15　　　　　D：[1] 16

(　)14： 以下指令會得到何結果？

```
> x <- array(1:24, dim = c(3, 4, 2))
> class(x[1, 2, 2])
```

A：`[1] "integer"`

B：
```
> class(x)
[1] "array"
```

C：`[1] "character"`

D：`[1] "matrix"`

三：複選題

(　) 1： 以下何 class 指令會得到結果為 "matrix"？(選擇 3 項)

A：`> class(cbind(c(1, 2), c(2, 4)))`

B：`> class(c(1, 2))`

C：
```
> a <- 1:6
> dim(a) <- c(2, 3)
> class(a)
```

D：
```
> a <- matrix(0,1,2)
> class(a)
```

E：`> class(1+2*3/4-5)`

(　) 2： 有一個指令如下：

```
> x <- matrix(1:12, nrow = 3)
```

以下那些指令可建立矩陣的列名分別為，"R1"、"R2" 和 "R3"。(選擇 2 項)

```
A：> rownames(x) <- c("R1", "R2", "R3")

B：> colnames(x) <- c("R1", "R2", "R3")

C：> rownames(x) <- ("R1", "R2", "R3")

D：> dimnames(x)[[1]] <- c("R1", "R2", "R3")

E：> dimnames(x)[[2]] <- c("R1", "R2", "R3")
```

四：實作題

1： 建立 1:30 矩陣。

　　a：5 列 6 欄的矩陣，排列使用預設。

```
     [,1] [,2] [,3] [,4] [,5] [,6]
[1,]    1    6   11   16   21   26
[2,]    2    7   12   17   22   27
[3,]    3    8   13   18   23   28
[4,]    4    9   14   19   24   29
[5,]    5   10   15   20   25   30
```

　　b：5 列 6 欄的矩陣，排列使用 byrow = TRUE。

```
     [,1] [,2] [,3] [,4] [,5] [,6]
[1,]    1    2    3    4    5    6
[2,]    7    8    9   10   11   12
[3,]   13   14   15   16   17   18
[4,]   19   20   21   22   23   24
[5,]   25   26   27   28   29   30
```

　　c：使用 str( ) 函數列出上述矩陣。

```
int [1:5, 1:6] 1 2 3 4 5 6 7 8 9 10 ...

int [1:5, 1:6] 1 7 13 19 25 2 8 14 20 26 ...
```

2： 有 3 個向量如下：

　　x1 <- c(10, 12, 14)

　　x2 <- c(7, 14, 5)

　　x3 <- c(15, 3, 19)

a：使用 rbind( ) 將上述向量轉成矩陣 A1。

```
> A1
    [,1] [,2] [,3]
x1   10   12   14
x2    7   14    5
x3   15    3   19
```

b：使用 cbind( ) 將向量轉成矩陣 A2。

```
> A2
     x1 x2 x3
[1,] 10  7 15
[2,] 12 14  3
[3,] 14  5 19
```

c：列出 A1 矩陣 [1:2,]

```
    [,1] [,2] [,3]
x1   10   12   14
x2    7   14    5
```

d：列出 A1 矩陣 [1:2, 2:3]

```
    [,1] [,2]
x1   12   14
x2   14    5
```

e：列出 A2 矩陣 [, 2:3]

```
     x2 x3
[1,]  7 15
[2,] 14  3
[3,]  5 19
```

f：列出 A2 矩陣 [2:2, 2:3]

```
x2 x3
14  3
```

g：取得 A1 矩陣第 1 列以外的矩陣

```
    [,1] [,2] [,3]
x2    7   14    5
x3   15    3   19
```

h：取得 A2 矩陣第 2 欄以外的矩陣

```
     x1 x3
[1,] 10 15
[2,] 12  3
[3,] 14 19
```

3：　NBA 球星 5 人得分向量資料如下：

　　Lin：7, 8, 6, 11, 9, 12

　　Jordon：12, 8, 9, 15, 7, 12

　　Curry：13, 9, 6, 11, 9, 13

　　Antony：12, 11, 9, 13, 8, 14

　　Kevin：7, 10, 8, 6, 5, 9

請轉成矩陣。

```
        [,1] [,2] [,3] [,4] [,5] [,6]
Lin        7    8    6   11    9   12
Jordon    12    8    9   15    7   12
Curry     13    9    6   11    9   13
Antony    12   11    9   13    8   14
Kevin      7   10    8    6    5    9
```

4：　為上一題的 NBA 球星資料矩陣建立列名（使用球星名字前 3 個字母）和欄名（使用場次編號）。

```
    1st 2nd 3rd 4th 5th 6th
Lin   7   8   6  11   9  12
Jor  12   8   9  15   7  12
Cur  13   9   6  11   9  13
Ant  12  11   9  13   8  14
Kev   7  10   8   6   5   9
```

5：　使用 rowSums( ) 函數為上述球星計算總得分。

```
Lin Jor Cur Ant Kev
 53  63  61  67  45
```

6：　使用 rowMeans( ) 函數為上述球星計算平均得分。

```
     Lin       Jor       Cur       Ant       Kev
8.833333 10.500000 10.166667 11.166667  7.500000
```

7: 收集 2 個班級，5 為同學，數學和 R 語言的成績，學生資料用 ID 表示，然後將資料建立為 3 維陣列組（array）。

```
, , class-A

      R-score math
ID-01      71   76
ID-02      72   77
ID-03      73   78
ID-04      74   79
ID-05      75   80

, , class-B

      R-score math
ID-01      81   86
ID-02      82   87
ID-03      83   88
ID-04      84   89
ID-05      85   90
```

第六章

因子 factor

在真實的世界中，我們會遇上各類的數據。例如，形容天氣，可用 " 晴天 "、" 陰天 "、" 雨天 "。球類運動，可用 " 籃球 "、" 棒球 "、" 足球 "。汽車顏色。可用 " 藍色 "、" 黑色 "、" 銀色 " 等。是非題，可用 "Yes" 和 "No"。在 R 語言中，我們稱以上分類觀念為類別數據 (Categorical Data)。

在類別數據中，有些資料是可以排序或稱有順序關係稱有序因子 (ordered factor)。

在 R 語言中有一個特別的數據結構稱因子 (factor)，這也是本章討論的重點。不論是字串資料或數值資料，皆可轉換成因子。

6-1 使用 factor( ) 或 as.factor( ) 函數建立因子

使用 factor( ) 函數最重要的 2 個參數是。

1： x 向量，這是欲轉換為因子的向量。

2： levels：原 x 向量內元素的可能值。

實例 ch6_1：使用 factor( ) 函數建立一個簡單的因子。

```
> yes.Or.No <- c("Yes", "No", "No", "Yes", "Yes")
> first.factor <- factor(yes.Or.No)
> first.factor
[1] Yes No  No  Yes Yes
Levels: No Yes
>
```

對上述實例 ch6_1 而言，我們可以說，我們已經建立一個 Yes 和 No 的類別。對上述實例而言，我們也可以改用 as.factor( ) 函數取代 factor( ) 函數。

實例 ch6_2：使用 as.factor( ) 函數建立與 ch6_1 相同的因子。

```
> yes.Or.No <- c("Yes", "No", "No", "Yes", "Yes")
> second.factor <- as.factor(yes.Or.No)
> second.factor
[1] Yes No  No  Yes Yes
Levels: No Yes
>
```

由上述執行結果可以看到，我們已經使用 as.factor( ) 函數建立與 ch6_1 相同的因子了。如果現在仔細看 Levels，可以看到類別順序是 No，然後是 Yes，這是因為 R 語言內依照字母順序排列。但是在我們的習慣裡，順序是先有 Yes，然後是 No 比較順，如果想要如此，我們可以參考實例 6_3，在建立因子時，使用參數 Levels 強制設定分類資料的順序。

實例 ch6_3：重新建立實例 ch6_1 所建的因子，此次使用 levels 強制設定 Yes 和 No 的順序。

```
> yes.Or.No <- c("Yes", "No", "No", "Yes", "Yes")
> third.factor <- factor(yes.Or.No, levels = c("Yes", "No"))
> third.factor
[1] Yes No  No  Yes Yes
Levels: Yes No
>
```

從上述執行結果可以看到，我們已經成功的更改 Levels 的順序了。

6-2　指定缺失的 Levels 值

有時我們收集的向量資料數據是不完整，碰上這類狀況也可以使用 levels 參數設定完整的 levels 資料數據。

實例 ch6_4：先建立一個方向不完整的因子，缺少 "South"。

```
> directions <- c("East", "West", "North", "East", "West" )
> fourth.factor <- factor(directions)
> fourth.factor
[1] East  West  North East  West
Levels: East North West
>
```

從上述 Levels 可以看到缺少 "South"，在實際的應用中，方向應該包含 4 個方向，下面實例會將 "South" 補上去。

實例 ch6_5：為 fourth.factor 因子補上 "South"。

```
> fifth.factor <- factor(fourth.factor, levels = c("East", "West", "South",
 "North"))
> fifth.factor
```

```
[1] East  West  North East  West
Levels: East West South North
>
```

從上述執行結果可以看到 Levels 類別順序內有 "South" 了。

6-3　labels 參數

使用 factor( ) 函數建立因子時，如果有需要時，可以使用第 3 個參數 labels，假設實例 ch6_5 中，我們想為 "East"、"West"、"South"、"North" 建立縮寫 "E"、"W"、"S"、"N"，這時 labels 就可以使用了。

實例 ch6_6：建立 sixth.factor，以縮寫顯示因子的 Levels 內容。

```
> sixth.factor <- factor(fourth.factor, levels = c("East", "West", "South",
"North"), labels = c("E", "W", "S", "N"))
> sixth.factor
[1] E W N E W
Levels: E W S N
>
```

由上述執行結果可以看到，我們成功以縮寫顯示了。

6-4　因子的轉換

在某些時候，我們可能想將因子轉換成字串向量或數值向量，可以使用下列函數。

as.character( ) 函數：可將因子轉換成字串向量。

as.numeric( ) 函數：可將因子轉換成數值向量。

實例 ch6_7：將實例 ch6_5 所建的 fifth.factor 因子轉換成字串向量。

```
> fifth.factor
[1] East  West  North East  West
Levels: East West South North
> as.character(fifth.factor)
[1] "East"  "West"  "North" "East"  "West"
>
```

實例 ch6_8：將實例 ch6_5 所建的 fifth.factor 因子轉換成數值向量。

```
> fifth.factor
[1] East  West  North East  West
Levels: East West South North
> as.numeric(fifth.factor)
[1] 1 2 4 1 2
>
```

　　特別注意的是，在建立因子時，levels 為 "East"、"West"、"South"、"North"，相對應 as.numeric( ) 函數的返回值分別是 1、2、3、4 所以，"East"、"West"、"North"、"East"、"West" 的返回值分別是，1 2 4 1 2。

6-5 數字型因子轉換時常看的錯誤

　　假設有一個數值型的因子記錄著攝氏溫度天氣。

```
> temperature <- factor(c(28, 32, 30, 34, 32, 34))
>
```

　　如果現在用 str( ) 函數瞭解此 temperature 因子，可以得到下列結果。

```
> str(temperature)
 Factor w/ 4 levels "28","30","32",..: 1 3 2 4 3 4
>
```

　　可以得到 levels 有 4 筆，分別是 "28", "30", "32", "34"，分別對應 1, 2, 3, 4。所以對於 "28", "32","30","34","32","34" 可以傳回 1, 3, 2, 4, 3, 4。

　　現在如果將 temperature 因子轉成字串向量，將可以得到下列結果。

```
> as.character(temperature)
[1] "28" "32" "30" "34" "32" "34"
>
```

　　這是預期的結果，但是如果將此 temperature 因子轉成數值向量，將可以得到下列結果。

```
> as.numeric(temperature)
[1] 1 3 2 4 3 4
>
```

很明顯這不是我們想要的解答。碰到這類問題，可使用下列方式解決。

```
> as.numeric(as.character(temperature))
[1] 28 32 30 34 32 34
>
```

也就是將 as.character(temperature) 的返回值，當作 as.numeric( ) 函數的參數。

6-6 再看 levels 參數

對於任何因子而言，我們都可以使用 str( ) 函數看此因子的結構。例如，參考 fifth. factor。

```
> str(fifth.factor)
 Factor w/ 4 levels "East","West",..: 1 2 4 1 2
>
```

由上述可知，fifth.factor 因子有 4 個 levels 的因子，分別是 "East","West", …，這些因子對應的整數分別是 1, 2, 3, 4。

對於任何因子而言，如果看它的 levels，可以使用 levels( ) 函數。

實例 ch6_9：使用 levels( ) 函數，了解 fifth.factor 的 levels。

```
> levels(fifth.factor)
[1] "East"  "West"  "South" "North"
>
```

nlevels( ) 函數可傳回 levels 的數量。

實例 ch6_10：使用 nlevel( ) 函數，了解 fifth.factor 的 levels 數量。

```
> nlevels(fifth.factor)
[1] 4
>
```

由上述執行結果可知，nlevels( ) 傳回的是一個數值向量，此數值代表 levels 的數量。length( ) 則可傳回因子元素的數量。

實例 ch6_11：使用 length( ) 函數傳回 fifth.factor 的元素數量。如果 length( ) 函數參數放的是 nlevels(fifth.factor)，則可傳回 levels 的數量。

```
> length(fifth.factor)
[1] 5
> length(levels(fifth.factor))
[1] 4
>
```

　　R 語言也允許，使用 levels( ) 函數配合索引，只取部分 levels 內容。

實例 ch6_12：只取後 3 個 fifth.factor 的 levels。

```
> levels(fifth.factor)[2:4]
[1] "West"  "South" "North"
>
```

6-7　有序因子 (ordered factor)

　　有序因子主要是處理有序的的數據，可使用下列 2 種方法建立有序因子。

1：　ordered( ) 函數

2：　factor( ) 函數，增加參數 "ordered = TRUE"

實例 ch6_13：建立系列字元 "A", "B", "A", "C", "D", "B","D" 的有序因子。

```
> str1 <- c("A", "B", "A", "C", "D", "B", "D")
> str1.order <- ordered(str1)
> str1.order
[1] A B A C D B D
Levels: A < B < C < D
>
```

　　在上述執行結果中，留意，Levels 中的方向符號 " < "，可由這個符號，知道這是有序因子。上述實例，R 語言是直接依字元順序排列，但有時對一些類別的數據，可能需要我們自己定義順序，例如，成績系統，A 的等級是最高，依次是 B, C, D 等，我們可以使用下列實例解決。

實例 ch6_14：重新設計實例 ch6_13，但 Levels 順序如下。

D < C < B < A

```
> str1 <- c("A", "B", "A", "C", "D", "B", "D")
> str2.order <- factor(str1, levels = c("D", "C", "B", "A"), ordered = TRUE)
> str2.order
[1] A B A C D B D
Levels: D < C < B < A
>
```

在有序因子中，我們未來可以使用邏輯運算子，篩選想要的元素。在介紹下列實例前，筆者先介紹 which( ) 函數，這個函數參數是一個邏輯比較，將向量、矩陣或因子物件和邏輯條件比較，然後將符合比較條件的索引值傳回。

實例 ch6_15：篩選 str2.order 有序因子內，成績大於或等於 B。

```
> str2.order
[1] A B A C D B D
Levels: D < C < B < A
>
> which(str2.order >= "B")
[1] 1 2 3 6
>
```

由結果看索引值 1(對應 A) 、索引值 2(對應 B) 、索引值 3(對應 A) 、索引值 6(對應 B) 所以我們已經獲得想要的結果了。

6-8　table( ) 函數

這個函數可以自動統計因子所有元素在各個 levels 出現的次數統計。

實例 ch6_16：使用 table( ) 函數測試因子 first.factor 和有序因子 str2.order。

```
> first.factor
[1] Yes No  No  Yes Yes
Levels: No Yes
> table(first.factor)
first.factor
 No Yes
  2   3
```

```
> str2.order
[1] A B A C D B D
Levels: D < C < B < A
> table(str2.order)
str2.order
D C B A
2 1 2 2
>
```

由上述執行結果可以看到，對一般因子 first.factor，輸出結果是依照英文字母的順序列印出現次數。對有序因子 str2.order 而言，輸出結果是依照 levels(D，C，B，A) 的順序列印出現次數。這對於大數據分析師做資料分析時是很有幫助的。

本節結束前，再舉一個使用 table( ) 函數測試一個向量和有序因子的實例，有一系列數據如下：

```
> size <- c("small","large", "med", "large", "small", "large")
>
```

如果此時使用 table( ) 函數測試，可以得到下列結果。

```
> table(size)
size
large   med small
    3     1     2
>
```

實例 ch6_17：建立一個有序因子，同時用 table( ) 函數測試。

```
> size.order <- factor(size, levels = c("small", "med", "large"), ordered =
TRUE)
> size.order
[1] small large med   large small large
Levels: small < med < large
> table(size.order)
size.order
small   med large
    2     1     3
>
```

6-9 認識系統內建的數據集

state.name 是一個向量物件，這個物件依字母順序排列了美國 50 個州。

```
> state.name
 [1] "Alabama"        "Alaska"         "Arizona"        "Arkansas"
 [5] "California"     "Colorado"       "Connecticut"    "Delaware"
 [9] "Florida"        "Georgia"        "Hawaii"         "Idaho"
[13] "Illinois"       "Indiana"        "Iowa"           "Kansas"
[17] "Kentucky"       "Louisiana"      "Maine"          "Maryland"
[21] "Massachusetts"  "Michigan"       "Minnesota"      "Mississippi"
[25] "Missouri"       "Montana"        "Nebraska"       "Nevada"
[29] "New Hampshire"  "New Jersey"     "New Mexico"     "New York"
[33] "North Carolina" "North Dakota"   "Ohio"           "Oklahoma"
[37] "Oregon"         "Pennsylvania"   "Rhode Island"   "South Carolina"
[41] "South Dakota"   "Tennessee"      "Texas"          "Utah"
[45] "Vermont"        "Virginia"       "Washington"     "West Virginia"
[49] "Wisconsin"      "Wyoming"
>
```

state.region 是一個因子，記錄每一個州是屬於美國哪一區。

```
> state.region
 [1] South         West          West          South
 [5] West          West          Northeast     South
 [9] South         South         West          West
[13] North Central North Central North Central North Central
[17] South         South         Northeast     South
[21] Northeast     North Central North Central South
[25] North Central West          North Central West
[29] Northeast     Northeast     West          Northeast
[33] South         North Central North Central South
[37] West          Northeast     Northeast     South
[41] North Central South         South         West
[45] Northeast     South         West          South
[49] North Central West
Levels: Northeast South North Central West
>
```

由上圖可知美國是分成東北區 (Northeast)、南區 (South)、中央北區 (North Central) 和西區 (West)。

實例 ch6_18：可由 table( ) 函數統計各區有多少州。

```
> table(state.region)
state.region
    Northeast          South North Central          West
        9                16             12             13
>
```

```
習題
```

一：是非題

(　　) 1： 有 2 個指令如下：

```
> x <- c("Yes", "No", "Yes", "No", "Yes")
> y <- factor(x)
```

上述 y 的 Levels 數量有 5。

(　　) 2： 建立因子 (factor) 時，如果想要縮寫 Levels 的資料，可以使用 labels 參數配合 levels 參數做設定。

(　　) 3： as.character( ) 函數：可將因子轉換成字串向量。

(　　) 4： as.numeric( ) 函數：可將數值向量轉換成因子。

二：選擇題

(　　) 1： 有指令如下？

```
> x <- c("Yes", "No", "Yes", "No", "Yes")
```

用那一個指令，可以得到下列結果。

```
x
No Yes
 2   3
```

A：rev(x)　　　　　B：table(x)　　　　C：factor(x)　　　　D：ordered(x)

(　) 2： 以下指令會得到何結果？

```
> x <- c("Yes", "No", "Yes", "No", "Yes")
> y <- factor(x, levels = c("Yes", "No"))
> y
```

A：
```
[1] Yes No  Yes No  Yes
Levels: Yes No
```

B：
```
[1] Yes No  Yes No  Yes
Levels: No Yes
```

C：
```
[1] Yes No  Yes No  Yes
Levels: No < Yes
```

D：
```
[1] Y N Y N Y
Levels: Y N
```

(　) 3： 以下指令會得到何結果？

```
> x <- c("Yes", "No", "Yes", "No", "Yes")
> y <- factor(x, levels = c("Yes", "No"),
+ labels = c("Y", "N"))
> y
```

A：
```
[1] Yes No  Yes No  Yes
Levels: Yes No
```
B：
```
[1] Yes No  Yes No  Yes
Levels: No Yes
```

C：
```
[1] Yes No  Yes No  Yes
Levels: No < Yes
```
D：
```
[1] Y N Y N Y
Levels: Y N
```

(　) 4： 以下指令會得到何結果？

```
> x <- c("Yes", "No", "Yes", "No", "Yes")
> y <- ordered(x)
> y
```

A：
```
[1] Yes No  Yes No  Yes
Levels: Yes No
```
B：
```
[1] Yes No  Yes No  Yes
Levels: No Yes
```

C：
```
[1] Yes No  Yes No  Yes
Levels: No < Yes
```
D：
```
[1] Y N Y N Y
Levels: Y N
```

(　) 5： 以下指令會得到何結果？

```
> x <- c("Yes", "No", "Yes", "No", "Yes")
> y <- factor(x)
> as.numeric(y)
```

A：[1] 1 2 1 2 1　　　　　　　　B：[1] 2 1 2 1 2

C：[1] 1 1 1 2 2　　　　　　　　D：[1] 2 2 1 1 2

(　) 6： 以下指令會得到何結果？

```
> x <- c("A", "B", "C", "D", "A", "A")
> y <- factor(x)
> nlevels(y)
```

A：[1] 3　　　　　B：[1] 4　　　　　C：[1] 5　　　　　D：[1] 6

(　) 7： 以下指令會得到何結果？

```
> x <- c("A", "B", "C", "D", "A", "A")
> y <- factor(x)
> length(y)
```

A：[1] 3　　　　　B：[1] 4　　　　　C：[1] 5　　　　　D：[1] 6

(　) 8： 以下指令會得到何結果？

```
> x <- c("A", "B", "C", "D", "A", "A")
> y <- factor(x, levels = c("D", "C", "B", "A"),
+ ordered = TRUE)
> which(y >= "A")
```

A：[1] 2 3 4　　　　　　　　　　B：[1] 1 1 1

C：[1] 1 5 6　　　　　　　　　　D：[1] 2 4 6

三：複選題

(　) 1： 有一個執行結果如下：

```
[1] A B C D A A
Levels: A B C D
```

下列哪些指令可以得到上述結果。(選擇 3 項)

A：
```
> x <- c("A", "B", "C", "D", "A", "A")
> factor(x)
```

B：
```
> x <- c("A", "B", "C", "D", "A", "A")
> as.factor(x)
```

C：
```
> x <- c("A", "B", "C", "D", "A", "A")
> ordered(x)
```

D：
```
> x <- c("A", "B", "C", "D", "A", "A")
> factor(x, ordered = is.ordered(x))
```

E：
```
> x <- c("A", "B", "C", "D", "A", "A")
> factor(x, levels = c("D", "C", "B", "A"))
```

四：實作題

1： 將第 4 章第 1 題 a 題目，家人的血型向量，轉成因子。

```
 [1] A  O  O  B  O  B  A  AB O  O
Levels: A AB B O
```

2： 重複前一題，建立因子時，使用 levels 將血型類別順序設為，"O"、"A"、"B"、"AB"。

```
 [1] A  O  O  B  O  B  A  AB O  O
Levels: O A B AB
```

3： 統計（或自行假設）班上 20 人的考試成績：

95, 93, 84, 76, 85, 73, 64, 82, 77, 65, 74, 43, 72, 62, 89, 67, 73, 65, 88, 71

計分方式如下：

A：90 分 (含) 以上

B：80 ～ 89

C：70 ～ 79

D：60 ～ 69

F：60 以下

請將上述資料建為有序因子，排列方式為 A > B > C > D > F。

a： 請列出成績 B 以上的人。

[1]　1　2　3　5　8　15　19

b： 請列出成績 F 的人。

[1] 12

c： 請使用 table( ) 函數瞭解整個成績的分佈。

```
ordered.grade
F D C B A
1 5 7 5 2
```

第七章

數據框 Data Frame

　　至今所介紹的資料，不論是向量 (Vector) 或矩陣 (Matrix) 或三維陣列組 (Array)，所探討的皆是相同類型的資料。但在真實的世界裡，我們將需要處理不同類型的資料，例如，在公司行號有薪資是整數，姓名是字串，地址或電話號碼等，這些數據是無法放入相同矩陣。

　　R 語言提供一個新的資料結構，稱數據框 Data Frame，可以解決這類問題，這也是本章的重點。

7-1　認識數據框

　　數據框 (Data Frame) 是由一系列的欄向量 (column vector) 所組成，我們可以將它視為矩陣的擴充。對單獨的向量與矩陣而言，它們的元素必須相同，但對數據框而言，不同欄向量的元素類別可以不同。數據框的其他特色如下：

1：　每個欄 (column) 皆有一個名稱，如果沒有設定，R 語言預設該欄的名稱是 V1、V2 … 等，可使用 names( ) 和 colnames( ) 函數查詢或設定數據框欄 (column) 的名稱。

2：　每一個列 (row) 也要有一個名稱，R 語言預設該列名稱是 "1"、"2"…等，相當於數字編號，但這些數字是字串類型，可使用 row.names( ) 函數查詢或設定列 (row) 的名稱。

7-1-1　建立第一個數據框

假設有 3 個向量如下：

```
> mit.Name <- c("Kevin", "Peter", "Frank", "Maggie")
> mit.Gender <- c("M", "M", "M", "F")
> mit.Height <- c(170, 175, 165, 168)
>
```

mit.Name：是姓名的字串向量。

mit.Gender：是性別的字元向量。

mit.Height：是身高的數值向量。

data.frame( ) 函數，可將上述 3 個向量組成數據框。

實例 ch7_1：建立第 1 個數據框 mit.info，同時驗證結果。

```
> mit.info <- data.frame(mit.Name, mit.Gender, mit.Height)
> mit.info
  mit.Name mit.Gender mit.Height
1    Kevin          M        170
2    Peter          M        175
3    Frank          M        165
4   Maggie          F        168
>
```

從上述執行結果可知，已經成功建立 mit.info 數據框了。

7-1-2 驗證與設定數據框的欄名和列名

儘管從實例 ch7_1 的執行結果，已經可以看出向量名稱將是數據框的欄名，不過這裡筆者還是執行驗證。先前筆者有說過，可使用 names( ) 和 colnames( ) 查詢或設定數據框欄 (column) 的名稱，可參考下列實例。

實例 ch7_2：分別使用 names( ) 和 colnames( ) 函數查詢 mit.info 數據框的欄名。

```
> names(mit.info)
[1] "mit.Name"   "mit.Gender" "mit.Height"
> colnames(mit.info)
[1] "mit.Name"   "mit.Gender" "mit.Height"
>
```

實例 ch7_3：使用 row.names( ) 函數查詢列 (row) 的名稱。

```
> row.names(mit.info)
[1] "1" "2" "3" "4"
>
```

實例 ch7_4：將 mit.info 數據框的第 1 欄欄名改成 "m.Name"。

```
> names(mit.info)[1] <- "m.Name"
> names(mit.info)
[1] "m.Name"     "mit.Gender" "mit.Height"
>
```

從上圖可以看到已經修改數據框的第一個欄名成功了，當然也可以一次修改所有的欄名，可參考下列實例。

實例 ch7_5：一次更改所有 mit.info 數據框的欄名，分別改成 "Name"、"Gender"、"Height"。

```
> names(mit.info) <- c("Name", "Gender", "Height")
> names(mit.info)
[1] "Name"   "Gender" "Height"
> mit.info
    Name Gender Height
1  Kevin      M    170
2  Peter      M    175
3  Frank      M    165
4 Maggie      F    168
>
```

7-2 認識數據框的結構

　　如果使用 str( ) 函數，瞭解數據框的結構時，會發現一個困惑。

```
> str(mit.info)
'data.frame':   4 obs. of  3 variables:
 $ Name  : Factor w/ 4 levels "Frank","Kevin",..: 2 4 1 3
 $ Gender: Factor w/ 2 levels "F","M": 2 2 2 1
 $ Height: num  170 175 165 168
>
```

　　我們在 7-1-1 節建立數據框時，mit.Name(現已改成 Name) 和 mit.Gender(現已改成 Gender) 分明是字串向量，但在建立數據框時卻成了因子變數。其實這是 R 語言的預設狀況，如果不想要如此，在使用 data.frame( ) 函數建立數據框時，可以增加參數 "stringsAsFactors = FALSE"。

註　有時候在數據框內的某個欄位是因子變數時，對建立彙總資料報表是有幫助的，相關知識將在第 15 章和第 16 章說明。

實例 ch7_6：重新建立數據框，同時驗證原字串向量，仍保持是字串資料類別。

```
> mit.Newinfo <- data.frame(mit.Name, mit.Gender, mit.Height, stringsAsFacto
rs = FALSE)
> str(mit.Newinfo)
'data.frame':   4 obs. of  3 variables:
 $ mit.Name  : chr  "Kevin" "Peter" "Frank" "Maggie"
```

```
$ mit.Gender: chr  "M" "M" "M" "F"
$ mit.Height: num  170 175 165 168
>
```

　　由上述執行結果可以看到，mit.Name 和 mit.Gender 的資料類別仍是字串 (chr)。

7-3 取得數據框內容

7-3-1　一般取得

　　若想要取得數據框的值，可以將數據框當作矩陣方式處理。

實例 ch7_7：列出所有學生姓名。

```
> mit.Newinfo[ , "mit.Name"]
[1] "Kevin"  "Peter"  "Frank"  "Maggie"
>
```

實例 ch7_8：列出 2 號學生的資料。

```
> mit.Newinfo[ 2, ]
  mit.Name mit.Gender mit.Height
2   Peter          M        175
>
```

實例 ch7_9：列出 3 號學生的姓名。

```
> mit.Newinfo[ 3, "mit.Name"]
[1] "Frank"
>
```

　　在上述實例 ch7_9 中，我們在欄名稱中是直接使用數據框為該欄所建的欄名，由上述數據資料可知，mit.Name 是數據框的第一欄，我們也可以在索引中直接指明是讀第幾欄的資料。

實例 ch7_10：以直接指明是讀第幾欄方式重新列出 3 號學生的姓名。

```
> mit.Newinfo[ 3, 1]
[1] "Frank"
>
```

7-3-2　特殊字元 $

再看一次數據框，如下。

```
> str(mit.Newinfo)
'data.frame':   4 obs. of  3 variables:
 $ mit.Name  : chr  "Kevin" "Peter" "Frank" "Maggie"
 $ mit.Gender: chr  "M" "M" "M" "F"
 $ mit.Height: num  170 175 165 168
>
```

可以看到每個欄名前面皆有 " $ " 符號，這個符號主要是方便讀取數據框的欄名內的資料。

實例 ch7_11：列出所有學生姓名。

```
> mit.Newinfo$mit.Name
[1] "Kevin"  "Peter"  "Frank"  "Maggie"
>
```

當然我們也可以用索引方式取得所有學生姓名，如下。

```
> mit.Newinfo[ , 1]
[1] "Kevin"  "Peter"  "Frank"  "Maggie"
> mit.Newinfo[ , "mit.Name"]
[1] "Kevin"  "Peter"  "Frank"  "Maggie"
>
```

任何一個程式設計師一定有許多工作，所設計的程式，時間一久可能早就忘了，那一個物件有那些欄位。所以由程式設計師的觀點，使用實例 ch7_11 方式，可讓程式未來更容易閱讀。

7-3-3　再看取得的資料

對於物件 X 而言，當使用 X[, n] 時，是取得物件 X 的 n 欄，所獲得的結果是一個向量，本節之前的所有實例皆是如此。如果使用 X[n] 方式可取得 X 物件的 n 欄，則所傳回的是數據框，如果使用 X[-n] 方式表示取得 X 物件的非 n 欄，所傳回的資料也是數據框。

實例 ch7_12：列出所有學生姓名，但此次所傳回的是數據框，以及列出所有除了學生姓名以外的數據框資料，下列是列出所有學生姓名資料。

```
> mit.Newinfo[1]
  mit.Name
1    Kevin
2    Peter
3    Frank
4   Maggie
> str(mit.Newinfo[1])
'data.frame':    4 obs. of  1 variable:
 $ mit.Name: chr  "Kevin" "Peter" "Frank" "Maggie"
>
```

　　下列是列出除了學生姓名以外的數據框資料。

```
> mit.Newinfo[-1]
  mit.Gender mit.Height
1          M        170
2          M        175
3          M        165
4          F        168
> str(mit.Newinfo[-1])
'data.frame':    4 obs. of  2 variables:
 $ mit.Gender: chr  "M" "M" "M" "F"
 $ mit.Height: num  170 175 165 168
>
```

　　在閱讀下一節前，先將 mit.Newinfo 的欄名修改為 "Name"、"Gender"、"Height"。

```
> names(mit.Newinfo) <- c("Name", "Gender", "Height")
> mit.Newinfo
    Name Gender Height
1  Kevin      M    170
2  Peter      M    175
3  Frank      M    165
4 Maggie      F    168
>
```

　　由上述可知欄名修改成功了。

7-4 使用 rbind( ) 函數增加數據框的列資料

假設有一位學生 "Amy"、"F"、"161"，想加入數據框，可參考下列實例。

實例 ch7_13：將資料 "Amy"、"F"、"161"，加入 mit.Newinfo 數據框。

```
> Mit.Newinfo <- rbind(mit.Newinfo, c("Amy", "F", 161))
> Mit.Newinfo
    Name Gender Height
1  Kevin     M    170
2  Peter     M    175
3  Frank     M    165
4 Maggie     F    168
5    Amy     F    161
>
```

由上述執行結果可以看到 Mit.Newinfo 已經增加 Amy 資料了。如果想要一次增加多筆數據資料，例如，"Tony"、"M"、"171"，"Julia"、"F"、"163"，我們可以先將這多筆資料組合成一個數據框，然後再使用 rbind( ) 函數將 2 個數據框組合即可，可參考下列實例。

實例 ch7_14：使用 rbind( ) 函數執行 2 個數據框組合，執行結果將增加編號 6 和 7 的 "Tony"、"M"、"171" 和 "Julia"、"F"、"163" 的相關資料。

```
> mit.Newstu <- data.frame(Name = c("Tony", "Julia"), Gender = c("M", "F"),
Height = c(171, 163))        # 新建一個數據框放新學生資料
> Mit.Newinfo2 <- rbind(Mit.Newinfo, mit.Newstu)
> Mit.Newinfo2
    Name Gender Height
1  Kevin     M    170
2  Peter     M    175
3  Frank     M    165
4 Maggie     F    168
5    Amy     F    161
6   Tony     M    171
7  Julia     F    163
>
```

上圖第一個指令是新建的數據框，特別留意的是，所建數據框的欄名必須與預計合併組合的數據框相同，然後使用 rbind( ) 函數將 2 個數據框組合，即可得到想要的結果。當然我們也可以直接使用索引值增加數據框的列資料。

實例 ch7_15：使用索引值增加數據框的列資料，執行結果將增加編號 8 和 9 的
"Ivan"、"M"、"181" 和 "Ira"、"M"、"166" 的相關資料。

```
> Mit.Newinfo2[c("8", "9"), ] <- c("Ivan", "Ira", "M", "M", 181, 166 )
> Mit.Newinfo2
    Name Gender Height
1  Kevin      M    170
2  Peter      M    175
3  Frank      M    165
4 Maggie      F    168
5    Amy      F    161
6   Tony      M    171
7  Julia      F    163
8   Ivan      M    181
9    Ira      M    166
>
```

7-5 使用 cbind( ) 函數增加數據框的欄資料

在數據處理過程中，一定會碰上想將新的欄位資料加到數據框內，這也是本節要
討論的主題。

7-5-1 使用 $ 符號

本節為單純請重新使用 mit.Newinfo 物件。

```
    Name Gender Height
1  Kevin      M    170
2  Peter      M    175
3  Frank      M    165
4 Maggie      F    168
>
```

假設想增加 Weight 欄資料，資料分別是 65, 71, 58, 55。有好幾個方法可以執行此
欄，本小節將介紹使用 $ 符號，一次加一個欄資料。

實例 ch7_16：使用 $ 符號，為 mit.Newinfo 物件增加 Weight 欄資料。

```
> Weight <- c(65, 71, 58, 55)
> mit.Newinfo$Weight <- Weight
> mit.Newinfo
    Name Gender Height Weight
1  Kevin      M    170     65
2  Peter      M    175     71
3  Frank      M    165     58
4 Maggie      F    168     55
>
```

　　特別留意的是 "mit.Newinfo$Weight <- Weight" 指令，"$" 符號右邊的 Weight 是數據框未來要新增的欄名，也可以使用其它名稱。至於最右邊的 "Weight" 則是 Weight 向量資料。

7-5-2　一次加多個欄資料

　　碰上需一次加多個欄資料，最簡單的方法是為欲增加的欄資料建立數據框，最後再使用 cbind( ) 函數，將 2 個數據框組合即可。

實例 ch7_17：為 mit.Newinfo 物件增加 2 個欄資料，Age 欄資料分別是 19, 20, 20, 19，Score 欄資料分別是 88, 91, 75, 80。

```
> Age <- c(19, 20, 20, 19)
> Score <- c(88, 91, 75, 80)
> mit.addinfo <- data.frame(Age, Score)
> mit.Finalinfo <- cbind(mit.Newinfo, mit.addinfo)
> mit.Finalinfo
    Name Gender Height Weight Age Score
1  Kevin      M    170     65  19    88
2  Peter      M    175     71  20    91
3  Frank      M    165     58  20    75
4 Maggie      F    168     55  19    80
>
```

　　第 3 列是將新增的 Age 和 Score 欄資料組成數據框，第 4 列則是將原先數據框和新建數據框組合成最後結果的數據框。

7-6 再論轉置函數 t( )

請參考下列在實例 ch5_13 使用 rbind( ) 函數所建的矩陣 baskets.NBA2016.Team。

```
> baskets.NBA2016.Team
        1st 2nd 3rd 4th 5th 6th
Lin       7   8   6  11   9  12
Jordon   12   8   9  15   7  12
>
```

在本章一開始，筆者有介紹數據框是由一系列的欄向量所組成。如果我們想將上述矩陣物件轉成數據框，可使用下列 2 個步驟。

1: 使用 t( ) 函數，將由列向量組成的矩陣轉成欄向量格式。

2: 正式轉成數據框。

實例 ch7_18：將 baskets.NBA2016.Team 矩陣物件，轉成數據框物件。

```
> baskets.TNBA2016 <- t(baskets.NBA2016.Team)    # 轉置處理
> baskets.NBA.dfTeam <- data.frame(baskets.TNBA2016)
> baskets.NBA.dfTeam
    Lin Jordon
1st   7     12
2nd   8      8
3rd   6      9
4th  11     15
5th   9      7
6th  12     12
>
```

經以上轉換後，未來就可參照先前章節執行數據框的運作了。

一：是非題

( ) 1： 數據框 (Data Frame) 是由一系列的欄向量 (column vector) 所組成，我們可以將它視為矩陣的擴充。

( ) 2： colnames( ) 是唯一一個可查詢和取得數據框 (data frame) 的函數。

( ) 3： 假設 x.df 是一個數據框 (data frame)，下列 2 道指令執行結果相同。

```
> names(x.df)
```

或

```
> colnames(x.df)
```

( ) 4： 數據框 (data frame) 與矩陣 (matrix) 的差別之一在於數據框中每一欄 (col) 的長度可以不相等，而矩陣中每一欄 (col) 的長度一定要相等。

( ) 5： 有系列指令如下：

```
> x.name <- c("John", "Mary")
> x.sex <- c("M", "F")
> x.weight <- c(70, 50)
> x.df <- data.frame(x.name, x.sex, x.weight)
> x.df[, 1]
```

執行後可以得到下列結果。

```
[1] John Mary
Levels: John Mary
```

( ) 6： 有系列指令如下：

```
> x.name <- c("John", "Mary")
> x.sex <- c("M", "F")
> x.weight <- c(70, 50)
> x.df <- data.frame(x.name, x.sex, x.weight, stringsAsFactors = FALSE)
> x.df[2, 1]
```

執行後可以得到下列結果。

```
[1] Mary
Levels: John Mary
```

( ) 7： cbind( ) 函數，可將 2 個數據框組合。

二：選擇題

(　) 1：下列哪一類型的數據結構可允許有不同資料形態。

　　　A：向量 Vector　　　　　　　　B：矩陣 Matrix

　　　C：陣列組 Array　　　　　　　　D：數據框 Data Frame

(　) 2：由以下指令可以判斷，mtcars 物件是什麼數據類型。

```
> str(mtcars)
'data.frame':   32 obs. of  11 variables:
 $ mpg : num  21 21 22.8 21.4 18.7 18.1 14.3 24.4 22.8 19.2
...
 $ cyl : num  6 6 4 6 8 6 8 4 4 6 ...
 $ disp: num  160 160 108 258 360 ...
 $ hp  : num  110 110 93 110 175 105 245 62 95 123 ...
 $ drat: num  3.9 3.9 3.85 3.08 3.15 2.76 3.21 3.69 3.92 3.
92 ...
 $ wt  : num  2.62 2.88 2.32 3.21 3.44 ...
 $ qsec: num  16.5 17 18.6 19.4 17 ...
 $ vs  : num  0 0 1 1 0 1 0 1 1 1 ...
 $ am  : num  1 1 1 0 0 0 0 0 0 0 ...
 $ gear: num  4 4 4 3 3 3 3 4 4 4 ...
 $ carb: num  4 4 1 1 2 1 4 2 2 4 ...
```

　　　A：向量 Vector　　　　　　　　B：矩陣 Matrix

　　　C：因子 Factor　　　　　　　　D：數據框 Data Frame

(　) 3：由以下指令可以判斷，mtcars 物件有多少欄位。

```
> str(mtcars)
'data.frame':   32 obs. of  11 variables:
```

　　　A：10　　　　　　B：11　　　　　　C：12　　　　　　D：13

(　) 4：以下指令會得到何結果？

```
> x.name <- c("John", "Mary")
> x.sex <- c("M", "F")
> x.weight <- c(70, 50)
> x.df <- data.frame(x.name, x.sex, x.weight, stringsAsFactors = FALSE)
> x.df[1, 1]
```

　　　A：`[1] "Mary"`　　　　　　　　B：`[1] "John"`

　　　C：`[1] Mary`
　　　　`Levels: John Mary`　　　　　D：`[1] John`
　　　　　　　　　　　　　　　　　　　`Levels: John Mary`

(　　)5：以下指令會得到何結果？

```
> x.name <- c("John", "Mary")
> x.sex <- c("M", "F")
> x.weight <- c(70, 50)
> x.df <- data.frame(x.name, x.sex, x.weight, stringsAsFactors = FALSE)
> names(x.df) <- c("name", "sex", "weight")
> x.df
```

A：
```
  name sex weight
1 John   M     70
2 Mary   F     50
```

B：
```
  x.name x.sex x.weight
1   John     M       70
2   Mary     F       50
```

C：
```
[1] Mary
Levels: John Mary
```

D：
```
[1] John
Levels: John Mary
```

(　　)6：以下指令執行後，可以獲得多少筆資料？

```
> x.name <- c("John", "Mary")
> x.sex <- c("M", "F")
> x.weight <- c(70, 50)
> x.df <- data.frame(x.name, x.sex, x.weight, stringsAsFactors = FALSE)
> y.df <- rbind(x.df, c("Frankie", "M", 66))
```

A：1　　　　　　B：2　　　　　　C：3　　　　　　D：4

(　　)7：以下指令會得到何結果？

```
> x.name <- c("John", "Mary")
> x.sex <- c("M", "F")
> x.weight <- c(70, 50)
> x.df <- data.frame(x.name, x.sex, x.weight)
> age <- c(23, 20)
> y.df <- data.frame(age)
> new.df <- cbind(x.df, y.df)
> new.df
```

A：
```
  x.name x.sex x.weight
1   John     M       70
2   Mary     F       50
```

B：
```
   x.name x.sex x.weight
1    John     M       70
2    Mary     F       50
3 Frankie     M       66
```

C：
```
  x.name x.sex x.weight age
1   John     M       70  23
2   Mary     F       50  20
```

D：
```
  name sex weight
1 John   M     70
2 Mary   F     50
```

三：複選題

( ) 1： 有指令如下：

```
> A <- c('A', 'B', 'A', 'A', 'B')
> B <- c('Winter', 'Summer', 'Summer', 'Spring', 'Fall')
> C <- c(7.4, 6.3, 8.6, 7.2, 8.9)
> my.df <- data.frame(A, B, C)
> abc = 1:5
```

若要將向量 abc 加入成為 my.df 的第 4 欄，可以用那些指令？ (選擇 3 項)

A：my.df(abc) <- abc   B：my.df$abc <- abc

C：my.df[, "abc"] <- abc   D：my.df["abc",] <- abc

E：my.df[4] <- abc

四：實作題

1： 請參考實例 ch7_1，建立自己家人的數據框 A1，至少 5 筆資料。

a： 請將欄名分別更改為：

name

gender

height

```
    name gender height
1 Father      M    172
2 Mother      F    163
3     Me      M    175
4    Bro      M    170
5    Sis      F    154
```

b： 請為數據框增加 5 筆資料。

```
     name gender height
1  Father      M    172
2  Mother      F    163
3      Me      M    175
4     Bro      M    170
5     Sis      F    154
6  Austin      M    173
7     Ben      M    162
8   Carel      F    160
9    Chen      M    178
10    Den      M    165
```

c：　請建立另一個數據框 A2，這個數據框有 3 筆資料，然後將 A2 數據框接在 A1
數據框的下方。

```
      name gender height
1   Father      M    172
2   Mother      F    163
3       Me      M    175
4      Bro      M    170
5      Sis      F    154
6   Austin      M    173
7      Ben      M    162
8    Carel      F    160
9     Chen      M    178
10     Den      M    165
11     Eva      F    163
21   Frank      M    181
31   Helen      F    153
```

d：　請列出身高 170 公分以上的資料。

```
      name gender height
1   Father      M    172
3       Me      M    175
6   Austin      M    173
9     Chen      M    178
21   Frank      M    181
```

2：　請建立數據框 B，這個數據框有 2 個欄位，分別是 weight 和 age，然後將數據框 B
接在數據框 A1 的右邊。

a：請列出女性資料

```
      name gender height   weight age
2   Mother      F    163 50.00000  52
5      Sis      F    154 52.55556  17
8    Carel      F    160 60.22222  23
11     Eva      F    163 67.88889  23
31   Helen      F    153 73.00000  29
```

b：請列出男性，同時體重超過 70 公斤的資料。

```
      name gender height   weight age
21   Frank      M    181 70.44444  35
```

第八章

串列 List

　　串列 (List) 是一種具有很大彈性的物件，在串列內可以有不同屬性的元素，例如，字元、字串或數值。也可擁有不同的物件，例如，向量 (Vector)、矩陣 (Matrix)、因子 (factor)、數據框 (Data Frame) 或其它串列 (List)。

註　研讀至此，相信各位可以看到，數據框 (data frame) 可以視為數個向量所組成的串列 (list) 物件，但是數據框受限於各向量長度必須相同，串列則無此限制。

8-1 建立串列

　　建立串列 (List) 所需的函數是 list( )，其實可以將串列想成是一個大的袋子，這個袋子裡面裝滿各式各樣的物件，接下來，將分成幾個小節講解建立串列的知識。

8-1-1　建立串列物件 – 物件元素不含名稱

　　在程式實例 ch5_39，我們曾經建立一個 baskets.NBA2016.Team 物件，接下來將以這個實例所建的矩陣為範本建立串列。

實例 ch8_1：將 baskets.NBA2016.Team 矩陣物件建立成一個串列，同時此串列內容除了有 basket.NBA2016.Team 物件外，還有 2 個字串，分別是字串 "California" 代表隊名，字串 "2016-2017" 代表季度。

```
> baskets.Cal <- list("California", "2016-2017", baskets.NBA2016.Team)
> baskets.Cal
[[1]]
[1] "California"

[[2]]
[1] "2016-2017"

[[3]]
       1st 2nd 3rd 4th 5th 6th
Lin      7   8   6  11   9  12
Jordon  12   8   9  15   7  12

>
```

　　由上圖可以知道，串列已經建立成功了，此串列名稱是 "baskets.Cal"，這個串列內有 3 個物件，"[[ ]]" 內的編號是串列內物件元素的編號，由上圖可知物件 1 的內容是 "California"，物件 2 是 "2016-2017"，物件 3 是原先矩陣 baskets.NBA2016.Team 的內容。

8-1-2　建立串列物件 – 物件元素含名稱

建立串列時，同時為物件元素命名所使用的也是 list( ) 函數。

實例 ch8_2：建立 baskets.NewCal 串列，在建立串列時同時為串列內的物件元素命名。

```
> baskets.NewCal <- list(TeamName = "California", Season = "2016-2017", scor
e.Info = baskets.NBA2016.Team)
> baskets.NewCal
$TeamName
[1] "California"

$Season
[1] "2016-2017"

$score.Info
      1st 2nd 3rd 4th 5th 6th
Lin     7   8   6  11   9  12
Jordon 12   8   9  15   7  12

>
```

由上述執行結果可知，"[[ ]]" 符號已經消失了，取而代之的是 "$" 符號接著物件元素名稱。"$" 用法和數據框 (Data Frame) 類似。其實我們可以將數據框 (Data Frame) 想成是串列 (List) 的一種特殊格式。本章接下來介紹的各種串列 (List) 用法，也皆可以在數據框 (Data Frame) 上使用。

8-1-3　處理串列內物件元素名稱

names( ) 函數可以獲得以及修改串列內物件元素名稱。

實例 ch8_3：分別獲得串列 baskets.Cal 和 baskets.NewCal 內的物件元素名稱。

```
> names(baskets.Cal)
NULL
> names(baskets.NewCal)
[1] "TeamName"    "Season"       "score.Info"
>
```

對於 baskets.Cal 物件而言，由於我們在實例 ch8_1 建立時不含名稱，所以傳回是NULL，而 baskets.NewCal 則傳回在實例 ch8_2 所建的結果。

實例 ch8_4：將 basket.Cal 的第 1 個物件命名為 "TName"。

```
> names(baskets.Cal)[1] <- "TName"
> baskets.Cal
$TName
[1] "California"

$<NA>
[1] "2016-2017"

$<NA>
       1st 2nd 3rd 4th 5th 6th
Lin      7   8   6  11   9  12
Jordon  12   8   9  15   7  12

> names(baskets.Cal)
[1] "TName" NA      NA
>
```

在上述實例中，筆者用 2 個方法驗證結果，很明顯可以看到對於 "California" 字串而言已經建立 "TName" 名稱成功了，至於尚未建立名稱的物件則用 "NA" 表示。

8-1-4　獲得串列的物件元素個數

length( ) 函數可以獲得串列的元素個數。

實例 ch8_5：獲得 baskets.NewCal 串列的元素個數。

```
> length(baskets.NewCal)
[1] 3
>
```

8-2　獲得串列內物件元素內容

對於串列內物件元素如果有名稱，可以使用 "$" 符號，取得物件元素內容。如果串列內的物件已有名稱或尚未有名稱，皆可以使用 "[[ ]]" 符號取得物件元素內容。不論是使用 "$" 符號或是 "[[ ]]" 所傳回的是物件元素本身。

你也可以使用 "[ ]"，可參考 8-2-4 節，但所傳回的資料類型是串列。

8-2-1 使用 "$" 符號取得串列內物件元素內容

"$" 符號的用法與 7-3-2 節數據框的 "$" 用法相同。

實例 ch8_6：使用 "$" 符號獲得 baskets.NewCal 串列內所有元素內容。

```
> baskets.NewCal$TeamName
[1] "California"
> baskets.NewCal$Season
[1] "2016-2017"
> baskets.NewCal$score.Info
       1st 2nd 3rd 4th 5th 6th
Lin      7   8   6  11   9  12
Jordon  12   8   9  15   7  12
>
```

實例 ch8_7：使用 "$" 符號獲得 baskets.NewCal 串列內元素 Score.Info，Jordon 第 4 場進球數。

```
> baskets.NewCal$score.Info[2, 4]
[1] 15
>
```

實例 ch8_8：使用 "$" 符號獲得 baskets.NewCal 串列內元素 Score.Info，Lin 第 5 場進球數。

```
> baskets.NewCal$score.Info[1, 5]
[1] 9
>
```

8-2-2 使用 "[[ ]]" 符號取得串列內物件元素內容

這種用法也很簡單，只要將 "[[ ]]" 內的數值想成是索引值即可。

實例 ch8_9：使用 "[[ ]]" 符號獲得 baskets.Cal 串列內所有元素內容。

```
> baskets.Cal[[1]]
[1] "California"
> baskets.Cal[[2]]
[1] "2016-2017"
> baskets.Cal[[3]]
       1st 2nd 3rd 4th 5th 6th
Lin      7   8   6  11   9  12
Jordon  12   8   9  15   7  12
>
```

實例 ch8_10：使用 "[[ ]]" 符號獲得 baskets.NewCal 串列內所有元素內容。

```
> baskets.NewCal[[1]]
[1] "California"
> baskets.NewCal[[2]]
[1] "2016-2017"
> baskets.NewCal[[3]]
       1st 2nd 3rd 4th 5th 6th
Lin      7   8   6  11   9  12
Jordon  12   8   9  15   7  12
>
```

實例 ch8_11：使用 "[[ ]]" 符號獲得 baskets.NewCal 串列內元素 Score.Info，Jordon 第 4 場進球數。

```
> baskets.NewCal[[3]][2, 4]
[1] 15
>
```

實例 ch8_12：使用 "$[[ ]]" 符號獲得 baskets.NewCal 串列內元素 Score.Info，Lin 第 5 場進球數。

```
> baskets.NewCal[[3]][1, 5]
[1] 9
>
```

8-2-3　串列內物件名稱也可當索引值

前一小節在 "[[ ]]" 內，直接使用數字當索引，如果串列內的物件元素已有名稱，也可以用這個物件元素名稱當索引。

實例 ch8_13：使用 "[[ ]]" 符號配合物件元素名稱當索引，獲得 baskets.NewCal 串列內所有元素內容。

```
> baskets.NewCal[["TeamName"]]
[1] "California"
> baskets.NewCal[["Season"]]
[1] "2016-2017"
> baskets.NewCal[["score.Info"]]
       1st 2nd 3rd 4th 5th 6th
Lin      7   8   6  11   9  12
Jordon  12   8   9  15   7  12
>
```

8-2-4　使用 "[ ]" 符號取得串列

使用 "[ ]" 也可取得串列物件元素內容，但所傳回的資料類型是串列。使用 "[ ]" 符號，另一個特色是可以使用負索引。

實例 ch8_14：使用 "[ ]" 符號獲得 baskets.NewCal 串列內所有元素內容。

```
> baskets.NewCal[1]
$TeamName
[1] "California"

> baskets.NewCal[2]
$Season
[1] "2016-2017"

> baskets.NewCal[3]
$score.Info
        1st 2nd 3rd 4th 5th 6th
Lin       7   8   6  11   9  12
Jordon   12   8   9  15   7  12

>
```

實例 ch8_15：使用 "[ ]" 分別取得 "1:2" 和 "2:3" 索引的實例。

```
> baskets.NewCal[1:2]
$TeamName
[1] "California"

$Season
[1] "2016-2017"

> baskets.NewCal[2:3]
$Season
[1] "2016-2017"

$score.Info
        1st 2nd 3rd 4th 5th 6th
Lin       7   8   6  11   9  12
Jordon   12   8   9  15   7  12

>
```

要留意的是，上述 2 個實例所傳回的皆是串列。

如果索引值是負數，則代表傳回的串列不含負索引所指的物件元素。

實例 ch8_16：負索引的應用，所傳回的串列將不含第 1 筆物件元素 TeamName。

```
> baskets.NewCal[-1]
$Season
[1] "2016-2017"

$score.Info
        1st 2nd 3rd 4th 5th 6th
Lin       7   8   6  11   9  12
Jordon   12   8   9  15   7  12

>
```

由上述結果可知，R 語言剔除 TeamName 物件元素後，將重新排列串列內物件的順序。

實例 ch8_17：以另一種方式重新設計 ch8_16。這相當於傳回非 TeamName 索引值以外的所有物件。

```
> baskets.NewCal[names(baskets.NewCal) != "TeamName"]
$Season
[1] "2016-2017"

$score.Info
        1st 2nd 3rd 4th 5th 6th
Lin       7   8   6  11   9  12
Jordon   12   8   9  15   7  12

>
```

8-3 編輯串列內的物件元素值

你可以像編輯修改其他物件方式，編輯修改串列各個元素內容。

8-3-1 修改串列元素內容

我們可以使用 "[[ ]]" 和 "$" 修改串列元素內容，筆者將以不同方法逐步講解，修改串列元素內容。

實例 ch8_18：將 baskets.NewCal 串列的季度 "Season" 改成 "2017-2018"。

```
> baskets.NewCal[[2]] <- "2017-2018"        # 編輯修改
> baskets.NewCal                            # 驗證結果
$TeamName
[1] "California"

$Season
[1] "2017-2018"

$score.Info
       1st 2nd 3rd 4th 5th 6th
Lin      7   8   6  11   9  12
Jordon  12   8   9  15   7  12

>
```

實例 ch8_19：以不同方法，將 baskets.NewCal 串列的季度 "Season" 改成 "2018-2019"。

```
> baskets.NewCal[["Season"]] <- "2018-2019"    # 編輯修改
> baskets.NewCal                               # 驗證結果
$TeamName
[1] "California"

$Season
[1] "2018-2019"

$score.Info
       1st 2nd 3rd 4th 5th 6th
Lin      7   8   6  11   9  12
Jordon  12   8   9  15   7  12

>
```

實例 ch8_20：以不同方法，將 baskets.NewCal 串列的季度 "Season" 改成 "2019-2020"。

```
> baskets.NewCal$Season <- "2019-2020"        # 編輯修改
> baskets.NewCal                              # 驗證結果
$TeamName
[1] "California"

$Season
[1] "2019-2020"

$score.Info
       1st 2nd 3rd 4th 5th 6th
Lin      7   8   6  11   9  12
Jordon  12   8   9  15   7  12

>
```

此外，也可以使用 [ ] 方式執行串列元素內容的修改，方法可參考下列實例。

實例 ch8_21：以 "[ ]" 方法，將 baskets.NewCal 串列的季度 "Season" 改成 "2016-2017"。

```
> baskets.NewCal[2] <- list("2020-2021")       # 編輯修改
> baskets.NewCal
$TeamName
[1] "California"

$Season
[1] "2020-2021"

$score.Info
       1st 2nd 3rd 4th 5th 6th
Lin      7   8   6  11   9  12
Jordon  12   8   9  15   7  12

>
```

從以上實例，我們已經學會修改串列單一元素的方法了，如果想一次修改多個元素，可參考下列實例。

實例 ch8_22：一次修改串列內 2 個元素內容，本實例會將元素 1 改成 "Texas"，將元素 2 改成 "2016-2017"，本程式會先製作一份備份 "copy.baskets.NewCal"，然後再修改此物件的元素 1 和元素 2 的內容。

```
> copy.baskets.NewCal <- baskets.NewCal          # 先製作一份備份
> copy.baskets.NewCal[1:2] <- list("Texas", "2016-2017")  # 修改
> copy.baskets.NewCal                            # 驗證結果
$TeamName
[1] "Texas"

$Season
[1] "2016-2017"

$score.Info
       1st 2nd 3rd 4th 5th 6th
Lin      7   8   6  11   9  12
Jordon  12   8   9  15   7  12

>
```

8-3-2　為串列增加更多元素

我們可以修改串列元素值，也可以為串列增加新元素此時可以使用索引，也可以使用 "$" 符號。

實例 ch8_23：為串列 baskets.NewCal 物件增加新的元素，元素名稱是 PlayerName，內容是 "Lin" 和 "Jordon"。

```
> baskets.NewCal[["PlayerName"]] <- c("Lin", "Jordon")  # 新增元素
> baskets.NewCal                                # 驗證結果
$TeamName
[1] "California"

$Season
[1] "2020-2021"

$score.Info
       1st 2nd 3rd 4th 5th 6th
Lin      7   8   6  11   9  12
Jordon  12   8   9  15   7  12

$PlayerName
[1] "Lin"      "Jordon"

>
```

由上述執行結果可以看到，我們成功地增加了 "PlayerName" 元素了。

實例 ch8_24：以不同方式為串列 baskets.NewCal 物件增加新的元素，元素名稱是
PlayerAge，內容是 "25" 和 "45"。

```
> baskets.NewCal["PlayerAge"] <- list(c(25, 45))    # 新增元素
> baskets.NewCal                                     # 驗證結果
$TeamName
[1] "California"

$Season
[1] "2020-2021"

$score.Info
       1st 2nd 3rd 4th 5th 6th
Lin      7   8   6  11   9  12
Jordon  12   8   9  15   7  12

$PlayerName
[1] "Lin"     "Jordon"

$PlayerAge
[1] 25 45

>
```

實例 ch8_25：以不同方式為串列 baskets.NewCal 物件增加新的元素，元素名稱是
PlayerGender，內容是 "M" 和 "M"。

```
> baskets.NewCal$Gender <- c("M", "M")               # 新增元素
> baskets.NewCal                                     # 驗證結果
$TeamName
[1] "California"

$Season
[1] "2020-2021"

$score.Info
       1st 2nd 3rd 4th 5th 6th
Lin      7   8   6  11   9  12
Jordon  12   8   9  15   7  12

$PlayerName
[1] "Lin"     "Jordon"
```

```
$PlayerAge
[1] 25 45

$Gender
[1] "M" "M"

>
```

　　對於使用 "[ ]" 和 "[[ ]]" 而言，也可以在索引中直接以數值當作串列的新增的第幾個元素，可參考下列實例。

實例 ch8_26：以數值當索引重新設計 ch8_23，但此次使用物件 "copy.baskets. NewCal"。

```
> copy.baskets.NewCal[[4]] <- c("Lin", "Jordon")
> copy.baskets.NewCal
$TeamName
[1] "Texas"

$Season
[1] "2016-2017"

$score.Info
       1st 2nd 3rd 4th 5th 6th
Lin      7   8   6  11   9  12
Jordon  12   8   9  15   7  12

[[4]]
[1] "Lin"     "Jordon"

>
```

　　當然使用這種方式新增串列元素時，首先是必須知道串列內有多少元素，如果原串列已經有 4 個元素時，上述實例會造成修改第 4 個元素的內容，而不是新增第 4 個元素。

實例 ch8_27：以數值當索引重新設計 ch8_24，但此次使用物件 "copy.baskets. NewCal"。

```
> copy.baskets.NewCal[5] <- list(c(25, 45))
> copy.baskets.NewCal
$TeamName
[1] "Texas"
```

```
$Season
[1] "2016-2017"

$score.Info
       1st 2nd 3rd 4th 5th 6th
Lin      7   8   6  11   9  12
Jordon  12   8   9  15   7  12

[[4]]
[1] "Lin"      "Jordon"

[[5]]
[1] 25 45

>
```

　　同樣的，使用這種方式新增串列元素時，首先是必須知道串列內有多少元素，如果原串列已經有 5 個元素時，上述實例會造成修改第 5 個元素的內容，而不是新增第 5 個元素。

8-3-3　刪除串列內的元素

　　如果想要刪除串列內的元素，只要將此元素設為 NULL 即可。同時如果所刪除的元素非最後一個元素時，原先後面的元素會往前移。例如，如果我們刪除第 4 個元素，則刪除後第 5 個元素會變成第 4 個元素往前移，其他依此類推。

實例 ch8_28：刪除串列物件 "baskets.NewCal" 內的第 4 個元素 "PlayerName"。

```
> baskets.NewCal[[4]] <- NULL
> baskets.NewCal
$TeamName
[1] "California"

$Season
[1] "2020-2021"

$score.Info
       1st 2nd 3rd 4th 5th 6th
Lin      7   8   6  11   9  12
Jordon  12   8   9  15   7  12

$PlayerAge
[1] 25 45
```

```
$Gender
[1] "M" "M"

>
```

　　由上述執行結果很明顯可以看到，原先第 5 個元素 "PlayerAge" 已經往前移了變成第 4 個元素了。

實例 ch8_29：以不同方法刪除串列物件 "baskets.NewCal" 內的第 4 個元素 "PlayerAge"。

```
> baskets.NewCal["PlayerAge"] <- NULL
> baskets.NewCal
$TeamName
[1] "California"

$Season
[1] "2020-2021"

$score.Info
       1st 2nd 3rd 4th 5th 6th
Lin      7   8   6  11   9  12
Jordon  12   8   9  15   7  12

$Gender
[1] "M" "M"

>
```

實例 ch8_30：以不同方法刪除串列物件 "baskets.NewCal" 內的第 4 個元素 "Gender"。

```
> baskets.NewCal$Gender <- NULL
> baskets.NewCal
$TeamName
[1] "California"

$Season
[1] "2020-2021"

$score.Info
       1st 2nd 3rd 4th 5th 6th
Lin      7   8   6  11   9  12
Jordon  12   8   9  15   7  12

>
```

8-4　串列合併

我們至今已經使用許多次 c( ) 函數了，字元 c 其實是 concatenate 的縮寫，也就是合併，如果想將 2 個或多個串列合併，所使用的是 c( ) 函數。在正式執行串列合併前，筆者想先建一個串列物件 "baskets.NewInfo"，其內容如下：

```
> baskets.NewInfo <- list(Heights = c(192, 199), Ages = c(25, 45))
> baskets.NewInfo
$Heights
[1] 192 199

$Ages
[1] 25 45

>
```

實例 ch8_31：執行 "baskets.NewCal" 串列和 "baskets.NewInfo" 物件合併。

```
> baskets.Merge <- c(baskets.NewCal, baskets.NewInfo)        # 串列合併
> baskets.Merge
$TeamName
[1] "California"

$Season
[1] "2020-2021"

$score.Info
       1st 2nd 3rd 4th 5th 6th
Lin      7   8   6  11   9  12
Jordon  12   8   9  15   7  12

$Heights
[1] 192 199

$Ages
[1] 25 45

>
```

由上述執行結果可知，我們已經成功執行串列合併了。

8-5 解析串列內容結構

本章最後筆者想要解析串列的內容結構，請執行 str(baskets.Merge)，可以得到下列結果。

```
> str(baskets.Merge)
List of 5
 $ TeamName  : chr "California"
 $ Season    : chr "2020-2021"
 $ score.Info: num [1:2, 1:6] 7 12 8 8 6 9 11 15 9 7 ...
  ..- attr(*, "dimnames")=List of 2
  .. ..$ : chr [1:2] "Lin" "Jordon"
  .. ..$ : chr [1:6] "1st" "2nd" "3rd" "4th" ...
 $ Heights   : num [1:2] 192 199
 $ Ages      : num [1:2] 25 45
>
```

1： 第 1 列，告訴你這是一個串列，此串列有 5 個元素。

2： 第 2 列，由 $ 開頭，告訴你這是第 1 個元素，此元素名稱是 "TeamName"，元素是字串格式 chr，內容是 "California"。

3： 第 3 列，由 $ 開頭，告訴你這是第 2 個元素，此元素名稱是 "Season"，元素是字串格式 chr，內容是 "2020-2021"。

4： 第 4 列，由 $ 開頭，告訴你這是第 3 個元素，此元素名稱是 "score.Info"， 元素是數值格式 num，這是 2 列 6 欄的矩陣。

5： 第 5 列，開頭是 ".."，告訴你這個內容屬於上方元素，相當於第 3 個元素，有關列名稱 (row name) 和欄名稱 (column name) 是儲存在 dimnames 屬性內，同時 dimnames 又是一個串列，內有 2 個元素。

6： 第 6 列和第 7 列，開頭是 "...." 接 "$" 屬，由它的縮牌，告訴你這是屬於上方第 3 個元素的陣列內容，這 2 個向量分別是屬字串向量，長度分別為 2 和 6。

7： 第 7 列，由 $ 開頭，告訴你這是第 4 個元素，此元素名稱是 "Ages"，元素是數值格式 num，內容是 192 和 199。

8： 第 8 列，由 $ 開頭，告訴你這是第 5 個元素，此元素名稱是 "Heights"，元素是數值格式 num，內容是 25 和 45。

　　其實，str( ) 函數主要是可以提供你瞭解物件的結構，由此你可以獲得許多有用的資訊。在本章實例 ch8_1 我們建立了 "baskets.Cal" 物件，雖然後來經過修改，但我們可以再看一次這個物件的結構，如下：

```
> str(baskets.Cal)
List of 3
 $ TName: chr "California"
 $ NA   : chr "2016-2017"
 $ NA   : num [1:2, 1:6] 7 12 8 8 6 9 11 15 9 7 ...
  ..- attr(*, "dimnames")=List of 2
  .. ..$ : chr [1:2] "Lin" "Jordon"
  .. ..$ : chr [1:6] "1st" "2nd" "3rd" "4th" ...
>
```

　　在此可以看到有 3 個元素，其中第 2 和 3 個元素的 "$" 字元右邊是 NA，代表這 2 個元素沒有名稱，其他內容則不難瞭解。

　　最後筆者建議，由於串列可以包含多種不同資料格式的元素，這將是您未來邁向 Big Data Engineer 很重要的工具，記住應該徹底瞭解，使用時每個元素應該給予名稱，方便未來使用。

習題

一：是非題

( ) 1： 數據框 (data frame) 與串列 (list) 的相同點在於可以同時儲存數值資料與文字資料。

( ) 2： 數據框 (data frame) 與串列 (list) 的差別之一是串列中每一元素的長度可以不相等，而數據框中每一欄的長度需相等。

( ) 3： 有系列指令如下：

```
> a <- c(1, 2, 3, 4)
> b <- list(1, 2, 3, 4)
```

上述指令執行後，a[[1]] 和 b[[1]] 的執行結果是相同。

( ) 4： 有系列指令如下：

```
> x.list <- list(name = "x.name", gender = "x.sex")
```

對上述 x.list 物件而言，第 2 個元素的物件名稱是 "x.sex"，未來我們可以使用 x.list$x.sex 存取此元素資料。

(   ) 5： 有系列指令如下：

```
> A = c('A', 'B', 'A', 'A', 'B')
> B = c('Winter', 'Summer', 'Summer', 'Spring', 'Fall')
> x.list <- list(A, B)
> length(x.list)
```

上述執行結果如下：

[1] 10

(   ) 6： 有系列指令如下：

```
> x.list <- list(name = "x.name", gender = "x.sex")
> x.list[["name"]]
```

上述指令執行時會有錯誤產生。

(   ) 7： 有系列指令如下：

```
> x.list
$name
[1] "x.name"

$gender
[1] "x.sex"

> x.list$gender <- NULL
```

上述指令執行後，串列 x.list 將只剩下一個元素。

(   ) 8： cbind( ) 函數一般也常用在串列合併，有系列指令如下：

```
> x.name <- c("John", "Mary")
> x.sex <- c("M", "F")
> x.age <- c(20, 23)
> x.weight <- c(70, 50)
> x.list1 <- list(x.name, x.sex)
> x.list2 <- list(age, x.weight)
> x.list3 <- cbind(x.list1, x.list2)
> x.list3
```

上述執行結果如下：

```
> x.list3
[[1]]
[1] "John" "Mary"

[[2]]
[1] "M" "F"

[[3]]
[1] 23 20

[[4]]
[1] 70 50
```

( ) 9： 使用 "[ ]" 也可取得串列元素的內容，所傳回的資料類型是串列。

二：選擇題

( ) 1： 下列哪一類型的數據結構使用的彈性最大。

A：向量 Vector　　　　　　B：矩陣 Matrix

C：數據框 Data Frame　　　D：串列 List

( ) 2： 有系列指令如下：

```
> id <- c(34453, 72456, 87659)
> name <- c("John", "Mary")
> lst1 <- list(stud.id = id, stud.name = name)
```

若要利用串列 "lst1" 得到文字向量 "name" 中的資料 "John"，可以用哪一個指令？

A：lst1$name[1]　　　　　　B：lst1["stud.name"][1]

C：lst1[[stud.name]][1]　　　D：lst1[[2]][1]

( ) 3： 有系列指令如下：

```
> id <- c(34453, 72456, 87659)
> name <- c("John", "Mary", "Jenny")
> gender <- c("M", "F", "F")
> height <- c(167, 156, 180)
```

下列那一個指令是有問題。

A：data.frame(id, name, gender, height)　B：list(id, name, gender, height)

C：matrix(id, name, gender, height)　　　D：cbind(id, name, gender, height)

( ) 4： 有系列指令如下：

```
> id <- c(34453, 72456, 87659)
> x.list <- list("NY", "2020", id)
```

下列哪一個指令可以獲得串列第 2 個元素內容。

A： > x.list[[2]]   B： > x.list[[1]]

C： > x.list$2020   D： > x.list$NY

( ) 5： 有一個串列內容如下：

```
> x.list
$City
[1] "NY"

$Season
[1] "2020"

$Number
[1] 34453 72456 87659
```

下列哪一個指令無法取得 x.list 串列 Number 的第 2 筆資料內容。

A： > x.list[[3]][2]   B： > x.list$Number[2]

C： > x.list[["Number"]][2]   D： > x.list["Number"][2]

( ) 6： 有一個串列內容如下：

```
> x.list
$City
[1] "NY"

$Season
[1] "2020"

$Number
[1] 34453 72456 87659
```

下列哪一個指令可以得到下列結果。

```
$Season
[1] "2020"

$Number
[1] 34453 72456 87659
```

A：> x.list[[c(2:3)]]

B：> c(x.list[[2]], x.list[[3]])

C：> x.list[[-1]]

D：> x.list[-1]

(　　) 7：有一個串列內容如下：

```
> x.list
$City
[1] "NY"

$Season
[1] "2020"

$Number
[1] 34453 72456 87659
```

下列哪一個指令無法位串列增加第 4 個元素。

A：> x.list[["Country"]] <- "USA"

B：> x.list["Country"] <- "USA"

C：> x.list"Country" <- "USA"

D：> x.list[4] <- "USA"

(　　) 8：請參考下列資料。

```
> str(baskets.Merge)
List of 5
 $ TeamName  : chr "California"
 $ Season    : chr "2020-2021"
 $ score.Info: num [1:2, 1:6] 7 12 8 8 6 9 11 15 9 7 ...
  ..- attr(*, "dimnames")=List of 2
  .. ..$ : chr [1:2] "Lin" "Jordon"
  .. ..$ : chr [1:6] "1st" "2nd" "3rd" "4th" ...
 $ Heights   : num [1:2] 192 199
 $ Ages      : num [1:2] 25 45
>
```

下列哪一個敘述是錯的。

A：　第 1 列，告訴你這是一個串列，此串列有 5 個元素。

B：　第 4 列，由 $ 開頭，告訴你這是第 3 個元素，此元素名稱是 "score. Info"，元素是數值格式 num，這是 2 列 4 欄的矩陣。

C：　第 7 列，由 $ 開頭，告訴你這是第 4 個元素，此元素名稱是 "Ages"，元素是數值格式 num，內容是 192 和 199。

D：　第 8 列，由 $ 開頭，告訴你這是第 5 個元素，此元素名稱是 "Heights"，元素是數值格式 num，內容是 25 和 45。

三：複選題

(　　) 1：　下列哪些物件可以同時儲存數值資料與文字資料？(選擇 2 項)

A：串列 list　　　　　　　　　　B：矩陣 matrix
C：陣列組 array　　　　　　　　D：數據框 data frame
E：向量 vector

四：實作題

1：　麻將是由下列資料組成，請建立下列串列。

a：季節，春、夏、秋、冬，各 1 顆。

```
[1] "春" "夏" "秋" "冬"
```

b：花色，梅、蘭、竹、菊，各 1 顆。

```
[1] "梅" "蘭" "竹" "菊"
```

c：紅中、發財、白板，各 4 顆。

```
 [1] "紅中" "紅中" "紅中" "紅中" "青發" "青發" "青發" "青發" "白板"
[10] "白板" "白板" "白板"
```

d：1 萬到 9 萬各 4 顆。

```
 [1] "1 萬" "1 萬" "1 萬" "1 萬" "2 萬" "2 萬" "2 萬" "2 萬" "3 萬"
[10] "3 萬" "3 萬" "3 萬" "4 萬" "4 萬" "4 萬" "4 萬" "5 萬" "5 萬"
[19] "5 萬" "5 萬" "6 萬" "6 萬" "6 萬" "6 萬" "7 萬" "7 萬" "7 萬"
[28] "7 萬" "8 萬" "8 萬" "8 萬" "8 萬" "9 萬" "9 萬" "9 萬" "9 萬"
```

e：1 條到 9 條各 4 顆。

```
 [1] "1 條" "1 條" "1 條" "1 條" "2 條" "2 條" "2 條" "2 條" "3 條"
[10] "3 條" "3 條" "3 條" "4 條" "4 條" "4 條" "4 條" "5 條" "5 條"
[19] "5 條" "5 條" "6 條" "6 條" "6 條" "6 條" "7 條" "7 條" "7 條"
[28] "7 條" "8 條" "8 條" "8 條" "8 條" "9 條" "9 條" "9 條" "9 條"
```

f：1 餅到 9 餅各 4 顆。

```
 [1] "1 餅" "1 餅" "1 餅" "1 餅" "2 餅" "2 餅" "2 餅" "2 餅" "3 餅"
[10] "3 餅" "3 餅" "3 餅" "4 餅" "4 餅" "4 餅" "4 餅" "5 餅" "5 餅"
[19] "5 餅" "5 餅" "6 餅" "6 餅" "6 餅" "6 餅" "7 餅" "7 餅" "7 餅"
[28] "7 餅" "8 餅" "8 餅" "8 餅" "8 餅" "9 餅" "9 餅" "9 餅" "9 餅"
```

2： 建立一個串列 A，這個串列包含 3 個元素（可想成在那一年，那一城市認識的朋友）：

　　year：字串

　　city：字串

　　friend：5 筆姓名 (Allen、Bunny、Cindy、Dennie、Ellen) 字串向量資料，

最後使用 2 種方法列出，friend 字串向量中第 2 個人的名字。

```
[1] "Bunny"
```

3： 請分別使用 A[ ]、A[1]、A[2]、A[[1]]、A[[2]] 和 A$year 傳回物件的內容，並瞭解其差異。

```
$year
[1] "2017"

$city
[1] "Taoyuan"

$friend
[1] "Allen"  "Bunny"  "Cindy"  "Dennie" "Ellen"

$year
[1] "2017"

$city
[1] "Taoyuan"


[1] "2017"
```

```
[1] "Taoyuan"

[1] "2017"
```

4 ： 使用負索引，只傳回 city 和 friend 元素。

```
$city
[1] "Taoyuan"

$friend
[1] "Allen"  "Bunny"  "Cindy"  "Dennie" "Ellen"
```

5 ： 將串列的 city 欄位內容改成 LA。

```
$year
[1] "2017"

$city
[1] "LA"

$friend
[1] "Allen"  "Bunny"  "Cindy"  "Dennie" "Ellen"
```

6 ： 為串列增加新元素（可自行發揮），此元素有 3 筆資料。

```
$year
[1] "2017"

$city
[1] "LA"

$friend
[1] "Allen"  "Bunny"  "Cindy"  "Dennie" "Ellen"

$AGE
[1] 21 20 19 32 29
```

7 ： 請自行建立串列 B，這個串列內容可自行發揮，請至少有 3 個元素資料。

```
$photoby
[1] "HERB"

$relation
[1] "FRIEND"

$DATES
[1] "2016-08-15" "2016-08-16" "2016-08-17" "2016-08-18"
```

第九章

進階字串的處理

在 R 語言中，字串的處理扮演一個非常重要的角色，當各位讀完前 8 章，相信對 R 語言已經有一個基本認識，當你讀完本章，相信可以讓你的 R 語言功力更上一層。

9-1 句子的分離

在使用 語言時，常常需要將一段句子拆成單字作分離，此時可以使用 strsplit( ) 函數。

實例 ch9_1：建立一個句子字串 "Hello R World"，建好後以空格為界，將此段句子拆散成單字。

```
> x <- c("Hello R World")
> x
[1] "Hello R World"
> strsplit(x, " ")           # 將句子拆成單字，以空格為界
[[1]]
[1] "Hello" "R"       "World"

>
```

由上述執行結果可以知道 strsplit( ) 函數傳回結果是一個串列 (List)，此串列只有一個元素，這個元素是一個字串向量 (Vector)。

實例 ch9_2：延續前一個實例，使用 strsplit( ) 函數將一個句子拆成單字，同時存入一個向量 xVector 內。

```
> xVector <- strsplit(x, " ")[[1]]
> xVector
[1] "Hello" "R"       "World"
>
```

9-2 修改字串的大小寫

toupper( )：這個函數可以將字串改成大寫。

tolower( )：這個函數可以將字串改成小寫。

實例 **ch9_3**：將實例 ch9_2 所建的 xVector 字串改成全大寫。

```
> xVector                    # 檢查字串內容
[1] "Hello" "R"      "World"
> toupper(xVector)
[1] "HELLO" "R"      "WORLD"
>
```

實例 **ch9_4**：將實例 ch9_2 所建的 xVector 字串改成全小寫。

```
> xVector                    # 檢查字串內容
[1] "Hello" "R"      "World"
> tolower(xVector)
[1] "hello" "r"      "world"
>
```

9-3 unique( ) 函數的使用

　　這個函數主要是讓向量內容沒有重複出現，在以字串作實例前，筆者先以數值資料為例子說明。先前章節，筆者有介紹過一個數值向量資料如下：

```
> baskets.NBA2016.Jordon
[1] 12  8  9 15  7 12
>
```

　　很明顯此向量數值 12 出現 2 次，unique( ) 函數可以讓所有元素內容不重複出現。

實例 **ch9_5**：處理 baskets.NBA2016.Jordon 內的數值資料不重複出現。

　　從上述執行結果可以得到，原來元素 12 出現 2 次，現在已經不重複出現了。其實 R 語言程式設計師在處理字串問題時，偶爾也會有處理字串向量內有單字重複的問題，此時也可以用這個函數處理。下列是一個句子，當建成字串向量後，有單字 "coffee" 重複出現。

```
> coffee.Words <- "Coffee produced using the drying method is known as natur
al coffee"
>
```

實例 ch9_6：將 "coffee.Words" 字串句子物件先處理成個別單字，再將重複的單字處理成只出現一次。在這個例子中 "Coffee" 和 "coffee" 會被視為不同字，所以需將此句子處理成全小寫，再使用 unique( ) 函數再將重複的單字處理成只出現一次。

```
> coffee.NewWords <- strsplit(coffee.Words, " ")[[1]]  # 將句子拆成單字
> unique(tolower(coffee.NewWords))         # 先轉成小寫，再執行元素唯一化
 [1] "coffee"   "produced" "using"    "the"      "drying"   "method"
 [7] "is"       "known"    "as"       "natural"
>
```

由上述執行結果可以看到，"coffee" 字串只出現一次。

9-4 字串的連接

學會了如何將句子拆成各個字串或稱單字後，接著本節會講解將各個字串或單字連接成句子，此時會用到 paste( ) 函數。

9-4-1　使用 paste( ) 函數常見的失敗 1

實例 ch9_7：字串連接失敗的實例 1。

```
> coffee.fail1 <- paste(c("Boiling", "coffee", "brind", "out", "a", "bitterl
y", "taste"))
> coffee.fail1
[1] "Boiling"  "coffee"   "brind"    "out"      "a"        "bitterly"
[7] "taste"
>
```

上述使用 paste( ) 函數失敗，最主要原因是 paste( ) 函數內的 c( ) 函數，因為字串經過 c( ) 函數後是形成一個字串向量。

9-4-2　使用 paste( ) 函數常見的失敗 2

實例 ch9_8：字串連接失敗的實例 2。

```
> coffee.str <- c("Boiling", "coffee", "brings", "out", "a", "bitterly", "ta
ste")                              # 建立字串向量
> paste(coffee.str)                # 執行字串連接但失敗實例2
[1] "Boiling"  "coffee"   "brings"   "out"      "a"        "bitterly"
[7] "taste"
>
```

上述實例失敗的原因和實例 ch9_7 相同。

9-4-3 字串的連接成功與 collapse 參數

若是想用 paste( ) 函數執行將字串向量內的字串連接，須加上 collapse 參數，假設字串是使用空白連接，則在 paste( ) 函數內加上 collapse = " " 即可。

實例 ch9_9：使用 paste( ) 函數搭配 collapse 參數，將字串連接。

```
> paste(coffee.str, collapse = " ")
[1] "Boiling coffee brings out a bitterly taste"
>
```

由上述執行結果可以看到，我們成功地將字串依照本意連接了。在實例 ch9_9 內，如果將參數設定成 "collapse = NULL"，會有何結果呢？可參考下列實例。

實例 ch9_10：重新設計實例 ch9_9，但將 collapse 參數設為 NULL。

```
> paste(coffee.str, collapse = NULL)
[1] "Boiling"  "coffee"   "brings"   "out"      "a"        "bitterly"
[7] "taste"
>
```

由上述執行結果可知，將 collapse 參數設為 NULL，與不加上此參數結果相同，可參考實例 ch9_8。其實 collapse 參數除了 NULL 外，可以是任何其他字元，這個字元將是連接各個單字的字元。

實例 ch9_11：重新設計實例 ch9_9，但單字間以 "-" 隔開。

```
> paste(coffee.str, collapse = "-")
[1] "Boiling-coffee-brings-out-a-bitterly-taste"
>
```

9-4-4 再談 paste( ) 函數

paste( ) 函數其實主要目的是將 2 個或多個向量做連接。

實例 ch9_12：將 2 個向量連接的應用。

```
> str1 <- letters[1:6]
> str2 <- 1:6
> paste(str1, str2)                        # 2個向量的連接
[1] "a 1" "b 2" "c 3" "d 4" "e 5" "f 6"
>
```

由上述執行結果可知，向量 str1 的第 1 個元素和 str2 的第 1 個元素連接了，同時向量 str1 的第 2 個元素和 str2 的第 2 個元素連接，其他依此類推。在連接的結果向量中，每個元素間是以空格分開，如果我們不想要元素間有空格，可以在 paste( ) 函數內加上 sep = "" 參數。

實例 ch9_13：將 2 個向量連接，連接結果元素間沒有空格。

```
> str1 <- letters[1:6]
> str2 <- 1:6
> paste(str1, str2, sep = "")          # 2個向量的連接
[1] "a1" "b2" "c3" "d4" "e5" "f6"
>
```

如果發生 2 個向量的長度 (元素個數) 不相同時，會如何呢？這時 R 會使用重複機制，讓較短的向量重複，直至填滿較長的向量。

實例 ch9_14：將 2 個向量連接，但 2 個向量長度不相同，再觀察執行結果。

```
> str3 <- 1:5
> paste(str1, str3, sep = "")
[1] "a1" "b2" "c3" "d4" "e5" "f1"
>
```

由上述執行結果可以知道，較短的向量必須重複，所以較短的字串 str1 的第 1 個元素再和較長的字串 str3 的第 6 個元素連接，再看一個實例。

實例 ch9_15：另一個將 2 個向量連接，但 2 個向量長度不相同，再觀察執行結果。

```
> paste("R", str3, sep = "")          # 2個向量的連接
[1] "R1" "R2" "R3" "R4" "R5"
>
```

在上述例子中，短向量只有一個元素 "R"，所以只好重複 5 次，以配合較長的向量，這在 R 語言功能中稱 Recycling，中文可想成較短的向量元素被回收重複使用。其實 sep 參數主要是設定 2 個元素間如何連接，下列是另一個實例。

實例 ch9_16：重新設計實例 ch9_13，但元素間用 "_" 隔開。

```
> paste(str1, str2, sep = "_")          # 2個向量的連接
[1] "a_1" "b_2" "c_3" "d_4" "e_5" "f_6"
>
```

最後，paste 函數也可以將 2 個向量連接成一個向量，此時要使用先前有用過的 collapse 參數。

實例 ch9_17：重新設計實例 ch9_15，但結果是一個字串。

```
> paste("R", str3, sep = "", collapse = " ")
[1] "R1 R2 R3 R4 R5"
>
```

實例 ch9_18：重新設計實例 ch9_16，但結果是一個字串。

```
> paste(str1, str2, sep = "_", collapse = " ")
[1] "a_1 b_2 c_3 d_4 e_5 f_6"
>
```

9-4-5　撲克牌有趣的應用

本小節將應用所學的知識，設計一個完整的撲克牌向量。

實例 ch9_19：建立一個撲克牌向量。

```
> cardsuit <- c("Spades", "Hearts", "Diamonds", "Clubs")
> cardnum <- c("A", 2:10, "J", "Q", "K")
> deck <- paste(rep(cardsuit, each = 13), cardnum)
> deck
 [1] "Spades A"      "Spades 2"      "Spades 3"      "Spades 4"      "Spades 5"
 [6] "Spades 6"      "Spades 7"      "Spades 8"      "Spades 9"      "Spades 10"
[11] "Spades J"      "Spades Q"      "Spades K"      "Hearts A"      "Hearts 2"
[16] "Hearts 3"      "Hearts 4"      "Hearts 5"      "Hearts 6"      "Hearts 7"
[21] "Hearts 8"      "Hearts 9"      "Hearts 10"     "Hearts J"      "Hearts Q"
[26] "Hearts K"      "Diamonds A"    "Diamonds 2"    "Diamonds 3"    "Diamonds 4"
[31] "Diamonds 5"    "Diamonds 6"    "Diamonds 7"    "Diamonds 8"    "Diamonds 9"
[36] "Diamonds 10"   "Diamonds J"    "Diamonds Q"    "Diamonds K"    "Clubs A"
[41] "Clubs 2"       "Clubs 3"       "Clubs 4"       "Clubs 5"       "Clubs 6"
[46] "Clubs 7"       "Clubs 8"       "Clubs 9"       "Clubs 10"      "Clubs J"
[51] "Clubs Q"       "Clubs K"
>
```

對這個實例而言，cardsuit 是代表撲克牌的 4 種花色，cardnum 是代表撲克牌的數字，先利用 rep( ) 函數產生 52 張牌的花色，然後利用 paste( ) 函數將花色與撲克牌數字組合。

9-5 字串資料的排序

在數據的使用中，排序資料是一個常用的功能，在 R 語言中這是一個簡單的功能，在 4-2 節筆者曾介紹 sort( ) 函數，將一個數值向量資料排序，本節將探討為字串向量排序。

實例 ch9_20：為字串向量排序。

```
> coffee.str                        # 瞭解字串向量內容
[1] "Boiling"  "coffee"   "brings"   "out"      "a"        "bitterly"
[7] "taste"
> sort(coffee.str)                  # 排序
[1] "a"        "bitterly" "Boiling"  "brings"   "coffee"   "out"
[7] "taste"
>
```

由上述執行結果可以知道，sort( ) 函數會為字串向量的元素排序，預設是由小排到大，至於元素本身則不做排序。另外，對於 "Boiling"、"brings" 和 "bitterly" 而言，排序時如果碰上字母 "b" 或 "B" 相同，會先比較下一個英文字母，此例是比較 "o"、"r"、"i"，最後再比大小寫。另外，decreasing 參數預設是 FALSE，如果設為 TRUE，則排序由大排到小。

實例 ch9_21：為字串向量排序，主要是瞭解字母相同大小寫不同的排序方式。

```
> sort(c("Bb", "bb"))
[1] "bb" "Bb"
> sort(c("Bb", "bb"), decreasing = TRUE)
[1] "Bb" "bb"
>
```

在上述實例筆者故意使用大寫和小寫的 "B" 和 "b"，主要是供讀者瞭解發生字母相同但大小寫不同時的排序方式。

實例 ch9_22：重新設計實例 ch9_20 為字串向量排序，但參數 decreasing 設為 TRUE。

```
> coffee.str
[1] "Boiling"  "coffee"   "brings"   "out"      "a"        "bitterly"
[7] "taste"
> sort(coffee.str, decreasing = TRUE)
[1] "taste"    "out"      "coffee"   "brings"   "Boiling"  "bitterly"
[7] "a"
>
```

9-6 搜尋字串的內容

在介紹此節內容以及接下來幾節內容前,我們可能要使用 R 語言系統內建的數據集 state.name 做解說。

```
> state.name
 [1] "Alabama"        "Alaska"         "Arizona"        "Arkansas"
 [5] "California"     "Colorado"       "Connecticut"    "Delaware"
 [9] "Florida"        "Georgia"        "Hawaii"         "Idaho"
[13] "Illinois"       "Indiana"        "Iowa"           "Kansas"
[17] "Kentucky"       "Louisiana"      "Maine"          "Maryland"
[21] "Massachusetts"  "Michigan"       "Minnesota"      "Mississippi"
[25] "Missouri"       "Montana"        "Nebraska"       "Nevada"
[29] "New Hampshire"  "New Jersey"     "New Mexico"     "New York"
[33] "North Carolina" "North Dakota"   "Ohio"           "Oklahoma"
[37] "Oregon"         "Pennsylvania"   "Rhode Island"   "South Carolina"
[41] "South Dakota"   "Tennessee"      "Texas"          "Utah"
[45] "Vermont"        "Virginia"       "Washington"     "West Virginia"
[49] "Wisconsin"      "Wyoming"
>
```

9-6-1 使用位置尋找

如果我們知道所要找尋的字串位置,可以使用 substr( ) 函數尋找,筆者將直接以實例說明 substr( ) 函數的用法。

實例 ch9_23:列出 state.name 數據集內第 2 到第 4 個的子字串。

```
> substr(state.name, start = 2, stop = 4)
 [1] "lab" "las" "riz" "rka" "ali" "olo" "onn" "ela" "lor" "eor" "awa"
[12] "dah" "lli" "ndi" "owa" "ans" "ent" "oui" "ain" "ary" "ass" "ich"
[23] "inn" "iss" "iss" "ont" "ebr" "eva" "ew " "ew " "ew " "ew " "ort"
[34] "ort" "hio" "kla" "reg" "enn" "hod" "out" "out" "enn" "exa" "tah"
[45] "erm" "irg" "ash" "est" "isc" "yom"
>
```

9-6-2 使用 grep( ) 函數

grep( ) 是一個尋找功能非常強大的函數,grep 名稱是從 UNIX 系統而來,它的英文全名是 Global Regular Expression Print。例如,如果你去圖書館想找一本書,只知道是 Word 2013 的書，卻不知道完整書名，可以只輸入 "Word 2013"，系統即可搜尋。
這個函數的基本使用如下：

> grep(pattern, x)

pattern：代表尋找模式

x：是字串向量

實例 ch9_24：搜尋 state.name 數據集，字串含 "M" 的州。

```
> grep("M", state.name)
[1] 19 20 21 22 23 24 25 26 31
>
```

上述執行結果，我們獲得了字串含 "M" 的州的索引位置。當然我們可以使用下列
方式獲得州名。

實例 ch9_25：獲得前一個實例，索引是 19 的州名。

```
> state.name[19]
[1] "Maine"
>
```

我們獲得州名了，但每一個州皆須如此是有一點麻煩，如果想獲得完整的州名，
可使用下列方式改良。

實例 ch9_26：改良實例 ch9_24，獲得完整的州名。

```
> state.name[grep("M", state.name)]
[1] "Maine"         "Maryland"      "Massachusetts" "Michigan"
[5] "Minnesota"     "Mississippi"   "Missouri"      "Montana"
[9] "New Mexico"
>
```

grep( ) 函數對於英文字母大小寫是敏感的，例如，如果搜尋的是 "m"，將有完全
不同的結果。

實例 ch9_27：搜尋 state.name 數據集，字串含 "m" 的州。

```
> state.name[grep("m", state.name)]
[1] "Alabama"       "New Hampshire" "Oklahoma"      "Vermont"
[5] "Wyoming"
>
```

美國有許多州是 "New" 開頭，下列可以尋找州名含 "New" 的州。

實例 ch9_28：尋找州名含 "New" 的州。

```
> state.name[grep("New", state.name)]
[1] "New Hampshire" "New Jersey"    "New Mexico"    "New York"
>
```

如果在搜尋時，找不到所搜尋的內容，R 語言將回應 character(0)，表示是空的向量。

實例 ch9_29：尋找州名含 "new" 的州。

```
> state.name[grep("new", state.name)]
character(0)
>
```

如果要尋找州名含 2 個單字的州，可以使用搜尋空格 (" ") 處理。

實例 ch9_30：尋找州名含 2 個單字的州。

```
> state.name[grep(" ", state.name)]
 [1] "New Hampshire"  "New Jersey"     "New Mexico"     "New York"
 [5] "North Carolina" "North Dakota"   "Rhode Island"   "South Carolina"
 [9] "South Dakota"   "West Virginia"
>
```

9-7 字串內容的更改

sub( ) 函數可以將搜尋的字串內容執行更改，這個函數的使用方式如下：

  sub(pattern, replacement, x)

pattern：搜尋的字串

replacement：欲取代的字串

x：字串向量

實例 ch9_31：將州名含有 "New" 字串，改成 "Old" 字串。

```
> sub("New", "Old", state.name)
 [1] "Alabama"         "Alaska"          "Arizona"         "Arkansas"
 [5] "California"      "Colorado"        "Connecticut"     "Delaware"
 [9] "Florida"         "Georgia"         "Hawaii"          "Idaho"
[13] "Illinois"        "Indiana"         "Iowa"            "Kansas"
[17] "Kentucky"        "Louisiana"       "Maine"           "Maryland"
[21] "Massachusetts"   "Michigan"        "Minnesota"       "Mississippi"
[25] "Missouri"        "Montana"         "Nebraska"        "Nevada"
[29] "Old Hampshire"   "Old Jersey"      "Old Mexico"      "Old York"
[33] "North Carolina"  "North Dakota"    "Ohio"            "Oklahoma"
[37] "Oregon"          "Pennsylvania"    "Rhode Island"    "South Carolina"
[41] "South Dakota"    "Tennessee"       "Texas"           "Utah"
[45] "Vermont"         "Virginia"        "Washington"      "West Virginia"
[49] "Wisconsin"       "Wyoming"
>
```

　　在執行用一個字串取代另一個字串時，如果是用空字串 ("") 取代，相當於是將原字串刪除。

實例 ch9_32：有 3 個字串分別是 "test1.xls"、"test2.xls" 和 "test3.xls"，將這 3 個字串處理成 "1"、"2" 和 "3"。

```
> strtest <- c("test1.xls", "test2.xls", "test3.xls")
> str4 <- sub("test", "", strtest)      # 刪除字串test
> str4                                   # 檢查結果
[1] "1.xls" "2.xls" "3.xls"
> sub(".xls", "", str4)                  # 刪除字串.xls
[1] "1" "2" "3"
>
```

　　在上述實例中，筆者分 2 階段刪除部分字串，第 1 階段是刪除 "test"，第 2 階段是刪除 ".xls"。最後得到上述結果。

9-8 正則表達式 Regular Expression

　　在前幾節我們學會了使用固定方式搜尋和取代字串，本節將介紹 R 語言內更複雜的正則表達式 (Regular Expression)，讓搜尋變得更複雜。

9-8-1 搜尋具有可選擇性

是只搜尋具有可選擇性，相當於具有 or 的特性，它的 R 語法是使用 "|" 符號，這個符號是與 "\" 在相同鍵。

實例 ch9_33：搜尋州名含有 "New" 和 "South"。

```
> state.name[grep("New|South", state.name)]
[1] "New Hampshire"  "New Jersey"      "New Mexico"      "New York"
[5] "South Carolina" "South Dakota"
>
```

上述實例要留意的是 "New"、"|" 和 "South" 間不可以有空格。

9-8-2 搜尋字串可以分類

可以使用 "( )" 符號搭配前一小節的 "|" 符號，將所搜尋的字串分類。假設有一個字串向量如下：

```
> str5 <- c("ch6.xls","ch7.xls","ch7.c", "ch7.doc", "ch8.xls")
>
```

實例 ch9_34：使用 str5 物件，搜尋含 "ch6" 或 "ch7" 同時含 ".xls" 的字串。

```
> str5[grep("ch(6|7).xls", str5)]
[1] "ch6.xls" "ch7.xls"
>
```

9-8-3 搜尋字串的部分字元可重複

在搜尋中可以添加 "*" 代表出現 0 次或多次，添加 "+" 代表 1 次或多次。假設有一個字串向量如下：

```
> str6 <- c("ch.xls","ch7.xls","ch77.xls", "ch87.xls", "ch88.xls")
>
```

實例 ch9_35：使用 str6 物件，搜尋字串先含 "ch"，然後可以有 0 到多個 "7" 或 "8"，然後再含 ".xls" 的字串。

```
> str6[grep("ch(7*|8*).xls", str6)]
[1] "ch.xls"    "ch7.xls"  "ch77.xls" "ch88.xls"
>
```

實例 ch9_36：使用 str6 物件，搜尋字串先含 "ch"，然後可以有 1 到多個 "7" 或 "8"，然後再含 ".xls" 的字串。

```
> str6[grep("ch(7+|8+).xls", str6)]
[1] "ch7.xls"  "ch77.xls" "ch88.xls"
>
```

　　對於實例 ch9_36 而言，必須至少要有一個 "7" 或 "8"，所以使用的正則表達式符號是 "+"，這促使 "ch.xls" 不符合規則。

習題

一：是非題

(　) 1：有系列指令如下：

```
> x <- c("Good Night")
> strsplit(x, " ")
[[1]]
[1] "Good"  "Night"
```

由上述可以知道 strsplit( ) 函數可以將此段句子拆散成單字，以空格為界，同時傳回向量物件。

(　) 2：有系列指令如下：

```
> x <- c("Hello R")
> toupper(x)
```

執行後可以得到下列結果。

```
[1] "HELLO R"
```

(　) 3：有系列指令如下：

```
> x <- c("A", "B", "A", "C", "B")
> unique(x)
```

執行後可以得到下列結果。

```
[1] "A" "B" "C"
```

( ) 4： 有系列指令如下：

```
> x1 <- LETTERS[1:3]
> x2 <- 1:3
> paste(x1, x2)
```

執行後可以得到下列結果。

```
[1] "A1" "B2" "C3"
```

( ) 5： 有系列指令如下：

```
> x1 <- LETTERS[1:6]
> x2 <- 1:5
> paste(x1, x2)
```

上述指令執行後會有錯誤產生。

( ) 6： 下列指令可以搜尋 state.name 數據集，字串含 "M" 的州。

```
> substr("M", state.name)
```

( ) 7： 下列指令可以搜尋 state.name 數據集，州名含 2 個單字的州。

```
> state.name[grep(" ", state.name)]
```

( ) 8： 下列指令可以搜尋 state.name 數據集，州名含有 "New" 和 "South"。

```
> state.name[grep("New | South", state.name)]
```

執行後可以得到下列結果。

```
[1] "New Hampshire"  "New Jersey"      "New Mexico"      "New York"
[5] "South Carolina" "South Dakota"
```

二：選擇題

( ) 1： 有指令如下：

```
> x <- c("A", "B", "A", "C", "B")
```

下列哪一個指令執行後，可以得到下列結果。

```
[1] "A" "B" "C"
```

```
A： > sort(x)                          B： > strsplit(x)

C： > unique(x)                        D： > grap[unique(" ", x]
```

(　　) 2： 有字串 st 內容如下：

```
> st
[1] "Silicon"    "Stone"       "Education"
```

下列哪一指令執行後可以得到下列結果。

```
[1] "Silicon Stone Education"
```

```
A： > paste(st)

B： > paste(st, collapse = NULL)

C： > paste(st, sep = "")

D： > paste(st, collapse = " ")
```

(　　) 3： 有系列指令如下：

```
> str1 <- LETTERS[1:5]
> str2 <- 1:5
```

下列哪一指令執行後可以得到下列結果。

```
[1] "A1" "B2" "C3" "D4" "E5"
```

```
A： > paste(str1, str2, sep = "")

B： > paste(str1, str2, sep = "  ")

C： > paste(str1, str2, collapse = NULL)

D： > paste(str1, str2, collapse = "")
```

(　　) 4： 有系列指令如下：

```
> card <- c("Spades", "Hearts", "Diamonds", "Clubs")
> cnum <- c("A", 2:10, "J", "Q", "K")
```

下列哪一指令執行後可以得到下列結果。

```
 [1] "Spades A"    "Spades 2"    "Spades 3"    "Spades 4"    "Spades 5"
 [6] "Spades 6"    "Spades 7"    "Spades 8"    "Spades 9"    "Spades 10"
[11] "Spades J"    "Spades Q"    "Spades K"    "Hearts A"    "Hearts 2"
[16] "Hearts 3"    "Hearts 4"    "Hearts 5"    "Hearts 6"    "Hearts 7"
[21] "Hearts 8"    "Hearts 9"    "Hearts 10"   "Hearts J"    "Hearts Q"
[26] "Hearts K"    "Diamonds A"  "Diamonds 2"  "Diamonds 3"  "Diamonds 4"
[31] "Diamonds 5"  "Diamonds 6"  "Diamonds 7"  "Diamonds 8"  "Diamonds 9"
[36] "Diamonds 10" "Diamonds J"  "Diamonds Q"  "Diamonds K"  "Clubs A"
[41] "Clubs 2"     "Clubs 3"     "Clubs 4"     "Clubs 5"     "Clubs 6"
[46] "Clubs 7"     "Clubs 8"     "Clubs 9"     "Clubs 10"    "Clubs J"
[51] "Clubs Q"     "Clubs K"
```

A：> paste(card[1:52], cnum)

B：> paste(rep(card, each = 13), cnum)

C：> paste(rep(card, each = 52), cnum)

D：> paste(card, cnum)

( ) 5： 搜尋 R 語言內附的 state.name 數據，下列哪一指令可以搜尋內含 "New" 字串的州，執行後可以得到下列結果。

```
[1] "New Hampshire" "New Jersey"    "New Mexico"    "New York"
```

A：> substr("New", state.name)

B：> grep("New", state.name)

C：> state.name[grep("New", state.name)]

D：> strsplit("New", state.name)

( ) 6： 搜尋 R 語言內附的 state.name 數據，下列哪一指令可以搜尋州名內含 "N" 和 "M" 的州，執行後可以得到下列結果。

```
 [1] "Maine"          "Maryland"       "Massachusetts"  "Michigan"
 [5] "Minnesota"      "Mississippi"    "Missouri"       "Montana"
 [9] "Nebraska"       "Nevada"         "New Hampshire"  "New Jersey"
[13] "New Mexico"     "New York"       "North Carolina" "North Dakota"
```

A：> grep("N|M", state.name)

B：state.name[grep("N|M", state.name)]

C：> state.name[grep("N | M", state.name)]

D：> grep("N | M", state.name)

(　) 7： 有一個字串內容如下：

> strtxt <- c("ch.txt", "ch3.txt", "ch33.txt", "ch83.txt" , "ch88.txt")

下列哪一指令執行後可以得到下列結果。

[1] "ch.txt"　 "ch3.txt"　"ch33.txt" "ch88.txt"

A：> strtxt[grep("ch(3|8).txt", strtxt)]

B：> strtxt[grep("ch(3+|8+).txt", strtxt)]

C：> strtxt[grep("ch(3*|8*).txt", strtxt)]

D：> strtxt[grep("ch(3-|8-).txt", strtxt)]

(　) 8： 有一個字串內容如下：

> strtxt <- c("ch.txt", "ch3.txt", "ch33.txt", "ch83.txt" , "ch88.txt")

下列哪一指令執行後可以得到下列結果。

[1] "ch3.txt"　 "ch33.txt" "ch88.txt"

A：> strtxt[grep("ch(3|8).txt", strtxt)]

B：> strtxt[grep("ch(3+|8+).txt", strtxt)]

C：> strtxt[grep("ch(3*|8*).txt", strtxt)]

D：> strtxt[grep("ch(3-|8-).txt", strtxt)]

三：複選題

(　　) 1： 下列哪些函數具有尋找字串的功能？（選擇 2 項）

　　　　A：strsplit( )　　　　B：strsearch( )　　　　C：grep( )

　　　　D：substr( )　　　　E：unique( )

四：實作題

1： 請將自己姓名轉成英文，可以得到 3 個字串。例如：

　　"Hung"　　　"Jiin"　　　"Kwei"

　　請用 paste( ) 函數，將上述字串轉成：

　　a："Hung Jiin Kwei"

```
[1] "Hung Jiin Kwei"
```

　　b："Jiin Kwei Hung"

```
[1] "Jiin Kwei Hung"
```

　　c：請將 "Hung Jiin Kwei" 字串轉成 "Hung"　　　"Jiin"　　　"Kwei"

```
[1] "Hung" "Jiin" "Kwei"
```

2： 請建立 5 筆姓名字串資料，然後執行排序從小排到大和從大排到小。

```
[1] "Chang Three" "Chao One"   "Lee Four"   "Wang five"
[5] "Wang Two"
```

```
[1] "Wang Two"   "Wang five"   "Lee Four"   "Chao One"
[5] "Chang Three"
```

3： 搜尋 state.name 數據集中，字串含 "South" 的州。

```
[1] "South Carolina" "South Dakota"
```

4：搜尋 state.name 數據集中，將字串含 "M"，改成 "m"。

```
 [1] "Alabama"         "Alaska"          "Arizona"
 [4] "Arkansas"        "California"      "Colorado"
 [7] "Connecticut"     "Delaware"        "Florida"
[10] "Georgia"         "Hawaii"          "Idaho"
[13] "Illinois"        "Indiana"         "Iowa"
[16] "Kansas"          "Kentucky"        "Louisiana"
[19] "maine"           "maryland"        "massachusetts"
[22] "michigan"        "minnesota"       "mississippi"
[25] "missouri"        "montana"         "Nebraska"
[28] "Nevada"          "New Hampshire"   "New Jersey"
[31] "New mexico"      "New York"        "North Carolina"
[34] "North Dakota"    "Ohio"            "Oklahoma"
[37] "Oregon"          "Pennsylvania"    "Rhode Island"
[40] "South Carolina"  "South Dakota"    "Tennessee"
[43] "Texas"           "Utah"            "Vermont"
[46] "Virginia"        "Washington"      "West Virginia"
[49] "Wisconsin"       "Wyoming"
```

5：搜尋 state.name 數據集中，只列出含一個單字的州。

```
 [1] "Alabama"         "Alaska"         "Arizona"        "Arkansas"
 [5] "California"      "Colorado"       "Connecticut"    "Delaware"
 [9] "Florida"         "Georgia"        "Hawaii"         "Idaho"
[13] "Illinois"        "Indiana"        "Iowa"           "Kansas"
[17] "Kentucky"        "Louisiana"      "Maine"          "Maryland"
[21] "Massachusetts"   "Michigan"       "Minnesota"      "Mississippi"
[25] "Missouri"        "Montana"        "Nebraska"       "Nevada"
[29] "Ohio"            "Oklahoma"       "Oregon"         "Pennsylvania"
[33] "Tennessee"       "Texas"          "Utah"           "Vermont"
[37] "Virginia"        "Washington"     "Wisconsin"      "Wyoming"
```

6：搜尋 state.name 數據集中，列出含 "A" 或 "M" 的州。

```
 [1] "Alabama"         "Alaska"         "Arizona"        "Arkansas"
 [5] "Maine"           "Maryland"       "Massachusetts"  "Michigan"
 [9] "Minnesota"       "Mississippi"    "Missouri"       "Montana"
[13] "New Mexico"
```

第十章

日期和時間的處理

在現實生活中，不論是怎樣的數據，大都和時間有關。例如，做股市分析，一定要記錄每天每一個時間點的股價。作氣候分析，也必須要記錄每天每個時間點的資料。筆者將在本章介紹 R 語言有關日期和時間的處理。

10-1 日期的設定與使用

R 語言有一系列的日期函數，本節將一一說明。

10-1-1　as.Date( ) 函數

as.Date( ) 函數可用於設定日期向量，這個函數的預設日期格式如下：

"YYYY-MM-DD"

Y 是代表年份，M 是代表月份，D 是代表日期。

實例 ch10_1：為 2016 年 8 月 1 日建立一個日期向量。

```
> x.date <- as.Date("2016-08-01")
> x.date
[1] "2016-08-01"
> str(x.date)
 Date[1:1], format: "2016-08-01"
>
```

日期向量也可以和數值向量一樣，使用加法或減法，分別獲得加上幾天或減上幾天的結果。

實例 ch10_2：列出未來 30 天。

```
> x.date + 0:30
 [1] "2016-08-01" "2016-08-02" "2016-08-03" "2016-08-04" "2016-08-05"
 [6] "2016-08-06" "2016-08-07" "2016-08-08" "2016-08-09" "2016-08-10"
[11] "2016-08-11" "2016-08-12" "2016-08-13" "2016-08-14" "2016-08-15"
[16] "2016-08-16" "2016-08-17" "2016-08-18" "2016-08-19" "2016-08-20"
[21] "2016-08-21" "2016-08-22" "2016-08-23" "2016-08-24" "2016-08-25"
[26] "2016-08-26" "2016-08-27" "2016-08-28" "2016-08-29" "2016-08-30"
[31] "2016-08-31"
>
```

實例 ch10_3：列出過去 6 天。

```
> x.date - 0:6
[1] "2016-08-01" "2016-07-31" "2016-07-30" "2016-07-29" "2016-07-28"
[6] "2016-07-27" "2016-07-26"
>
```

10-1-2　weekdays( ) 函數

weekdays( ) 函數可返回某個日期是星期幾。

實例 ch10_4：列出 2016 年 8 月 1 日，也就是 x.date 日期是星期幾。

```
> weekdays(x.date)
[1] "周一"
>
```

上述星期幾返回是中文 " 周一 "，這是因為在安裝 R 語言時，R 語言會先偵測目前
所使用作業系統的語言版本，自動將 weekdays( ) 函數或下一節要介紹的 months( ) 函
數先在地化處理了。更多細節會在 10-1-5 節說明。

實例 ch10_5：列出 2016 年 8 月 1 日，也就是 x.date 日期以及未來 6 天是星期幾。

```
> weekdays(x.date + 0:6)
[1] "周一" "周二" "周三" "周四" "周五" "周六" "周日"
>
```

10-1-3　months( ) 函數

months( ) 函數可返回某個日期物件是幾月。

實例 ch10_6：列出 2016 年 8 月 1 日，也就是 x.date 日期是幾月。

```
> months(x.date)
[1] "8月"
>
```

10-1-4　quarters( ) 函數

quarters( ) 函數可返回某個日期物件是第幾季。

實例 ch10_7：列出 2016 年 8 月 1 日，也就是 x.date 日期是第幾季。

```
> quarters(x.date)
[1] "Q3"
>
```

10-1-5　Sys.localeconv( ) 函數

這個函數可以讓你瞭解目前所使用系統的本地化各項參數的使用格式。

實例 ch10_8：瞭解目前所使用系統的本地化各項參數的使用格式。

```
> Sys.localeconv()
      decimal_point       thousands_sep             grouping     int_curr_symbol
                "."                  ""                   ""             "TWD "
    currency_symbol mon_decimal_point mon_thousands_sep        mon_grouping
              "NT$"                 "."                  ","        "\003\003"
      positive_sign       negative_sign      int_frac_digits         frac_digits
                 ""                 "-"                  "2"                 "2"
       p_cs_precedes       p_sep_by_space        n_cs_precedes       n_sep_by_space
                "1"                 "0"                  "1"                 "0"
        p_sign_posn         n_sign_posn
                "1"                 "4"
>
```

10-1-6　Sys.Date( ) 函數

Sys.Date( ) 函數可以傳回目前系統日期。

實例 ch10_9：取得目前系統日期。

```
> Sys.Date()
[1] "2015-08-05"
>
```

10-1-7　再談 seq( ) 函數

在 4-1-3 節筆者有介紹過 seq( ) 函數，使用這個函數可以建立向量物件，我們也可以使用這個函數建立與日期有關的向量物件。再看一次這個函數的用法：

```
seq(from, to, by = width, length.out = numbers)
```

對於將 seq( ) 函數應用在日期向量，最重要的是 "by =" 參數，它可以是多少天 "days"，多少週 "weeks"，也可以是多少個月 "months"。

實例 ch10_10：仍以 2016 年 8 月 1 日，也就是 x.date 日期為基礎，每隔 1 個月產生 1 個元素，共產生 12 個元素。

```
> new.date <- seq(x.date, by = "1 months", length.out = 12)
> new.date
 [1] "2016-08-01" "2016-09-01" "2016-10-01" "2016-11-01" "2016-12-01"
 [6] "2017-01-01" "2017-02-01" "2017-03-01" "2017-04-01" "2017-05-01"
[11] "2017-06-01" "2017-07-01"
>
```

實例 ch10_11：以現在系統日期為基礎，每隔 2 週產生一個元素，共產生 6 個元素。

```
> new.current.date <- seq(current.date, by = "2 weeks", length.out = 6)
> new.current.date
[1] "2015-08-05" "2015-08-19" "2015-09-02" "2015-09-16" "2015-09-30"
[6] "2015-10-14"
>
```

實例 ch10_12：以 2016 年 8 月 1 日，也就是 x.date 日期為基礎，每隔 3 天產生一個元素，共產生 10 個元素。

```
> new.date2 <- seq(x.date, by = "3 days", length.out = 10)
> new.date2
 [1] "2016-08-01" "2016-08-04" "2016-08-07" "2016-08-10" "2016-08-13"
 [6] "2016-08-16" "2016-08-19" "2016-08-22" "2016-08-25" "2016-08-28"
>
```

10-1-8 使用不同格式表示日期

使用這麼多次 as.Date( ) 函數，相信各位已經瞭解這個函數的預設格式了，其實 R 語言提供功能可以將各式的日期格式轉成 as.Date( ) 函數的日期格式。

實例 ch10_13：將 2016 年 8 月 1 日 "1 8 2016"，轉成 as.Date( ) 函數的日期格式。

```
> as.Date("1 8 2016", format = "%d %m %Y")
[1] "2016-08-01"
>
```

　　在上述實例中可以發現 as.Date( ) 函數的第 1 個參數，數字彼此是用空格隔開，所以參數 format 雙引號內的格式代碼彼此也是用空格隔開。在介紹 "%d"、"%m" 和 "%Y" 格式代碼前，請再看一個實例。

實例 ch10_14：將 2016 年 8 月 1 日 "1/ 8 /2016"，轉成 as.Date( ) 函數的日期格式。

```
> as.Date("1/8/2016", format = "%d/%m/%Y")
[1] "2016-08-01"
>
```

　　實例 ch10_14 與實例 10_13 最大的差別在，as.Date( ) 函數的第 1 個參數日期資料間是用 "/" 隔開，所以第 2 個參數 format 的雙引號也需用 "/" 隔開。有關日期的常見格式代碼可參考下列說明。

　　%B：在地化的月份名稱。

　　%b：在地化月份名稱的縮寫。

　　%d：2 位數的日期，前面為 0 時可省略。

　　%m：2 位數的月份，前面為 0 時可省略。

　　%Y：4 位數的西元年。

　　%y：2 位數的西元年，若是 69-99 代表開頭是 19，00-68 代表開頭是 20

　　若想要有更詳細的說明，可使用 "help(strptime)"。

實例 ch10_15：將在地化的日期，格式化成 as.Date( ) 格式。

```
> as.Date("1 8月 2016", format = "%d %B %Y")
[1] "2016-08-01"
>
```

　　對上述實例而言，特別要注意的是參數內的月份 "8 月 "，所以日期的格式代碼筆者用 "%B"。

10-2 時間的設定與使用

數據使用時，有日期是不夠的，我們常常需要更精確的時間，這也是本節的重點。

10-2-1 Sys.time( ) 函數

Sys.time( ) 函數可以傳回目前系統時間。

實例 ch10_16：傳回目前系統時間。

```
> Sys.time()
[1] "2015-08-05 16:59:13 CST"
>
```

上述執行結果 "CST" 代表筆者目前所在位置台灣目前所在時區代碼。其他常見的時區有 "GMT" 格林威治時區，"UTC" 這是 Universal Time Coordinated 的縮寫。

10-2-2 as.POSIXct( ) 函數

POSIX 是 UNIX 系統上所使用的名稱，R 語言予以沿用，as.POSIXct( ) 函數主要是用於設定時間向量，這個時間向量預設由 1970 年 1 月 1 日開始計數，以秒為單位。

實例 ch10_17：建立一個系統時間向量物件，時間為 1970 年 1 月 1 日 02:00:00。

```
> x.time <- "1 1 1970, 02:00:00"
> x.time.fmt <- "%d %m %Y, %H:%M:%S"
> x.Times <- as.POSIXct(x.time, format = x.time.fmt)
> x.Times
[1] "1970-01-01 02:00:00 CST"
>
```

在上述實例，筆者使用了一些時間格式代碼，有關時間的常見格式代碼可參考下列說明。

%H：小時數 (00-23)。

%I：小時數 (00-12)。

%M：分鐘數 (00-59)。

%S：秒鐘數 (00-59)。

%p：AM/PM。

　　與日期格式代碼一樣，若想要有更詳細的說明，可使用 "help(strptime)"。

　　由於 as.POSIXct( ) 函數所傳回的是秒數，所以可以用加減秒數，更新此時間的向量物件。

實例 ch10_18：為時間 1970 年 1 月 1 日 02:00:00 增加 330 秒，用實例 ch10_17 所建的 x.Times 為基礎，相當於 5 分 30 秒。

```
> x.Times + 330
[1] "1970-01-01 02:05:30 CST"
>
```

　　所有時間要從 1970 年 1 月 1 日算起是有一點麻煩，其實 as.POSIXct( ) 函數有一些參數可讓此函數使用上變得更靈活。

　　　　as.POSIXct(x, tz = " ", origin =)

　　x：一個物件，可以被轉換。

　　tz：代表時區

　　origin =：可指定時間的起算點。

實例 ch10_19：從 2000 年 1 月 1 日起算，時區是格林威治時區 "GMT"，獲得經過 3600 秒後的時間結果。

```
> as.POSIXct(3600, tz = "GMT", origin = "2000-01-01")
[1] "2000-01-01 01:00:00 GMT"
>
```

10-2-3　時間也是可以做比較的

　　4-7 節所介紹的邏輯向量也可以用在時間的比較上，可參考下列實例。

實例 ch10_20：測試將實例 ch10_17 所建的 1970 年 1 月 1 日 02:00:00 時間物件和 Sys.time( ) 函數所傳回的時間做比較。

```
> x.Times > Sys.time()
[1] FALSE
> x.Times < Sys.time()
[1] TRUE
>
```

10-2-4　seq( ) 函數與時間

seq( ) 函數也可以應用在時間處理，可參考下列實例。

實例 ch10_21：使用 x.Times 物件，每一年增加一個物件，讓時間向量長度為 6。

```
> xNew.Times <- seq(x.Times, by = "1 years", length.out = 6)
> xNew.Times
[1] "1970-01-01 02:00:00 CST" "1971-01-01 02:00:00 CST"
[3] "1972-01-01 02:00:00 CST" "1973-01-01 02:00:00 CST"
[5] "1974-01-01 02:00:00 CST" "1975-01-01 02:00:00 CST"
>
```

10-2-5　as.POSIXlt( ) 函數

這個函數也可用於設定時間和日期，設定方式和 as.POSIXct( ) 函數相同。但和 as.POSIXct( ) 函數不同的是，as.POSIXct( ) 函數所產生的物件是向量物件，as.POSIXlt( ) 函數則是產生串列 (List) 物件，所以未來如果要取得此串列物件的元素，和向量物件不同。

實例 ch10_22：使用 as.POSIXlt( ) 函數，重新設計實例 ch10_17。

```
> xlt.time <- "1 1 1970, 02:00:00"
> xlt.time.fmt <- "%d %m %Y, %H:%M:%S"
> xlt.Times <- as.POSIXlt(xlt.time, format = xlt.time.fmt)
> xlt.Times
[1] "1970-01-01 02:00:00 CST"
>
```

既然知道 as.POSIXlt( ) 函數所產生的是串列物件，因此可以使用串列方法取得元素內容。

實例 ch10_23：列出前一實例所建 xlt.Times 物件的年份。

```
> xlt.Times$year
 [1] 70
>
```

實例 ch10_24：列出前一實例所建 xlt.Times 物件的日期。

```
> xlt.Times$mday
 [1] 1
>
```

如果想要更瞭解 as.POSIXlt( ) 函數所產生串列物件的結構，可使用 unclass( ) 函數，下列是執行結果。

```
> unclass(xlt.Times)
$sec
[1] 0

$min
[1] 0

$hour
[1] 2

$mday
[1] 1

$mon
[1] 0

$year
[1] 70

$wday
[1] 4

$yday
[1] 0

$isdst
[1] 0

$zone
[1] "CST"

$gmtoff
[1] NA

>
```

註 上述 $mon 月份值應該是 "1"，結果列出 "0"，這應該是 R 系統的錯誤。

10-3 時間數列

　　R 軟體內與時間有關的變數稱時間數列 (ts)，將資料設為時間數列的格式如下：

　　ts(x, start, end, frequency)

　　x：可以是向量 (Vector)、矩陣 (Matrix) 或陣列組 (Array)

　　start：時間起點，可以是單一數值，也可以是含 2 個數字的向量，後面會以實例說明。

　　end：時間終點，它的資料格式應與 start 相同，通常可以省略。

　　frequency：相較於 start 時間起點的頻率。

實例 ch10_25：台灣 1998 年至 2007 年的出生人口統計如下：

年份	人口出生數
1998	271450
1999	283661
2000	305312
2001	260354
2002	247530
2003	227070
2004	216419
2005	205854
2006	204459
2007	204414

　　為上述資料建立一個年份的時間數列。

```
> num <- c(271450, 283661, 305312, 260354, 247530, 227070, 216419, 205854,
204459, 204414)
> num.birth <- ts(num, start = 1998, frequency = 1)
```

　　下列是驗證執行結果。

```
> num.birth
Time Series:
Start = 1998
End = 2007
Frequency = 1
 [1] 271450 283661 305312 260354 247530 227070 216419 205854 204459
[10] 204414
>
```

　　上述由 "start = 1998" 和 "frequency = 1" 可以判斷時間序列是從 1998 年開始，每年統計一次。

實例 ch10_26：石門水庫 2016 年 1 月至 12 月水位高度如下：

月份	水位高度
Jan.	240
Feb.	236
March	232
April	231
May	238
June	241
July	243
Aug.	243
Sep.	241
Oct.	242
Nov.	240
Dec.	239

　　為上述資料建立一個月份的時間數列。

```
> water <- c(240, 236, 232, 231, 238, 241, 243, 243, 241, 242, 240, 239)
> water.levels <- ts(water, start = c(2016, 1), frequency = 12)
>
```

　　下列是驗證執行結果。

```
> water.levels
     Jan Feb Mar Apr May Jun Jul Aug Sep Oct Nov Dec
2016 240 236 232 231 238 241 243 243 241 242 240 239
>
```

　　上述由 "start = c(2016, 1)" 和 "frequency = 12" 可以判斷時間序列是從 2016 年 1 月開始，每月統計一次。

實例 ch10_27：天魁數位公司 2016 年每季季底現金部位如下。

季度	現金部位
Q1	89778
Q2	92346
Q3	102311
Q4	157800

為上述資料建立一個季度的時間數列。

```
> cash <- c(89978, 92346, 102311, 157800)
> cash.info <- ts(cash, start = c(2016, 1), frequency = 4)
>
```

下列是驗證執行結果。

```
> cash.info
       Qtr1    Qtr2    Qtr3    Qtr4
2016   89978   92346  102311  157800
>
```

上述由 "start = c(2016, 1)" 和 "frequency = 4" 可以判斷時間序列是從 2016 年 1 月開始，每季統計一次。

實例 ch10_28：從 2016 年 2 月 11 日起，每天記錄開銷花費，紀錄了 10 天，資料如下：

花費	500	345	220	218	670	1280	760	2000	280	320

為上述資料建立一個日期的時間數列。

```
> cost <- c(500, 345, 220, 218, 670, 1280, 760, 2000, 280, 320)
> cost.info <- ts(cost, start = c(2016, 42), frequency = 365)
>
```

下列是驗證執行結果。

```
> cost.info
Time Series:
Start = c(2016, 42)
End = c(2016, 51)
Frequency = 365
 [1]  500  345  220  218  670 1280  760 2000  280  320
>
```

上述由 "start = c(2016, 42)" 和 "frequency = 365" 可以判斷時間序列是從 2016 年第 42 天開始 (相當於 2 月 11 日開始)，每天統計一次。

習題

一：是非題

(　) 1： 有指令如下：

```
> x.date <- as.Date("2016-01-01")
```

以下指令可返回 x.date 和過去 3 天的星期資料。

```
> weekdays(x.date - 0:3)
```

(　) 2： 有系列指令如下：

```
> x.date <- as.Date("2016-01-01")
> months((x.date))
```

執行後可以得到下列結果。

[1] "7月"

(　) 3： Sys.time( ) 可以取得格林威治 (GMT) 時間。

(　) 4： as.POSIXct( ) 函數所傳回的是秒數，所以可以用加減秒數，更新此時間的向量物件。

(　) 5： 有系列指令如下：

```
> x.Times <- as.POSIXct(x.time, format = x.time.fmt)
> x.Times > Sys.time()
```

上述指令執行後會傳回 TRUE。

二：選擇題

(　) 1： 下列哪一個函數，可以傳回日期物件是第幾季。

　　A：days( )　　　　　B：months( )　　　C：weekdays( )　　　D：quarters( )

(　) 2： 下列哪一個函數，可以傳回目前系統日期。

　　A：as.Date( )　　　　　　　　　B：Sys.localeconv( )

　　C：Sys.date( )　　　　　　　　　D：Sys.time( )

( ) 3：下列哪一個函數，可以傳回目前系統時間。

A：as.Date( )　　　　　　　B：Sys.localeconv( )

C：Sys.date( )　　　　　　　D：Sys.time( )

( ) 4：有系列指令如下：

```
> num <- c(222222, 333333, 444444, 555555)
> num.info <- ts(num, start = 2015, frequency = 1)
```

下列那一項目的說明是錯的。

A：時間物件的最後一筆是 2018　　　B：時間頻率是 1 天

C：時間物件的第一筆是 2015　　　　D：上述 num 向量代表 4 年的資料

( ) 5：有系列指令如下：

```
> num <- c(240, 250, 272, 263, 255, 261)
> num.info <- ts(num, start = c(2016, 1), frequency = 12)
```

下列那一項目的說明是錯的。

A：時間物件的第一筆是 2016 年 1 月

B：時間物件的最後一筆是 2016 年 6 月

C：時間頻率是 12 天

D：上述有 6 個月的資料

( ) 6：有系列指令如下：

```
> x.date <- as.Date("2016-01-01")
> x.Ndate <- seq(x.date, by = "1 months", length.out = 6)
```

請問執行下列指令可以得到什麼結果。

```
> x.Ndate[2]
```

A：`[1] "2016-01-01"`　　　　　B：`[1] "2016-02-01"`

C：`[1] "2016-05-01"`　　　　　D：`[1] "2016-04-01"`

三：複選題

(　　) 1： 在使用 as.POSIXct( ) 和 as.POSIXlt( ) 函數中，下列那些格式代碼與小時數有關。
(選擇 2 項)

  A：%H   B：%I   C：%M   D：%S   E：%p

四：實作題

1： 請建立自己國家每年人口出生數量的時間數列共 30 年資料，筆者數據資料如下。

20605831,20802622,20995416,21177874,21357431,21525433,
21742815,21928591,22092387,22276672,22405568,22520776,
22604550,22689122,22770383,22876527,22958360,23037031,
23119772,23162123,23224912,23315822,23373517,23433753,
23492074,23483793,23519518,23503349,23516841,23519518

下列是結果。

```
Time Series:
Start = 1987
End = 2016
Frequency = 1
 [1] 20605831 20802622 20995416 21177874 21357431 21525433 21742815
 [8] 21928591 22092387 22276672 22405568 22520776 22604550 22689122
[15] 22770383 22876527 22958360 23037031 23119772 23162123 23224912
[22] 23315822 23373517 23433753 23492074 23483793 23519518 23503349
[29] 23516841 23519518
```

2： 請挑選 3 檔股票，每季季初的股票價格，紀錄 5 年，然後建立時間數列。

```
             深智      台雞店       傳名
2011 Q1   8.712294  37.33646  141.7469
2011 Q2   9.413820  40.93334  122.7853
2011 Q3   9.658302  38.44409  107.1736
2011 Q4   9.125479  35.04664  131.5941
2012 Q1  10.108057  27.98063  138.2765
2012 Q2   9.508681  37.00542  136.2151
2012 Q3   9.935963  36.15199  111.4517
2012 Q4   9.407253  29.15643  122.7696
2013 Q1  11.742855  24.13530  115.4697
2013 Q2   8.751753  43.73336  132.1377
2013 Q3  10.725381  41.44755  109.7353
2013 Q4  10.092358  31.92963  128.4252
2014 Q1  10.426131  42.68713  110.2351
2014 Q2  10.574896  30.59671  134.8272
2014 Q3  10.047085  27.97385  122.7291
2014 Q4  10.081763  39.70238  120.2184
```

```
2015 Q1  8.998012 40.72737 110.5466
2015 Q2  9.419543 35.65881 130.8207
2015 Q3 10.076597 32.63230 122.5525
2015 Q4  7.623888 36.25014 129.3502
```

3： 請挑選 3 個水庫，紀錄每月月初的水位，紀錄 2 年，然後建立時間數列。

```
              牡丹      阿公店      曾文
Jan 2015 114.00023 42.794868 174.9307
Feb 2015  90.72879 40.178608 212.0828
Mar 2015 152.01453 28.109599 178.3036
Apr 2015 148.25631 31.592611 211.6626
May 2015 156.15277 35.014544 244.9203
Jun 2015 140.97793 31.956398 270.3856
Jul 2015 106.21679 29.467814 219.8526
Aug 2015 138.40830 43.164456 212.6074
Sep 2015 163.90470 27.760823 213.4725
Oct 2015 120.25199 57.861170 213.7428
Nov 2015 102.45342 32.874433 216.3624
Dec 2015 141.32113 26.447117 204.2264
Jan 2016 117.31124 38.763775 185.5876
Feb 2016 148.45691 33.901223 182.6523
Mar 2016 143.90689 35.025006 207.9571
Apr 2016 146.69711 45.212672 169.4319
May 2016 108.12817 32.328113 160.7368
Jun 2016 158.21012 38.892945 198.7352
Jul 2016  98.96198 33.794765 207.5304
Aug 2016 145.69516  5.236085 179.8724
Sep 2016 130.15155 34.808901 207.8791
Oct 2016 132.19259 38.573084 227.3392
Nov 2016 120.86043 43.889769 232.6417
Dec 2016 124.90326 47.728040 210.8454
```

4： 請記錄自己每天的花費，記錄一整個月，然後建立時間數列。

```
Time Series:
Start = c(17112, 1)
End = c(17112, 30)
Frequency = 365
 [1]  150  178  163  250 1030  450  170  150  350  420  490  610  170
[14]  150  200  210  710  990 1100  710  630  403  650  900  750 3500
[27] 4200  100    0  440
```

第十一章

撰寫自己的函數

學習了前面 10 章內容，可以發現 R 語言一個很大的特色是擁有豐富的內建函數，或一些 R 語言專家提供的額外的數據集 (在這些數據集中，也包含一系列有用的函數) 供使用。但在真實的程式設計環境，那些內建或額外數據集的函數依舊無法滿足程式設計師的需求。因此，若想成為一個合格的 R 語言數據分析師 (Data Analyst) 或大數據工程師 (Big Data Engineer)，學習撰寫自己的函數是必要的。

11-1　正式撰寫程式

在前面章節中，我們使用了 R 語言的直譯器 (Interpretor)，在 RStudio 視窗左下方的 Console 視窗的指令區輸入指令，立即可在此視窗獲得執行結果。從現在起，我們將利用在 RStudio 視窗左上方的 Source 視窗編輯所有程式指令，然後儲存，最後再編譯和執行。

11-2　函數的基本精神

所謂的函數，其實就是一系列指令敘述所組成，它的目的有 2 個。

1：　當我們在設計一個大型程式時，若是能將這些程式依功能，將其分割成較小的功能，然後依這些小功能的要求，撰寫函數，如次不僅使程式簡單化，同時也使得最後程式偵錯變得容易。

2：　在一個程式中，也許會發生某些功能 (由相同系列指令組成)，被重複的書寫在程式各個不同的地方，若是我們能將這些重複的指令撰寫成一個函數，需要時再加以呼叫，如此，不僅減少編輯程式的時間，同時更可使程式精簡、清晰和易懂。

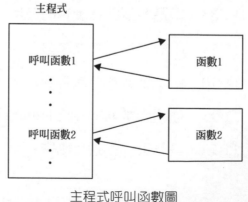

主程式呼叫函數圖

當一個程式呼叫一個函數時，R 語言會自動跳到被呼叫的函數上執行工作，執行完後，R 語言會再回到原先程式執行位置，然後繼續往下執行程式。

11-3 設計第一個函數

在正式討論設計函數前，筆者先介紹一個實例。

實例 ch11_1.R：設計一個可以計算百分比的程式，同時使用四捨五入，保留到小數第 2 位。

```
1  #
2  # 實例ch11_1.R
3  #
4  x <- c(0.8932, 0.2345, 0.07641, 0.77351)    #設定數值向量
5  x.percent <- round(x * 100, digits = 2)      #執行轉換
6  x.final <- paste(x.percent, sep = "", "%")   #加上百分比
7  print(x.final)                               #列印結果
```

執行結果
```
> source('~/Rbook/ch11/ch11_1.R')
[1] "89.32%" "23.45%" "7.64%"  "77.35%"
>
```

在執行結果的第 1 列，你可以按一下在 RStudio 視窗左上角 Source 視窗的 ⟶ Source ▾ 鈕，即可產生 source('~/Rbook/ch11/ch11_1.R')，相當於執行此程式。上述實例第 5 列筆者使用了 round( ) 函數，由於要計算百分比，所以先將數值向量乘以 100，這個函數筆者在第 2 個參數寫 2，表示可將數值計算到小數第 2 位，第 2 個參數筆者省略了 digits 參數，這個地方也可寫成 "digits = 2"，更多 round( ) 函數的用法可參考 3-2-8 節。程式第 6 列，主要是將計算結果加上 "%" 百分比符號，同時計算結果和百分比符號間沒有空格。在前 10 章中，直接在 R 的 Console 視窗輸入向量，例如，"x.final"，可以在 Console 視窗獲得執行結果，但使用 R 的編譯程式，必須將欲輸出的結果放在 print( ) 函數內，利用 print( ) 函數輸出執行結果。由上述執行結果，可以發現，這個程式的確獲得了我們想要的結果。

上述程式最大的不便利在於，如果我們有其他一系列資料要處理，則要修改程式第 4 列的數值向量。接下來筆者將介紹撰寫自己的函數，可改良此缺點，函數格式如下：

```
函數名稱 <- function( 參數 1, 參數 2, …. ) {
    程式碼
    ....
    程式碼
}
```

有的 R 語言程式設計師喜歡讓程式看來清爽，同時容易閱讀，會將 function 敘述右邊的左大括號獨立放在 1 列，如下所示：

```
函數名稱 <- function( 參數 1, 參數 2, …. )
{
    程式碼
    ....
    程式碼
}
```

實例 ch11_2.R：設計一個可將數值向量轉成百分比的函數，同時以四捨五入計算到小數第 2 位，函數名稱是 ch11_2( )。

```
1   #
2   # 實例ch11_2.R
3   #
4   ch11_2 <- function( x )
5 ▾ {
6     x.percent <- round(x * 100, digits = 2)      #執行轉換
7     x.final <- paste(x.percent, sep = "", "%")   #加上百分比
8     return(x.final)                              #傳回
9   }
```

執行結果
```
> source('~/Rbook/ch11/ch11_2.R')
> new.x <- c(0.8932, 0.2345, 0.07641, 0.77351)
> ch11_2(new.x)
[1] "89.32%" "23.45%" "7.64%"  "77.35%"
>
```

在上述執行結果中，執行 source( ) 後，所設計的函數 ch11_2( ) 已被載入，所以未來我們可以自由使用這個函數。

11-4 函數也是一個物件

其實函數也是一個物件，例如，在 Console 視窗直接輸入物件名稱，可以看到此物件的內容，在此例可以看到函數的程式碼。

```
> ch11_2
function( x )
{
  x.percent <- round(x * 100, digits = 2)      #執行轉換
  x.final <- paste(x.percent, sep = "", "%")    #加上百分比
  return(x.final)                               #傳回
}
>
```

在上述特別要注意的是，不可加 "( )" 號，若加上 "( )" 刮號，表示引用此函數，此時必須有參數在 "( )" 括號內，否則會有錯誤產生。

我們也可以設定一個新的物件等於這個函數物件，可參考下列實例。

```
> convert.percent <- ch11_2
>
```

經上述執行後，convert.percent 將是一個與 ch11_2 相同內容的函數物件，如下所示：

```
> convert.percent
function( x )
{
  x.percent <- round(x * 100, digits = 2)      #執行轉換
  x.final <- paste(x.percent, sep = "", "%")    #加上百分比
  return(x.final)                               #傳回
}
>
```

R 語言這個功能雖然好用，但風險是若是不小心設一個與這個函數相同的變數名稱，此時，這個函數就會被系統刪除。例如，下列筆者不小心將一個數值向量設給此函數物件 convert.percent，如下。

```
> convert.percent <- c(12, 18)
>
```

此時再輸入一次此物件 convert.percent，可以發現物件內容已被改成數值向量了。

```
> convert.percent
[1] 12 18
>
```

所以為物件取名字時是要小心，盡量避免出現相同的名字。

11-5 程式碼的簡化

其實對於程式實例 ch11_2.R 而言，最後一列的 "return(x.final)" 是可以省略的，R 預設情況是會傳回最後一列程式碼的值，可參考實例 ch11_3.R。

實例 ch11_3.R：重新設計實例 ch11_2.R，這個實例將省略 "return(x.final)"。

```
1  #
2  # 實例ch11_3.R
3  #
4  ch11_3 <- function( x )
5  {
6    x.percent <- round(x * 100, digits = 2)      #執行轉換
7    x.final <- paste(x.percent, sep = "", "%")   #加上百分比
8  }
```

執行結果
```
> source('~/Rbook/ch11/ch11_3.R')
> ch11_3(new.x)
>
```

上述執行結果什麼也沒看到，原因是 ch11_3( ) 函數的最後一列，只是將轉換結果的百分比設定給 "x.final"，所以沒看到任何結果。但是執行上述程式後，事實上，整個所設計的 ch11_3( ) 函數已經被載入 RStudio 視窗的 Workspace 工作區，如果想看到執行結果，在 RStudio 視窗的 Console 視窗可使用 print( ) 函數，可參考下列執行結果。

```
> print(ch11_3(new.x))
[1] "89.32%" "23.45%" "7.64%"  "77.35%"
>
```

由上述可知，的確獲得我們所想要的結果了。

實例 ch11_4.R：改良版的 ch11_3.R，差別在於程式第 7 列，省略了設定給 "x.final" 的動作，這樣又可以獲得 ch11_2.R 的結果。

```
1  #
2  # 實例ch11_4.R
3  #
4  ch11_4 <- function( x )
5  {
6    x.percent <- round(x * 100, digits = 2)      #執行轉換
7    paste(x.percent, sep = "", "%")              #加上百分比和輸出
8  }
```

執行結果
```
> source('~/Rbook/ch11/ch11_4.R')
> ch11_4(new.x)
[1] "89.32%" "23.45%" "7.64%"  "77.35%"
>
```

11-6　return( ) 的功能

看了前幾節敘述，好像 return( ) 是多餘的，非也。在函數設計時，有時會面臨某些狀況發生，則提早結束函數，不再往下執行。

實例 ch11_5.R：設計檢測所輸入的參數是否數值向量，如果不是則輸出非數值向量，函數結束執行。

```
1  #
2  # 實例ch11_5.R
3  #
4  ch11_5 <- function( x )
5  {
6    if ( !is.numeric(x))
7    {
8      print("需傳入數值向量")
9      return(NULL)
10   }
11   x.percent <- round(x * 100, digits = 2)      #執行轉換
12   paste(x.percent, sep = "", "%")              #加上百分比和輸出
13 }
```

執行結果
```
> source('~/Rbook/ch11/ch11_5.R')
> ch11_5(new.x)
[1] "89.32%" "23.45%" "7.64%"  "77.35%"
> ch11_5(c("A", "B", "C"))
[1] "需傳入數值向量"
NULL
>
```

在這個實例筆者使用 2 組資料做測試，一個是原先所用的數值向量 "new.x"，我們獲得了想要的結果。另一個是字元向量，我們被通知需傳入數值向量。

這個程式多了一個邏輯判斷指令 if，第 6 列到第 10 列，主要是檢查所傳入的向量是否數值向量，如果不是則輸出 " 需傳入數值向量 "，然後函數執行 return( )，函數執行結束。有關更多的邏輯判斷，筆者將在第 12 章做完整的說明。

11-7 省略函數的大括號

在第 11-3 節介紹設計第 1 個函數時，有介紹函數主體是由大括號 ("{" 和 "}") 括起來。其實，如果函數主體只有 1 列，也可以省略大括號，可參考下列實例。

實例 ch11_6.R：省略大括號的函數設計，本函數可輸出數值向量的平方。

```
1  #
2  # 實例ch11_6.R
3  #
4  ch11_6 <- function( x ) x * x
```

執行結果
```
> source('~/Rbook/ch11/ch11_6.R')
> number.x <- c(9, 11, 5)
> ch11_6(number.x)
[1]  81 121  25
>
```

上述程式其實只有 1 列即第 4 列，很明顯沒有大括號，也沒有 return( )，但是它仍是一個完整的函數。所以在程式設計時，如果函數只有 1 列，是可以省略大括號的。碰上這類狀況，R 編譯程式會將 function( ) 右邊的程式碼當作函數主體。瞭解這個觀念後，我們也可以重新設計 ch11_4.R。

實例 ch11_7.R：令函數主體只有 1 列方式，重新設計 ch11_4.R。

```
1  #
2  # 實例ch11_7.R
3  #
4  ch11_7 <- function( x ) paste(round(x * 100, digits = 2), sep = "", "%")
```

執行結果
```
> source('~/Rbook/ch11/ch11_7.R')
> ch11_7(new.x)
[1] "89.32%" "23.45%" "7.64%"  "77.35%"
>
```

　　在這個程式中函數主體也是只有 1 列，即第 4 列，我們獲得了和 ch11_4.R 相同的結果。不過坦白講，實例 ch11_4.R 比較容易閱讀，即使過了一段時間後，重新看也是可以很快速瞭解每列程式碼的意義。實例 ch11_7.R 儘管程式碼精簡了，但是如果過一段時間，這個程式碼是需花較多的時間去瞭解的。

　　筆者建議，寫程式不僅是現在容易閱讀，也是期待未來可以容易閱讀。同時如果執行大型專案，一個大程式可能需要由許多人完成，這時更要考慮他人也是容易閱讀，所以不需要為了節省程式碼的長度，將需要多列完成的程式碼縮減，造成閱讀困難。讀者應該有留意到，從 11 章開始，筆者在程式碼前 3 列，多了註明程式編號，這也是為了讀者閱讀方便，在未來，有需要的地方，筆者也會增加註解數量，即使是增加程式碼，一切一切皆是為了讀者方便閱讀。

11-8　傳遞多個函數參數的應用

　　如果想要傳遞多個參數，只要將新的參數放在在 function( ) 的括號內，各參數間彼此用逗號隔開即可。

11-8-1　設計可傳遞 2 個參數的函數

實例 ch11_8.R：同樣是將數值向量轉換成百分比，但此函數要求有 2 個參數，第 1 個參數是欲轉換的數值向量，第 2 個參數是百分比有幾位小數。

```
1   #
2   # 實例ch11_8.R
3   #
4   ch11_8 <- function( x, x.digits)
5 ▾ {
6     x.percent <- round(x * 100, digits = x.digits) #執行轉換
7     paste(x.percent, sep = "", "%")                 #加上百分比和輸出
8   }
```

執行結果
```
> source('~/Rbook/ch11/ch11_8.R')
> ch11_8(new.x, 0)
[1] "89%" "23%" "8%"  "77%"
> ch11_8(new.x, x.digits = 0)
[1] "89%" "23%" "8%"  "77%"
> ch11_8(new.x, 2)
[1] "89.32%" "23.45%" "7.64%"  "77.35%"
> ch11_8(new.x, x.digits = 2)
[1] "89.32%" "23.45%" "7.64%"  "77.35%"
>
```

在實例 ch3_13，筆者有講解呼叫 round( ) 函數時，第 2 個參數可放 "digits ="，也可以不放。在此筆者設計的實例，一樣在呼叫 ch11_8( ) 函數時，可放 "x.digits"，也可不放，其實 R 語言對於在呼叫函數時，若依照參數順序傳遞參數，可以不必指定參數名稱。

一個有趣的觀察，在傳遞參數時，以上述實例 ch11_8.R 為例，如果發生參數位置錯亂，會如何呢？可參考下列執行結果。

```
> ch11_8(x.digits = 2, new.x)
[1] "89.32%" "23.45%" "7.64%"  "77.35%"
>
```

上述由於有特別標明第 1 個參數是 "x.digits"，所以程式可正常執行。如果參數位置錯亂，同時又不表明參數所代表的意義，則結果會產生錯亂，如下所示。

```
> ch11_8(2, new.x)
[1] "200%" "200%" "200%" "200%"
>
```

11-8-2　函數參數的預設值

對於實例 ch11_8.R 而言，如果在呼叫 ch11_8( ) 函數時，只輸入數值向量，漏了輸入第 2 個參數，結果會如何呢？首先我們先看 round( ) 函數，假設輸入數字，不註

明計算到小數第幾位，結果會如何？

```
> round(21.45)
[1] 21
>
```

由上述可知 round( ) 函數碰上這類狀況，會將此數轉換到小數第 0 位，相當於產生整數。同樣狀況，對於實例 ch11_8.R 由於程式第 6 列是呼叫 round( ) 函數，所以對於實例 ch11_8.R，如果呼叫 ch11_8( ) 函數時第 2 個參數省略，將產生不含小數的百分比結果，可參考下列執行結果。

```
> ch11_8(new.x)
[1] "89%"  "23%"  "8%"   "77%"
>
```

實例 ch11_9.R：重新設計實例 ch11_8.R，執行這個實例時，如果不傳遞第 2 個參數設定產生到小數第幾位的百分比，將自動產生第 1 位小數的百分比。

```
1   #
2   # 實例ch11_9.R
3   #
4   ch11_9 <- function( x, x.digits = 1)      #預設轉換到小數第1位
5 ▾ {
6     x.percent <- round(x * 100, digits = x.digits) #執行轉換
7     paste(x.percent, sep = "", "%")                  #加上百分比和輸出
8   }
```

執行結果

```
> source('~/Rbook/ch11/ch11_9.R')
> ch11_9(new.x)
[1] "89.3%" "23.4%" "7.6%"  "77.4%"
> ch11_9(new.x, 1)
[1] "89.3%" "23.4%" "7.6%"  "77.4%"
>
```

11-8-3　3 點參數 "..." 的使用

在 11-8-1 節，我們學會了傳遞 2 個參數的應用，實務上在設計函數時會碰上需傳遞更多參數，如果參數一多時，會使設計 function( ) 的參數列變得很長，未來呼叫時的參數列也變得很長，碰上這類情況，R 語言提供了 3 點參數 "..." 的概念，這種 3 點參數通常會放在參數列表的最後面。

　　在正式講解 3 點參數實例前，我們先改寫實例 ch11_9.R，將實例改寫成，如果不輸入第 2 個參數，將產生不帶小數位的百分比。

實例 ch11_10.R：先改寫實例 ch11_9.R，將實例改寫成，如果不輸入第 2 個參數，將產生不帶小數位的百分比。

```
1   #
2   # 實例ch11_10.R
3   #
4   ch11_10 <- function( x, x.digits = 0)       #預設轉換到小數第0位
5   {
6      x.percent <- round(x * 100, digits = x.digits) #執行轉換
7      paste(x.percent, sep = "", "%")                      #加上百分比和輸出
8   }
```

執行結果
```
> source('~/Rbook/ch11/ch11_10.R')
> ch11_10(new.x)
[1] "89%" "23%" "8%"   "77%"
> ch11_10(new.x, 2)
[1] "89.32%" "23.45%" "7.64%"   "77.35%"
> ch11_10(new.x, x.digits = 2)
[1] "89.32%" "23.45%" "7.64%"   "77.35%"
>
```

　　接下來我們可用 3 點參數觀念改寫上述實例 ch11_10.R，可參考下列實例。

實例 ch11_11.R：使用 3 點參數觀念改寫上述實例 ch11_10.R，如果不輸入第 2 個參數，將產生不帶小數的百分比。

```
1   #
2   # 實例ch11_11.R
3   #
4   ch11_11 <- function( x, ...)                 #預設轉換不帶小數之整數
5   {
6      x.percent <- round(x * 100, ...)          #執行轉換
7      paste(x.percent, sep = "", "%")           #加上百分比和輸出
8   }
```

執行結果
```
> source('~/Rbook/ch11/ch11_11.R')
> ch11_11(new.x)
[1] "89%" "23%" "8%"   "77%"
>
```

　　由上述執行結果，可以看到我們成功地設計了 3 點參數 "..." 的函數了，但應該如何指定第 2 個參數呢？如果第 2 個參數直接放數字是可以的，如下所示：

```
> ch11_11(new.x, 2)
[1] "89.32%" "23.45%" "7.64%"  "77.35%"
>
```

　　如果第 2 個參數想要指定參數名稱就要小心了，對於實例 ch11_10.R 而言，我們在設計時，程式第 4 列在 function( ) 參數列內，指定參數名稱是 "x.digits ="，程式第 6 列在 round( ) 函數內，我們是將 "x.digits" 指定給 round( ) 函數內的參數 "digits"，所以呼叫實例 ch11_10.R 的函數時，第 2 個參數使用下列方式呼叫 "x.digits = 2" 是可以的。

```
> ch11_10(new.x, x.digits = 2)
[1] "89.32%" "23.45%" "7.64%"  "77.35%"
>
```

　　在實例 ch11_10.R 中，如果第 2 個參數使用 "digits = 2" 會有錯誤產生。

```
> ch11_10(new.x, digits = 2)
Error in ch11_10(new.x, digits = 2) : unused argument (digits = 2)
> .
```

　　但是在實例 ch11_11.R 中，我們使用 3 點參數，程式第 4 列的 function( ) 函數的第 2 個參數使用 3 點參數 "..." 取代，程式第 6 列的 round( ) 函數也使用 3 點參數 "..." 取代，這時沒有看到 "x.digits" 參數，所以在執行 ch11_11.R 後，如果想呼叫函數，若是使用參數名 "x.digit"，將產生錯誤，如下所示：

```
> ch11_11(new.x, x.digits = 2)
Error in round(x * 100, ...) : unused argument (x.digits = 2)
>
```

　　如果呼叫時要使用參數名的話，需使用 "digits"，這是因為 round( ) 函數本身所使用的參數就是 "digits"，如下所示：

```
> ch11_11(new.x, digits = 2)
[1] "89.32%" "23.45%" "7.64%"  "77.35%"
>
```

11-9 函數也可以作為參數

在 11-4 節筆者曾經介紹函數也可以是一個物件，我們可以將一個函數的整個程式碼，給予另一個物件，當瞭解這個觀念後，應可很容易瞭解函數是可以作為參數的。

11-9-1 正式實例應用

在 3-2-8 節筆者有介紹 signif( ) 函數，這個函數的第 2 個參數 digits 主要是指出數值從左到右有效數字的個數，剩餘數字則四捨五入，筆者將用這個函數當作傳遞的參數做解說。

實例 ch11_12.R：函數也可以作為傳遞參數的應用。

```
1   #
2   # 實例ch11_12.R
3   # 呼叫時，若省略第2個參數，預設是執行round( )函數
4   #
5   ch11_12 <- function( x, Xfun = round, ...)
6 ▾ {
7     x.percent <- Xfun(x * 100, ...)          #執行轉換
8     paste(x.percent, sep = "", "%")          #加上百分比和輸出
9   }
```

執行結果
```
> source('~/Rbook/ch11/ch11_12.R')
> ch11_12(new.x)
[1] "89%" "23%" "8%"  "77%"
>
```

在上述程式設計中，第 5 列 function( ) 內的第 2 個參數是 Xfun，這個參數 Xfun 的預設是 round 函數的程式碼，如果呼叫時省列第 2 個參數，則第 7 列的 Xfun 用 round 取代，若以上述為例，上述執行時，由於沒有放函數參數，所以 Xfun 使用預設 round 函數參數，而得到上述結果。如果呼叫函數時第 2 個參數有放函數，則此參數的函數將取代第 7 列的 Xfun，下列是使用 signif 當作參數的實例。

```
> ch11_12(new.x, signif, digits = 3)
[1] "89.3%" "23.4%" "7.64%" "77.4%"
> ch11_12(new.x, signif, digits = 4)
[1] "89.32%" "23.45%" "7.641%" "77.35%"
>
```

11-9-2 以函數碼作為參數傳送

R 語言既可接受將函數當作參數傳遞，也可接受將函數的程式碼當作參數傳送的，這類傳遞程式碼不傳遞函數名的方式，又稱匿名函數 (anonymous function)。

實例 ch11_13.R：假設一家公司有 3 個部門，去年各部門的獲利分別是 8500、6700 和 9200，請計算各部門獲利百分比。其實這個程式可以沿用 ch11_12.R，但是筆者適度的調整第 4 列的函數名稱。

```
1  #
2  # 實例ch11_13.R
3  #
4  ch11_13 <- function( x, Xfun = round, ...)
5  {
6    x.percent <- Xfun(x * 100, ...)        #執行轉換
7    paste(x.percent, sep = "", "%")        #加上百分比和輸出
8  }
```

執行結果
```
> source('~/Rbook/ch11/ch11_13.R')
> y <- c(8500, 6700, 9200)              #建立各部門業績的數值向量
> ch11_13(y, Xfun = function(x) round(x * 100 / sum(x)))  #執行
[1] "35%" "27%" "38%"
>
```

在上述實例中，以下函數碼已被當作參數傳遞了。

```
function(x) round(x * 100 / sum(x))
```

以上實例其實主要是用於講解函數碼當作參數傳送，對上述實例，我們可以用很簡潔的方式完成工作。

```
> ch11_13(y / sum(y))
[1] "35%" "27%" "38%"
>
```

11-10 區域變數和全域變數

設計一個大型專案時，難免會是多人參與此計劃，許多人在設計個別程式時難免會用到相同的變數名稱，這時難免會碰上問題，A 所用的變數資料會不會被 B 誤用？這也是本節討論的重點。

　　其實對於一個函數而言，這個函數內部所使用的變數稱區域變數 (local variable)，程式本體所使用的變數會在 Workspace 視窗內看到稱全域變數 (global variable)。對於函數所屬的區域變數而言，函數執行結束變數就消失。對於全域變數而言，只要在 Workspace 視窗內保存，則隨時可調用。

實例 ch11_14：區域變數和全域變數的觀察。

```
1   #
2   # 實例ch11_14.R
3   #
4   x <- 1:8                    #設定全域變數
5   print("執行函數前")
6   print(x)                    #列印全域變數x
7   test <- function(y)
8   {
9     print("進入函數")
10    x <- y
11    print(x)                  #列印區域變數x
12    print("離開函數")
13  }
14  test(1:5)                   #呼叫函數
15  print("執行函數後")
16  print(x)                    #列印全域變數
```

執行結果
```
> source('~/Rbook/ch11/ch11_14.R')
[1] "執行函數前"
[1] 1 2 3 4 5 6 7 8
[1] "進入函數"
[1] 1 2 3 4 5
[1] "離開函數"
[1] "執行函數後"
[1] 1 2 3 4 5 6 7 8
>
```

　　在這個實例中，筆者特別將變數取名 x，對於程式第 6 列，毫無疑問是列印全域變數的 x，第 7 列至 13 列是函數 test，第 10 列是將所傳遞給函數的變數 y 設給區域變數 x，第 11 列是列印區域變數 x。第 14 列是呼叫函數，所以會執行列印第 11 列的區域變數。第 15 列筆者再列印一次變數 x，讀者可以比較它們之間的差別。其實如果我們觀察 Workspace 視窗，可以看到執行上述實例 ch11_4.R 後，全域變數 x，就一直是 1:8，可參考下圖。

🔵 Global Environment ▾	🔍
profits	num [1:3] 8500 6700 9200
x	int [1:8] 1 2 3 4 5 6 7 8

11-11　通用函數 (Generic Function)

何為通用函數 (Generic Function)？如果一個函數接收到參數後，什麼事都不做，只是將工作分配其他函數執行，這類函數稱通用函數 (Generic Function)。

11-11-1　認識通用函數 print( )

對於 R 語言而言，其實最常用的通用函數式 print( )，下列是認識 print( ) 函數程式碼。

```
> print
function (x, ...)
UseMethod("print")
<bytecode: 0x10524c350>
<environment: namespace:base>
>
```

各位可以忽略第 3 列和第 4 列，這是 R 的開發人員需使用的資訊。由上圖可知，print( ) 函數實際只有 1 列，也就是第 2 列 UseMethod( )，這個函數主要功能就是讓 R 依 print( ) 函數的參數找尋適當的函數執行列印工作。我們可以用下列方法瞭解有多少函數可協助 print( ) 函數執行列印工作。

```
> apropos('print\\.')
 [1] "print.AsIs"                  "print.by"
 [3] "print.condition"             "print.connection"
 [5] "print.data.frame"            "print.Date"
 [7] "print.default"               "print.difftime"
 [9] "print.Dlist"                 "print.DLLInfo"
[11] "print.DLLInfoList"           "print.DLLRegisteredRoutines"
[13] "print.factor"                "print.function"
[15] "print.hexmode"               "print.libraryIQR"
[17] "print.listof"                "print.NativeRoutineList"
[19] "print.noquote"               "print.numeric_version"
[21] "print.octmode"               "print.packageInfo"
[23] "print.POSIXct"               "print.POSIXlt"
[25] "print.proc_time"             "print.restart"
[27] "print.rle"                   "print.simple.list"
[29] "print.srcfile"               "print.srcref"
[31] "print.summary.table"         "print.summaryDefault"
[33] "print.table"                 "print.warnings"
>
```

從上述可以得到共有 34 個函數可供 print( ) 函數分配使用。筆者在 7-1-1 節有建立 mit.info 數據框 (data frame)。下列是使用 print( ) 函數列印 mit.info 數據框的結果。

```
> print(mit.info)
  mit.Name mit.Gender mit.Height
1    Kevin         M          170
2    Peter         M          175
3    Frank         M          165
4   Maggie         F          168
>
```

由上上圖可知第 5 個 print 函數是用於列印數據框的函數 print.data.frame( )。其實上述 print( ) 函數是呼叫 print.data.frame( ) 執行此列印 mit.info 數據框的工作。所以，你也可以使用下列方式列印 mit.info 數據框。

```
> print.data.frame(mit.info)
  mit.Name mit.Gender mit.Height
1    Kevin         M          170
2    Peter         M          175
3    Frank         M          165
4   Maggie         F          168
>
```

11-11-2　通用函數的預設函數

假設我們想列印串列 (list)，由上一節理論可知，可以使用 print.list( ) 執行列印串列工作，結果在 "apropos('print\\.')" 執行中，我們找不到 print.list( ) 函數，怎麼辦？事實上許多通用函數在設計時，大都會同時設計一個預設函數，如果沒有特定的函數可使用時，則執行此預設函數，此例是 print.default( )。例如，下列是用 print( ) 列印實例 ch8_1 所見的串列 (list)baskets.Cal 的結果。

```
> print(baskets.Cal)
[[1]]
[1] "California"

[[2]]
[1] "2016-2017"

[[3]]
      1st 2nd 3rd 4th 5th 6th
Lin     7   8   6  11   9  12
Jordon 12   8   9  15   7  12

>
```

如果是用 print.default( ) 函數，可以得到相同的結果。

```
> print.default(baskets.Cal)
[[1]]
[1] "California"

[[2]]
[1] "2016-2017"

[[3]]
       1st 2nd 3rd 4th 5th 6th
Lin      7   8   6  11   9  12
Jordon  12   8   9  15   7  12

>
```

11-12　設計第一個通用函數

　　瞭解了 11-11 節的內容後，本小節筆者將以實例介紹設計一個通用函數。

11-12-1　改良轉換百分比函數

　　為了方便接下來的解說，筆者將先前 ch11_13.R 的 ch11_13( ) 函數改寫成 percent.numeric( )，這個函數主要是將數值向量改寫成百分比。讀者需特別留意的是函數名稱 "percent"，須加上 " . "，再加上 "numeric"，UseMethod( ) 是用 "numeric" 來判別，未來呼叫 "percent" 時，若所傳遞的參數是數值時執行這個函數。

```
#將數值向量轉成百分比
percent.numeric <- function( x, Xfun = round, ...)
{
    x.percent <- Xfun(x * 100, ...)        #執行轉換
    paste(x.percent, sep = "", "%")        #加上百分比和輸出
}
```

　　如果碰上輸入是字元向量，筆者希望以下列函數 percent.character 處理，相當於在字元右邊加上百分比符號。讀者需特別留意的是函數名稱 "percent"，須加上 " . "，再加上 "character"，UseMethod( ) 是用 "character" 來判別，未來呼叫 "percent" 時，若所傳遞的參數是字元時執行這個函數。

```
#將字元向量增加百分比符號
percent.character <- function( x )
{
  paste(x, sep = "", "%")                    #直接加百分比符號
}
```

現在我們可以將上述 2 個函數結合在實例 ch11_15.R。

實例 ch11_15.R：設計一個程式，此程式包含 2 個函數，可處理數值向量轉換成百分比，以及將字元向量增加百分比符號。

```
1   #
2   # 實例ch11_15.R
3   #
4   #將數值向量轉成百分比
5   percent.numeric <- function( x, Xfun = round, ...)
6 ▾ {
7     x.percent <- Xfun(x * 100, ...)        #執行轉換
8     paste(x.percent, sep = "", "%")         #加上百分比和輸出
9   }
10  #將字元向量增加百分比符號
11  percent.character <- function( x )
12 ▾ {
13    paste(x, sep = "", "%")                 #直接加百分比符號
14  }
```

執行結果
```
> source('~/Rbook/ch11/ch11_15.R')
> percent.numeric(new.x)
[1] "89%" "23%" "8%"  "77%"
> percent.numeric(new.x, round, digits = 2)
[1] "89.32%" "23.45%" "7.64%"  "77.35%"
> percent.character(c("A", "B", "C"))
[1] "A%" "B%" "C%"
>
```

最後我們需使用 UseMethod( ) 設計通用函數，如下：

```
percent <- function(x, ...)                   #設計通用函數
{
  UseMethod("percent")
}
```

實例 ch11_16.R：設計通用函數 percent，未來可以直接使用 percent 呼叫執行想要的工作。

```
1   #
2   # 實例ch11_16.R
3   #
4   percent <- function(x, ...)
5   {
6       UseMethod("percent")
7   }
8   #將數值向量轉成百分比
9   percent.numeric <- function( x, Xfun = round, ...)
10  {
11      x.percent <- Xfun(x * 100, ...)          #執行轉換
12      paste(x.percent, sep = "", "%")          #加上百分比和輸出
13  }
14  #將字元向量增加百分比符號
15  percent.character <- function( x )
16  {
17      paste(x, sep = "", "%")                   #直接加百分比符號
18  }
```

執行結果
```
> source('~/Rbook/ch11/ch11_16.R')
> percent(new.x)
[1] "89%" "23%" "8%"  "77%"
> percent(new.x, round, digits = 2)
[1] "89.32%" "23.45%" "7.64%"  "77.35%"
> percent(c("A", "B", "C"))
[1] "A%" "B%" "C%"
>
```

讀者應該仔細比較 ch11_15.R 和 ch11_16.R 的執行結果，特別是 ch11_16.R 是用呼叫通用函數 (Generic Function) 方式完成工作。

11-12-2　設計通用函數的預設函數

對於實例 ch11_16.R 而言，如果輸入是非數值或字元，執行結果會有錯誤，下列是傳入數據框 mit.info 物件產生錯誤的結果。

```
> percent(mit.info)
Error in UseMethod("percent") :
  沒有適用的方法可將 'percent' 套用到 "data.frame" 類別的物件
>
```

　　建議在設計通用函數時可以設計一個預設函數，當傳入的參數不是目前可以處理的情況，可以直接列出錯誤訊息，如下所示：

```
#設計預設函數
percent.default <- function( x )
{
  print("你所傳遞的參數無法處理")
}
```

　　讀者需特別留意的是函數名稱 "percent"，須加上 "."，再加上 "default"，UseMethod( ) 是用 "default" 來判別，未來呼叫 "percent" 時，若所傳遞的參數不是數值或字元時則執行這個函數。

實例 ch11_17.R：將預設函數加入原先設計的 ch11_16.R 程式內。

```
1  #
2  # 實例ch11_17.R
3  #
4  percent <- function(x, ...)
5  {
6    UseMethod("percent")
7  }
8  #將數值向量轉成百分比
9  percent.numeric <- function( x, Xfun = round, ...)
10 {
11   x.percent <- Xfun(x * 100, ...)        #執行轉換
12   paste(x.percent, sep = "", "%")        #加上百分比和輸出
13 }
14 #將字元向量增加百分比符號
15 percent.character <- function( x )
16 {
17   paste(x, sep = "", "%")                #直接加百分比符號
18 }
19 #設計預設函數
20 percent.default <- function( x )
21 {
22   print("本程式目前只能處理數值和字元向量")
23 }
```

執行結果
```
> source('~/Rbook/ch11/ch11_17.R')
> percent(mit.info)
[1] "本程式目前只能處理數值和字元向量"
>
```

上述錯誤訊息，比先前系統的錯誤訊息容易懂，這也可節省未來程式錯誤偵測的時間。

習題

一：是非題

( )1： 在 R 語言中，也可以將函數想成是一個物件，在 RStudio 視窗的 Console 視窗直接輸入直接輸入函數名稱，可以看到函數的程式碼。

( )2： 在 R 語言中，也可以將函數想成是一個物件，在 RStudio 視窗的 Console 視窗直接輸入直接輸入函數名稱，可以執行此函數，例如，你設計了一個函數 "convert( )"，可以使用下列方式執行此函數。

```
> convert
```

( )3： 函數主體是由大括號 ("{" 和 "}") 括起來。其實，如果函數主體只有 1 列，也可以省略大括號。

( )4： 在函數呼叫的設計中，R 語言提供了 3 點參數 "..." 的概念，這種 3 點參數通常會放在函數參數列表的最後面。

( )5： 函數是無法作為另一個函數的參數。

( )6： 有一個函數碼如下：

```
1  exer1 <- function( x, Xfun = round, ...)
2  {
3    x.percent <- Xfun(x * 100, ...)
4    paste(x.percent, sep = "", "%")
5  }
```

呼叫上數函數時，如果沒有傳遞第 2 個參數，此函數將自動執行 Xfun( ) 函數。

( )7： 其實對於一個函數而言，這個函數內部所使用的變數稱區域變數 (local variable)。

( )8： 如果一個函數接收到參數後，什麼事都不做，只是將工作分配其他函數執行，這類函數稱通用函數 (Generic Function)。

二：選擇題

(　) 1： 下列函數，如果不傳遞第 2 個參數設定產生到小數第幾位的百分比，將自動
產生第幾位小數的百分比。

```
1  e.percent <- function( x, x.digits = 1 )
2▾ {
3    x.percent <- round(x * 100, digits = x.digits)
4    paste(x.percent, sep = "", "%")
5  }
```

A：0　　　　　　B：1　　　　　　C：2　　　　　　D：3

(　) 2： 下列函數，如果不傳遞第 2 個參數設定產生到小數第幾位的百分比，將自動
產生第幾位小數的百分比。

```
1  e2.percent <- function( x, ...)
2▾ {
3    x.percent <- round(x * 100, ...)
4    paste(x.percent, sep = "", "%")
5  }
```

A：0　　　　　　B：1　　　　　　C：2　　　　　　D：3

(　) 3： 有函數如下：

```
1  e2.percent <- function( x, ...)
2▾ {
3    x.percent <- round(x * 100, ...)
4    paste(x.percent, sep = "", "%")
5  }
```

下列哪一個函數呼叫會有錯誤訊息。

A： > e2.percent(0.03456)

B： > e2.percent(0.03456, 2)

C： > e2.percent(0.03456, digits = 2)

D： > e2.percent(0.03456, xdigit = 2)

(　) 4： 下列哪一個函數是 print( ) 函數的預設函數。

A：print.list( )　　　　　　　　B：print.default( )

C：print.condition( )　　　　　　D：print.restart( )

( ) 5：有函數如下：

```
 1  percent <- function(x, ...)
 2 ▾ {
 3    UseMethod("percent")
 4  }
 5  percent.numeric <- function( x, Xfun = round, ...)
 6 ▾ {
 7    x.percent <- Xfun(x * 100, ...)
 8    paste(x.percent, sep = "", "%")
 9  }
10  percent.character <- function( x )
11 ▾ {
12    paste(x, sep = "", "%")
13  }
14  percent.default <- function( x )
15 ▾ {
16    print("本程式目前只能處理數值和字元向量")
17  }
```

上述函數那一個是通用函數 (Generic Function)。

A：percent( )   B：percent.numeric( )

C：percent.character( )   D：percent.default( )

( ) 6：有函數如下：

```
 1  percent <- function(x, ...)
 2 ▾ {
 3    UseMethod("percent")
 4  }
 5  percent.numeric <- function( x, Xfun = round, ...)
 6 ▾ {
 7    x.percent <- Xfun(x * 100, ...)
 8    paste(x.percent, sep = "", "%")
 9  }
10  percent.character <- function( x )
11 ▾ {
12    paste(x, sep = "", "%")
13  }
14  percent.default <- function( x )
15 ▾ {
16    print("本程式目前只能處理數值和字元向量")
17  }
```

如果呼叫上述的通用函數時，所傳遞的資料是數據框 (data frame)，實際上將
呼叫那一個函數執行真正的工作。

A：percent( )   B：percent.numeric( )

C：percent.character( )   D：percent.default( )

(　) 7：有函數如下：

```
 1  percent <- function(x, ...)
 2  {
 3    UseMethod("percent")
 4  }
 5  percent.numeric <- function( x, Xfun = round, ...)
 6  {
 7    x.percent <- Xfun(x * 100, ...)
 8    paste(x.percent, sep = "", "%")
 9  }
10  percent.character <- function( x )
11  {
12    paste(x, sep = "", "%")
13  }
14  percent.default <- function( x )
15  {
16    print("本程式目前只能處理數值和字元向量")
17  }
```

如果呼叫上述的通用函數時，所傳遞的資料是數值資料，實際上將呼叫那一個函數執行真正的工作。

A：percent( )   B：percent.numeric( )

C：percent.character( )   D：percent.default( )

三：複選題

(　) 1：下列哪些函數是通用函數 (Generic Function)。(選擇 2 項)

A：sum( )   B：as.Date( )   C：plot( )

D：print( )   E：grep( )

四：實作題

1：重新設計實例 ch11_11.R，使用 3 點參數觀念，如果不輸入第 2 個參數，將產生帶 1 位小數的百分比。

```
> source('~/Documents/Rbook/ex/ex11_1.R')
> x <- c(0.8932, 0.2345, 0.07641, 0.77351)
> ex11_1(x)
[1] "89.3%" "23.4%" "7.6%"  "77.4%"
```

2: 重新設計實例 ch11_17.R，設計通用函數，使用 3 點參數觀念，如果輸入是數值，
預設是求平均值，如果輸入是字元，則將字元改成大寫，預設函數觀念則不變。

```
> source('~/Documents/Rbook/ex/ex11_2.R')
> ex11_2(c(1:5))
[1] 3
> ex11_2(c("abc","B1c","ccA"))
[1] "ABC" "B1C" "CCA"
> ex11_2(c(TRUE,FALSE,TRUE))
[1] "Nothing is changed"
```

3: 設計一個計算電費的通用函數，每度電費 100 元，如果輸入是非數值向量，則輸
出 " 輸入錯誤，請輸入數值向量 "。

```
> source('~/Documents/Rbook/ex/ex11_3.R')
> ex11_3(c(1:5))
[1] "The utility fee:"
[1] 100 200 300 400 500
> ex11_3(c("abc","B1c","ccA"))
[1] "Input error! Please provide the numeric values"
NULL
```

第十二章

程式的流程控制

12-1　if 敘述

if 敘述運算非常容易，如果某個邏輯運算式為真，則執行特定工作。

12-1-1　if 敘述基本操作

if 敘述的基本指令格式如下：

```
if (邏輯運算式) {
    系列運算指令
    ....
}
```

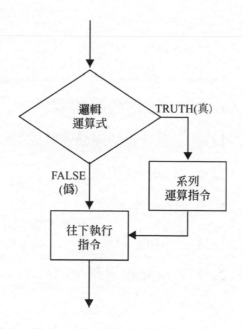

在上述的邏輯運算式，讀者也可以將它想成是條件運算式，如果是 TRUE，則執行大括號內的指令。如果運算指令只有 1 列，也可省略大括號，此時 if 的指令格式將如下：

```
if (邏輯運算式) 運算指令
```

或

```
if (邏輯運算式)
    運算指令
```

實例 ch12_1.R：假設 1 度電費是 50 元，為了鼓勵節約能源，如果一個月使用超過 200 度，電費將改成加收總價的 15 。如果電費有小於 1 元，以四捨五入處理。

```
1   #
2   # 實例ch12_1.R
3   #
4   ch12_1 <- function( deg, unitPrice = 50 )
5   {
6     net.price <- deg * unitPrice        #計算電費
7     if ( deg > 200 ) {                   #如果使用超過200度
8       net.price <- net.price * 1.15      #電費加收15%
9     }
10    round(net.price)                     #電費取整數
11  }
```

執行結果
```
> source('~/Rbook/ch12/ch12_1.R')
> ch12_1(150)
[1] 7500
> ch12_1(deg = 150)
[1] 7500
> ch12_1(deg =250)
[1] 14375
>
```

對上述實例而言，如果用電度數超過 200 度，在第 7 列作判斷，則執行大括號內的指令，所以 "deg > 200" 就是一個邏輯運算式。在呼叫函數 ch12_1( ) 時，對第 1 個參數，可以直接輸入數字此例是 "150"，也可以輸入 "deg = 150"，後者輸入方式可讓執行結果更容易瞭解。筆者有說過，如果 if 敘述所執行的指令只有 1 列時可以省略大括號，可參考下列實例。

實例 ch12_2.R：重新設計實例 ch12_1.R，此例 if 敘述的大括號將省略。

```
1   #
2   # 實例ch12_2.R
3   #
4   ch12_2 <- function( deg, unitPrice = 50 )
5   {
6     net.price <- deg * unitPrice        #計算電費
7     if ( deg > 200 ) net.price <- net.price * 1.15 #如果使用超過200度電費加收15%
8     round(net.price)                     #電費取整數
9   }
```

執行結果
```
> source('~/Rbook/ch12/ch12_2.R')
> ch12_2(150)
[1] 7500
> ch12_2(deg = 250)
[1] 14375
>
```

有的程式設計師對於上述第 7 列寫法感覺指令太長，也可以將它分成 2 列，如下列範例所示。

實例 ch12_3.R：重新設計實例 ch12_2.R，此例 if 敘述的大括號將省略，不過原先第 7 列拆成 2 列。

```
1  #
2  # 實例ch12_3.R
3  #
4  ch12_3 <- function( deg, unitPrice = 50 )
5  {
6      net.price <- deg * unitPrice          #計算電費
7      if ( deg > 200 )                      #如果使用超過200度
8          net.price <- net.price * 1.15     #電費加收15%
9      round(net.price)                      #電費取整數
10 }
```

執行結果
```
> source('~/Rbook/ch12/ch12_3.R')
> ch12_3(150)
[1] 7500
> ch12_3(deg = 250)
[1] 14375
>
```

12-1-2　if … else 敘述

if … else 敘述的基本指令格式如下：

```
if ( 邏輯運算式 ) {
  系列運算指令 A
    ......
} else {
  系列運算指令 B
    ......
}
```

有時為了讓程式可讀性增加，而且筆者是一次性使用 Source 編譯整個文件，所以
筆者會用下列格式，撰寫上述 if 敘述。

```
if（邏輯運算式）
{
   系列運算指令 A
    ….
}
else
{
   系列運算指令 B
    ….
}
```

值得留意的是，如果是像前 10 章，使用直譯器方式在 Console 視窗輸入 if 敘述時，
else 不應該放在下一列開始處，應該放在列的末端。因為若一個指令尚未結束，若不
將 else 放在前一列的末端，R 直譯器會認為前一列已經執行結束了。但是，如果在本
書 11 章後的程式，由於是在 Source 視窗編輯程式碼，整個 if … else 敘述是在函數 "{"
和 "}" 間，再編譯和執行，else 就沒有這個限制，可以放在新的一列，其實這樣所撰寫
的程式是比較容易閱讀的。

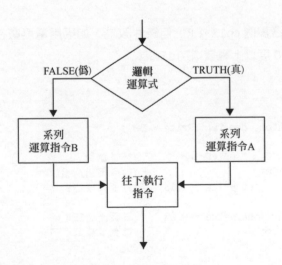

在上述的邏輯運算式，讀者也可以將它想成是條件運算式，如果是 TRUE，則執行大括號內的運算指令 A，否則執行 else 後大括號內的運算指令 B。如果運算指令只有 1 列，也可省略大括號，此時 if 的指令格式將如下：

> if（邏輯運算式）運算指令 A else
>> 運算指令 B

或

> if（邏輯運算式）
>> 運算指令 A else
>> 運算指令 B

有時為了讓程式可讀性增加，所以筆者會用下列格式，撰寫上述 if 敘述，這樣的程式比較容易閱讀。

> if（邏輯運算式）
>> 運算指令 A
> else
>> 運算指令 B

再強調，else 是在 "{" 和 "}" 之間，例如在函數內的程式片段，才可將 else 放在程式列起始位置。

實例 ch12_4.R：延續實例 ch12_1.R，但條件改為，如果用電度數在 100 度（含）以下電費享受 85 折，100 度以上電費增加 15%。

```
1   #
2   # 實例ch12_4.R
3   #
4   ch12_4 <- function( deg, unitPrice = 50 )
5   {
6       net.price <- deg * unitPrice          #計算電費
7       if ( deg > 100 )                      #如果使用超過100度
8         net.price <- net.price * 1.15       #電費加收15%
9       else
10        net.price <- net.price * 0.85       #電費減免15%
11      round(net.price)                      #電費取整數
12  }
```

```
> source('~/Rbook/ch12/ch12_4.R')
> ch12_4(deg = 80)
[1] 3400
> ch12_4(deg = 200)
[1] 11500
>
```

上述實例如果電費在 100 度以上，則執行第 8 列加收 15%，否則執行第 10 列減少 15%。

12-1-3 if 敘述也可有返回值

R 語言與其它高階語言不同，它的 if 敘述類似函數也可以有返回值，然後我們可以將這個返回值設定給一個變數使用，可參考實例 ch12_5.R。也可以將這個 if 敘述直接應用在運算式中，可參考實例 ch12_6.R。

實例 ch12_5.R：這個程式主要是重新設計實例 ch12_4.R，但本程式會將電費的調整比率利用 if 敘述產生，最後再重新計算電費。

```
1   #
2   # 實例ch12_5.R
3   #
4   ch12_5 <- function( deg, unitPrice = 50 )
5 ▾ {
6       net.price <- deg * unitPrice                    #計算基本電費
7       adjustment <- if ( deg > 100 ) 1.15 else 0.85   #計算調整比率
8       total.price <- net.price * adjustment           #重新計算電費
9       round(total.price)                              #電費取整數
10  }
```

```
> source('~/Rbook/ch12/ch12_5.R')
> ch12_5(deg = 80)
[1] 3400
> ch12_5(deg = 200)
[1] 11500
>
```

R 語言也接受將 if 敘述直接應用在運算式中，有的 R 語言程式設計師在設計程式時為追求精簡的程式碼，會將第 7 至 8 列縮成 1 列，可參考下列實例。

實例 ch12_6.R：以精簡程式碼方式重新設計 ch12_5.R。

```
1   #
2   # 實例ch12_6.R
3   #
4   ch12_6 <- function( deg, unitPrice = 50 )
5   {
6       net.price <- deg * unitPrice              #計算電費
7       total.price <- net.price * if ( deg > 100 ) 1.15 else 0.85
8       round(total.price)                        #電費取整數
9   }
```

執行結果

```
> source('~/Rbook/ch12/ch12_6.R')
> ch12_6(deg = 80)
[1] 3400
> ch12_6(deg = 200)
[1] 11500
>
```

12-1-4   if … else if … else if …else

使用 if 敘述時，可能會碰上需要多重判斷時，可以使用這個敘述。它的使用格式如下：

```
if ( 邏輯運算式 A ) {
  系列運算指令 A
  …
} else if ( 邏輯運算式 B ) {
  系列運算指令 B
  …
……
} else if ( 邏輯運算式 n ) {
  系列運算指令 n
  …
} else {
  系列其他運算指令
  …
}
```

實例 ch12_7：假設 1 度電費是 50 元，為了鼓勵節約能源，如果一個月使用超過 120 度，電費將改成加收總價的 15 。如果一個月使用小於 80 度電費可以減免 15%。

```
1   #
2   # 實例ch12_7.R
3   #
4   ch12_7 <- function( deg, unitPrice = 50 )
5   {
6     if ( deg > 120 )                        #如果使用超過120度
7       net.price <- deg * unitPrice * 1.15   #電費加收15%
8     else if ( deg < 80 )                    #如果使用少於80度
9       net.price <- deg * unitPrice * 0.85   #電費減免15%
10    else
11      net.price <- deg * unitPrice          #正常收費
12    round(net.price)                        #電費取整數
13  }
```

執行結果
```
> source('~/Rbook/ch12/ch12_7.R')
> ch12_7(deg = 70)
[1] 2975
> ch12_7(deg = 100)
[1] 5000
> ch12_7(deg = 150)
[1] 8625
>
```

12-1-5 巢狀 if 敘述

所謂的巢狀的 if 敘述是指，if 敘述內也可以有其他的 if 敘述，本小節將直接以實例作說明。

實例 ch12_8.R：假設 1 度電費是 50 元，為了鼓勵節約能源，如果一個月使用超過 100 度，電費將改成加收總價的 15 。如果一個月使用小於 (含)100 度電費可以減免 15%。同時如果一個家庭有清寒證明，同時用電度數小於 100 度，電費可以再減免 3 成。如果電費有小於 1 元，以四捨五入處理。

```
1   #
2   # 實例ch12_8.R
3   #
4   ch12_8 <- function( deg, poor = FALSE, unitPrice = 50 )
5   {
6     net.price <- deg * unitPrice       #計算電費
7     if ( deg > 100 )                   #如果使用超過100度
```

```
8        net.price <- net.price * 1.15      #電費加收15%
9 ▾    else {
10        net.price <- net.price * 0.85      #電費減免15%
11        if ( poor == TRUE)                 #檢查是否符合清寒證明
12          net.price = net.price * 0.7      #再減3成
13      }
14      round(net.price)                     #電費取整數
15  }
```

執行結果
```
> source('~/Rbook/ch12/ch12_8.R')
> ch12_8(deg = 80)
[1] 3400
> ch12_8(deg = 80, poor = TRUE)
[1] 2380
> ch12_8(deg = 200)
[1] 11500
> ch12_8(deg = 200, poor = TRUE)
[1] 11500
>
```

對上述實例而言第 7 列至 13 列是外部 if 敘述，第 11 列至 12 列是內部的 if 敘述。另外需特別留意程式第 11 列，在邏輯運算是中，判斷是否相等所用的符號是 "=="。其實對上述實例 ch11_7.R 的第 11 列而言，我們也可以將邏輯運算式簡化如下：

　　if (poor)

因為 poor 的值是 TRUE 或 FALSE，if 可由 poor 判斷是否執行第 12 列內容。

實例 ch12_9.R：改良實例 ch12_8.R 的設計。

```
1   #
2   # 實例ch12_9.R
3   #
4   ch12_9 <- function( deg, poor = FALSE, unitPrice = 50 )
5 ▾ {
6      net.price <- deg * unitPrice           #計算電費
7      if ( deg > 100 )                       #如果使用超過100度
8        net.price <- net.price * 1.15        #電費加收15%
9 ▾    else {
10        net.price <- net.price * 0.85        #電費減免15%
11        if ( poor )                          #檢查是否符合清寒證明
12          net.price = net.price * 0.7        #再減3成
13      }
14      round(net.price)                       #電費取整數
15  }
```

```
> source('~/Rbook/ch12/ch12_9.R')
> ch12_9(deg = 80)
[1] 3400
> ch12_9(deg = 80, poor = TRUE)
[1] 2380
>
```

12-2 遞迴式函數的設計

一個函數可以呼叫自己，這個函數稱遞迴式函數設計，R 語言也可接受函數自己呼叫自己。遞迴式函數呼叫有下列特性。

1： 遞迴式函數每次呼叫自己時，都會使問題越來越小。

2： 必須有一個終止條件來結束遞迴函數的運作。

遞迴函數可以使本身變得很簡潔，但是設計這類程式如果一不小心，很容易掉入無限迴路的陷阱，所以設計這類函數時，一定要特別小心。

實例 ch12_10.R：使用遞迴式函數設計方式，設計階乘函數。

```
1   #
2   # 實例ch12_10.R
3   #
4   ch12_10 <- function(x)
5 ▾ {
6       if (x == 0)              #終止條件
7         x_sum = 1
8       else
9         x_sum = x * ch12_10(x - 1)  #遞迴呼叫
10      return (x_sum)
11  }
```

執行結果
```
> source('~/Rbook/ch12/ch12_10.R')
> ch12_10(1)
[1] 1
> ch12_10(2)
[1] 2
> ch12_10(3)
[1] 6
> ch12_10(4)
[1] 24
>
```

註　其實 R 語言可用 factorial( ) 函數完成上述工作。

上述 ch12_10( ) 階乘函數的終止條件為參數值為 0 的狀況，可由第 6 列判斷，然後設計 x_sum 值為 1，再傳回 x_sum 值。下列筆者用參數為 3 的情況解說，此時第 9 列內容如下：

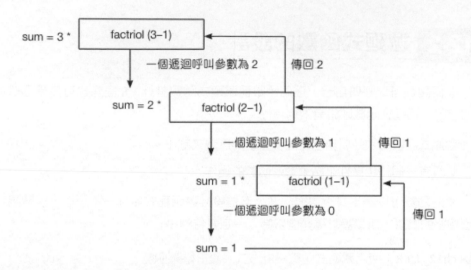

所以當階層數為 3 時，結果值是 6。

12-3　向量化的邏輯運算式

本書從第 4 章起，筆者一直強調變數具有向量 (Vector) 的特質，所以 12-1 節所介紹的 if … else 敘述如果無法表達向量化的特質，那 R 的精神將遜色很多。

12-3-1　處理向量資料 if … else 的錯誤

假設我們用一個向量資料去執行 ch12_8.R 的程式，將會如何呢？

```
> ch12_8(c(80, 200))
[1] 3400 8500
Warning message:
In if (deg > 100) net.price <- net.price * 1.15 else { :
  條件的長度 > 1，因此只能用其第一元素
>
```

由執行結果 R 已經告訴我們結果問題了，對於第 1 筆資料，結果是對的，但對於第 2 筆資料，正確結果應是 11500，而不是 8500。因為 if 敘述只能處理 1 筆資料，所以第 2 筆資料並沒有經過 "if (deg > 200)" 的比對，所以第 2 筆資料獲得了 8500 的錯誤結果。

12-3-2　ifelse( ) 函數

這是一個可以處理向量資料的函數，其基本使用格式如下：

　ifelse (邏輯判斷 , TRUE 運算式 , FALSE 運算式)

上述如果邏輯判斷是 TRUE，則執行 TRUE 運算式。

上述如果邏輯判斷是 FALSE，則執行 FALSE 運算式。

下列是用 Console 視窗測試的實例。

```
> ifelse ( c(1, 5) > 3, 10, 1)
[1]  1 10
>
```

上述主要是判斷向量值內容是否大於 3，如果是則返回 10，否則返回 1。

實例 ch12_11.R：使用 ifelse 指令重新設計實例 ch12_4.R，如果用電度數在 100 度 (含) 以下電費享受 85 折，100 度以上電費增加 15%。

```
1  #
2  # 實例ch12_11.R
3  #
4  ch12_11 <- function( deg, unitPrice = 50 )
5  {
6     net.price <- deg * unitPrice        #計算電費
7     net.price = net.price * ifelse(( deg > 100 ), 1.15, 0.85 )
8     round(net.price)                    #電費取整數
9  }
```

執行結果
```
> source('~/Rbook/ch12/ch12_11.R')
> ch12_11(c(80, 200))
[1]  3400 11500
>
```

實例 ch12_12.R：用 ifelse 敘述，重新設計 ch12_8.R。

```
1   #
2   # 實例ch12_12.R
3   #
4   ch12_12 <- function( deg, poor = FALSE, unitPrice = 50 )
5 ▾ {
6       net.price <- deg * unitPrice          #計算電費
7       net.price <- net.price * ifelse (deg > 100, 1.15, 0.85)
8       net.price <- net.price * ifelse (deg <= 100 & poor, 0.7, 1)
9       round(net.price)                      #電費取整數
10  }
```

執行結果
```
> source('~/Rbook/ch12/ch12_12.R')
> deginfo <- c(80, 80, 200, 200)
> poorinfo <- c(TRUE, FALSE, TRUE, FALSE)
> ch12_12(deginfo, poorinfo)
[1]  2380  3400 11500 11500
>
```

在上圖執行結果中，我們傳遞了 2 個向量，分別是用電度數和是否清寒。其實也可以將用電度數和是否清寒處理成數據框(data frame)，然後在呼叫 ch12_12( )函數時，傳送數據框。可參考下列執行結果。

```
> testinfo <- data.frame(deginfo, poorinfo)
> with(testinfo, ch12_12(deginfo, poorinfo))
[1]  2380  3400 11500 11500
>
```

12-4 switch 敘述

在介紹本節前，筆者先強調，switch 敘述無法處理向量資料。

在 12-1-4 節的 if … elseif 敘述是用在多重判斷條件，對於這類問題，有時也可以使用 switch 敘述取代。它的使用格式如下：

　　switch(判斷運算式 , 運算 1, 運算式 2, …)

判斷運算是最終值可能是數字或文字，如果最終值是 1 則執行運算式 1，如果最終值是 2 則執行運算式 2，其他依此類推。如果最終值是文字，則執行相對應的運算式。

實例 ch12_13.R：以 switch 敘述重新設計 ch12_7.R。

```
1   #
2   # 實例ch12_13.R
3   #
4   ch12_13 <- function( deg, unitPrice = 50 )
5 ▾ {
6     if (deg > 120) index <- 1
7     if (deg <= 120 & deg >= 80) index <- 2
8     if (deg < 80)  index <- 3
9     switch (index,
10      net.price <- deg * unitPrice * 1.15,   #電費加收15%
11      net.price <- deg * unitPrice,          #正常收費
12      net.price <- deg * unitPrice * 0.85)   #電費減免15%
13    round(net.price)                         #電費取整數
14  }
```

執行結果
```
> source('~/Rbook/ch12/ch12_13.R')
> ch12_13(deg = 70)
[1] 2975
> ch12_13(deg = 100)
[1] 5000
> ch12_13(deg = 150)
[1] 8625
>
```

實例 ch12_14.R：依輸入字串做適當回應，輸入 "iphone" 則回應 "Apple"，輸入 "TV"
則回應 "Sony"，輸入 "PC" 則回應 "Dell"。

```
1   #
2   # 實例ch12_14.R
3   #
4   ch12_14 <- function( type )
5 ▾ {
6     switch (type, iphone = "Apple",
7             TV = "Sony",
8             PC = "Dell")
9   }
```

執行結果
```
> source('~/Rbook/ch12/ch12_14.R')
> ch12_14("TV")
[1] "Sony"
> ch12_14("iphone")
[1] "Apple"
> ch12_14("PC")
[1] "Dell"
>
```

對上述實例而言，如果輸入非 switch( ) 內的字串，將看不到任何結果，如下所示：

```
> ch12_14("Radio")
>
```

switch( ) 是可以接受預設值，只要將其放在參數末端，然後拿掉判斷值即可。

實例 ch12_15.R：修訂 ch12_14.R，如果輸入其它字串，輸出 "Input Error!"。

```
1   #
2   # 實例ch12_15.R
3   #
4   ch12_15 <- function( type )
5   {
6     switch (type, iphone = "Apple",
7            TV = "Sony",
8            PC = "Dell",
9            "Input Error!")
10  }
```

執行結果
```
> source('~/Rbook/ch12/ch12_15.R')
> ch12_15("TV")
[1] "Sony"
> ch12_15("Radio")
[1] "Input Error!"
>
```

12-5 for 敘述

這是一個迴圈的敘述，可用於向量的物件操作，它的使用格式如下：

　　for (迴圈索引 in 區間) 單一運算指令

如果是有多個運算指令，則使用格式如下：

　　for (迴圈索引 in 區間) {
　　　系列運算指令
　　　……
　　　}

實例 ch12_16.R：計算 1 到 n 之總和。

```
1   #
2   # 實例ch12_16.R
3   #
4   ch12_16 <- function( n )
5 ▾ {
6     sumx <- 0
7     for ( i in n) sumx <- sumx + i
8     print(sumx)
9   }
```

執行結果
```
> source('~/Rbook/ch12/ch12_16.R')
> ch12_16(1:10)
[1] 55
> ch12_16(1:100)
[1] 5050
>
```

註 其實 R 語言可用 sum(1:10) 或 sum(1:100) 完成上述工作。

實例 ch12_17.R：計算系統內建數據集 state.region(6-9 節有介紹此數據集)，屬於 "North Central" 有多少個州。

```
1   #
2   # 實例ch12_17.R
3   #
4   ch12_17 <- function( n )
5 ▾ {
6     counter <- 0
7     for ( i in n)
8 ▾   {
9       if ( i == "North Central")
10        counter <- counter + 1
11    }
12    print(counter)
13  }
```

執行結果
```
> source('~/Rbook/ch12/ch12_17.R')
> ch12_17(state.region)
[1] 12
>
```

　　對於實例 12_17.R 而言，它會將 state.region 內美國 50 個州的屬於那一個區執行一次，如果屬於 "North Central" 則加 1。接著筆者要介紹另一個數據集 state.x77，這個數據集是一個矩陣，資料如下：

```
> state.x77
           Population Income Illiteracy Life Exp Murder HS Grad Frost    Area
Alabama          3615   3624        2.1    69.05   15.1    41.3    20   50708
Alaska            365   6315        1.5    69.31   11.3    66.7   152  566432
Arizona          2212   4530        1.8    70.55    7.8    58.1    15  113417
Arkansas         2110   3378        1.9    70.66   10.1    39.9    65   51945
California      21198   5114        1.1    71.71   10.3    62.6    20  156361
Colorado         2541   4884        0.7    72.06    6.8    63.9   166  103766
```

　　如果繼續捲動，可以看到更多資料，其中第 1 欄是 Population 人口數，單位是千人。下列是試著瞭解更多資料結構的情形。

```
> str(state.x77)
 num [1:50, 1:8] 3615 365 2212 2110 21198 ...
 - attr(*, "dimnames")=List of 2
  ..$ : chr [1:50] "Alabama" "Alaska" "Arizona" "Arkansas" ...
  ..$ : chr [1:8] "Population" "Income" "Illiteracy" "Life Exp" ...
>
```

實例 ch12_18.R：計算系統內建數據集 state.x77，美國總人口數。

```
1   #
2   # 實例ch12_18.R
3   #
4   ch12_18 <- function( n )
5 ▾ {
6     p_sum <- 0
7     for ( i in state.x77[, "Population"])
8       p_sum <- p_sum + i
9     print(p_sum)
10  }
```

執行結果
```
> source('~/Rbook/ch12/ch12_18.R')
> ch12_18(state.x77[, "Population"])
[1] 212321
>
```

　　接下來我們將介紹一個使用 for 敘述，用在可計算向量資料的電費計算。

實例 ch12_19.R：假設某電力公司收費標準是每度 50 元，當電力使用超過 150 度時，可打 8 折。此外，電費也會因使用單位不同而做調整，如果使用單位是政府機關收費可打 8 折，如果是公司行號電費需加收 2 成，如果是一般家庭收費標準不變。

```
1    #
2    # 實例ch12_19.R
3    #
4    ch12_19 <- function( deg, customer, unitPrice = 50 )
5 ▾  {
6       listprice <- deg * unitPrice *
7         ifelse (deg > 150, 0.8, 1)        #原始電費
8       adj <- numeric(0)
9 ▾     for ( i in customer) {
10        adj <- c(adj, switch(i, goverment = 0.8, company = 1.2, 1))
11      }
12      finalprice <- listprice * adj         #最終電費
13      round(finalprice)                     #電費取整數
14   }
```

執行結果
```
> source('~/Rbook/ch12/ch12_19.R')
> deginfo
[1]  80  80 200 200
> custinfo
[1] "goverment" "company"   "company"   "family"
> ch12_19(deginfo, custinfo)
[1] 3200 4800 9600 8000
>
```

上述程式第 6 列和第 7 列主要是計算原始電費，ifelse 可判別原始電費是否打折。程式第 8 列是建立長度為 0 的數值向量 adj，這個 adj 數值向量未來將放置電費最後調整數。程式第 9 列至 11 列是將 customer 內的值，經由 switch 判斷電費最後調整數，同時每一個迴圈都會將執行結果放在 adj 數值向量的末端。對上述程式執行前，筆者有先建立 deginfo 向量和 custinfo 向量，最後可以得到上述執行結果。

相同的程式也可以用不一樣的思維處理，可參考下列實例。

實例 ch12_20.R：使用不一樣的方式重新設計 ch12_19.R。

```
1   #
2   # 實例ch12_20.R
3   #
4   ch12_20 <- function( deg, customer, unitPrice = 50 )
5   {
6      listprice <- deg * unitPrice *
7        ifelse (deg > 150, 0.8, 1)          #原始電費
8      num.customer <- length(customer)
9      adj <- numeric(num.customer)
10     for ( i in seq_along(customer)) {
11       adj[i] <- switch(customer[i], goverment = 0.8, company = 1.2, 1)
12     }
13     finalprice <- listprice * adj          #最終電費
14     round(finalprice)                      #電費取整數
15  }
```

執行結果
```
> source('~/Rbook/ch12/ch12_20.R')
> ch12_20(deginfo, custinfo)
[1] 3200 4800 9600 8000
>
```

上述程式執行結果與實例 ch12_19.R 相同，程式第 8 列是先計算 customer 的長度，程式第 9 列是建立放置電費最後調整數的數值向量 adj，此 adj 數值向量預先配置長度為 customer 長度。seq_along( ) 函數會依索引順序，將 customer 的資料執行完畢。所以最後電費調整數，會依索引順序被存入 adj 數值向量內。

12-6　while 迴圈

while 迴圈使用格式如下：

```
while ( 邏輯運算式 )
{
    系列運算指令
    ......
}
```

上述如果邏輯運算式是 TRUE，迴圈將持續執行，直到邏輯運算式為 FALSE。

實例 ch12_21.R：使用 while 迴圈計算 1 到 n 之總和。

```
1   #
2   # 實例ch12_21.R
3   #
4   ch12_21 <- function(x)
5   {
6     sumx <- 0
7     while ( x >= 0 )
8     {
9       sumx <- sumx + x
10      x <- x - 1
11    }
12      return (sumx)
13  }
```

執行結果

```
> source('~/Rbook/ch12/ch12_21.R')
> ch12_21(10)
[1] 55
> ch12_21(100)
[1] 5050
>
```

12-7　repeat 迴圈

repeat 迴圈使用格式如下：

```
repeat
{
    單一或系列運算指令
    if ( 邏輯運算式 ) break
    其它運算指令
}
```

上述若是 if 的邏輯運算式為 TRUE，則執行 break 指令，這可以跳出 repeat 迴圈。

實例 ch12_22.R：使用 repeat 迴圈計算 1 到 n 之總和。

```
1    #
2    # 實例ch12_22.R
3    #
4    ch12_22 <- function(x)
5 ▾  {
6      sumx <- 0
7      repeat
8 ▾    {
9        sumx <- sumx + x
10       if ( x == 0) break
11       x <- x - 1
12     }
13       return (sumx)
14   }
```

執行結果
```
> source('~/Rbook/ch12/ch12_22.R')
> ch12_22(10)
[1] 55
> ch12_22(100)
[1] 5050
>
```

12-8 再談 break 敘述

前一小節我們已討論 break 敘述可和 repeat 敘述配合使用，如此可以跳出迴圈。其實，break 敘述，也可以與 for 敘述和 while 敘述配合使用，在這些迴圈敘述內，當執行 break 敘述時，可立即跳出迴圈。

實例 ch12_23.R：使用 while 迴圈，配合 break 敘述，計算 0 至 n-1 之總和。

```
1    #
2    # 實例ch12_23.R
3    #
4    ch12_23 <- function(x)
5 ▾  {
6      sumx <- 0
7      i <- 0
8      while ( i <= x )
9 ▾    {
10       if ( i == x ) break
```

```
11      sumx <- sumx + i
12      i <- i + 1
13    }
14      return (sumx)
15 }
```

執行結果
```
> source('~/Rbook/ch12/ch12_23.R')
> ch12_23(10)
[1] 45
> ch12_23(100)
[1] 4950
>
```

實例 ch12_24.R：計算 1 到 n 之總和，但總和不可以超出 3000。

```
1  #
2  # 實例ch12_24.R
3  #
4  ch12_24 <- function( n )
5  {
6    sumx <- 0
7    for ( i in n )
8    {
9      if ( sumx + i > 3000 ) break
10     sumx <- sumx + i
11   }
12   print(sumx)
13 }
```

執行結果
```
> source('~/Rbook/ch12/ch12_24.R')
> ch12_24(1:50)
[1] 1275
> ch12_24(1:100)
[1] 2926
>
```

上述執行結果，若是輸入 "1:50" 由於總和沒有超出 3000 所以可以正常顯示。如果輸入 "1:100" 由於計算到 72 時，總合是 2926，如果計算到 73 將超出 3000 範圍，所以程式直接執行第 9 列的 break 指令，程式跳出第 7 列至 11 列的迴圈。

12-9 next 敘述

next 敘述和 break 敘述一樣是須與 if 敘述，也就是邏輯運算式配合使用，但是 next 敘述會跳過目前這次的迴圈剩下的指令，直接進入下一個迴圈。

實例 ch12_25.R：計算 1 到 n 之偶數總和。

```
1   #
2   # 實例ch12_25.R
3   #
4   ch12_25 <- function( n )
5 ▾ {
6     sumx <- 0
7     for ( i in n)
8 ▾   {
9       if ( i %% 2 != 0) next
10      sumx <- sumx + i
11    }
12    print(sumx)
13  }
```

執行結果
```
> source('~/Rbook/ch12/ch12_25.R')
> ch12_25(1:10)
[1] 30
> ch12_25(1:100)
[1] 2550
>
```

上述關鍵是第 9 列，判斷 i 是否偶數，如果非偶數，則不往下執行跳去下一個迴圈。

註 其實 R 語言可用下列指令完成上述 ch12_25(1:100) 之工作。

```
> n <- 1:100
> sum(n[n %% 2 == 0])
[1] 2550
>
```

習題

一:是非題

(　) 1: 下列是程式片段 A:

```
if ( deg > 200 ) {
  net.price <- net.price * 1.15
}
```

下列是程式片段 B:

```
if ( deg > 200 ) net.price <- net.price * 1.15
```

上述 2 個片段其實是做同樣的工作。

(　) 2: 有一個流程控制片段如下:

```
if  ( 邏輯運算式 )  {
    系列運算指令 A

       ....
}  else  {
    系列運算指令 B

       ....
}
```

如果邏輯運算式是 FALSE,則會執行系列運算指令 A。

(　) 3: 以下是一個電力公司收取電費標準的程式設計,請問以下設計是否對用電量少的小市民較有利。

```
1  efee <- function( deg, unitPrice = 50 )
2  {
3      net.price <- deg * unitPrice
4      if ( deg > 100 )
5        net.price <- net.price * 1.15
6      else
7        net.price <- net.price * 0.85
8      round(net.price)
9  }
```

( ) 4： 以下是一個電力公司收取電費標準的程式設計，請問以下設計是否對用電量大的市民較有利。

```
1  effe <- function( deg, unitPrice = 50 )
2 ▾ {
3      net.price <- deg * unitPrice
4      adjustment <- if ( deg > 100 ) 1.15 else 0.85
5      total.price <- net.price * adjustment
6      round(total.price)
7  }
```

( ) 6： 設計遞迴式函數，有一個很大的特色是，每次呼叫自己時，都會使問題越來越小。

( ) 7： ifelse( ) 函數最大的缺點是無法處理向量資料。

( ) 7： switch 敘述無法處理向量資料。

( ) 8： 有一指令如下：

```
> ifelse(x >= 1, 2, 3)
```

以上 R 指令若 x=1，則結果為 3。

二：選擇題

( ) 1： 以下何者非 R 迴圈指令？

A：for   B：until   C：repeat   D：while

( ) 2： 以下 R 指令何者結果必定為 3？

A：ifelse(x >= 3, 2, 3)   B：ifelse(2 >= 3, 2, 3)

C：ifelse(3 >= 3, 2, 3)   D：ifelse(y >= 3, 2, 3)

( ) 3： 有程式如下：

```
1    x <- 5
2 ▾  y <- if (x < 3){
3      NA
4 ▾  } else {
5      5
6    }
7    print(y)
```

上述執行後，執行結果為何？

A：[1] NA   B：[1] 5   C：[1] 3   D：[1] 10

(　) 4：執行以下程式碼後：

```
> a <- 1:5
> b <- 5:1
> d <- if (a < b) a else b
```

A：系統出現 error

B：該程式碼成功執行，d 的值為 [1, 2, 3, 4, 5]

C：該程式碼成功執行，d 的值為 [1, 2, 3, 4, 5]，但系統出現 warning

D：該程式碼成功執行，d 的值為 [1, 2, 3, 2, 1]

(　) 5：執行以下程式碼後：

```
> a <- 1:5
> b <- 5:1
> d <- ifelse( a < b, a, b)
```

A：系統出現 error

B：該程式碼成功執行，d 的值為 [1, 2, 3, 4, 5]

C：該程式碼成功執行，d 的值為 [1, 2, 3, 4, 5]，但系統會出現 warning

D：該程式碼成功執行，d 的值為 [1, 2, 3, 2, 1]

(　) 6：有程式指令內容如下：

```
> a <- c(0.9, 0.5, 0.7, 1.1)
> b <- c(1.2, 1.2, 0.6, 1.0)
```

c 為 a, b 兩個向量當中較大的元素構成：

```
> c
[1] 1.2 1.2 0.7 1.1
```

以下哪條命令可以用來生成 c ？

A：c <- if(a > b) a else b　　　　　　B：c <- pmax(a, b)

C：if(a > b) c <- a else c <- b　　　　D：c <- max(a, b)

(　) 7：有函數如下：

```
1  totalprice <- function( deg, unitPrice = 50 )
2  {
3      net.price <- deg * unitPrice
4      tp <- net.price * if ( deg > 100 ) 1.15 else 0.85
5      round(tp)
6  }
```

如果輸入下列指令，結果為何？

```
> totalprice(200)
```

A：程式錯　　　　B：[1] 8500　　　C：[1] 10000　　　D：[1] 11500

(　) 8： 有函數如下：

```
1  ex <- function(x)
2  {
3    if (x == 0)
4      x_sum = 1
5    else
6      x_sum = x * ex(x - 1)
7      return (x_sum)
8  }
```

如果輸入下列指令，結果為何？

```
> ex(5)
```

A：程式錯　　　　B：[1] 6　　　　C：[1] 24　　　　D：[1] 120

(　) 9： 有指令如下，執行結果為何？

```
> ifelse ( c(100, 1, 50) > 50, 1, 2)
```

A：[1] 1 1 2　　　B：[1] 1 2 2　　　C：[1] 2 2 1　　　D：[1] 1 1 1

三：複選題

(　) 9： 有函數如下：

```
1  ex <- function( deg, unitPrice = 50 )
2  {
3    np <- deg * unitPrice
4    np = np * ifelse(( deg > 100 ), 1.1, 0.9 )
5    round(np)
6  }
```

下列那些是正確的執行結果。(選擇 3 項)

A：
```
> ex(50)
[1] 2250
```
B：
```
> ex(100)
[1] 4500
```
C：
```
> ex(200)
[1] 11000
```

D：
```
> ex(300)
[1] 18000
```
E：
```
> ex(60)
[1] 2400
```

四：實作題

1： 不得使用 R 內建的函數，請設計下列函數。

a：mymax( ) 求，0, 2, 5, 9,-1 的最大值。

```
> source('~/Documents/Rbook/ex/ex12_1_1.R')
> mymax(x)
[1] 9
```

b：mymin( ) 求，0, 2, 5, 9,-1 的最小值。

```
> source('~/Documents/Rbook/ex/ex12_1_2.R')
> mymin(x)
[1] -1
```

c：myave( ) 求，0, 2, 5, 9,-1 的平均值。

```
> source('~/Documents/Rbook/ex/ex12_1_3.R')
> myave(x)
[1] 3
```

d：mysort( ) 執行 0, 2, 5, 9,-1 的排序。

```
> source('~/Documents/Rbook/ex/ex12_1_4.R')
> mysort(x)
[1] -1  0  2  5  9
```

2： 請設計一個計算電價的程式，收費規則如下：

a：每度 100 元

b：超過 300 度打 8 折，"> 300"

c：超過 100 度但小於等於 300 度打 9 折，"> 100" 和 "< = 300"

d：政府機構上述計算完再打 7 折。

e：清寒證明上述計算完再打 5 折。

請至少輸入考量所有狀況的 12 筆資料做測試。

```
> source('~/Documents/Rbook/ex/ex12_2.R')
> ex12_2(400)
[1] 32000
> ex12_2(200)
[1] 18000
> ex12_2(80)
[1] 8000
> ex12_2(400, gov=TRUE, poor=TRUE)
[1] 11200
> ex12_2(200, gov=TRUE, poor=TRUE)
```

```
[1] 6300
> ex12_2(80, gov=TRUE, poor=TRUE)
[1] 2800
> ex12_2(400, gov=FALSE, poor=TRUE)
[1] 16000
> ex12_2(200, gov=FALSE, poor=TRUE)
[1] 9000
> ex12_2(80, gov=FALSE, poor=TRUE)
[1] 4000
> ex12_2(400, gov=TRUE, poor=FALSE)
[1] 22400
> ex12_2(200, gov=TRUE, poor=FALSE)
[1] 12600
> ex12_2(80, gov=TRUE, poor=FALSE)
[1] 5600
```

3： 重新設計實例 ch12_17.R，計算系統內建數據集 state.region（6-9 節有介紹此數據
集），每一區各有多少個州。

```
> source('~/Documents/Rbook/ex/ex12_3.R')
> names(countreg)<-levels(state.region)
> countreg
     Northeast        South North Central            West
             9           16            12              13
```

4： 使用 state.x77 數據集，配合 state.region 數據集，計算美國 4 大區：

a：人口數各是多少。

b：面積是各是多少。

c：收入平均是多少。

```
> source('~/Documents/Rbook/ex/ex12_4.R')
              sumpop sumarea mean.income
Northeast      49456  163269    4570.222
South          67330  873682    4011.938
North Central  57636  751824    4611.083
West           37899 1748019    4702.615
```

第十三章

認識 apply 家族

R 語言有提供一個迴圈系統稱 apply 家族，它具有類似 for 迴圈功能，但是若想處理相同問題，apply 家族函數好用太多了，這也是本章的重點。

13-1 apply( ) 函數

主要功能是將所設定的函數應用到指定物件 (object) 的每一列或欄。他的基本使用格式如下：

apply(x, MARGIN, FUN, …)

x：可以是矩陣 (Matrix)、N 維陣列 (Array)、數據框 (Data Frame)

MARGIN：如果是矩陣則值為 1 或 2，1 代表每一個列，2 代表每一個欄

FUN：預計使用的函數

…：FUN 函數所需的額外參數

實例 ch13_1.R：某一個野生動物園，觀察 3 天有關老虎 (Tiger)、獅子 (Lion) 和豹 (Leopard) 出現的次數，請列出這 3 天中，各種動物出現的最高次數。有關所有觀察數據是在程式第 6 列設定。

```
1   #
2   # 實例ch13_1.R
3   #
4   ch13_1 <- function( )
5 ▾ {
6     an_info <- matrix(c(8, 9, 6, 5, 7, 2, 10, 6, 8), ncol = 3)
7     colnames(an_info) <- c("Tiger", "Lion", "Leopard")
8     rownames(an_info) <- c("Day 1", "Day 2", "Day 3")
9     print(an_info)                     #列印3天動物觀察數據
10    apply(an_info, 2, max)             #列出各動物最大出現次數
11  }
```

執行結果
```
> source('~/Rbook/ch13/ch13_1.R')
> ch13_1( )
        Tiger Lion Leopard
Day 1       8    5      10
Day 2       9    7       6
Day 3       6    2       8
    Tiger     Lion Leopard
        9        7      10
>
```

上述程式的第 9 列,筆者列出矩陣的觀察數據。第 10 列則是列出各動物的最大出現次數。對上述實例而言,當然你可以使用 for 迴圈計算,但是看完上述程式,你會發現 R 語言真是好用太多了,居然只要第 10 列 1 個函數呼叫就完工了,apply( ) 函數中第 1 個參數是 an_info 代表使用這個物件,第 2 個參數傳遞是 2 代表處理欄,第 3 個函數參數是 max 表示使用求最大值函數。

對上述實例而言,如果第 2 天沒有看到獅子,這個位置填入 NA,結果會如何呢?

實例 ch13_2.R:使用數據 " 第 2 天沒有看到獅子,這個位置填入 NA,重新設計 ch13_1.R。

```
1  #
2  # 實例ch13_2.R
3  #
4  ch13_2 <- function( )
5  {
6    an_info <- matrix(c(8, NA, 6, 5, 7, 2, 10, 6, 8), ncol = 3)
7    colnames(an_info) <- c("Tiger", "Lion", "Leopard")
8    rownames(an_info) <- c("Day 1", "Day 2", "Day 3")
9    print(an_info)                    #列印3天動物觀察數據
10   apply(an_info, 2, max)            #列出各動物最大出現次數
11 }
```

執行結果
```
> source('~/Rbook/ch13/ch13_2.R')
> ch13_2( )
       Tiger Lion Leopard
Day 1    8    5     10
Day 2    NA   7      6
Day 3    6    2      8
     Tiger    Lion Leopard
       NA       7      10
>
```

在執行結果 Tiger 欄位看到了 NA,其實這不是我們想要的,為了要解決這個狀況,可以增加 apply( ) 內 max 函數的參數 na.rm,可參考下列實例。

實例 ch13_3.R:重新設計 ch13_2.R,此次在 apply( ) 函數內增加了第 4 個參數,其實這第 4 個參數是 max 函數的參數。

```
1   #
2   # 實例ch13_3.R
3   #
4   ch13_3 <- function( )
5 ▾ {
6     an_info <- matrix(c(8, NA, 6, 5, 7, 2, 10, 6, 8), ncol = 3)
7     colnames(an_info) <- c("Tiger", "Lion", "Leopard")
8     rownames(an_info) <- c("Day 1", "Day 2", "Day 3")
9     print(an_info)                        #列印3天動物觀察數據
10    apply(an_info, 2, max, na.rm = TRUE)  #列出各動物最大出現次數
11  }
```

執行結果
```
> source('~/Rbook/ch13/ch13_3.R')
> ch13_3( )
        Tiger Lion Leopard
Day 1      8    5      10
Day 2     NA    7       6
Day 3      6    2       8
    Tiger    Lion Leopard
        8       7      10
>
```

由上述 Tiger 出現 8 次取代原先的 NA，表示程式執行成功了。

13-2　sapply( ) 函數

　　apply( ) 函數儘管好用，但主要是用在矩陣 (Matrix)、N 維陣列 (Array)、數據框 (Data Frame)，若是面對向量 (Vector)、串列 (List) 呢？此時可以使用本節將介紹的 sapply( ) (註：數據框資料也可用本節所述函數處理)，此函數開頭的 s，是 simplify 的縮寫，表示會對執行結果的物件進行簡化。sapply( ) 函數的使用格式如下：

　　sapply(x, FUN, …)

x：可以是向量 (Vector)、數據框 (Data Frame) 和串列 (List)

FUN：預計使用的函數

…：FUN 函數所需的額外參數

　　上一章所介紹的 switch 是無法處理向量資料的，但是與 sapply( ) 配合使用，卻可以讓程式有一個很好地使用結果。

實例 ch13_4.R：使用 sapply( ) 函數重新設計實例 ch12_19.R。

```
1   #
2   # 實例ch13_4.R
3   #
4   ch13_4 <- function( deg, customer, unitPrice = 50 )
5 ▾ {
6      listprice <- deg * unitPrice *
7        ifelse (deg > 150, 0.8, 1)          #原始電費
8      adj <- sapply(customer, switch, goverment = 0.8, company = 1.2, 1)
9      finalprice <- listprice * adj         #最終電費
10     round(finalprice)                     #電費取整數
11  }
```

執行結果
```
> source('~/Rbook/ch13/ch13_4.R')
> ch13_4(deginfo, custinfo)
 goverment    company    company    family
      3200       4800       9600      8000
>
```

註 欲正確處理上述執行結果，你的 RStudio 視窗的 Workspace 需有前一章實例 ch12_12.R 和 ch12_19.R 執行時所建的 deginfo 和 custinfo 物件。

在原先實例 ch12_19.R 中，我們使用了一個 for 敘述，我們在這個實例只使用 1 列程式碼就獲得了想要的結果了，當然你需要充分瞭解 sapply( )。

如先前所題，sapply( ) 函數也可以用在數據框和串列。對於向量資料，如果我們想要知道資料類型，我們可以使用 class( ) 函數，如下所示：

```
> class(deginfo)
[1] "numeric"
> class(custinfo)
[1] "character"
>
```

但如果是數據框，想一次獲得所有資料，可以使用 sapply( ) 和 class( ) 函數如下所示：

```
> sapply(mit.info, class)          #第7章所建的第1個數據框
  mit.Name mit.Gender mit.Height
  "factor"   "factor"  "numeric"
> sapply(testinfo, class)          #第12章所建的數據框
  deginfo  poorinfo
"numeric" "logical"
>
```

如同先前介紹，sapply( ) 函數的開頭字母 s 是 simplify 的縮寫，所以這個函數所傳回資料，必要時皆會被簡化。簡化原則如下：

1： 如果處理完串列、數據框或向量後，返回是一個數字，則返回結果會被簡化為向量。

2： 如果處理完串列、數據框後，返回結果的向量有相同的長度，則返回結果會被簡化為矩陣。

3： 如果是其他狀況則返回是串列。

資料處理過程，如果希望返回的值皆是該變數的唯一值，可以配合 unique( ) 函數使用。下列是 test.info 當物件，返回是矩陣的實例。

```
> sapply(testinfo, unique)
     deginfo poorinfo
[1,]     80        1
[2,]    200        0
>
```

下列是 mit.info 當物件，返回是串列的實例。

```
> sapply(mit.info, unique)
$mit.Name
[1] Kevin  Peter  Frank  Maggie
Levels: Frank Kevin Maggie Peter

$mit.Gender
[1] M F
Levels: F M

$mit.Height
[1] 170 175 165 168

>
```

對於 mit.info 物件而言，mit.Name 有 4 筆資料，mit.Gender 有 2 筆資料，mit.Height 有 4 筆資料，無法執行簡化，所以返回的是串列。

13-3 lapply( ) 函數

lapply( ) 函數的的使用與 sapply( ) 函數幾乎相同，但是 lapply( ) 函數開頭字母 l 是 list 的縮寫，表示 lapply( ) 函數所傳回的是串列 (List)。lapply( ) 函數的使用格式如下：

lapply(x, FUN, …)

x：可以是向量 (Vector)、數據框 (Data Frame) 和串列 (List)

FUN：預計使用的函數

…：FUN 函數所需的額外參數

例如，同樣是 testinfo 物件，若轉成使用 lapply( ) 處理，可以得到串列結果。

```
> lapply(testinfo, unique)
$deginfo
[1]  80 200

$poorinfo
[1]  TRUE FALSE

>
```

不過對上述實例的 testinfo 物件而言，如果我們在 sapply( ) 函數內增加參數 "simplify"，同時將它設為 FALSE，則會獲得與 lapply( ) 函數相同的結果。

```
> sapply(testinfo, unique, simplify = FALSE)
$deginfo
[1]  80 200

$poorinfo
[1]  TRUE FALSE

>
```

結果即使用了 sapply( ) 函數，我們仍獲得了與 lapply( ) 函數相同的結果。其實，如果在 sapply( ) 函數內再增加一個參數 "USE.NAMES"，同時將它設為 FALSE，將可以得到使用 sapply( ) 函數所獲得結果與 lapply( ) 函數相同的結果。

13-4 tapply( ) 函數

tapply( ) 函數主要是使用一個因子或因子列表，執行指定的函數操作，最後獲得彙總資訊。tapply( ) 函數的使用格式如下：

tapply(x, INDEX, FUN, …)

x：是要處理的物件，通常是向量 (Vector) 變數，也可是其它資料型態。

INDEX：因子 (factor) 或分類的文字向量或因子串列

FUN：預計使用的函數

…：FUN 函數所需的額外參數

下列是使用 R 語言內建的數據 state.region(內容可參考 6-9 節)，計算美國 4 大區域包含各州的數量。

```
> tapply(state.region, state.region, length)
    Northeast      South North Central         West
            9         16            12           13
>
```

實例 ch13_5.R：使用 R 語言內建的數據 state.x77 和 state.region，計算美國 4 大區百姓的平均收入。在這個實例中，state.x77 的第 2 個欄位是各州的平均收入。

```
> state.x77
           Population Income Illiteracy Life Exp Murder HS Grad Frost    Area
Alabama          3615   3624        2.1    69.05   15.1    41.3    20   50708
Alaska            365   6315        1.5    69.31   11.3    66.7   152  566432
Arizona          2212   4530        1.8    70.55    7.8    58.1    15  113417
Arkansas         2110   3378        1.9    70.66   10.1    39.9    65   51945
California      21198   5114        1.1    71.71   10.3    62.6    20  156361
```

下列是本程式實例。

```
1  #
2  # 實例ch13_5.R
3  #
4  ch13_5 <- function( )
5  {
6
7    sstr <- as.character(state.region)    #轉成字串向量
8    vec.income <- state.x77[, 2]          #取得各州收入
9    names(vec.income) <- NULL             #刪除各州收入向量名稱
```

```
10     a.income <- tapply(vec.income, factor(sstr,
11          levels = c("Northeast", "South", "North Central",
12                      "West")), mean)
13     return(a.income)
14  }
```

執行結果
```
> ch13_5( )
           Northeast          South North Central          West
            4570.222       4011.938      4611.083       4702.615
    >
```

對這個實例而言，第 7 列是將 state.region 物件由因子轉成字串向量，第 8 列是由數據 state.x77 取得各州收入，第 9 列是將含有向量名稱改成不含向量名稱，第 10 列至 12 列則是 tapply( ) 函數的精華，這個函數會依 levels 的名稱分類，計算各州收入資料，第 12 列的 mean 函數則表示取平均值。

如果上述實例是使用 for 敘述或其它迴圈，是需多花許多心力設計程式碼，學習至此相信讀者一定會越來越喜歡 R 的強大功能了。未來當我們學得個多 R 的知識時，筆者將介紹更多這方面的應用。

13-5 iris 鳶尾花數據集

iris 中文是鳶尾花，這是系統內建的數據框資料集，內含 150 筆資料。

```
> str(iris)
'data.frame':   150 obs. of  5 variables:
 $ Sepal.Length: num  5.1 4.9 4.7 4.6 5 5.4 4.6 5 4.4 4.9 ...
 $ Sepal.Width : num  3.5 3 3.2 3.1 3.6 3.9 3.4 3.4 2.9 3.1 ...
 $ Petal.Length: num  1.4 1.4 1.3 1.5 1.4 1.7 1.4 1.5 1.4 1.5 ...
 $ Petal.Width : num  0.2 0.2 0.2 0.2 0.2 0.4 0.3 0.2 0.2 0.1 ...
 $ Species     : Factor w/ 3 levels "setosa","versicolor",..: 1 1 1 1 1 1 1 1 1 1 ...
>
```

下列是前 6 筆資料。

```
> head(iris)
  Sepal.Length Sepal.Width Petal.Length Petal.Width Species
1          5.1         3.5          1.4         0.2  setosa
2          4.9         3.0          1.4         0.2  setosa
3          4.7         3.2          1.3         0.2  setosa
4          4.6         3.1          1.5         0.2  setosa
5          5.0         3.6          1.4         0.2  setosa
6          5.4         3.9          1.7         0.4  setosa
>
```

實例 13_6：使用 lapply( ) 函數列出 iris 數據集的元素類型。

```
> lapply(iris, class)
$Sepal.Length
[1] "numeric"

$Sepal.Width
[1] "numeric"

$Petal.Length
[1] "numeric"

$Petal.Width
[1] "numeric"

$Species
[1] "factor"

>
```

上述是傳回串列 (List) 資料，由 13-2 節可知 sapply( ) 函數可以簡化傳回資料。

實例 13_7：使用 sapply( ) 函數列出 iris 數據集的元素類型。

```
> sapply(iris, class)
Sepal.Length  Sepal.Width Petal.Length  Petal.Width      Species
   "numeric"    "numeric"    "numeric"    "numeric"     "factor"
>
```

實例 ch13_8：計算每欄位資料的平均值。

```
> sapply(iris, mean)
Sepal.Length  Sepal.Width Petal.Length  Petal.Width      Species
   5.843333     3.057333     3.758000     1.199333           NA
Warning message:
In mean.default(X[[i]], ...) :
  argument is not numeric or logical: returning NA
>
```

上述實例雖然計算出來各欄位的平均值，但出現了 Warning message，主要是 "Species" 欄位內容是因子 (factor) 不是數值，為了解決這個問題，可以在 sapply( ) 函數內設計一個函數判別各欄位資料是否數值，如果否則傳回 NA。

實例 ch13_9：改良實例 ch13_8 的缺點，這個實例將不會有 Warning message 訊息。

```
> sapply(iris, function(y) ifelse (is.numeric(y), mean(y), NA))
Sepal.Length  Sepal.Width Petal.Length  Petal.Width      Species
    5.843333     3.057333     3.758000     1.199333           NA
>
```

請特別留意 iris 數據集的 Species 欄位資料是因子，所以可以使用 tapply( ) 函數執行各類資料運算。

實例 ch13_10：計算鳶尾花花瓣平均長度。

```
> tapply(iris$Petal.Length, iris$Species, mean)
    setosa versicolor  virginica
     1.462      4.260      5.552
>
```

習題

一：是非題

( ) 1： 使用 apply( ) 函數時，如果物件資料是矩陣，若第 2 個參數 MARGIN 是 2，代表將計算每一個欄 (column)。

( ) 2： 使用 apply( ) 函數時，如果物件資料是矩陣，若第 2 個參數 MARGIN 是 1，代表將計算每一個列 (row)。

( ) 3： 使用 sapply( ) 函數後，所傳回的資料是串列 (list)。

二：選擇題

( ) 1： 使用 apply( ) 函數時，若物件內含 NA，應如何設定參數，則可以忽略此 NA 產生的影響。

A：na.rm = TRUE　　　　　　　　　B：na.rm = FALSE

C：is.na = TRUE　　　　　　　　　D：is.na = FALSE

( ) 2： 那一個函數主要是使用一個因子或因子列表，執行指定的函數操作，最後獲得彙總資訊。

A：apply( )　　　B：sapply( )　　　C：lapply( )　　　D：tapply( )

(　) 3：有函數如下：

```
1  ex <- function( )
2  {
3    an <- matrix(c(8, NA, 6, 5, 7, 2, 10, 6, 8), ncol = 3)
4    colnames(an) <- c("Tiger", "Lion", "Leopard")
5    rownames(an) <- c("Day 1", "Day 2", "Day 3")
6    print(an)
7    apply(an, 2, max, na.rm = TRUE)
8  }
```

上述執行後，Tiger 最大出現次數為何？

A：10　　　　　　　B：NA　　　　　　　C：8　　　　　　　D：7

(　) 4：有函數如下：

```
1  ex <- function( )
2  {
3    an <- matrix(c(8, NA, 6, 5, 7, 2, 10, 6, 8), ncol = 3)
4    colnames(an) <- c("Tiger", "Lion", "Leopard")
5    rownames(an) <- c("Day 1", "Day 2", "Day 3")
6    print(an)
7    apply(an, 2, max, na.rm = TRUE)
8  }
```

上述執行後，Lion 最大出現次數為何？

A：10　　　　　　　B：NA　　　　　　　C：8　　　　　　　D：7

(　) 5：有函數如下：

```
1  ex <- function( )
2  {
3    an <- matrix(c(8, NA, 6, 5, 7, 2, 10, 6, 8), ncol = 3)
4    colnames(an) <- c("Tiger", "Lion", "Leopard")
5    rownames(an) <- c("Day 1", "Day 2", "Day 3")
6    print(an)
7    apply(an, 2, max)
8  }
```

上述執行後，Tiger 最大出現次數為何？

A：10　　　　　　　B：NA　　　　　　　C：8　　　　　　　D：7

( ) 6： 有函數如下：

```
1  ex <- function( )
2 ▾ {
3    an <- matrix(c(8, NA, 6, 5, 7, 2, 10, 6, 8), ncol = 3)
4    colnames(an) <- c("Tiger", "Lion", "Leopard")
5    rownames(an) <- c("Day 1", "Day 2", "Day 3")
6    print(an)
7    apply(an, 2, max)
8  }
```

上述執行後，Leopard 最大出現次數為何？

A：10　　　　　　B：NA　　　　　　C：8　　　　　　D：7

( ) 7： 已知矩陣 a 內容如下：

```
> a <- matrix(1:9, nrow = 3, byrow = TRUE)
> a
     [,1] [,2] [,3]
[1,]   1    2    3
[2,]   4    5    6
[3,]   7    8    9
```

若想要知道每一個 column 的和，如下所示，可以使用以下何指令：

[1] 12 15 18

A：apply(a, 1, sum)　　　　　　　B：apply(a, 2, sum)

C：sum(a)　　　　　　　　　　　　D：sum(a[, 1:3])

( ) 8： 已知矩陣 a 內容如下：

```
> a <- matrix(1:9, nrow = 3, byrow = TRUE)
> a
     [,1] [,2] [,3]
[1,]   1    2    3
[2,]   4    5    6
[3,]   7    8    9
```

若想要知道每一個 row 的和，如下所示，可以使用以下何指令：

[1] 6 15 24

A：apply(a, 1, sum)　　　　　　　B：apply(a, 2, sum)

C：sum(a)　　　　　　　　　　　　D：sum(a[, 1:3])

(　) 9 :　參考下列 data.frame。

```
> age <- c(26, 29, 29, 24, 25, 21, 23, 29)
> gender <- c("M", "F", "M", "F", "M", "F", "M", "F")
> a <- data.frame(age, gender)
> a
  age gender
1  26      M
2  29      F
3  29      M
4  24      F
5  25      M
6  21      F
7  23      M
8  29      F
```

想要分別計算男生、女生的平均年紀，如下所示，可以使用以下何指令：

```
     F     M
 25.75 25.75
```

A：mean(a$age, by = a$gender)　　　B：mean(a["age", "gender"])

C：sapply(a, mean)　　　　　　　　D：tapply(aage, agender, mean)

三：複選題

(　) 1 :　有函數如下：

```
1  ex <- function( deg, cust, unitPrice = 50 )
2  {
3     listprice <- deg * unitPrice *
4       ifelse (deg > 150, 0.8, 1)
5     adj <- sapply(cust, switch, go = 0.8, co = 1.2, 1)
6     finalprice <- listprice * adj
7     round(finalprice)
8  }
```

下列那些是正確的執行結果。(選擇 2 項)

```
     > de <- c(80, 80, 200, 200)
     > cu <- c("go", "co", "co", "fa")
A :  > ex(de, cu)
       go   co   co   fa
     3200 4800 9600 8000
```

```
        > de <- c(70, 70, 300, 300)
        > cu <- c("go", "co", "co", "fa")
B：> ex(de, cu)
           go    co    co     fa
         3150  3850 13200 12000


        > cu <- c("co", "co", "co", "go")
C：> ex(de, cu)
           co    co    co     go
         2750  2750 22000 18000


        > de <- c(60, 60, 250, 250)
        > cu <- c("go", "co", "co", "fa")
D：> ex(de, cu)
           go    co    co     fa
         2400  3600 12000 10000


        > de <- c(40, 40, 200, 200)
        > cu <- c("co", "go", "fa", "fa")
E：> ex(de, cu)
           co    go    fa     fa
         3000  1600  8000  8000
```

四：實作題

1： 請重新設計實例 ch13_1.R，請自行設定未來 10 天動物出現次數，同時執行下列運算。

a：列出各動物最大出現次數。

b：列出各動物最小出現次數。

c：列出各動物平均出現次數。

```
        Tiger Lion Leopard
Day 1      8    8      14
Day 2      9    6      12
Day 3      6    9       8
Day 4      5    3       6
Day 5      7    5       4
Day 6      2    4       3
Day 7     10    6       7
Day 8      6   10      15
Day 9      8   11      14
Day 10     7   13      12
```

2： 請重新設計實例 ch13_1.R，請自行設定未來 10 天動物出現次數，同時請設定各動物有一天出現次數是 NA，同時執行下列運算。

　　a：列出各動物最大出現次數。

　　b：列出各動物最小出現次數。

　　c：列出各動物平均出現次數。

```
        Tiger Lion Leopard
Day 1       8    8      14
Day 2       9    6      12
Day 3       6    9       8
Day 4       5    3       6
Day 5       7    5       4
Day 6       2    4       3
Day 7      10    6       7
Day 8       6   10      15
Day 9       8   11      14
Day 10      7   13      12
```

3： 請參考實例 ch13_5.R，請用 tapply( ) 函數，執行計算美國 4 大區下列運算。

　　a：人口數各是多少。

　　b：面積是各是多少。

　　c：收入平均是多少。

　　下列是筆者使用不同方法執行 2 次的結果。

```
Northeast        South North Central        West
    49456        67330          57636       37899
Northeast        South North Central        West
    49456        67330          57636       37899
Northeast        South North Central        West
   163269       873682         751824     1748019
Northeast        South North Central        West
   163269       873682         751824     1748019
Northeast        South North Central        West
 4570.222     4011.938       4611.083    4702.615
Northeast        South North Central        West
 4570.222     4011.938       4611.083    4702.615
```

第十四章

輸入與輸出

14-1 認識資料夾

在執行程式設計時，可能常需要將執行結果儲存至某個資料夾，本節筆者將介紹資料夾的相關知識。

14-1-1　getwd( ) 函數

這個函數可以獲得目前的工作目錄。

實例 ch14_1：獲得目前工作目錄。

```
> getwd()
[1] "C:/Users/Jiin-Kwei/Documents"
>
```

14-1-2　setwd( ) 函數

這個函數可以更改目前的工作目錄。

實例 ch14_2：將目前工作目錄更改至 "D:/RBook"。

```
> setwd("D:/RBook")
> getwd()
[1] "D:/RBook"
>
```

14-1-3　file.path( ) 函數

這個函數主要功能類似於 paste( ) 函數，只不過這個函數是將片段的資料路徑組合起來。

實例 ch14_3：組合片段路徑成一個目錄。

```
> file.path("D:", "Users", "Jiin-Kwei", "Documents")
[1] "D:/Users/Jiin-Kwei/Documents"
>
```

實例 ch14_4：使用 file.path( ) 函數，更改目前工作目錄。

```
> setwd(file.path("C:", "Users", "Jiin-Kwei", "Documents"))
> getwd()
[1] "C:/Users/Jiin-Kwei/Documents"
>
```

14-1-4　dir( ) 函數

列出某個工作目錄底下之所有檔案名稱以及子目錄名稱。

實例 ch14_5：列出 "C:/" 目錄底下之所有檔案名稱以及子目錄名稱。

```
> dir(path = "c:/")
 [1] "$Recycle.Bin"                    "BOOTNXT"
 [3] "Documents and Settings"          "Dolby PCEE4"
 [5] "Elements"                        "ETAX"
 [7] "FastStone Capture 4.8 portable"  "FastStone76 Capture"
 [9] "FSCaptureSetup76.exe"            "hiberfil.sys"
[11] "Intel"                           "M1120.log"
[13] "MSOCache"                        "OEM"
[15] "pagefile.sys"                    "PerfLogs"
[17] "Program Files"                   "Program Files (x86)"
[19] "ProgramData"                     "Recovery"
[21] "SuperTSC"                        "swapfile.sys"
[23] "System Volume Information"       "Users"
[25] "windows"
>
```

使用 dir( ) 函數時也可以省略 "path = "。

實例 ch14_6：用省略 "path =" 方式，列出 "C:/" 目錄底下之所有檔案名稱以及子目錄名稱。

```
> dir("C:/")
 [1] "$Recycle.Bin"                    "BOOTNXT"
 [3] "Documents and Settings"          "Dolby PCEE4"
 [5] "Elements"                        "ETAX"
 [7] "FastStone Capture 4.8 portable"  "FastStone76 Capture"
 [9] "FSCaptureSetup76.exe"            "hiberfil.sys"
[11] "Intel"                           "M1120.log"
[13] "MSOCache"                        "OEM"
[15] "pagefile.sys"                    "PerfLogs"
[17] "Program Files"                   "Program Files (x86)"
[19] "ProgramData"                     "Recovery"
[21] "SuperTSC"                        "swapfile.sys"
[23] "System Volume Information"       "Users"
[25] "windows"
>
```

14-1-5　list.files( ) 函數

這個函數功能和 dir( ) 函數相同，可以列出某個工作目錄底下之所有檔案名稱以及子目錄名稱。

實例 ch14_7：列出 "C:/" 目錄底下之所有檔案名稱以及子目錄名稱。

```
> list.files("c:/")
 [1] "$Recycle.Bin"                 "BOOTNXT"
 [3] "Documents and Settings"       "Dolby PCEE4"
 [5] "Elements"                     "ETAX"
 [7] "FastStone Capture 4.8 portable" "FastStone76 Capture"
 [9] "FSCaptureSetup76.exe"         "hiberfil.sys"
[11] "Intel"                        "M1120.log"
[13] "MSOCache"                     "OEM"
[15] "pagefile.sys"                 "PerfLogs"
[17] "Program Files"                "Program Files (x86)"
[19] "ProgramData"                  "Recovery"
[21] "SuperTSC"                     "swapfile.sys"
[23] "System Volume Information"    "Users"
[25] "Windows"
>
```

實例 ch14_8：列出 "D:/office2013" 目錄底下之所有檔案名稱以及子目錄名稱。

```
> list.dirs("D:/office2013")
 [1] "D:/office2013"       "D:/office2013/ch1"  "D:/office2013/ch14"
 [4] "D:/office2013/ch15" "D:/office2013/ch16" "D:/office2013/ch17"
 [7] "D:/office2013/ch18" "D:/office2013/ch19" "D:/office2013/ch2"
[10] "D:/office2013/ch20" "D:/office2013/ch3"  "D:/office2013/ch4"
[13] "D:/office2013/ch5"  "D:/office2013/ch6"  "D:/office2013/ch7"
[16] "D:/office2013/ch8"
>
```

14-1-6　file.exist( ) 函數

可檢查指定的檔案是否存在，如果是則傳回 TRUE，如果否則傳回 FALSE。

實例 ch14_9：檢查指定的檔案是否存在。

```
> file.exists("C:/test")
[1] FALSE
> file.exists("C:/widows")
[1] FALSE
> file.exists("c:/M1120.log")
[1] TRUE
>
```

14-1-7　file.rename( ) 函數

這個函數可以更改檔案名稱。

實例 ch14_10：將 tmp2-1.jpg 檔名改成 tmp.jpg。

```
> dir("D:/RBook")
 [1] "ch14-1.jpg" "ch14-2.jpg" "ch14-3.jpg" "ch14-4.jpg" "ch14-5.jpg"
 [6] "ch14-6.jpg" "ch14-7.jpg" "ch14-8.jpg" "ch14-9.jpg" "tmp2-1.jpg"
> file.rename("D:/RBook/tmp2-1.jpg", "D:/RBook/tmp.jpg")
[1] TRUE
> dir("D:/RBook")                    #驗證結果
 [1] "ch14-1.jpg" "ch14-2.jpg" "ch14-3.jpg" "ch14-4.jpg" "ch14-5.jpg"
 [6] "ch14-6.jpg" "ch14-7.jpg" "ch14-8.jpg" "ch14-9.jpg" "tmp.jpg"
>
```

由驗證結果可以看到我們已經成功將 tmp2-1.jpg 檔案改成 tmp.jpg 了。

14-1-8　file.create( ) 函數

這個函數可以建立檔案。

實例 ch14_11：在 "D:/RBook" 目錄下建立 "sample.txt" 檔案。

```
> file.create("D:/RBook/sample.txt")
[1] TRUE
> dir("D:/RBook")                    #驗證結果
 [1] "ch14-1.jpg"  "ch14-10.jpg" "ch14-2.jpg" "ch14-3.jpg" "ch14-4.jpg"
 [6] "ch14-5.jpg"  "ch14-6.jpg"  "ch14-7.jpg" "ch14-8.jpg" "ch14-9.jpg"
[11] "sample.txt"  "tmp.jpg"
>
```

14-1-9　file.copy( ) 函數

可執行檔案拷貝，這個函數會將第 1 個參數的來源檔案拷貝至第 2 個參數的目的
檔。如果想要瞭解更多參數細節可參考 "help(file.copy)"。

實例 ch14_12：原先在 "D:/RBook" 目錄內不含 "newsam.txt"，將 sample.txt 檔案內容
拷貝至 "newsam.txt"。

```
> file.copy("D:/RBook/sample.txt", "D:/RBook/newsam.txt")
[1] TRUE
> dir("D:/RBook")
 [1] "ch14-1.jpg"  "ch14-10.jpg" "ch14-11.jpg" "ch14-2.jpg"  "ch14-3.jpg"
 [6] "ch14-4.jpg"  "ch14-5.jpg"  "ch14-6.jpg"  "ch14-7.jpg"  "ch14-8.jpg"
[11] "ch14-9.jpg"  "newsam.txt"  "sample.txt"  "tmp.jpg"
>
```

14-1-10　file.remove( ) 函數

這個函數可刪除指定的檔案。

實例 ch14_13：刪除 "D:/RBook" 目錄底下的檔案 "newsam.txt"。

```
> dir("D:/RBook")
 [1] "ch14-1.jpg"  "ch14-10.jpg" "ch14-11.jpg" "ch14-12.jpg" "ch14-2.jpg"
 [6] "ch14-3.jpg"  "ch14-4.jpg"  "ch14-5.jpg"  "ch14-6.jpg"  "ch14-7.jpg"
[11] "ch14-8.jpg"  "ch14-9.jpg"  "newsam.txt"  "sample.txt"  "tmp.jpg"
>
> file.remove("D:/RBook/newsam.txt")
[1] TRUE
> dir("D:/RBook")                         #驗證結果
 [1] "ch14-1.jpg"  "ch14-10.jpg" "ch14-11.jpg" "ch14-12.jpg" "ch14-2.jpg"
 [6] "ch14-3.jpg"  "ch14-4.jpg"  "ch14-5.jpg"  "ch14-6.jpg"  "ch14-7.jpg"
[11] "ch14-8.jpg"  "ch14-9.jpg"  "sample.txt"  "tmp.jpg"
>
```

14-2　資料輸出 cat( ) 函數

cat( ) 可以在螢幕或檔案輸出 R 語言計算結果資料或是一般輸出資料，也可以將資料輸出至檔案。它的使用格式如下：

cat(系列變數或字串 , file = " ", sep = " ", append = FALSE)

系列變數或字串：指一系列欲輸出的變數或字串。

file：欲輸出到外部檔案時可在此輸入欲輸出的檔案路徑和檔名，若省略表示輸出到螢幕。

append：預設是 FALSE，表示若欲輸出檔案已存在，將覆蓋原檔案。如果是 TRUE，將欲輸出資料附加在檔案末端。

實例 ch14_14.R：使用 cat( ) 函數執行基本的螢幕輸出。

```
1  #
2  # 實例ch14_14.R
3  #
4  ch14_14 <- function( )
5  {
6    cat("R Language")
7    cat("\n")                    #換列列印
```

```
 8     cat("A road to Big Data\n")
 9     x <- 10
10     y <- 20
11     cat(x, y, "\n")                    #預設是空1格
12     cat(x, y, x+y, sep = "     ")      #增加空的格數
13     cat("\n")
14     cat(x, y, "x+y=", x+y)
15   }
```

執行結果
```
> source('~/Rbook/ch14/ch14_14.R')
> ch14_14()
R Language
A road to Big Data
10 20
10     20     30
10 20 x+y= 30
>
```

　　上述輸出 "\n"，相當於是換列列印，如果沒有加上列印 "\n"，則下一筆列印資料
將接著前一筆資料的右邊列印，將不會自動換列列印。cat( ) 函數也可用於列印向量物
件，可參考下列實例。

實例 ch14_15.R：使用 cat( ) 函數列印向量物件的應用。此外，本程式實例所列印的向
量物件是第 7 章所建的資料，這個資料必須在 Workspace 工作區內，本程式才可正常
執行。

```
1   #
2   # 實例ch14_15.R
3   #
4   ch14_15 <- function( )
5 - {
6     cat(mit.Name, "\n")
7     cat(mit.Gender, "\n")
8     cat(mit.Height, "\n")
9   }
```

執行結果
```
> source('~/Rbook/ch14/ch14_15.R')
> ch14_15()
Kevin Peter Frank Maggie
M M M F
170 175 165 168
>
```

cat( ) 函數是無法正常輸出其他類型資料的，下列是嘗試輸出數據框 (也是串列 List 的一種) 失敗的實例。

```
> cat(mit.info)
Error in cat(list(...), file, sep, fill, labels, append) :
  'cat' 目前還不能用 1 引數 (類型 'list')
>
```

如果想列印 R 物件，一般可以使用先前已大量使用的 print( ) 函數。

實例 ch14_16.R：將一般資料輸出至檔案，本實例會將資料輸出至目前工作目錄的 "tch14_16.txt" 檔案內。

```
1  #
2  # 實例ch14_16.R
3  #
4  ch14_16 <- function( )
5  {
6    cat("R language Today", file = "~/tch14_16.txt")
7  }
```

執行結果
```
> source('~/Rbook/ch14/ch14_16.R')
> ch14_16()
>
```

此時如果檢查目前工作目錄，可以看到 "tch14_16.txt" 檔案，同時如果點選可以看到檔案內容 "R Language Today"。

上述程式第 6 列 "~/" 的符號，代表示目前工作目錄。

14-3 讀取資料 scan( ) 函數

可以讀取螢幕輸入鍵或外部檔案的資料，讀取螢幕輸入若要結束可以直接按 Enter，它的使用格式如下：

```
scan(file = " ", what = double( ), namx =-1, n =-1, sep = " ",
    skip = 0, nlines = 0, na.strings = "NA")
```

更詳細的 scan( ) 函數可參考 help(scan)。

file：所讀的檔案，如果不設定代表螢幕輸入。

what：可設定輸入資料的類型，預設是雙倍精確實數，可以有整數 integer，字元 character，邏輯值 logical，複數 complex，也可以是串列 (list) 資料。

nmax：限定讀入多少數值，預設是 -1，表示無限制。

n：設定總共要讀多少數值，預設是 -1，表示無限制。

sep：數值之間的分隔符號，預設是空格或換列符號。

skip：設定跳過多少欄才開始讀取，預設是 0。

nlines：如果是正數表示設定最多讀入多少欄資料。

na.strings：可以設定遺失值 (missing values) 的符號，預設是 NA。

實例 ch14_17.R：輸入數值與字元的應用。

```
1   #
2   # 實例ch14_17.R
3   #
4   ch14_17 <- function( )
5   {
6       cat("請輸入數值資料，若想結束輸入，可直接按Enter")
7       x1 <- scan()
8       cat(x1, "\n")
9       cat("請輸入字元資料，若想結束輸入，可直接按Enter")
10      x2 <- scan(what = character())
11      cat(x2)
12  }
```

```
執行結果    > source('~/Rbook/ch14/ch14_17.R')
           > ch14_17()
           請輸入數值資料，若想結束輸入，可直接按Enter
           1: 98.5
           2: 77.4
           3: 80
           4:
           Read 3 items
           98.5 77.4 80
           請輸入字元資料，若想結束輸入，可直接按Enter
           1: A
           2: y
           3: t
           4:
           Read 3 items
           A y t
           >
```

上述再出現要求輸入第 4 筆資料時，筆者按 Enter，可以結束 scan( ) 函數。

實例 ch14_18.R：讀取外部檔案資料的應用，在這個實例中，筆者嘗試將各種可能狀況作實例說明。本實例的資料檔內容如下：

ch14_18test1.txt

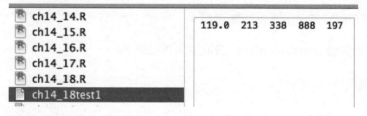

ch14_18test2.txt

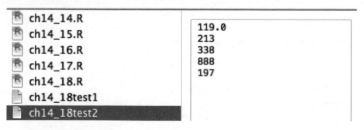

ch14_18test3.txt

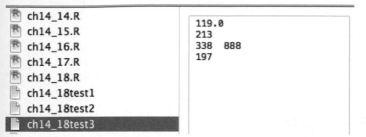

```
ch14_14.R
ch14_15.R
ch14_16.R
ch14_17.R
ch14_18.R
ch14_18test1
ch14_18test2
ch14_18test3
```

```
119.0
213
338    888
197
```

ch14_18test4.txt

```
ch14_14.R
ch14_15.R
ch14_16.R
ch14_17.R
ch14_18.R
ch14_18test1
ch14_18test2
ch14_18test3
ch14_18test4
```

```
119.0,    213,    338,    888,    197
```

```
 1   #
 2   # 實例ch14_18.R
 3   #
 4   ch14_18 <- function( )
 5 - {
 6     x1 <- scan("~/Rbook/ch14/ch14_18test1.txt")
 7     cat(x1, "\n")
 8     x2 <- scan("~/Rbook/ch14/ch14_18test2.txt")
 9     cat(x2, "\n")
10     x3 <- scan("~/Rbook/ch14/ch14_18test3.txt")
11     cat(x3, "\n")
12     x4 <- scan("~/Rbook/ch14/ch14_18test4.txt", sep = ",")
13     cat(x4, "逗號是分隔符號\n")
14     x5 <- scan("~/Rbook/ch14/ch14_18test2.txt", skip = 3)
15     cat(x5, "跳3欄\n")
16     x6 <- scan("~/Rbook/ch14/ch14_18test2.txt", skip = 2, nlines = 1)
17     cat(x6, "跳2欄讀1欄\n")
18   }
```

執行結果
```
> source('~/Rbook/ch14/ch14_18.R')
> ch14_18()
Read 5 items
119 213 338 888 197
Read 5 items
119 213 338 888 197
Read 5 items
119 213 338 888 197
Read 5 items
119 213 338 888 197 逗號是分隔符號
Read 2 items
888 197 跳3欄
Read 1 item
338 跳2欄讀1欄
>
```

14-4 輸出資料 write( ) 函數

可以將一般向量或矩陣資料輸出到螢幕或外部檔案，這個函數的使用格式如下：

write(x, file = "data", ncolumns = k, append = FALSE, sep = " ")

x：要輸出的向量或矩陣。

file：輸出至指定檔案，如果是 " " 代表輸出至螢幕。

ncolumns：指出輸出排成幾欄，如果是字串則輸出 1 欄，如果是數值資料則輸出 5 欄。

append：預設是 FALSE，如果是 TRUE 則若原檔案有資料，輸出資料接在原資料後面。

sep：設定各欄位的分隔符號。

實例 ch14_19.R：write( ) 函數輸出向量和矩陣資料的應用。

```
1   #
2   # 實例ch14_19.R
3   #
4   ch14_19 <- function( )
5   {
6     write(letters, file = "", ncolumns = 5)    #輸出至螢幕有5欄
7     write(letters, file = "")                  #輸出至螢幕有1欄
8     write(letters, file = "~/Rbook/ch14/ch14_19test1.txt", ncolumns = 5)
```

```
 9     write(letters, file = "~/Rbook/ch14/ch14_19test2.txt")
10     x1 <- 1:10
11     write(x1, "", ncolumns = 4, sep = ",")
12     x2 <- matrix(1:10, nrow = 2)
13     write(x2, file = "", ncolumns = 5)
14  }
```

執行結果

```
> source('~/Rbook/ch14/ch14_19.R')
> ch14_19()
a b c d e
f g h i j
k l m n o
p q r s t
u v w x y
z
a
b
```

上述只是部分輸出結果，此外在目前工作目錄，可以得到下列 2 個檔案，分別是 ch14_19test1.txt 和 ch14_19test2.txt。

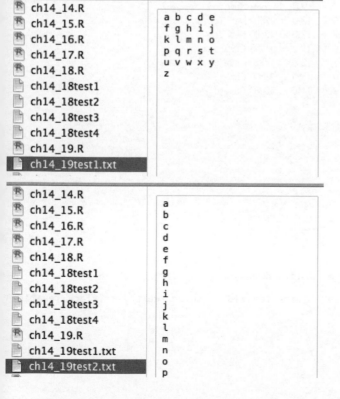

14-5 數據資料的輸入

實用的數據資料一般皆是以表單或稱試算表方式呈現，本節將針對讀取這類資料作說明。

14-5-1 讀取剪貼簿資料

有些數據資料可以將它先複製，複製後這些資料可以在剪貼簿上看到，然後再利用 readClipboard( ) 函數讀取。例如，在 Excel 內看到下列資料，假設你選取了 C1:D5，然後將它複製致剪貼簿。

註　readClipboard( ) 函數不支援 Mac OS 系統。

	A	B	C	D	E	F	G	H
1	Name	Year	Product	Price	Quantity	Revenue	Location	
2	Diana	2015	Black Tea	10	600	6000	New York	
3	Diana	2015	Green Tea	7	660	4620	New York	
4	Diana	2016	Black Tea	10	750	7500	New York	
5	Diana	2016	Green Tea	7	900	6300	New York	
6	Julia	2015	Black Tea	10	1200	12000	New York	
7	Julia	2016	Black Tea	10	1260	12600	New York	
8	Steve	2015	Black Tea	10	1170	11700	Chicago	
9	Steve	2015	Green Tea	7	1260	8820	Chicago	
10	Steve	2016	Black Tea	10	1350	13500	Chicago	
11	Steve	2016	Green Tea	7	1440	10080	Chicago	

實例 ch14_20.R：讀取剪貼簿資料。

```
1  #
2  # 實例ch14_20.R
3  #
4  ch14_20 <- function( )
5  {
6    x <- readClipboard()
7    print(x)
8  }
```

執行結果
```
> source('~/.active-rstudio-document', encoding = 'UTF-8')
> ch14_20()
[1] "Product\tPrice" "Black Tea\t10"  "Green Tea\t7"   "Black Tea\t10"
[5] "Green Tea\t7"
>
```

由上述執行結果可以看到我們成功的讀取了剪貼簿的檔案了，但如果細看可以瞭解所讀的資料有些亂，同時看到了 "\t" 符號，這是構成試算表的特殊字元，所以如果想要將試算表資料轉成 R 語言可以處理，還需要一些步驟，後面小節會做說明。

14-5-2　讀取剪貼簿資料 read.table( ) 函數

read.table( ) 函數配合適當參數是可以讀取剪貼簿資料，這個函數的使用格式有些複雜，在此筆者只列出幾個重要參數。

file：欲讀取的檔案，如果是讀剪貼簿則是輸入 "clipboard"。

sep：數據資料元素的分隔符號，由上一小節可知 Excel 的分隔符號是 "\t"。

header：可設定是否讀取第 1 列，這列通常是數據的表頭，預設是 FALSE。

在執行下列實例前請將 A1:G11 資料複製至剪貼簿。

實例 ch14_21.R：使用 read.table( ) 函數讀取剪貼簿資料。

```
1  #
2  # 實例ch14_21.R
3  #
4  ch14_21 <- function( )
5 ▾ {
6    x <- read.table(file = "clipboard", sep = "\t", header = TRUE)
7    print(x)
8  }
```

執行結果

```
> source('D:/RBook/ch14_21.R')
> ch14_21()
      Name Year    Product Price Quantity Revenue Location
1    Diana 2015 Black Tea      10      600    6000 New York
2    Diana 2015 Green Tea       7      660    4620 New York
3    Diana 2016 Black Tea      10      750    7500 New York
4    Diana 2016 Green Tea       7      900    6300 New York
5    Julia 2015 Black Tea      10     1200   12000 New York
6    Julia 2016 Black Tea      10     1260   12600 New York
7    Steve 2015 Black Tea      10     1170   11700  Chicago
8    Steve 2015 Green Tea       7     1260    8820  Chicago
9    Steve 2016 Black Tea      10     1350   13500  Chicago
10   Steve 2016 Green Tea       7     1440   10080  Chicago
>
```

14-5-3 讀取 Excel 檔案資料

若想要讀取 Excel 檔案，可以使用 XLConnect 擴展包處理這個工作，但首先要下載安裝這個擴展包，可參考下列步驟。

```
> install.packages("XLConnect")
嘗試 URL 'http://cran.rstudio.com/bin/macosx/contrib/3.2/XLConnect_0.2-11.tgz'
Content type 'application/x-gzip' length 4970883 bytes (4.7 MB)
==================================================
downloaded 4.7 MB


The downloaded binary packages are in
        /var/folders/4y/blg8hggj1qj_4qfvnrctdp240000gn/T//Rtmp1VBKyI/downloaded_packages
>
```

接著執行將 XLConnect 載入資料庫。

```
> library("XLConnect")
>
```

現在我們可以正常處理 Excel 檔了，下列是讀取 Report.xlsx 的實例，此 Excel 檔案內容如下：

	A	B	C	D	E	F	G
1	Name	Year	Product	Price	Quantity	Revenue	Location
2	Diana	2015	Black Tea	10	600	6000	New York
3	Diana	2015	Green Tea	7	660	4620	New York
4	Diana	2016	Black Tea	10	750	7500	New York
5	Diana	2016	Green Tea	7	900	6300	New York
6	Julia	2015	Black Tea	10	1200	12000	New York
7	Julia	2016	Black Tea	10	1260	12600	New York
8	Steve	2015	Black Tea	10	1170	11700	Chicago
9	Steve	2015	Green Tea	7	1260	8820	Chicago
10	Steve	2016	Black Tea	10	1350	13500	Chicago
11	Steve	2016	Green Tea	7	1440	10080	Chicago

實例 ch14_22：讀取 Excel 檔 Report.xlsx。首先使用 file.path( ) 函數設定這個檔案所在路徑，然後執行 readWorksheetFromFile( ) 函數。

```
> excelch14 <- file.path("~/Rbook/ch14/Report.xlsx")
> excelresult <- readWorksheetFromFile(excelch14, sheet = "Sheet1")
>
```

```
> excelresult
     Name Year      Product Price Quantity Revenue Location
1   Diana 2015 Black Tea      10      600     6000 New York
2   Diana 2015 Green Tea       7      660     4620 New York
3   Diana 2016 Black Tea      10      750     7500 New York
4   Diana 2016 Green Tea       7      900     6300 New York
5   Julia 2015 Black Tea      10     1200    12000 New York
6   Julia 2016 Black Tea      10     1260    12600 New York
7   Steve 2015 Black Tea      10     1170    11700 Chicago
8   Steve 2015 Green Tea       7     1260     8820 Chicago
9   Steve 2016 Black Tea      10     1350    13500 Chicago
10  Steve 2016 Green Tea       7     1440    10080 Chicago
>
```

執行結果

上述 readWorksheetFromFile( ) 函數主要是可讀取指定路徑的 Excel 檔案，下列是使用 str( ) 函數瞭解更多 excelresult 物件。

```
> str(excelresult)
'data.frame':   10 obs. of  7 variables:
 $ Name    : chr  "Diana" "Diana" "Diana" "Diana" ...
 $ Year    : num  2015 2015 2016 2016 2015 ...
 $ Product : chr  "Black Tea" "Green Tea" "Black Tea" "Green Tea" ...
 $ Price   : num  10 7 10 7 10 10 10 7 10 7
 $ Quantity: num  600 660 750 900 1200 1260 1170 1260 1350 1440
 $ Revenue : num  6000 4620 7500 6300 12000 ...
 $ Location: chr  "New York" "New York" "New York" "New York" ...
>
```

14-5-4　認識 CSV 數據讀取 Excel 檔案資料

所謂的 CSV 數據是指同一列 (row) 的資料彼此用逗號分隔，同時每一列數據資料在原始文件中單獨佔據一列。幾乎所有試算表皆支援這種文件格式，所以這種文件格式受到了廣泛的支持。

接著我們必須思考如何將 Excel 檔案的數據資料轉成 CSV 數據格式，可在 Excel 視窗直接將檔案儲存成 CSV 延伸檔名。請留意下圖格式欄位是選擇 " 以逗點分開的數值 (.csv)"。

上述執行完成後，可以建立 ReportCSV.csv 檔案，然後我們可以使用 read.csv( ) 函數讀取這個檔案資料，這個函數的基本使用格式如下：

read.csv(file, header = TRUE, sep = " , ", quote = "\"", dec = ".", …)

file：csv 為延伸檔名的檔案。

header：檔案第 1 列是變數名稱，預設是 TRUE。

sep：數據分隔符號，對於 CSV 檔案而言預設是 " , "。

quote：字元兩邊是用雙引號。

dec：指定小數點格式，預設是 " . "。

讀者可以使用 help(read.csv) 獲得更完整的使用說明。

實例 ch14_23：使用 read.csv( ) 函數讀取 ReportCSV.csv 檔案。

```
> excelCSV <- file.path("~/Rbook/ch14/ReportCSV.csv")
> xCSV <- read.csv(excelCSV, sep = ",")
```

```
執行結果
```
```
> xCSV
    Name Year    Product Price Quantity Revenue Location
1  Diana 2015 Black Tea    10      600    6000 New York
2  Diana 2015 Green Tea     7      660    4620 New York
3  Diana 2016 Black Tea    10      750    7500 New York
4  Diana 2016 Green Tea     7      900    6300 New York
5  Julia 2015 Black Tea    10     1200   12000 New York
6  Julia 2016 Black Tea    10     1260   12600 New York
7  Steve 2015 Black Tea    10     1170   11700  Chicago
8  Steve 2015 Green Tea     7     1260    8820  Chicago
9  Steve 2016 Black Tea    10     1350   13500  Chicago
10 Steve 2016 Green Tea     7     1440   10080  Chicago
>
```

使用 str( ) 函數驗證這個檔案。

```
> str(xCSV)
'data.frame':   10 obs. of  7 variables:
$ Name    : Factor w/ 3 levels "Diana","Julia",..: 1 1 1 1 2 2 3 3 3 3
$ Year    : int  2015 2015 2016 2016 2015 2016 2015 2015 2016 2016
$ Product : Factor w/ 2 levels "Black Tea","Green Tea": 1 2 1 2 1 1 1 2 1 2
$ Price   : int  10 7 10 7 10 10 10 7 10 7
$ Quantity: int  600 660 750 900 1200 1260 1170 1260 1350 1440
$ Revenue : int  6000 4620 7500 6300 12000 12600 11700 8820 13500 10080
$ Location: Factor w/ 2 levels "Chicago","New York": 2 2 2 2 2 2 1 1 1 1
>
```

除了 CSV 檔案外，另外，以分號 " ; " 分隔的檔案稱 CSV2 檔案，它的延伸檔名是 csv2，你可以使用 read.csv2( ) 函數讀取它。

14-5-5　認識 delim 數據讀取 Excel 檔案資料

delim 數據是指以 TAB 鍵分隔的檔案，這類檔案的延伸檔名是 txt，同樣以 Report. xlsx 檔案為例，轉存這個檔案為 Reportdelim.txt。接著我們必須思考如何將 Excel 檔案 的數據資料轉成 delim 數據格式，可在 Excel 視窗直接將檔案儲存成 txt 延伸檔名。請 留意下圖格式欄位是選擇 " 以 TAB 分隔的文字 (.txt)"。

上述執行完成後，可以建立 Reportdelim.txt 檔案，然後我們可以使用 read.delim( ) 函數讀取這個檔案資料，這個函數的基本使用格式如下：

read.delim(file, header = TRUE, sep = " \t", quote = "\"", dec = ".", …)

file：txt 為延伸檔名的檔案。

header：檔案第 1 列是變數名稱，預設是 TRUE。

sep：數據分隔符號，對於 delim 檔案而言預設是 " \t "。

quote：字元兩邊是用雙引號。

dec：指定小數點格式，預設是 " . "。

讀者可以使用 help(read.delim) 獲得更完整的使用說明。

實例 ch14_24：使用 read.delim( ) 函數讀取 Reportdelim.txt 檔案。

```
> exceldelim <- file.path("~/Rbook/ch14/Reportdelim.txt")
> xdelim <- read.csv(exceldelim, sep = "\t")
>
```

執行結果

```
> xdelim
    Name Year    Product Price Quantity Revenue Location
1  Diana 2015 Black Tea    10      600     6000 New York
2  Diana 2015 Green Tea     7      660     4620 New York
3  Diana 2016 Black Tea    10      750     7500 New York
4  Diana 2016 Green Tea     7      900     6300 New York
5  Julia 2015 Black Tea    10     1200    12000 New York
6  Julia 2016 Black Tea    10     1260    12600 New York
7  Steve 2015 Black Tea    10     1170    11700 Chicago
8  Steve 2015 Green Tea     7     1260     8820 Chicago
9  Steve 2016 Black Tea    10     1350    13500 Chicago
10 Steve 2016 Green Tea     7     1440    10080 Chicago
>
```

使用 str( ) 函數驗證這個檔案。

```
> str(xdelim)
'data.frame':   10 obs. of  7 variables:
$ Name    : Factor w/ 3 levels "Diana","Julia",..: 1 1 1 1 2 2 3 3 3 3
$ Year    : int   2015 2015 2016 2016 2015 2016 2015 2015 2016 2016
$ Product : Factor w/ 2 levels "Black Tea","Green Tea": 1 2 1 2 1 1 1 2 1 2
$ Price   : int   10 7 10 7 10 10 10 7 10 7
$ Quantity: int   600 660 750 900 1200 1260 1170 1260 1350 1440
$ Revenue : int   6000 4620 7500 6300 12000 12600 11700 8820 13500 10080
$ Location: Factor w/ 2 levels "Chicago","New York": 2 2 2 2 2 2 1 1 1 1
>
```

14-6　數據資料的輸出

14-6-1　writeClipboard( ) 函數

這個函數可將資料輸出至剪貼簿。它與 readClipboard( ) 函數一樣目前並不支援 Mac OS。

實例 ch14_25：將資料輸出至剪貼簿，假設 x 物件資料內容如下：

```
> x
    Name Year    Product Price Quantity Revenue Location
1  Diana 2015 Black Tea    10      600     6000 New York
2  Diana 2015 Green Tea     7      660     4620 New York
3  Diana 2016 Black Tea    10      750     7500 New York
4  Diana 2016 Green Tea     7      900     6300 New York
5  Julia 2015 Black Tea    10     1200    12000 New York
```

```
6  Julia 2016 Black Tea    10      1260    12600 New York
7  Steve 2015 Black Tea    10      1170    11700  Chicago
8  Steve 2015 Green Tea     7      1260     8820  Chicago
9  Steve 2016 Black Tea    10      1350    13500  Chicago
10 Steve 2016 Green Tea     7      1440    10080  Chicago
>
```

下列是將資料輸至剪貼簿。

```
> writeclipboard(names(x))
>
```

在螢幕上看不到任何結果，但如果進入 Excel 視窗，再執行貼上鈕，即可看到上述指令的執行結果。下列是將作用儲存格移至 A1，再按貼上鈕的執行結果。

	A	B	C
1	Name		
2	Year		
3	Product		
4	Price		
5	Quantity		
6	Revenue		
7	Location		
8			

14-6-2　write.table( ) 函數

這個函數的基本使用格式如下：

> write.table(x, file = " ", quote = TRUE, sep = " ", eol = "\n", na = "NA",
>   dec = ".", row.names = TRUE, col.names = TRUE)

x：矩陣或數據框物件。

file：外部檔案名稱，如果是 " " 則表示輸出至螢幕，clipboard 代表輸出至剪貼簿。

sep：表示輸出時字串兩邊須加 " " 號。

eol：代表 end of line 的符號，Mac 系統可用 "\r"，Unix 系統可用 "\n"，Windows 系統可用 "\r\n"。

row.names：輸出時是否加上列名，預設是 TRUE。

col.names：輸出時是否加上欄名，預設是 TRUE。

實例 ch14_26：使用 write.table( ) 函數將整個資料輸出至剪貼簿，此例筆者繼續使用 x 物件。

```
> write.table(x, file = "clipboard", sep = "\t", row.names = FALSE)
>
```

　　在螢幕上看不到任何結果，但如果進入 Excel 視窗，再執行貼上鈕，即可看到上述指令的執行結果。下列是將作用儲存格移至 A1，再按貼上鈕的執行結果。

	A	B	C	D	E	F	G	H
1	Name	Year	Product	Price	Quantity	Revenue	Location	
2	Diana	2015	Black Tea	10	600	6000	New York	
3	Diana	2015	Green Tea	7	660	4620	New York	
4	Diana	2016	Black Tea	10	750	7500	New York	
5	Diana	2016	Green Tea	7	900	6300	New York	
6	Julia	2015	Black Tea	10	1200	12000	New York	
7	Julia	2016	Black Tea	10	1260	12600	New York	
8	Steve	2015	Black Tea	10	1170	11700	Chicago	
9	Steve	2015	Green Tea	7	1260	8820	Chicago	
10	Steve	2016	Black Tea	10	1350	13500	Chicago	
11	Steve	2016	Green Tea	7	1440	10080	Chicago	

14-7　處理其它數據

　　如果讀者想要輸入或輸出其他軟體數據，例如，SAS 或 SPSS⋯等，首先須載入 foreign 擴展包。

```
> library(foreign)
>
```

　　接下來我們介紹有關於輸出數據的函數，write.foreign( ) 可以輸出 R 數據框到其他統計套裝軟體，例如 :SAS、STATA 或 SPSS 等等，產生該相關統計套軟的通用格式化 (free-format text) 資料文字檔並附帶的寫出一個對應的程式檔，以順利讀取的資料完成該資料集的建立。

函數語法

```
write.foreign(df, datafile, codefile, package = c("SPSS", "Stata", "SAS"), ...)
```

使用參數

df	R 數據框名稱
datafile	可供讀入的資料檔案
codefile	R 製作完成的程式檔案

實例 ch14_27：使用 write.foreign( ) 函數，輸出 SAS 資料檔。

```
> #產生對應的SAS資料檔與程式檔
> write.foreign(xCSV,"df14sas.txt","df14.sas",package="SAS")
> #顯示產生的SAS資料文字檔內容
> file.show("df14sas.txt")
> #顯示產生的SAS程式檔內容
> file.show("df14.sas")
```

我們將前面所建立的 xCSV 數據框 (實例 ch14_23 所建的檔案) 代入 write.
foreign()，並希望產生一個格式化的資料檔 "df14sas.txt" 與其對應的 SAS 讀入程式檔
"df14.sas"，因此在 package 參數我們選用 "SAS"。此程式執行後我們使用 file.show()
函數將兩個檔案的內容顯示出來如以下的兩個圖所示。當我們在 SAS 程式環境下設定
了正確的 libname 後就能夠順利執行得到所需要的 SAS 資料集 RDATA 了。

df14sas.txt 資料檔內容

```
R  R Information          df14.sas程式檔的內容                    ─ ▢ ✕

*  write.foreign(xCSV, "df14sas.txt", "df14.sas", package = "SAS") ;

PROC FORMAT;
value Name
      1 = "Diana"
      2 = "Julia"
      3 = "Steve"
;

value Product
      1 = "Black Tea"  ███████████████
      2 = "Green Tea"
;

value Location
      1 = "Chicago"
      2 = "New York"
;

DATA  rdata ;
INFILE   "df14sas.txt"
      DSD
      LRECL= 28 ;
INPUT
 Name
 Year
 Product
 Price
 Quantity
 Revenue
 Location
;
FORMAT Name Name. ;
FORMAT Product Product. ;
FORMAT Location Location. ;
RUN;
```

實例 ch14_28：使用 write.foreign( ) 函數，輸出 SPSS 資料檔。

```
> #產生對應的SPSS資料檔與程式檔
> write.foreign(xCSV,"df14SPSS.sav","df14.sps",package="SPSS")
> #顯示產生的SPSS資料文字檔內容
> file.show("df14SPSS.sav")
> #顯示產生的SPSS程式檔內容
> file.show("df14.sps")
```

所產生的 SPSS 格式化資料檔 "df14SPSS.sav" 與 SAS 格式化資料檔 "df14sas.txt" 內容完全相同，因此我們就不列印出其結果；而程式檔 "df14.sps" 的內容顯示如下圖：

```
R  R Information              df14.SPS程式檔的內容              [ – ] [ □ ] [ X ]
DATA LIST FILE= "df14SPSS.sav"  free (",")
/ Name Year Product Price Quantity Revenue Location   .

VARIABLE LABELS
Name "Name"
 Year "Year"
 Product "Product"
 Price "Price"
 Quantity "Quantity"
 Revenue "Revenue"
 Location "Location"
 .

VALUE LABELS
/
Name
1 "Diana"
 2 "Julia"
 3 "Steve"
/
Product
1 "Black Tea"
 2 "Green Tea"
/
Location
1 "Chicago"
 2 "New York"
 .

EXECUTE.
```

我們也可以使用下列函數讀取這些統計相關的套裝軟體資料。

read.S：S-Plus

read.spss：SPSS

read.ssd：SAS

read.xport：SAS

read.mtp：Minitab

我們先以 SPSS 所儲存的資料集檔案為例，來說明使用 read.spss() 函數來獲取已經存在的資料檔轉換得到 R 數據框的方式。

使用語法

```
read.spss(file, use.value.labels = TRUE, to.data.frame = FALSE,
     max.value.labels = Inf, trim.factor.names = FALSE,
     trim_values = TRUE, reencode = NA, use.missings = to.data.frame)
```

使用參數

file	希望讀取的 SPSS 已存在的資料檔
use.value.labels	邏輯值，是否轉換變數的值標籤形成因子變數
to.data.frame	邏輯值，是否得到數據框結果
max.value.labels	當 use.value.labels = TRUE 時定義最大的因子可區分的獨特值個數
trim.factor.names	邏輯值，是否修剪因子變數名稱的尾端空白
trim_values	當 use.value.labels = TRUE 時，是否忽略因子變數值及值標籤的尾端空白
reencode	邏輯值，字串應重新編碼依照當前的地區設定。
use.missings	邏輯值，是否使用自行定義的遺漏值設定為 NA

應用上面所儲存的 SPSS 資料檔 "df14SPSS.sav"，以 PASW 程式呈現其內容如下圖。

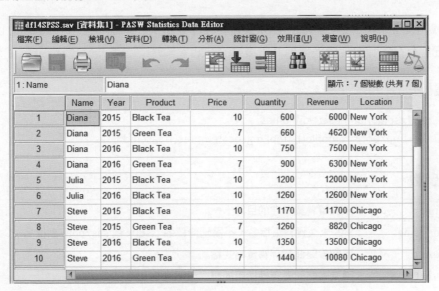

實例 ch14_29：使用 read.spss( ) 函數讀取前一實例所建的 SPSS 資料檔 "df14SPSS.sav"。

```
> #讀取SPSS資料集檔案"df14SPSS.sav"，產生數據框
> my.frame <- read.spss("df14SPSS.sav",
+           use.value.labels = TRUE, to.data.frame = T)
Warning message:
In read.spss("df14SPSS.sav", use.value.labels = TRUE, to.data.frame = T) :
  df14SPSS.sav: Unrecognized record type 7, subtype 18 encountered in system file
> my.frame
```

```
     Name Year    Product Price Quantity Revenue Location
1   Diana 2015 Black Tea      10     600    6000 New York
2   Diana 2015 Green Tea       7     660    4620 New York
3   Diana 2016 Black Tea      10     750    7500 New York
4   Diana 2016 Green Tea       7     900    6300 New York
5   Julia 2015 Black Tea      10    1200   12000 New York
6   Julia 2016 Black Tea      10    1260   12600 New York
7   Steve 2015 Black Tea      10    1170   11700 Chicago
8   Steve 2015 Green Tea       7    1260    8820 Chicago
9   Steve 2016 Black Tea      10    1350   13500 Chicago
10  Steve 2016 Green Tea       7    1440   10080 Chicago
> class(my.frame)
[1] "data.frame"
```

如上圖的程式將 "df14SPSS.sav" 置入 file 參數內，並仍然使用以已定義的值標籤，也轉換結果為數據框。就能夠順利將 SPSS 資料集轉化為 R 的數據框 my.frame。如果未使用 to.data.frame=T 參數設定，或者未加入此設定則得到的結果會是串列 (list) 並非是數據框。

我們接下來再以 SAS 所儲存的永久資料集檔案為例，來說明使用 read.ssd() 函數來獲取已經存在的資料檔轉換得到 R 數據框的方式。

函數語法

read.ssd(libname, sectionnames,
    tmpXport=tempfile(), tmpProgLoc=tempfile(), sascmd="sas")

使用參數

libname	永久資料集所在的目錄
sectionnames	SAS 永久資料集檔名，不需延伸檔名 (ssd0x 或 sas7bdat 副檔名)
tmpXport	通常省略此暫存轉置格式檔
tmpProgLoc	通常省略此暫存轉換用的程式檔
sascmd	SAS 執行程式檔的目錄與執行檔

我們使用以下的範例來說明 read.ssd() 函數的使用與結果。筆者的 SAS 程式是安裝在 "C:/Program Files/SASHome/SASFoundation/9.4" 目錄下，因此可以先以 sashome 定義此參照目錄。另外筆者的永久資料集名稱為 "df14sas. sas7bdat" 是存放在 sasuser 這個資料館內其對應的資料夾為 "X:/Personal/My SAS Files/9.4"。請參考以下兩圖。

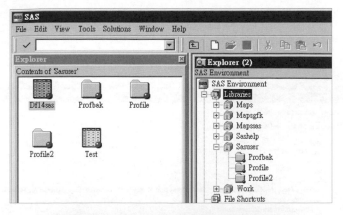

實例 ch14_30：使用 read.ssd( ) 函數讀取 SAS 資料檔。

```
> #定義SAS執行程式的參照目錄
> sashome <- "C:/Program Files/SASHome/SASFoundation/9.4"
> #使用read.ssd將SAS永久資料集轉換讀入R程式中
> sasxp <- read.ssd("X:/Personal/My SAS Files/9.4", "df14sas",
+          sascmd = file.path(sashome, "sas.exe"))
> class(sasxp)
[1] "data.frame"
> str(sasxp)
'data.frame':   10 obs. of  7 variables:
 $ NAME    : Factor w/ 3 levels "Diana","Julia",..: 1 1 1 1 2 2 3 3 3 3
 $ YEAR    : Factor w/ 2 levels "2015","2016": 1 1 2 2 1 2 1 1 2 2
 $ PRODUCT : Factor w/ 2 levels "Black Tea","Green Tea": 1 2 1 2 1 1 1 2 1 2
 $ PRICE   : num  10 7 10 7 10 10 10 7 10 7
 $ QUANTITY: num  600 660 750 900 1200 1260 1170 1260 1350 1440
 $ REVENUE : num  6000 4620 7500 6300 12000 ...
 $ LOCATION: Factor w/ 2 levels "Chicago","New York": 2 2 2 2 2 2 1 1 1 1
```

　　如上圖的程式分別將參照資料館目錄與永久資料集檔案置入為前兩個參數，並將 SAS 執行檔與路徑置入 sascmd 參數內，就能夠順利轉換結果為 R 數據框 sasxp。

　　此外，如果想要連接其他資料庫軟體，可以下載一些 R 的擴展包。

❑ **MySQL：RMySql 擴展包**

http://cran.r-project.org/package=RMySQL

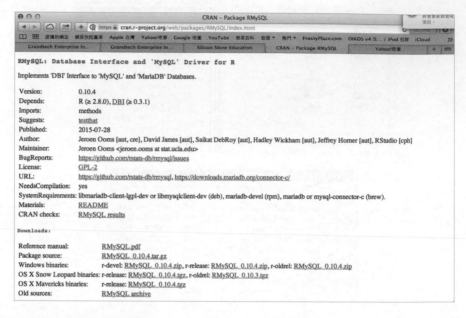

❑ **Oracle：Oracle 擴展包**

http://cran.r-project.org/package=ROracle

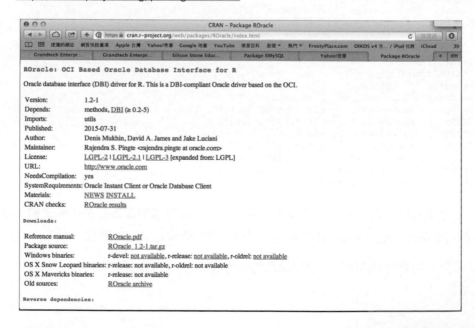

❑ PostgreSQL：PostgreSQL 擴展包

http://cran.r-project.org/package=RPostgreSQL

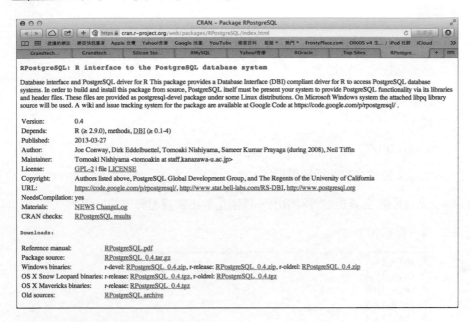

❑ SQLite：SQLite 擴展包

http://cran.r-project.org/package=RSQLite

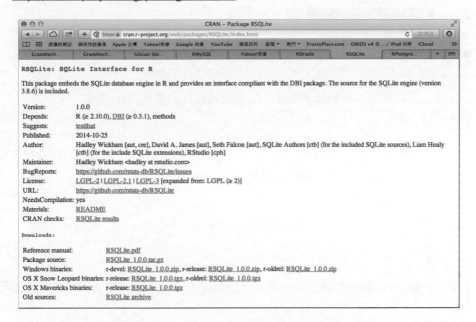

習題

一：是非題

( ) 1： file.path( ) 函數可以更改目前工作目錄。

( ) 2： 有 2 個指令分別如下：

```
> dir(path = "d:/")
```

或

```
> dir("d:/")
```

上述 2 個指令的執行結果相同。

( ) 3： cat( ) 函數主要是做資料輸出，特別是輸出數據框時非常好用。

( ) 4： 有一資料如下：

可用下列指令讀取上述 5 筆資料。

```
x4 <- scan("~/Rbook/ch14/ch14_18test4.txt", sep = ",")
```

上述問題可以忽略檔案路徑，相當於將檔案路徑視為正確的。

( ) 5： 有一指令如下：

```
write(letters, file = "")
```

下列是其執行結果輸出的前 5 列：

```
a
b
c
d
e
```

( ) 6： 一般 Excel 檔案想轉成 CSV 檔案，須借助 CSVHelp 檔，重新載入再存入即可。

二：選擇題

( ) 1： 下列那一個函數可以讀取剪貼簿資料。

A：read.delim( )　　　　　　　　B：scan( )

C：readClipboard( )　　　　　　　D：readline( )

( ) 2： 構成試算表的特殊字元。

A：\t　　　　　B：\n　　　　　C：\y　　　　　D：逗號

( ) 3： 那一個函數可以讀取 Excel 檔案資料。

A：scan( )　　　　　　　　　　　B：readClipboard( )

C：read( )　　　　　　　　　　　D：readWorksheetFromFile( )

( ) 4： 所謂的 CSV 數據是指同一列 (row) 的資料彼此用什麼分隔。

A：\t　　　　　B：\n　　　　　C：\y　　　　　D：逗號

( ) 5： 檔案的延伸檔名是 txt 時，它的各欄位資料以什麼做分隔。

A：\t　　　　　B：\n　　　　　C：TAB　　　　　D：逗號

( ) 6： 使用 write.table( ) 函數時，如果 file 等於什麼，表示輸出至螢幕。

A：""　　　　　B：console　　　C：eol　　　　　D：screenout

( ) 7： 下列輸出函數，會將資料輸出至那裡？

```
> write.table(x, file = "clipboard", sep = "\t", row.names = FALSE)
>
```

A：螢幕　　　　B：Clipboard 檔案　C：剪貼簿　　　　D：程式碼錯

( ) 8： 使用 write.foreign( ) 函數時，若想將資料輸出至 SAS 檔，下列那一個參數應設定為 "SAS"。

A：df　　　　　B：datafile　　　C：codefile　　　D：package

三：複選題

( ) 1： 下列那些函數可以讀取剪貼簿。(選擇 2 項)

A：scan( )　　　B：read.table( )　　C：readClipboard( )

D：read.delim( )　　E：read.csv( )

( ) 2： 下列那些函數可以讀取 SAS。(選擇 2 項)

A：read.S　　　B：read.spss　　　C：read.ssd

D：read.xport　　E：read.mtp

四：實作題

1： 請設計程式，此程式會要求輸入姓名，然後回應 "Welcome" 和所輸入的姓名。

```
> source('C:/Users/Jiin-Kwei/Desktop/R_v2作業/ex14_1.R', encoding = 'UTF-8'
)
HELLO! 您好! 請輸入您的姓名，輸入完成後請按兩次 ENTER
1: Jiin-Kwei Hung
3:
Read 2 items
HELLO! 您好! Jiin-Kwei Hung
>
```

2： 重新輸入上一個程式，但將輸出轉至 exer14_2.txt，筆者是將檔案建立在 D：ex14 資料夾的 ex14_2.txt。

```
> source('C:/Users/Jiin-Kwei/Desktop/R_v2作業/ex14_2.R', encoding = 'UTF-8'
)
HELLO! 您好! 請輸入您的姓名，輸入完成後請按兩次 ENTER
1: Jiin-Kwei Hung
3:
Read 2 items
```

3： 請參考實例 ch14_18.R，但將資料改成有 10 筆，讀取後執行下列工作。

　　　a. 求總計。

　　　b. 求平均。

　　　c. 求最大值。

　　　d. 求最小值。

```
> source('C:/Users/Jiin-Kwei/Desktop/R_v2作業/ex14_3.R', encoding = 'UTF-8'
)
Read 10 items
119 213 338 888 197 100 200 300 400 500
總和 =  3255
平均 =  325.5
最大值 =  888
最小值 =  100
```

4： 參考前一實例，將執行結果寫入 exer14_3.txt。

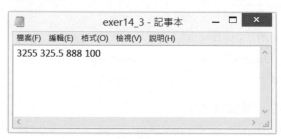

第十五章

數據分析與處理

學完前 14 章後，相信各位對於 R 語言已有一定的認識，本章筆者計劃將前面所介紹的資料配合一些尚未介紹過的函數，做一個應用性的說明。

本章首先筆者先為各位復習 R 語言的數據類型，接著介紹隨機抽樣，然後進入本章主題，擷取有用的數據資料。

15-1　復習數據類型

使用 R 語言做數據分析時，首先要思考應使用那一種數據類型。下列是 R 語言所有數據類型及其說明：

向量 (Vector)

是用在數據 (或稱資料) 只有一個維度，同時所有資料類型均相同，例如，全部是字串或數值。此外我們也可以將這種類型的資料想成是 Excel 試算表的一列資料或一欄資料。

因子 (Factor)

因子與字串向量類似，所有字串向量皆可處理成因子，但因子多了 levels 和 labels 的觀念。

矩陣 (Matrix) 或更高維度的陣列 (Array)

矩陣是二維的資料，和向量一樣，所有資料類型需要相同，例如，全部是字串或數值。

數據框 (Data Frame)

如果是矩陣的資料，可是資料中可能有字串，也可能有數值，那麼矩陣就不適合了，此時可以先考慮使用數據框。數據框的一個特色是，所有資料元素皆有相同的長度，相當於每一個元素的數量皆相同。此外我們也可以將這種類型的資料想成是 Excel 試算表的一個表單 (sheet)。

串列 (List)

主要是邏輯上可以放在一起的資料，其實上面所介紹的所有物件皆可以放在串列內，甚至串列內也可以包含其他串列。

15-2 隨機抽樣

不論是數學家或統計學家從一堆數據中抽取樣本，作更進一步的分析與預測是一件很重要的事。在 R 語言可以使用 sample( ) 函數，輕易地完成這個工作，這個函數的使用格式如下：

sample(x, size, replace = FALSE, prob = NULL)

x：這是個向量，代表隨機數樣本的範圍。

size：這是正整數，代表取隨機樣本的數量。

replace：預設是 FALSE，如果是 TRUE，代表抽完一個樣本這個樣本需放回去，供下次抽取。

prob：預設是 NULL，如果想控制某些樣本被抽取機率放大，則可在放置數值向量代表被抽中的權重。

15-2-1 隨機抽樣應用在撲克牌

筆者在實例 ch9_19 曾經建立一個撲克牌的向量 deck，這個向量包含撲克牌的 52 張牌資料，如下：

```
> deck
 [1] "Spades A"     "Spades 2"     "Spades 3"     "Spades 4"
 [5] "Spades 5"     "Spades 6"     "Spades 7"     "Spades 8"
 [9] "Spades 9"     "Spades 10"    "Spades J"     "Spades Q"
[13] "Spades K"     "Heart A"      "Heart 2"      "Heart 3"
[17] "Heart 4"      "Heart 5"      "Heart 6"      "Heart 7"
[21] "Heart 8"      "Heart 9"      "Heart 10"     "Heart J"
[25] "Heart Q"      "Heart K"      "Diamonds A"   "Diamonds 2"
[29] "Diamonds 3"   "Diamonds 4"   "Diamonds 5"   "Diamonds 6"
[33] "Diamonds 7"   "Diamonds 8"   "Diamonds 9"   "Diamonds 10"
[37] "Diamonds J"   "Diamonds Q"   "Diamonds K"   "Clubs A"
[41] "Clubs 2"      "Clubs 3"      "Clubs 4"      "Clubs 5"
[45] "Clubs 6"      "Clubs 7"      "Clubs 8"      "Clubs 9"
[49] "Clubs 10"     "Clubs J"      "Clubs Q"      "Clubs K"
>
```

實例 ch15_1：隨機產生 52 張牌。

```
> sample(deck, 52)
 [1] "Clubs K"      "Heart 2"      "Diamonds 5"   "Clubs 5"
 [5] "Spades 6"     "Clubs J"      "Clubs 9"      "Diamonds 2"
 [9] "Diamonds J"   "Spades 4"     "Diamonds 10"  "Diamonds 3"
[13] "Diamonds A"   "Heart J"      "Heart 4"      "Clubs 3"
[17] "Clubs 6"      "Clubs 7"      "Diamonds 4"   "Spades 9"
[21] "Diamonds 9"   "Spades 5"     "Spades 10"    "Spades 8"
[25] "Spades 7"     "Heart Q"      "Heart 7"      "Diamonds Q"
[29] "Heart 3"      "Heart K"      "Spades K"     "Spades A"
[33] "Heart 8"      "Clubs 8"      "Clubs 4"      "Heart 10"
[37] "Clubs 2"      "Heart A"      "Spades J"     "Diamonds K"
[41] "Heart 9"      "Spades Q"     "Diamonds 8"   "Heart 6"
[45] "Clubs A"      "Clubs 10"     "Spades 2"     "Spades 3"
[49] "Diamonds 7"   "Heart 5"      "Clubs Q"      "Diamonds 6"
>
```

這個實例每次執行皆會有不同的結果。

15-2-2　種子值

在實例 ch15_1 中，每次執行時皆會產生不同的出牌順序，在真實的實驗過程中，有時我們會想要記錄實驗隨機數據處理過程，希望不相同的測試者可以獲得相同的隨機數，以便可以做比較與分析，此時可以使用種子值的觀念。set.seed( ) 函數可用於設定種子值，set.seed( ) 函數的參數可以是一個數字，當設定種子值後，在相同種子值後面的 sample( ) 所產生的隨機數序列將相同。

實例 ch15_2.R：重新執行實例 ch15_1，但此次增加設定種子值，以觀察執行結果。

```
1  #
2  # 實例ch15_2.R
3  #
4  ch15_2 <- function( )
5  {
6    set.seed(1)
7    sample(deck, 52)
8  }
```

執行結果
```
> ch15_2()
 [1] "Heart A"      "Heart 6"       "Diamonds 3"    "Clubs 6"
 [5] "Spades 10"    "Clubs 4"       "Clubs 5"       "Diamonds 4"
 [9] "Diamonds 2"   "Spades 3"      "Spades 9"      "Spades 8"
[13] "Clubs 7"      "Heart 2"       "Clubs 10"      "Clubs Q"
[17] "Heart K"      "Diamonds 9"    "Spades K"      "Diamonds 10"
[21] "Diamonds Q"   "Spades 7"      "Heart 7"       "Spades 4"
[25] "Clubs 2"      "Spades J"      "Spades A"      "Clubs 9"
[29] "Heart 8"      "Clubs A"       "Diamonds A"    "Diamonds 8"
[33] "Heart Q"      "Clubs J"       "Diamonds K"    "Spades Q"
[37] "Heart J"      "Spades 2"      "Heart 9"       "Spades 6"
[41] "Diamonds 6"   "Heart 10"      "Clubs K"       "Spades 5"
[45] "Clubs 3"      "Heart 3"       "Diamonds 7"    "Clubs 8"
[49] "Heart 4"      "Diamonds J"    "Diamonds 5"    "Heart 5"
>
```

對上述程式而言，每次執行皆可以獲得相同的撲克牌出牌順序。此外，上述程式第 6 列筆者設定 set.seed( ) 函數的參數是 1，在此若放置不同的參數也可以，但不同參數會有各自不同的出牌順序。

實例 ch15_3.R：重新執行實例 ch15_2，但此次 set.seed( ) 函數放置不同的參數，以觀察執行結果。

```
1  #
2  # 實例ch15_3.R
3  #
4  ch15_3 <- function( )
5  {
6    set.seed(8)
7    sample(deck, 52)
8  }
```

執行結果
```
> ch15_3( )
 [1] "Heart Q"      "Spades J"      "Clubs A"       "Diamonds 6"
 [5] "Heart 3"      "Diamonds 8"    "Heart A"       "Clubs 3"
 [9] "Clubs 8"      "Diamonds 2"    "Heart 7"       "Spades 4"
[13] "Heart 5"      "Heart 9"       "Spades 6"      "Diamonds 9"
[17] "Spades A"     "Spades 10"     "Diamonds J"    "Clubs J"
[21] "Spades 8"     "Spades K"      "Heart 6"       "Spades 7"
[25] "Diamonds 4"   "Diamonds A"    "Spades 3"      "Clubs 9"
[29] "Diamonds 5"   "Clubs 4"       "Spades 5"      "Clubs 7"
[33] "Heart 10"     "Clubs 2"       "Clubs 10"      "Diamonds Q"
[37] "Clubs K"      "Heart 2"       "Heart 4"       "Clubs 5"
[41] "Clubs Q"      "Clubs 6"       "Diamonds K"    "Diamonds 7"
[45] "Heart K"      "Spades 2"      "Spades Q"      "Diamonds 10"
[49] "Heart 8"      "Heart J"       "Spades 9"      "Diamonds 3"
>
```

比較 ch15_3.R 與 ch15_2.R 由於實例 ch15_3.R 的 set.seed( ) 參數是 8，因此 ch15_3.R 產生了與 ch15_2.R 不同的種子值，最後可以發現彼此的出牌順序是不同的，但每一次執行 ch15_3.R 時，皆可以有相同的出牌順序。

15-2-3　模擬骰子

骰子是由 1 到 6 組成，如果我們想要擲 12 次，同時記錄結果，可以使用下列方法。

實例 ch15_4：擲 12 次骰子，同時記錄結果。

```
> sample(1:6, 12, replace = TRUE)
 [1] 1 3 6 2 5 3 1 6 6 6 5 4
>
```

上述由於每次擲骰子皆必須重新取樣，所以 replace 參數需設為 TRUE，可以想成將取樣的樣本放回去，然後重新取樣。當然種子值的觀念也適合放在擲骰子取樣。

實例 ch15_5.R：將設定種子值觀念應用在擲骰子取樣。

```
1   #
2   # 實例ch15_5.R
3   #
4   ch15_5 <- function( )
5 ▾ {
6      set.seed(1)
7      sample(1:6, 12, replace = TRUE)
8   }
```

執行結果
```
> source('~/Rbook/ch15/ch15_5.R')
> ch15_5()
 [1] 2 3 4 6 2 6 6 4 4 1 2 2
> ch15_5()
 [1] 2 3 4 6 2 6 6 4 4 1 2 2
>
```

實例 ch15_5.R 不論何時執行，皆可獲得相同的取樣結果。

15-2-4　權重設計

如果在取樣時，希望某些樣本有較高的機率被採用，可更改權重 (weights)。

實例 ch15_6：擲骰子時，將 1 和 6 設有 5 倍權重被隨機抽中。

```
> sample(1:6, 12, replace = TRUE, c(5, 1, 1, 1, 1, 5))
 [1] 1 1 3 1 3 2 1 3 2 6 1 6
> sample(1:6, 12, replace = TRUE, c(5, 1, 1, 1, 1, 5))
 [1] 6 1 6 1 4 6 1 1 1 6 5 1
> sample(1:6, 12, replace = TRUE, c(5, 1, 1, 1, 1, 5))
 [1] 5 6 3 1 5 1 3 1 1 5 6 1
> sample(1:6, 12, replace = TRUE, c(5, 1, 1, 1, 1, 5))
 [1] 3 1 1 4 1 6 6 6 6 1 1 1
>
```

上述是筆者連續執行數次觀察的執行結果。

15-3　再談向量資料的擷取以 islands 為範例

在 4-9-3 節筆者已經介紹從系統內建的向量 islands 擷取資料的一些實例，本節將針對其他可能擷取資料方式做完整解說。

實例 ch15_7：擷取指定索引的資料，以單一索引與多個索引為例。

```
> islands[5]
Axel Heiberg
          16
> islands[c(1, 10, 20, 30, 40)]
     Africa      Celebes      Honshu New Britain Southampton
      11506           73          89          15          16
>
```

實例 ch15_8：擷取某些範圍以外的資料，下列是排除索引為 21 至 48 的資料。

```
> islands[-(21:48)]        #排除21至48的資料
       Africa   Antarctica         Asia    Australia
        11506         5500        16988         2968
 Axel Heiberg       Baffin        Banks       Borneo
           16          184           23          280
      Britain      Celebes        Celon         Cuba
           84           73           25           43
        Devon    Ellesmere       Europe    Greenland
           21           82         3745          840
       Hainan   Hispaniola     Hokkaido       Honshu
           13           30           30           89
>
```

下列是排除索引為 1 至 30 的資料。

```
> islands[-(1:30)]          #排除1至30的資料
     New Guinea  New Zealand (N)  New Zealand (S)
            306              44              58
   Newfoundland   North America    Novaya Zemlya
             43            9390              32
Prince of Wales        Sakhalin    South America
             13              29            6795
    Southampton     Spitsbergen         Sumatra
             16              15             183
         Taiwan        Tasmania Tierra del Fuego
             14              26              19
          Timor       Vancouver        Victoria
             13              12              82
>
```

實例 15_9：返回所有資料。

```
> islands[ ]                     #空白代表列出所有資料
        Africa       Antarctica             Asia        Australia
         11506             5500            16988             2968
  Axel Heiberg           Baffin            Banks           Borneo
            16              184               23              280
       Britain          Celebes            Celon             Cuba
            84               73               25               43
         Devon        Ellesmere           Europe        Greenland
            21               82             3745              840
        Hainan       Hispaniola         Hokkaido           Honshu
            13               30               30               89
       Iceland          Ireland             Java           Kyushu
            40               33               49               14
         Luzon       Madagascar         Melville        Mindanao
            42              227               16               36
      Moluccas      New Britain       New Guinea  New Zealand (N)
            29               15              306               44
New Zealand (S)     Newfoundland    North America    Novaya Zemlya
            58               43             9390               32
Prince of Wales         Sakhalin    South America      Southampton
            13               29             6795               16
   Spitsbergen          Sumatra           Taiwan         Tasmania
            15              183               14               26
Tierra del Fuego           Timor        Vancouver         Victoria
            19               13               12               82
>
```

實例 ch15_10：使用邏輯判斷列出某範圍的資料，下列是列出面積大於 100 平方公里之島嶼。

```
> islands[ islands > 100]         #列出大於100之島嶼
        Africa     Antarctica          Asia      Australia         Baffin
         11506           5500         16988           2968            184
        Borneo         Europe     Greenland     Madagascar     New Guinea
           280           3745           840            227            306
 North America  South America       Sumatra
          9390           6795           183
>
```

　　下列是列出面積小於 30 平方公里之島嶼。

```
> islands[ islands < 30 ]         #列出小於30之島嶼
  Axel Heiberg             Banks            Celon            Devon
            16                23               25               21
        Hainan            Kyushu         Melville         Moluccas
            13                14               16               29
   New Britain  Prince of Wales         Sakhalin      Southampton
            15                13               29               16
   Spitsbergen            Taiwan         Tasmania Tierra del Fuego
            15                14               26               19
         Timor         Vancouver
            13                12
>
```

實例 ch15_11：列出名稱相同的島嶼，下列是列出 Taiwan。

```
> islands["Taiwan"]
Taiwan
    14
>
```

　　下列是列出 Taiwan、Africa 和 Australia。

```
> islands[c("Africa", "Australia", "Taiwan")]
   Africa Australia    Taiwan
    11506      2968        14
>
```

15-4 數據框資料的擷取 - 重複值的處理

iris 中文是鳶尾花，這是系統內建的數據框資料集，內含 150 筆資料。

```
> str(iris)
'data.frame':    150 obs. of  5 variables:
 $ Sepal.Length: num  5.1 4.9 4.7 4.6 5 5.4 4.6 5 4.4 4.9 ...
 $ Sepal.Width : num  3.5 3 3.2 3.1 3.6 3.9 3.4 3.4 2.9 3.1 ...
 $ Petal.Length: num  1.4 1.4 1.3 1.5 1.4 1.7 1.4 1.5 1.4 1.5 ...
 $ Petal.Width : num  0.2 0.2 0.2 0.2 0.2 0.4 0.3 0.2 0.2 0.1 ...
 $ Species     : Factor w/ 3 levels "setosa","versicolor",..: 1 1 1 1 1 1 1 1 1
1 ...
>
```

數據框 (Data Frame) 是一個二維的物件，所以在擷取時索引 (index) 須處理列 (row) 和欄 (column)。

實例 ch15_12：擷取前 8 列資料。

```
> iris[1:8, ]
  Sepal.Length Sepal.Width Petal.Length Petal.Width Species
1          5.1         3.5          1.4         0.2  setosa
2          4.9         3.0          1.4         0.2  setosa
3          4.7         3.2          1.3         0.2  setosa
4          4.6         3.1          1.5         0.2  setosa
5          5.0         3.6          1.4         0.2  setosa
6          5.4         3.9          1.7         0.4  setosa
7          4.6         3.4          1.4         0.3  setosa
8          5.0         3.4          1.5         0.2  setosa
>
```

實例 ch15_13：擷取鳶尾花欄位是花瓣的長度 ("Petal.Length)，並觀察執行結果。

```
> x <- iris[, "Petal.Length"]
> x
  [1] 1.4 1.4 1.3 1.5 1.4 1.7 1.4 1.5 1.4 1.5 1.5 1.6 1.4 1.1 1.2 1.5 1.3
 [18] 1.4 1.7 1.5 1.7 1.5 1.0 1.7 1.9 1.6 1.6 1.5 1.4 1.6 1.6 1.5 1.5 1.4
 [35] 1.5 1.2 1.3 1.4 1.3 1.5 1.3 1.3 1.3 1.6 1.9 1.4 1.6 1.4 1.5 1.4 4.7
 [52] 4.5 4.9 4.0 4.6 4.5 4.7 3.3 4.6 3.9 3.5 4.2 4.0 4.7 3.6 4.4 4.5 4.1
 [69] 4.5 3.9 4.8 4.0 4.9 4.7 4.3 4.4 4.8 5.0 4.5 3.5 3.8 3.7 3.9 5.1 4.5
 [86] 4.5 4.7 4.4 4.1 4.0 4.4 4.6 4.0 3.3 4.2 4.2 4.2 4.3 3.0 4.1 6.0 5.1
[103] 5.9 5.6 5.8 6.6 4.5 6.3 5.8 6.1 5.1 5.3 5.5 5.0 5.1 5.3 5.5 6.7 6.9
[120] 5.0 5.7 4.9 6.7 4.9 5.7 6.0 4.8 4.9 5.6 5.8 6.1 6.4 5.6 5.1 5.6 6.1
[137] 5.6 5.5 4.8 5.4 5.6 5.1 5.1 5.9 5.7 5.2 5.0 5.2 5.4 5.1
>
```

　　由上述執行結果可以發現，iris 原是數據框資料型態，經上述擷取後，由於是單欄的數據，所以資料型態被 R 簡化為向量，如果想避免這類情況發生，可以在擷取資料時增加參數 "drop = FALSE"。

實例 ch15_14：增加參數 "drop = FALSE"，重新執行實例 ch15_13，擷取鳶尾花欄位是花瓣的長度 ("Petal.Length)，並觀察執行結果。

```
> x <- iris[, "Petal.Length", drop = FALSE]
> x
    Petal.Length
1            1.4
2            1.4
3            1.3
4            1.5
5            1.4
```

　　上述筆者只列出部分結果，如果用 str( ) 函數檢查，可以更加確定即使是單欄資料，我們仍獲得了數據框的結果。

```
> str(x)
'data.frame':    150 obs. of  1 variable:
 $ Petal.Length: num  1.4 1.4 1.3 1.5 1.4 1.7 1.4 1.5 1.4 1.5 ...
>
```

　　不過如果我們使用了 8-2-4 節方式擷取資料時，所獲得的結果也會是數據框。

實例 ch15_15：擷取單欄資料，所獲得的結果仍是數據框。

```
> x <- iris["Petal.Length"]
> x
    Petal.Length
1            1.4
2            1.4
3            1.3
4            1.5
5            1.4
```

　　上述筆者只列出部分結果，如果用 str( ) 函數檢查，也可以確定即使是單欄資料，我們採用這種方式仍獲得了數據框的結果。

```
> str(x)
'data.frame':    150 obs. of  1 variable:
 $ Petal.Length: num  1.4 1.4 1.3 1.5 1.4 1.7 1.4 1.5 1.4 1.5 ...
>
```

實例 ch15_16：擷取 Sepal.Length 和 Petal.Length 欄位的所有列的資料。

```
> iris[, c("Sepal.Length", "Petal.Length")]
   Sepal.Length Petal.Length
1          5.1          1.4
2          4.9          1.4
3          4.7          1.3
4          4.6          1.5
5          5.0          1.4
```

實例 ch15_17：擷取部分列(第3到7列)和部分欄(Sepal.Length 和 Petal.Length)的資料。

```
> iris[3:7, c("Sepal.Length", "Petal.Length")]
  Sepal.Length Petal.Length
3          4.7          1.3
4          4.6          1.5
5          5.0          1.4
6          5.4          1.7
7          4.6          1.4
>
```

在 15-2 節我們介紹了隨機抽樣的觀念，我們可以將那個觀念應用在這裡的。

實例 ch15_18：隨機抽取 8 筆鳶尾花的觀察數據。

```
> x <- sample(1:nrow(iris), 8)         #隨機抽8筆索引
> x
[1]   13 131  51 124 148  49  69 128
> iris[x, ]                            #列出這8筆資料
    Sepal.Length Sepal.Width Petal.Length Petal.Width    Species
13           4.8         3.0          1.4         0.1     setosa
131          7.4         2.8          6.1         1.9  virginica
51           7.0         3.2          4.7         1.4 versicolor
124          6.3         2.7          4.9         1.8  virginica
148          6.5         3.0          5.2         2.0  virginica
49           5.3         3.7          1.5         0.2     setosa
69           6.2         2.2          4.5         1.5 versicolor
128          6.1         3.0          4.9         1.8  virginica
>
```

註　nrow( ) 函數可傳回物件個數。

15-4-1 重複值的搜尋

duplicated( ) 函數可以執行搜尋物件是否有重複值，數值在第一次出現時會傳回 FALSE，未來重複出現時則傳回 TRUE。

實例 ch15_19：搜尋向量資料，瞭解是否有數值重複。

```
> duplicated(c(1, 1, 2, 2, 3, 5, 8, 1))
[1] FALSE  TRUE FALSE  TRUE FALSE FALSE FALSE  TRUE
>
```

由上述執行結果可以看到，數值若出現第 2 次接會傳回 TRUE。這個函數如果是應用在數據框則必須該列內所有資料與前面某列所有資料重複才算重複。

實例 ch15_20：搜尋 iris 數據框資料，瞭解是否有數值重複。

```
> duplicated(iris)
  [1] FALSE FALSE FALSE FALSE FALSE FALSE FALSE FALSE FALSE FALSE FALSE
 [12] FALSE FALSE FALSE FALSE FALSE FALSE FALSE FALSE FALSE FALSE FALSE
 [23] FALSE FALSE FALSE FALSE FALSE FALSE FALSE FALSE FALSE FALSE FALSE
 [34] FALSE FALSE FALSE FALSE FALSE FALSE FALSE FALSE FALSE FALSE FALSE
 [45] FALSE FALSE FALSE FALSE FALSE FALSE FALSE FALSE FALSE FALSE FALSE
 [56] FALSE FALSE FALSE FALSE FALSE FALSE FALSE FALSE FALSE FALSE FALSE
 [67] FALSE FALSE FALSE FALSE FALSE FALSE FALSE FALSE FALSE FALSE FALSE
 [78] FALSE FALSE FALSE FALSE FALSE FALSE FALSE FALSE FALSE FALSE FALSE
 [89] FALSE FALSE FALSE FALSE FALSE FALSE FALSE FALSE FALSE FALSE FALSE
[100] FALSE FALSE FALSE FALSE FALSE FALSE FALSE FALSE FALSE FALSE FALSE
[111] FALSE FALSE FALSE FALSE FALSE FALSE FALSE FALSE FALSE FALSE FALSE
[122] FALSE FALSE FALSE FALSE FALSE FALSE FALSE FALSE FALSE FALSE FALSE
[133] FALSE FALSE FALSE FALSE FALSE FALSE FALSE FALSE FALSE FALSE  TRUE
[144] FALSE FALSE FALSE FALSE FALSE FALSE FALSE
>
```

由上述執行結果，可以發現第 143 列資料傳回 TRUE，所以這列資料是重複出現。上述執行結果筆者試是觀察得到，更好的方式是使用下一節所介紹的函數。

15-4-2 which( ) 函數

這個函數可以傳回重複值的索引。

實例 ch15_21：傳回實例 ch15_19 重複值的索引。

```
> which(duplicated(c(1, 1, 2, 2, 3, 5, 8, 1)))
[1] 2 4 8
>
```

實例 ch15_22：傳回鳶尾花 iris 物件重複值的索引。

```
> which(duplicated(iris))
[1] 143
>
```

　　實例 ch15_20，筆者是用觀察執行結果得到第 143 筆資料是重複值，但在實例 ch15_22，我們已改成，用 which( ) 函數獲得第 143 筆資料是重複值。

15-4-3　擷取資料時去除重複值

　　有 2 個方法可以擷取資料時去除重複值，方法 1 是，使用負值索引。

實例 ch15_23.R：使用負值當索引去除 iris 物件的重複值。

```
1  #
2  # 實例ch15_23.R
3  #
4  ch15_23 <- function( )
5  {
6    i <- which(duplicated(iris))
7    x <- iris[-i, ]
8    print(x)
9  }
```

執行結果
```
> iris
     Sepal.Length Sepal.Width Petal.Length Petal.Width Species
   1          5.1         3.5          1.4         0.2  setosa
   2          4.9         3.0          1.4         0.2  setosa
   3          4.7         3.2          1.3         0.2  setosa
```

如果往下捲動，可以看到下列結果。

```
140          6.9          3.1          5.4          2.1  virginica
141          6.7          3.1          5.6          2.4  virginica
142          6.9          3.1          5.1          2.3  virginica
144          6.8          3.2          5.9          2.3  virginica
145          6.7          3.3          5.7          2.5  virginica
146          6.7          3.0          5.2          2.3  virginica
147          6.3          2.5          5.0          1.9  virginica
148          6.5          3.0          5.2          2.0  virginica
149          6.2          3.4          5.4          2.3  virginica
150          5.9          3.0          5.1          1.8  virginica
>
```

　　由上圖可以看到第 143 筆資料已被去除。方法 2 是直接使用邏輯運算,可參考下列實例。

實例 ch15_24:使用邏輯運算符號 "!" 當索引,去除 iris 物件的重複值。

```
> iris[!duplicated(iris), ]
    Sepal.Length Sepal.Width Petal.Length Petal.Width    Species
1            5.1         3.5          1.4         0.2     setosa
2            4.9         3.0          1.4         0.2     setosa
3            4.7         3.2          1.3         0.2     setosa
```

　　如果往下捲動,可以看到下列結果。

```
140          6.9          3.1          5.4          2.1  virginica
141          6.7          3.1          5.6          2.4  virginica
142          6.9          3.1          5.1          2.3  virginica
144          6.8          3.2          5.9          2.3  virginica
145          6.7          3.3          5.7          2.5  virginica
146          6.7          3.0          5.2          2.3  virginica
147          6.3          2.5          5.0          1.9  virginica
148          6.5          3.0          5.2          2.0  virginica
149          6.2          3.4          5.4          2.3  virginica
150          5.9          3.0          5.1          1.8  virginica
>
```

　　由上圖可以看到第 143 筆資料已被去除。

15-5　數據框資料的擷取 – NA 值的處理

在真實世界裡，有時候無法收集到正確資訊，此時可能用 NA 代表，這一個小節筆者將講解處理這類資料的方式。

15-5-1　擷取資料時去除含 NA 值

R 語言系統有一個內建的數據集 airquality，它的資料如下：

```
> airquality
    Ozone Solar.R Wind Temp Month Day
1      41     190  7.4   67     5   1
2      36     118  8.0   72     5   2
3      12     149 12.6   74     5   3
4      18     313 11.5   62     5   4
5      NA      NA 14.3   56     5   5
6      28      NA 14.9   66     5   6
```

如果往下捲動，可以看到下列結果。

```
148    14      20 16.6   63     9  25
149    30     193  6.9   70     9  26
150    NA     145 13.2   77     9  27
151    14     191 14.3   75     9  28
152    18     131  8.0   76     9  29
153    20     223 11.5   68     9  30
>
```

下列是使用 str( ) 函數瞭解其內涵。

```
> str(airquality)
'data.frame':    153 obs. of  6 variables:
 $ Ozone  : int  41 36 12 18 NA 28 23 19 8 NA ...
 $ Solar.R: int  190 118 149 313 NA NA 299 99 19 194 ...
 $ Wind   : num  7.4 8 12.6 11.5 14.3 14.9 8.6 13.8 20.1 8.6 ...
 $ Temp   : int  67 72 74 62 56 66 65 59 61 69 ...
 $ Month  : int  5 5 5 5 5 5 5 5 5 5 ...
 $ Day    : int  1 2 3 4 5 6 7 8 9 10 ...
>
```

由上圖可以知道上述是數據框物件，由上圖也可以看到上述物件含有許多 NA 值。R 語言提供 complete.cases( ) 函數，如果物件資料列是完整的則傳回 TRUE，如果物件資料含 NA 值則傳回 FALSE。

實例 ch15_25：使用 complete.cases( ) 函數測試 airquality 物件。

```
> complete.cases(airquality)
  [1]  TRUE  TRUE  TRUE  TRUE FALSE FALSE  TRUE  TRUE  TRUE FALSE FALSE
 [12]  TRUE  TRUE  TRUE  TRUE  TRUE  TRUE  TRUE  TRUE  TRUE  TRUE  TRUE
 [23]  TRUE  TRUE FALSE FALSE FALSE  TRUE  TRUE  TRUE  TRUE FALSE FALSE
 [34] FALSE FALSE FALSE FALSE  TRUE FALSE  TRUE  TRUE FALSE FALSE  TRUE
 [45] FALSE FALSE  TRUE  TRUE  TRUE  TRUE  TRUE FALSE FALSE FALSE FALSE
 [56] FALSE FALSE FALSE FALSE FALSE FALSE  TRUE  TRUE  TRUE FALSE  TRUE
 [67]  TRUE  TRUE  TRUE  TRUE  TRUE FALSE  TRUE  TRUE FALSE  TRUE  TRUE
 [78]  TRUE  TRUE  TRUE  TRUE  TRUE FALSE FALSE  TRUE  TRUE  TRUE  TRUE
 [89]  TRUE  TRUE  TRUE  TRUE  TRUE  TRUE  TRUE FALSE FALSE FALSE  TRUE
[100]  TRUE  TRUE FALSE FALSE  TRUE  TRUE  TRUE FALSE  TRUE  TRUE  TRUE
[111]  TRUE  TRUE  TRUE  TRUE FALSE  TRUE  TRUE  TRUE FALSE  TRUE  TRUE
[122]  TRUE  TRUE  TRUE  TRUE  TRUE  TRUE  TRUE  TRUE  TRUE  TRUE  TRUE
[133]  TRUE  TRUE  TRUE  TRUE  TRUE  TRUE  TRUE  TRUE  TRUE  TRUE  TRUE
[144]  TRUE  TRUE  TRUE  TRUE  TRUE  TRUE FALSE  TRUE  TRUE  TRUE
>
```

實例 ch15_26：擷取 airquality 物件資料時去除含 NA 值。

```
> x.NoNA <- airquality[complete.cases(airquality), ]
> x.NoNA
  Ozone Solar.R Wind Temp Month Day
1    41     190  7.4   67     5   1
2    36     118  8.0   72     5   2
3    12     149 12.6   74     5   3
```

如果往下捲動，可以看到下列結果。

```
151    14     191 14.3   75     9  28
152    18     131  8.0   76     9  29
153    20     223 11.5   68     9  30
>
```

由上述執行結果，可以看到 x.NoNA 物件將不再有 NA 資料了。下列是用 str( ) 函數了解新物件的畫面。

```
> str(x.NoNA)
'data.frame':   111 obs. of  6 variables:
 $ Ozone  : int  41 36 12 18 23 19 8 16 11 14 ...
 $ Solar.R: int  190 118 149 313 299 99 19 256 290 274 ...
 $ Wind   : num  7.4 8 12.6 11.5 8.6 13.8 20.1 9.7 9.2 10.9 ...
 $ Temp   : int  67 72 74 62 65 59 61 69 66 68 ...
 $ Month  : int  5 5 5 5 5 5 5 5 5 5 ...
 $ Day    : int  1 2 3 4 7 8 9 12 13 14 ...
>
```

可以看到原先有 153 筆資料，最後只剩 111 筆資料了。

15-5-2　na.omit( ) 函數

na.omit( ) 函數也可以執行 15-5-1 節敘述的功能。

實例 ch15_27：使用 na.omit( ) 函數重新執行實例 ch15_26，擷取 airquality 物件資料時去除含 NA 值。

```
> x2.NoNA <- na.omit(airquality)
> str(x2.NoNA)
'data.frame':   111 obs. of  6 variables:
 $ Ozone  : int  41 36 12 18 23 19 8 16 11 14 ...
 $ Solar.R: int  190 118 149 313 299 99 19 256 290 274 ...
 $ Wind   : num  7.4 8 12.6 11.5 8.6 13.8 20.1 9.7 9.2 10.9 ...
 $ Temp   : int  67 72 74 62 65 59 61 69 66 68 ...
 $ Month  : int  5 5 5 5 5 5 5 5 5 5 ...
 $ Day    : int  1 2 3 4 7 8 9 12 13 14 ...
 - attr(*, "na.action")=Class 'omit'  Named int [1:42] 5 6 10 11 25 26 27 32 33 34 ...
 .. ..- attr(*, "names")= chr [1:42] "5" "6" "10" "11" ...
>
```

15-6　數據框欄的運算

對於數據框而言，每一個欄位皆是一個向量，所以對於欄位之間的運算，也可以視之為向量的運算。

15-6-1　基本數據框欄的運算

實例 ch15_28：使用 iris 物件，計算鳶尾花，花萼和花瓣的長度比。

```
> r <- iris$Sepal.Length / iris$Petal.Length
> r
  [1] 3.642857 3.500000 3.615385 3.066667 3.571429 3.176471 3.285714 3.333333
  [9] 3.142857 3.266667 3.600000 3.000000 3.428571 3.909091 4.833333 3.800000
 [17] 4.153846 3.642857 3.352941 3.400000 3.176471 3.400000 4.600000 3.000000
 [25] 2.526316 3.125000 3.125000 3.466667 3.714286 2.937500 3.000000 3.600000
 [33] 3.466667 3.928571 3.266667 4.166667 4.230769 3.500000 3.384615 3.400000
 [41] 3.846154 3.461538 3.384615 3.125000 2.684211 3.428571 3.187500 3.285714
 [49] 3.533333 3.571429 1.489362 1.422222 1.408163 1.375000 1.413043 1.266667
 [57] 1.340426 1.484848 1.434783 1.333333 1.428571 1.404762 1.500000 1.297872
 [65] 1.555556 1.522727 1.244444 1.414634 1.377778 1.435897 1.229167 1.525000
 [73] 1.285714 1.297872 1.488372 1.500000 1.416667 1.340000 1.333333 1.628571
```

```
[81] 1.447368 1.486486 1.487179 1.176471 1.200000 1.333333 1.425532 1.431818
[89] 1.365854 1.375000 1.250000 1.326087 1.450000 1.515152 1.333333 1.357143
[97] 1.357143 1.441860 1.700000 1.390244 1.050000 1.137255 1.203390 1.125000
[105] 1.120690 1.151515 1.088889 1.158730 1.155172 1.180328 1.274510 1.207547
[113] 1.236364 1.140000 1.137255 1.207547 1.181818 1.149254 1.115942 1.200000
[121] 1.210526 1.142857 1.149254 1.285714 1.175439 1.200000 1.291667 1.244898
[129] 1.142857 1.241379 1.213115 1.234375 1.142857 1.235294 1.089286 1.262295
[137] 1.125000 1.163636 1.250000 1.277778 1.196429 1.352941 1.137255 1.152542
[145] 1.175439 1.288462 1.260000 1.250000 1.148148 1.156863
>
```

還記得嗎？如果不想顯示這麼多結果，可以使用 head( ) 函數，預設是顯示 6 筆資料，如下所示：

```
> head(r)
[1] 3.642857 3.500000 3.615385 3.066667 3.571429 3.176471
>
```

15-6-2　with( ) 函數

在執行數據框的欄位運算時 " 數據框名稱 " 加上 "$"，的確好用，但是 R 語言開發團隊仍不滿足，因此又開發了一個好用的函數 with( )，使用這個函數可以省略 "$" 符號，甚至也可以省略數據框的名稱。這個函數的使用格式如下：

　　　with(data, expression, …)

data：欲處理的物件。

expression：運算公式

實例 ch15_29：使用 with( ) 函數重新設計實例 ch15_28，計算鳶尾花，花萼和花瓣的長度比。

```
> r.with <- with(iris, Sepal.Length / Petal.Length)
> head(r.with)
[1] 3.642857 3.500000 3.615385 3.066667 3.571429 3.176471
>
```

對上述實例而言，當 R 語言遇上 with(iris, …) 時，編譯程式就知道後面的運算公式，是屬於 iris 的欄位，因此運算公式可以省略物件名稱，此例是 iris。

15-6-3　再看 identical( ) 函數

這個函數基本用法是測試 2 個物件是否完全相同，如果完全相同將傳回 TRUE，否則傳回 FALSE。實例 ch15_28 和實例 ch15_19，筆者使用了 2 種方法計算鳶尾花，花萼和花瓣的長度比。

實例 ch15_30：使用 identical( ) 函數測試，實例 ch15_28 和實例 ch15_19 的結果是否完全相同。

```
> identical(r, r.with)
[1] TRUE
>
```

15-6-4　欄位運算結果存入新的欄位

15-6-1 節介紹了數據框的欄位運算，但我們將運算結果存入一個向量內，其實我們也可以將數據框欄位的運算結果，存入該數據框內成為新的一個欄位。

實例 ch15_31：使用 iris 物件，計算鳶尾花，花萼和花瓣的長度比，同時將運算結果存入 iris 物件新的欄位 length.Ratio。

```
> my.iris <- iris
> my.iris$length.Ratio <- my.iris$Sepal.Length / my.iris$Petal.Length
>
```

在上述程式中，如果筆者忽略 "my.iris <- iris"，將造成執行完下一道指令後，筆者系統內建的 iris 物件被更改，所以筆者先將 iris 物件拷貝一份名為 "my.iris"，未來只針對新物件做編輯，其實也建議讀者養成盡量不要更動系統內建數據集的習慣。下列是筆者驗證新物件 "my.iris" 是否增加欄位 "length.Ratio" 的執行結果。

```
> head(my.iris)
  Sepal.Length Sepal.Width Petal.Length Petal.Width Species length.Ratio
1          5.1         3.5          1.4         0.2  setosa     3.642857
2          4.9         3.0          1.4         0.2  setosa     3.500000
3          4.7         3.2          1.3         0.2  setosa     3.615385
4          4.6         3.1          1.5         0.2  setosa     3.066667
5          5.0         3.6          1.4         0.2  setosa     3.571429
6          5.4         3.9          1.7         0.4  setosa     3.176471
>
```

由最右邊一欄，可以知道上述程式執行成功了。

15-6-5　within( ) 函數

　　15-6-2 節筆者介紹了 with( ) 函數，有了它在欄位運算時可以省略物件名稱和 "$"
符號，within( ) 函數也具有類似功能，不過 within( ) 函數主要是用在欄位運算時，將運
算結果放在相同物件新建欄位上，類似 15-6-4 節所述。

實例 ch15_32：使用 within( ) 函數重新設計實例 ch15_31，使用 iris 物件，計算鳶尾花，
花萼和花瓣的長度比，同時將運算結果存入 iris 物件新的欄位 length.Ratio。

```
> my.iris2 <- iris
> my.iris2 <- within(my.iris2, length.Ratio <- Sepal.Length / Petal.Length)
> head(my.iris2)
  Sepal.Length Sepal.Width Petal.Length Petal.Width Species length.Ratio
1          5.1         3.5          1.4         0.2  setosa     3.642857
2          4.9         3.0          1.4         0.2  setosa     3.500000
3          4.7         3.2          1.3         0.2  setosa     3.615385
4          4.6         3.1          1.5         0.2  setosa     3.066667
5          5.0         3.6          1.4         0.2  setosa     3.571429
6          5.4         3.9          1.7         0.4  setosa     3.176471
>
```

　　within( ) 函數與 with( ) 函數作比較，其實主要是第 2 個參數，在執行運算式前
的 "length.Ratio <- "，可以想成 " 新欄位名稱 " + " 等號 "，R 語言編譯時會將運算結果
存入這個新欄位 (此例是 length.Ratio) 上。當然我們也可以使用 identical( ) 函數驗證
my.iris 和 my.iris2 是否相同。

實例 ch15_33：使用 identical( ) 函數驗證 my.iris 和 my.iris2 物件是否完全相同。

```
> identical(my.iris, my.iris2)
[1] TRUE
>
```

15-7　數據的分割

　　原始數據可能很龐大，有時我們可能會想將數據依某些條件進行等量分割，本節筆者將使用先前章節有用過的系統內建數據集 state.x77 物件，這個物件包含美國 50 個州的資料。

```
> state.x77
           Population Income Illiteracy Life Exp Murder HS Grad Frost    Area
Alabama          3615   3624        2.1    69.05   15.1    41.3    20   50708
Alaska            365   6315        1.5    69.31   11.3    66.7   152  566432
Arizona          2212   4530        1.8    70.55    7.8    58.1    15  113417
Arkansas         2110   3378        1.9    70.66   10.1    39.9    65   51945
California      21198   5114        1.1    71.71   10.3    62.6    20  156361
Colorado         2541   4884        0.7    72.06    6.8    63.9   166  103766
Connecticut      3100   5348        1.1    72.48    3.1    56.0   139    4862
Delaware          579   4809        0.9    70.06    6.2    54.6   103    1982
Florida          8277   4815        1.3    70.66   10.7    52.6    11   54090
Georgia          4931   4091        2.0    68.54   13.9    40.6    60   58073
```

　　上述筆者限於篇幅，並沒有完全列印出 50 州的資料，本實例將使用的欄位是 Population，單位是千人。

15-7-1　cut( ) 函數

　　這個函數可以將數據等量切割，切割後的數據將是因子 (factor) 資料型態。

實例 ch15_34：將 state.x77 物件依人口數做分割，分成 5 等分。

```
> popu <- state.x77[, "Population"]
> cut(popu, 5)                          #分割成5等份
 [1] (344,4.53e+03]     (344,4.53e+03]     (344,4.53e+03]     (344,4.53e+03]     (1.7e+04,2.12e+04]
 [6] (344,4.53e+03]     (344,4.53e+03]     (344,4.53e+03]     (4.53e+03,8.7e+03] (4.53e+03,8.7e+03]
[11] (344,4.53e+03]     (344,4.53e+03]     (8.7e+03,1.29e+04] (4.53e+03,8.7e+03] (344,4.53e+03]
[16] (344,4.53e+03]     (344,4.53e+03]     (344,4.53e+03]     (344,4.53e+03]     (344,4.53e+03]
[21] (4.53e+03,8.7e+03] (8.7e+03,1.29e+04] (344,4.53e+03]     (344,4.53e+03]     (4.53e+03,8.7e+03]
[26] (344,4.53e+03]     (344,4.53e+03]     (344,4.53e+03]     (344,4.53e+03]     (4.53e+03,8.7e+03]
[31] (344,4.53e+03]     (1.7e+04,2.12e+04] (4.53e+03,8.7e+03] (344,4.53e+03]     (8.7e+03,1.29e+04]
[36] (344,4.53e+03]     (344,4.53e+03]     (8.7e+03,1.29e+04] (344,4.53e+03]     (344,4.53e+03]
[41] (344,4.53e+03]     (344,4.53e+03]     (8.7e+03,1.29e+04] (344,4.53e+03]     (344,4.53e+03]
[46] (4.53e+03,8.7e+03] (344,4.53e+03]     (344,4.53e+03]     (4.53e+03,8.7e+03] (344,4.53e+03]
Levels: (344,4.53e+03] (4.53e+03,8.7e+03] (8.7e+03,1.29e+04] (1.29e+04,1.7e+04] (1.7e+04,2.12e+04]
>
```

　　看到上述用科學符號表示的數據，筆者也有一點頭昏了，其實原則是最多人數的州，減去最少人數的州，再均分成 5 等份。

15-7-2　分割數據時直接使用 labels 設定名稱

接下來我們將以實例做說明，讓數據簡潔易懂。

實例 ch15_35：切割 Popu 數據時，人口數由多到少，給予名稱分別為 "High"、"2nd"、"3rd"、"4th"、"Low"。

```
> cut(popu, 5, labels = c("Low", "4th", "3rd", "2nd", "High"))
 [1] Low  Low  Low  Low  High Low  Low  Low  4th  4th  Low  Low  3rd  4th  Low
[16] Low  Low  Low  Low  Low  4th  3rd  Low  Low  4th  Low  Low  Low  Low  4th
[31] Low  High 4th  Low  3rd  Low  Low  3rd  Low  Low  Low  Low  3rd  Low  Low
[46] 4th  Low  Low  4th  Low
Levels: Low 4th 3rd 2nd High
>
```

15-7-3　瞭解每一人口數分類有多少州

若想瞭解每一人口數分類有多少州，可以使用 6-8 節所介紹的 table( ) 函數。

實例 ch15_36：延續實例 ch15_35，瞭解每一人口數分類有多少州。

```
> x.popu <- cut(popu, 5, labels = c("Low", "4th", "3rd", "2nd", "High"))
> table(x.popu)
x.popu
 Low  4th  3rd  2nd High
  34    9    5    0    2
>
```

由以上數據可以看出，美國絕大部份的州人口數皆在 453 萬之內，美國有 50 個州，筆者已旅遊過 49 個州，只能說美國真是地大物博、得天獨厚。

15-8　數據資料的合併

數據分析師在資料處理過程中，一定會需要將資料合併，在 7-4 節筆者有介紹使用 rbind( ) 函數增加數據框的列資料，當然先決條件是，2 組數據有相同的欄位順序。在 7-5 節筆者有介紹使用 cbind( ) 函數增加數據框的欄資料，當然先決條件是，2 組數據有相同的列順序。

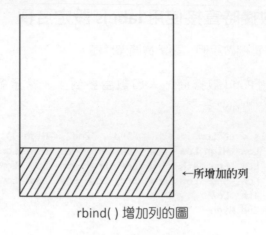

←所增加的列

rbind( ) 增加列的圖

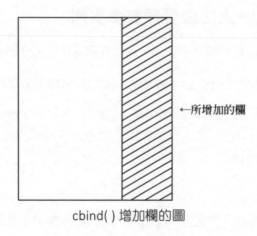

←所增加的欄

cbind( ) 增加欄的圖

本節筆者將介紹使用 merge( ) 函數，將 2 個物件依據其共有的特性執行合併。

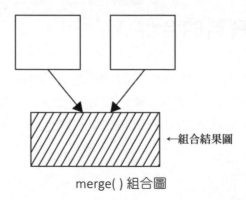

←組合結果圖

merge( ) 組合圖

當然 2 組數據要能夠合併或稱組合，彼此的鍵值 (Key) 也可想成欄位資料一定要有相當的關聯，才可執行彼此的合併。

15-8-1　先前準備工作

本節所使用的實例仍將採用 R 語言系統內建的數據集 state.x77，這是一個含有列 (row) 名稱及欄 (column) 名稱的矩陣。

實例 ch15_37：將 state.x77 拷貝一份出來，同時轉存成 mystate.x77 數據框。

```
> mystates.x77 <- as.data.frame(state.x77)
> str(mystates.x77)
'data.frame':   50 obs. of  8 variables:
 $ Population: num  3615 365 2212 2110 21198 ...
 $ Income    : num  3624 6315 4530 3378 5114 ...
 $ Illiteracy: num  2.1 1.5 1.8 1.9 1.1 0.7 1.1 0.9 1.3 2 ...
 $ Life Exp  : num  69 69.3 70.5 70.7 71.7 ...
 $ Murder    : num  15.1 11.3 7.8 10.1 10.3 6.8 3.1 6.2 10.7 13.9 ...
 $ HS Grad   : num  41.3 66.7 58.1 39.9 62.6 63.9 56 54.6 52.6 40.6 ...
 $ Frost     : num  20 152 15 65 20 166 139 103 11 60 ...
 $ Area      : num  50708 566432 113417 51945 156361 ...
>
```

由上述 str(mystates.x77) 可知，已轉存成數據框了，接下來，我們為這個新的數據框增加新欄位 Name。

實例 ch15_38：為 mystates.x77 增加第 9 個欄位 Name。

```
> mystates.x77$Name <- rownames(state.x77)
> str(mystates.x77)
'data.frame':   50 obs. of  9 variables:
 $ Population: num  3615 365 2212 2110 21198 ...
 $ Income    : num  3624 6315 4530 3378 5114 ...
 $ Illiteracy: num  2.1 1.5 1.8 1.9 1.1 0.7 1.1 0.9 1.3 2 ...
 $ Life Exp  : num  69 69.3 70.5 70.7 71.7 ...
 $ Murder    : num  15.1 11.3 7.8 10.1 10.3 6.8 3.1 6.2 10.7 13.9 ...
 $ HS Grad   : num  41.3 66.7 58.1 39.9 62.6 63.9 56 54.6 52.6 40.6 ...
 $ Frost     : num  20 152 15 65 20 166 139 103 11 60 ...
 $ Area      : num  50708 566432 113417 51945 156361 ...
 $ Name      : chr  "Alabama" "Alaska" "Arizona" "Arkansas" ...
>
```

由上述執行結果，最下面一列可知，我們已經成功為 mystates.x77 建立 Name 欄位了。如果此時列出物件可以發現，列名是州名，在已有 Name 欄位後，這已是多餘。

```
> head(mystates.x77)
           Population Income Illiteracy Life Exp Murder HS Grad Frost    Area       Name
Alabama          3615   3624        2.1    69.05   15.1    41.3    20   50708    Alabama
Alaska            365   6315        1.5    69.31   11.3    66.7   152  566432     Alaska
Arizona          2212   4530        1.8    70.55    7.8    58.1    15  113417    Arizona
Arkansas         2110   3378        1.9    70.66   10.1    39.9    65   51945   Arkansas
California      21198   5114        1.1    71.71   10.3    62.6    20  156361 California
Colorado         2541   4884        0.7    72.06    6.8    63.9   166  103766   Colorado
>
```

實例 ch15_39：刪除 mystates.x77 的列名稱。

```
> row.names(mystates.x77) <- NULL
> head(mystates.x77)
  Population Income Illiteracy Life Exp Murder HS Grad Frost    Area       Name
1       3615   3624        2.1    69.05   15.1    41.3    20   50708    Alabama
2        365   6315        1.5    69.31   11.3    66.7   152  566432     Alaska
3       2212   4530        1.8    70.55    7.8    58.1    15  113417    Arizona
4       2110   3378        1.9    70.66   10.1    39.9    65   51945   Arkansas
5      21198   5114        1.1    71.71   10.3    62.6    20  156361 California
6       2541   4884        0.7    72.06    6.8    63.9   166  103766   Colorado
>
```

由上圖可知，列名稱被刪除後，系統將以數字取代。接下來，我們需使用上述 mystates.x77 物件，準備 2 筆新的數據框做未來合併之用。

實例 ch15_40：準備 mypopu.states 物件，條件是人口數大於 500 萬，由於原物件人口單位數是千人，所以設定時是 5000 即可。同時這個新物件需要有 2 個欄位，分別是 Name 和 Population。

```
> mypopu.states <- mystates.x77[mystates.x77$Population > 5000, c("Name", "Population")]
> mypopu.states
              Name Population
5       California      21198
9          Florida       8277
13        Illinois      11197
14         Indiana       5313
21   Massachusetts       5814
22        Michigan       9111
30      New Jersey       7333
32        New York      18076
33  North Carolina       5441
35            Ohio      10735
38    Pennsylvania      11860
43           Texas      12237
>
```

實例 ch15_41：準備 myincome.states 物件，條件是月平均收入大於 5000 美元。同時這個新物件需要有 2 個欄位，分別是 Name 和 Income。

```
> myincome.states <- mystates.x77[mystates.x77$Income > 5000, c("Name", "Income")]
> myincome.states
          Name Income
2       Alaska   6315
5    California   5114
7   Connecticut   5348
13     Illinois   5107
20     Maryland   5299
28       Nevada   5149
30   New Jersey   5237
34 North Dakota   5087
>
```

15-8-2　merge( ) 函數使用在交集狀況

所謂交集狀況是指 2 個條件皆符合，這個函數的基本使用格式如下：

merge(x, y, all = FALSE)

x, y 是要做合併的物件，預設情況是 "all = FALSE"，所以若省略這個參數是代表執行的是交集的合併。

實例 ch15_42：合併符合人口數超過 500 萬人的州和月收入超過 5000 美元的州。

```
> merge(mypopu.states, myincome.states)
        Name Population Income
1 California      21198   5114
2   Illinois      11197   5107
3 New Jersey       7333   5237
>
```

上述執行結果我們產生了新的物件，其中 Name 是彼此共有的欄位，Population 欄位是來自 mypopu.states 物件，Income 欄位是來自 myincome.states 物件。

15-8-3　merge( ) 函數使用在聯集狀況

所謂聯集狀況是指 2 個條件有一個符合即可，此時需設定參數 "all = FALSE" 為 "all = TRUE"。

實例 ch15_43：合併只要符合人口數超過 500 萬人的州和月收入超過 5000 美元的州，其中一個條件符合即可。

```
> merge(mypopu.states, myincome.states, all = TRUE)
            Name Population Income
1         Alaska         NA   6315
2     California      21198   5114
3    Connecticut         NA   5348
4        Florida       8277     NA
5       Illinois      11197   5107
6        Indiana       5313     NA
7       Maryland         NA   5299
8  Massachusetts       5814     NA
9       Michigan       9111     NA
10        Nevada         NA   5149
11    New Jersey       7333   5237
12      New York      18076     NA
13 North Carolina      5441     NA
14  North Dakota         NA   5087
15          Ohio      10735     NA
16  Pennsylvania      11860     NA
17         Texas      12237     NA
>
```

在做聯集合併過程中，如果原先欄位不存在的資料將以 NA 值填充。

15-8-4　merge( ) 函數參數 "all.x = TRUE"

參數 "all.x = TRUE"，x 是指 merge( ) 函數的第一個物件，使用 merge( ) 函數時若加上這個參數代表，所有 x 物件資料均在這個合併結果內，在合併結果原屬於 y 物件的欄位，如果原先欄位不存在的資料將以 NA 值填充。

實例 ch15_44：執行 mypopu.states 物件和 myincome.states 物件的合併，但增加參數 "all.x = TRUE"。

```
> merge(mypopu.states, myincome.states, all.x = TRUE)
            Name Population Income
1     California      21198   5114
2        Florida       8277     NA
3       Illinois      11197   5107
4        Indiana       5313     NA
5  Massachusetts       5814     NA
6       Michigan       9111     NA
7     New Jersey       7333   5237
```

```
8       New York        18076    NA
9   North Carolina       5441    NA
10         Ohio         10735    NA
11    Pennsylvania      11860    NA
12         Texas        12237    NA
> |
```

由上述執行結果可知，原來 California、Illinois 和 New Jersey 在第 2 個物件 myincome.states 內就有值存在所以直接填入值，其餘沒有的資料則填入 NA。

15-8-5　merge( ) 函數參數 "all.y = TRUE"

參數 "all.y = TRUE"，y 是指 merge( ) 函數的第二個物件，使用 merge( ) 函數時若加上這個參數代表，所有 y 物件資料均在這個合併結果內，在合併結果原屬於 x 物件的欄位，如果原先欄位不存在的資料將以 NA 值填充。

實例 ch15_44_1：執行 mypopu.states 物件和 myincome.states 物件的合併，但增加參數 "all.y = TRUE"。

```
> merge(mypopu.states, myincome.states, all.y = TRUE)
        Name Population Income
1       Alaska         NA   6315
2   California      21198   5114
3  Connecticut         NA   5348
4     Illinois      11197   5107
5     Maryland         NA   5299
6       Nevada         NA   5149
7   New Jersey       7333   5237
8 North Dakota         NA   5087
>
```

15-8-6　match( ) 函數

match( ) 函數類似是 2 個物件的交集運作，完整解釋應為，對第一個物件 x 的某列資料而言，若在第二個 y 物間內找到符合的條件，則傳回第二個物件所在位置 (可想成索引值)，否則傳回 NA。所以執行完 match( ) 函數後會傳回一個與第一個物件 x 物件列數相同長度的向量。

實例 ch15_45：找出人口數多於 500 萬，同時月均收入超過 5000 美元中，在物件 myincome.states 中的位置，這個實例會傳回一個向量，在向量中的數值 (可想成索引值) 即是我們要的結果。

```
> my.index <- match(mypopu.states$Name, myincome.states$Name)
> my.index
 [1]  2 NA  4 NA NA NA  7 NA NA NA NA NA
>
```

上述 my.index 的長度是 12，下列試驗證 mypopu.states 物件是否有 12 筆資料。

```
> lengths(mypopu.states)
      Name Population
        12         12
>
```

由上述執行結果可知我們的論述是正確的，接著我們要萃取出符合條件的資料。

實例 ch15_46：萃取出人口數多於 500 萬，同時月均收入超過 5000 美元的州資料。

```
> myincome.states[na.omit(my.index), ]
        Name Income
5  California   5114
13    Illinois   5107
30 New Jersey   5237
>
```

15-8-7　%in%

%in% 符號可以執行類似前一小節 match( ) 函數的功能，不過這個符號將返回與第一個物件相同長度的邏輯向量，在向量中若元素為 TRUE 則表示是我們要的資料。

實例 ch15_47：使用 %in% 重新執行實例 ch15_45，找出人口數多於 500 萬，同時月均收入超過 5000 美元中的邏輯向量，將這個邏輯向量當第一個物件的索引值，在向量中的邏輯值 (可想成索引值) 如果是 TRUE，即是我們要的結果。

```
> my.index2 <- mypopu.states$Name %in% myincome.states$Name
> my.index2
 [1]  TRUE FALSE  TRUE FALSE FALSE FALSE  TRUE FALSE FALSE FALSE
[11] FALSE FALSE
>
```

經以上實例後，更完整解釋 %in% 符號應該是，當第一個物件在第二個物件內找到符合條件的值時，則傳回 TRUE，否則傳回 FALSE。上述實例同時驗證傳回向量長度是 12，這是符合第一筆物件的長度。下列是正式列出符合條件的結果。

實例 ch15_48：萃取出人口數多於 500 萬，同時月均收入超過 5000 美元的州資料。

```
> mypopu.states[my.index2, ]
         Name Population
5  California      21198
13    Illinois     11197
30 New Jersey       7333
>
```

15-8-8　match( ) 函數結果的調整

match( ) 函數傳回的結果是一個向量，其實也可以使用 "!is.na( )" 函數，將它調整為邏輯向量。

實例 ch15_49：修改實例 ch15_45，但調整為索引是邏輯向量。

```
> my.index <- match(mypopu.states$Name, myincome.states$Name)
> my.index3 <- !is.na(my.index)
```

下列是 my.index3 索引向量內容。

```
> my.index3
 [1]  TRUE FALSE  TRUE FALSE FALSE FALSE  TRUE FALSE FALSE FALSE
[11] FALSE FALSE
>
```

實例 ch15_50：使用實例 ch15_49 的執行結果，萃取出人口數多於 500 萬，同時月均收入超過 5000 美元的州資料。

```
> mypopu.states[my.index3, ]
         Name Population
5  California      21198
13    Illinois     11197
30 New Jersey       7333
>
```

15-9 數據排序

在 4-2 節筆者有介紹 sort( ) 函數執行向量的排序，本節將針對有關的排序知識做一個完整的說明。

15-9-1 先前準備工作

為了方便解說，我們將使用先前多次使用的 R 語言系統內建的數據集 state.x77 和 state.region(這是美國各州所屬區域) 做解說。

實例 ch15_51：將 state.region 物件和 state.x77 物件組合成數據框。

```
> mystate.info <- data.frame(Region = state.region, state.x77)
> head(mystate.info)         #列出前6筆資料
           Region Population Income Illiteracy Life.Exp Murder HS.Grad Frost    Area
Alabama     South       3615   3624        2.1    69.05   15.1    41.3    20   50708
Alaska      West         365   6315        1.5    69.31   11.3    66.7   152  566432
Arizona     West        2212   4530        1.8    70.55    7.8    58.1    15  113417
Arkansas    South       2110   3378        1.9    70.66   10.1    39.9    65   51945
California  West       21198   5114        1.1    71.71   10.3    62.6    20  156361
Colorado    West        2541   4884        0.7    72.06    6.8    63.9   166  103766
>
```

目前上述資料 mystate.info 數據框物件是用州名的英文字母排序。為了能完整表達 Region 欄位，可以有所有 4 區的資料，筆者再取 mystate.info 物件前 15 筆資料。

實例 ch15_52：取得前一節實例所建 mystate.info 數據框物件前 15 筆資料。

```
> state.info <- mystate.info[1:15, ]
> state.info
              Region Population Income Illiteracy Life.Exp Murder HS.Grad Frost    Area
Alabama        South       3615   3624        2.1    69.05   15.1    41.3    20   50708
Alaska          West         365   6315        1.5    69.31   11.3    66.7   152  566432
Arizona         West        2212   4530        1.8    70.55    7.8    58.1    15  113417
Arkansas       South       2110   3378        1.9    70.66   10.1    39.9    65   51945
California      West       21198   5114        1.1    71.71   10.3    62.6    20  156361
Colorado        West        2541   4884        0.7    72.06    6.8    63.9   166  103766
Connecticut Northeast      3100   5348        1.1    72.48    3.1    56.0   139    4862
Delaware       South        579   4809        0.9    70.06    6.2    54.6   103    1982
Florida        South       8277   4815        1.3    70.66   10.7    52.6    11   54090
Georgia        South       4931   4091        2.0    68.54   13.9    40.6    60   58073
Hawaii          West        868   4963        1.9    73.60    6.2    61.9     0    6425
Idaho           West        813   4119        0.6    71.87    5.3    59.5   126   82677
Illinois North Central    11197   5107        0.9    70.14   10.3    52.6   127   55748
Indiana  North Central     5313   4458        0.7    70.88    7.1    52.9   122   36097
Iowa     North Central     2861   4628        0.5    72.56    2.3    59.0   140   55941
>
```

未來 15-9 節其它小節實例將以上述所建的 state.info 數據框為例做說明。

15-9-2 向量的排序

筆者在 4-2 節的實例 ch4_27 和 4-9-3 節的實例 ch4_85 已介紹過向量的排序，本節將舉不同實例做解說。其實對前一小節所建的數據框而言，每個欄位皆是一個向量，所以我們可用下列方式做排序。

實例 ch15_53：遞增排序，依照收入將 state.info 物間的 Income 欄位資料由小排到大。

```
> sort(state.info$Income)
 [1] 3378 3624 4091 4119 4458 4530 4628 4809 4815 4884 4963 5107 5114 5348 6315
>
```

實例 ch15_54：遞減排序，依照收入將 state.info 物間的 Income 欄位資料由大排到小。

```
> sort(state.info$Income, decreasing = TRUE)
 [1] 6315 5348 5114 5107 4963 4884 4815 4809 4628 4530 4458 4119 4091 3624 3378
>
```

15-9-3 order( ) 函數

這也是一個排序函數，這個函數將傳回每一筆元素在所排序列的位置。

實例 ch15_55：使用 order( ) 函數取代 sort( ) 函數，重新執行實例 ch15_53 遞增排序，以便瞭解 order( ) 函數的意義。

```
> order(state.info$Income)
 [1]  4  1 10 12 14  3 15  8  9  6 11 13  5  7  2
>
```

上述執行結果在 order( ) 函數的遞增排序過程中的意義如下：

第 1 個向量位置應放原向量第 4 筆資料。

第 2 個向量位置應放原向量第 1 筆資料。

第 3 個向量位置應放原向量第 10 筆資料。

…

…

其他依此類推，下一小節將配合數據框做一個完整說明。這個函數預設情況和 sort( ) 函數相同，有一個參數預設是 "decreasing = FALSE"，表示是執行遞增排序，如果想執行遞減排序需增加參數 "decreasing = TRUE"。

實例 ch15_56：使用 order( ) 函數取代 sort( ) 函數，重新執行實例 ch15_54 遞減排序，以便瞭解 order( ) 函數的意義。

```
> order(state.info$Income, decreasing = TRUE)
 [1]  2  7  5 13 11  6  9  8 15  3 14 12 10  1  4
>
```

上述執行結果在 order( ) 函數的遞減排序過程中的意義如下：

第 1 個向量位置應放原向量第 2 筆資料。

第 2 個向量位置應放原向量第 7 筆資料。

第 3 個向量位置應放原向量第 5 筆資料。

…

…

其他依此類推，如果講解至此對 order( ) 函數執行結果仍不太明白，沒關係，下一小節將配合數據框做一個完整說明。

15-9-4　數據框的排序

其實如果將 order( ) 函數執行結果的向量放在原 state.info 數據框物件當作索引向量，前一小節的意義將變得很清楚。

實例 ch15_57：對 state.info 數據框依據 Income 欄位執行遞增排序。

```
> inc.order <- order(state.info$Income)
> state.info[inc.order, ]
              Region Population Income Illiteracy Life.Exp Murder HS.Grad Frost    Area
Arkansas       South       2110   3378        1.9    70.66   10.1    39.9    65   51945
Alabama        South       3615   3624        2.1    69.05   15.1    41.3    20   50708
Georgia        South       4931   4091        2.0    68.54   13.9    40.6    60   58073
Idaho           West        813   4119        0.6    71.87    5.3    59.5   126   82677
Indiana North Central       5313   4458        0.7    70.88    7.1    52.9   122   36097
Arizona         West       2212   4530        1.8    70.55    7.8    58.1    15  113417
Iowa    North Central       2861   4628        0.5    72.56    2.3    59.0   140   55941
Delaware       South        579   4809        0.9    70.06    6.2    54.6   103    1982
```

```
Florida            South        8277   4815       1.3   70.66  10.7   52.6    11   54090
Colorado            West        2541   4884       0.7   72.06   6.8   63.9   166  103766
Hawaii              West         868   4963       1.9   73.60   6.2   61.9     0    6425
Illinois     North Central     11197   5107       0.9   70.14  10.3   52.6   127   55748
California          West       21198   5114       1.1   71.71  10.3   62.6    20  156361
Connecticut     Northeast       3100   5348       1.1   72.48   3.1   56.0   139    4862
Alaska              West         365   6315       1.5   69.31  11.3   66.7   152  566432
>
```

由上述執行結果可以看到，整個數據框資料已依照 Income 欄位執行遞增排序了。

實例 ch15_58：對 state.info 數據框依據 Income 欄位執行遞減排序。

```
> dec.order <- order(state.info$Income, decreasing = TRUE)
> state.info[dec.order, ]
                  Region Population Income Illiteracy Life.Exp Murder HS.Grad Frost     Area
Alaska              West         365   6315       1.5   69.31  11.3    66.7   152   566432
Connecticut     Northeast       3100   5348       1.1   72.48   3.1    56.0   139     4862
California          West       21198   5114       1.1   71.71  10.3    62.6    20   156361
Illinois     North Central     11197   5107       0.9   70.14  10.3    52.6   127    55748
Hawaii              West         868   4963       1.9   73.60   6.2    61.9     0     6425
Colorado            West        2541   4884       0.7   72.06   6.8    63.9   166   103766
Florida            South        8277   4815       1.3   70.66  10.7    52.6    11    54090
Delaware           South         579   4809       0.9   70.06   6.2    54.6   103     1982
Iowa         North Central      2861   4628       0.5   72.56   2.3    59.0   140    55941
Arizona             West        2212   4530       1.8   70.55   7.8    58.1    15   113417
Indiana      North Central      5313   4458       0.7   70.88   7.1    52.9   122    36097
Idaho               West         813   4119       0.6   71.87   5.3    59.5   126    82677
Georgia            South        4931   4091       2.0   68.54  13.9    40.6    60    58073
Alabama            South        3615   3624       2.1   69.05  15.1    41.3    20    50708
Arkansas           South        2110   3378       1.9   70.66  10.1    39.9    65    51945
>
```

由上述執行結果可以看到，整個數據框資料已依照 Income 欄位執行遞減排序了。

15-9-5　排序時增加次要鍵值排序

前一節的實例是建立在只有一個鍵值為基礎的排序上，但是在真實的應用中，我們可能會面臨當主要鍵值排序相同時，需要使用次要鍵值作為排序的依據，此時就要使用本節所介紹的觀念。其實很簡單只要在 order( ) 函數內，將欲做次要鍵值的欄位名稱當作第二參數即可，此時 order( ) 函數的使用格式如下：

　　order(主要鍵值 , 次要鍵值 , …)　# "…" 表示可以有更多其它更次要的鍵值

實例 ch15_59：以 state.info 數據框為例，將 Region 作為主要鍵值，Income 當做次要鍵值，執行遞增排序。

```
> inc.order2 <- order(state.info$Region, state.info$Income)
> state.info[inc.order2, ]
              Region Population Income Illiteracy Life.Exp Murder HS.Grad Frost    Area
Connecticut    Northeast       3100   5348        1.1    72.48    3.1    56.0   139    4862
Arkansas           South       2110   3378        1.9    70.66   10.1    39.9    65   51945
Alabama            South       3615   3624        2.1    69.05   15.1    41.3    20   50708
Georgia            South       4931   4091        2.0    68.54   13.9    40.6    60   58073
Delaware           South        579   4809        0.9    70.06    6.2    54.6   103    1982
Florida            South       8277   4815        1.3    70.66   10.7    52.6    11   54090
Indiana    North Central       5313   4458        0.7    70.88    7.1    52.9   122   36097
Iowa       North Central       2861   4628        0.5    72.56    2.3    59.0   140   55941
Illinois   North Central      11197   5107        0.9    70.14   10.3    52.6   127   55748
Idaho               West        813   4119        0.6    71.87    5.3    59.5   126   82677
Arizona             West       2212   4530        1.8    70.55    7.8    58.1    15  113417
Colorado            West       2541   4884        0.7    72.06    6.8    63.9   166  103766
Hawaii              West        868   4963        1.9    73.60    6.2    61.9     0    6425
California          West      21198   5114        1.1    71.71   10.3    62.6    20  156361
Alaska              West        365   6315        1.5    69.31   11.3    66.7   152  566432
>
```

註 上述字串排序結果 "South" 在 "Northeast" 和 "North Central" 之間，好像是 R 語言系統之錯誤，如果使用相同字串，用 Excel 執行遞增排序結果如下：

其實不是 R 的問題，因為 state.region 是一個因子，可參考下列說明。

```
> class(state.region)
[1] "factor"
>
```

如果輸入 state.region 驗證。

```
> state.region
 [1] South         West          West          South         West
 [6] West          Northeast     South         South         South
[11] West          West          North Central North Central North Central
[16] North Central South         South         Northeast     South
```

```
[21] Northeast      North Central North Central South       North Central
[26] West           North Central West          Northeast   Northeast
[31] West           Northeast     South         North Central North Central
[36] South          West          Northeast     Northeast   South
[41] North Central  South         South         West        Northeast
[46] South          West          South         North Central West
Levels: Northeast South North Central West
>
```

最後一列可以看到 levels 的排序是如下：

| Northeast | South | North Central | West |

對因子而言 order( ) 函數的排序，相當於是執行 levels 排序，所以在使用此功能應該小心。

實例 ch15_60：以 state.info 數據框為例，將 Region 作為主要鍵值，Income 當做次要鍵值，執行遞減排序。

```
> dec.order2 <- order(state.info$Region, state.info$Income, decreasing = TRUE)
> state.info[dec.order2, ]
             Region Population Income Illiteracy Life.Exp Murder HS.Grad Frost   Area
Alaska         West        365   6315        1.5    69.31   11.3    66.7   152 566432
California     West      21198   5114        1.1    71.71   10.3    62.6    20 156361
Hawaii         West        868   4963        1.9    73.60    6.2    61.9     0   6425
Colorado       West       2541   4884        0.7    72.06    6.8    63.9   166 103766
Arizona        West       2212   4530        1.8    70.55    7.8    58.1    15 113417
Idaho          West        813   4119        0.6    71.87    5.3    59.5   126  82677
Illinois  North Central   11197   5107        0.9    70.14   10.3    52.6   127  55748
Iowa      North Central    2861   4628        0.5    72.56    2.3    59.0   140  55941
Indiana   North Central    5313   4458        0.7    70.88    7.1    52.9   122  36097
Florida       South       8277   4815        1.3    70.66   10.7    52.6    11  54090
Delaware      South        579   4809        0.9    70.06    6.2    54.6   103   1982
Georgia       South       4931   4091        2.0    68.54   13.9    40.6    60  58073
Alabama       South       3615   3624        2.1    69.05   15.1    41.3    20  50708
Arkansas      South       2110   3378        1.9    70.66   10.1    39.9    65  51945
Connecticut Northeast     3100   5348        1.1    72.48    3.1    56.0   139   4862
>
```

15-9-6　混合排序與 xtfrm( ) 函數

有時候我們可能會想要將部分欄位在排序時使用遞增排序，部分欄位使用遞減排序，此時可以使用 xtfrm( ) 函數。這個函數可以將原向量轉成數值向量，當你想要以不同方式排序時，只要在 xtfrm( ) 函數前加上減號 (" – ") 即可。

實例 ch15_61：混合排序的應用，以 state.info 數據框為例，將 Region 作為主要鍵值執行遞減排序，Income 當做次要鍵值執行遞增排序。

```
> mix.order <- order(state.info$Region, -xtfrm(state.info$Income))
> state.info[mix.order, ]
                Region Population Income Illiteracy Life.Exp Murder HS.Grad Frost    Area
Connecticut  Northeast       3100   5348        1.1    72.48    3.1    56.0   139    4862
Florida          South       8277   4815        1.3    70.66   10.7    52.6    11   54090
Delaware         South        579   4809        0.9    70.06    6.2    54.6   103    1982
Georgia          South       4931   4091        2.0    68.54   13.9    40.6    60   58073
Alabama          South       3615   3624        2.1    69.05   15.1    41.3    20   50708
Arkansas         South       2110   3378        1.9    70.66   10.1    39.9    65   51945
Illinois North Central      11197   5107        0.9    70.14   10.3    52.6   127   55748
Iowa     North Central       2861   4628        0.5    72.56    2.3    59.0   140   55941
Indiana  North Central       5313   4458        0.7    70.88    7.1    52.9   122   36097
Alaska            West        365   6315        1.5    69.31   11.3    66.7   152  566432
California        West      21198   5114        1.1    71.71   10.3    62.6    20  156361
Hawaii            West        868   4963        1.9    73.60    6.2    61.9     0    6425
Colorado          West       2541   4884        0.7    72.06    6.8    63.9   166  103766
Arizona           West       2212   4530        1.8    70.55    7.8    58.1    15  113417
Idaho             West        813   4119        0.6    71.87    5.3    59.5   126   82677
>
```

請讀者比較上述實例與實例 ch15_59，特別是 Income 欄位，即可瞭解混合排序的意義。

15-10 系統內建數據集 mtcars

mtcars 數據集是各種汽車發動機數據資料，可用 str( ) 函數瞭解其結構。

```
> str(mtcars)
'data.frame':   32 obs. of  11 variables:
 $ mpg : num  21 21 22.8 21.4 18.7 18.1 14.3 24.4 22.8 19.2 ...
 $ cyl : num  6 6 4 6 8 6 8 4 4 6 ...
 $ disp: num  160 160 108 258 360 ...
 $ hp  : num  110 110 93 110 175 105 245 62 95 123 ...
 $ drat: num  3.9 3.9 3.85 3.08 3.15 2.76 3.21 3.69 3.92 3.92 ...
 $ wt  : num  2.62 2.88 2.32 3.21 3.44 ...
 $ qsec: num  16.5 17 18.6 19.4 17 ...
 $ vs  : num  0 0 1 1 0 1 0 1 1 1 ...
 $ am  : num  1 1 1 0 0 0 0 0 0 0 ...
 $ gear: num  4 4 4 3 3 3 3 4 4 4 ...
 $ carb: num  4 4 1 1 2 1 4 2 2 4 ...
>
```

下列是前 6 筆資料。

```
> head(mtcars)
                   mpg cyl disp  hp drat    wt  qsec vs am gear carb
Mazda RX4         21.0   6  160 110 3.90 2.620 16.46  0  1    4    4
Mazda RX4 Wag     21.0   6  160 110 3.90 2.875 17.02  0  1    4    4
Datsun 710        22.8   4  108  93 3.85 2.320 18.61  1  1    4    1
Hornet 4 Drive    21.4   6  258 110 3.08 3.215 19.44  1  0    3    1
Hornet Sportabout 18.7   8  360 175 3.15 3.440 17.02  0  0    3    2
Valiant           18.1   6  225 105 2.76 3.460 20.22  1  0    3    1
>
```

上述有幾個欄位資料如下：

mpg：mile per gallon，表示每加侖汽油可行駛距離。

cyl：汽缸數，有 4、6 和 8 等 3 種汽缸數。

am：0 表示自排，1 表示手排。

實例 ch15_62：由上述 mtcars 數據集，計算 4、6 和 8 等 3 種汽缸數，每加侖汽油平均可行駛距離。

```
> with(mtcars, tapply(mpg, cyl, mean))
       4        6        8
26.66364 19.74286 15.10000
>
```

實例 ch15_63：計算自排和手排車，每加侖汽油平均可行駛距離。

```
> with(mtcars, tapply(mpg, am, mean))
       0        1
17.14737 24.39231
>
```

如果我們想將上述執行結果的 0 改成 " 自排 "，1 改成 " 手排 "，可參考下列實例。

實例 ch15_64.R：重新執行實例 ch15_63，但將執行結果的 0 改成 " 自排 "，1 改成 " 手排 "。

```
1  #
2  # 實例ch15_64.R
3  #
4  ch15_64 <- function( )
5▾ {
```

```
 6    mycar <- within(mtcars,
 7         am <- factor(am, levels = 0:1,
 8                   labels = c("Auto", "Manual")))
 9    x <- with(mycar, tapply(mpg, am, mean))
10    print(x)
11  }
```

執行結果
```
> source('~/Rbook/ch15/ch15_64.R')
> ch15_64( )
       Auto    Manual
   17.14737 24.39231
>
```

　　上述實例第 6 列至第 8 列實實是一道指令，主要將原數據集的 mtcars 的 am 欄位改成因子，為了不影響原系統內建數據集 mtcars 的內容，因此將結果設定為新的物件 mycar。

實例 ch15_65.R：以 mtcars 數據集為例，計算在各種自排或手排以及各種汽缸數下，每加侖汽油平均可行駛距離。

```
 1  #
 2  # 實例ch15_65.R
 3  #
 4  ch15_65 <- function( )
 5  {
 6    mycar <- within(mtcars,
 7         am <- factor(am, levels = 0:1,
 8                   labels = c("Auto", "Manual")))
 9    x <- with(mycar, tapply(mpg, list(cyl, am), mean))
10    print(x)
11  }
```

執行結果
```
> source('~/Rbook/ch15/ch15_65.R')
> ch15_65( )
        Auto    Manual
 4 22.900 28.07500
 6 19.125 20.56667
 8 15.050 15.40000
>
```

15-11　aggregate( ) 函數

15-11-1　基本使用

　　aggregate( ) 函數使用格式與 tapply( ) 函數類似，但是 tapply( ) 函數可以傳回串列 (List)，aggregate( ) 函數則傳回向量 (Vector)、矩陣 (Matrix) 或陣列組 (Array)，它的使用格式如下：

　　aggregate(x, by, FUN, …)

x：是要處理的物件，通常是向量 (Vector) 變數，也可是其它資料型態。

by：一個或多個串列 (List) 的變數

FUN：預計使用的函數

…：FUN 函數所需的額外參數

實例 ch15_66.R：以 aggregate( ) 函數重新設計實例 ch15_65.R。

```
1   #
2   # 實例ch15_66.R
3   #
4   ch15_66 <- function( )
5 ▾ {
6     mycar <- within(mtcars,
7         am <- factor(am, levels = 0:1,
8                   labels = c("Auto", "Manual")))
9     x <- with(mycar, aggregate(mpg,
10            list(cyl=cyl, am=am), mean))
11    print(x)
12  }
```

執行結果

```
> source('~/Rbook/ch15/ch15_66.R')
> ch15_66( )
  cyl    am        x
1   4  Auto 22.90000
2   6  Auto 19.12500
3   8  Auto 15.05000
4   4 Manual 28.07500
5   6 Manual 20.56667
6   8 Manual 15.40000
>
```

15-11-2　公式符號 Formula Notation

本節的重點公式符號 (Formula Notation) 指的是統計學的符號，下列是一些基本的公式符號的用法。

y ~ a：y 是 a 的函數

y ~ a + b：y 是 a 和 b 的函數

y ~ a - b：y 是 a 的函數但排除 b

實例 ch15_67.R：以公式符號的觀念重新設計實例 ch15_66.R。

```
1  #
2  # 實例ch15_67.R
3  #
4  ch15_67 <- function( )
5  {
6    mycar <- within(mtcars,
7        am <- factor(am, levels = 0:1,
8                  labels = c("Auto", "Manual")))
9    x <- aggregate(mpg ~ cyl + am, data = mycar, mean)
10   print(x)
11 }
```

執行結果
```
> source('~/Rbook/ch15/ch15_67.R')
> ch15_67( )
  cyl     am      mpg
1   4   Auto 22.90000
2   6   Auto 19.12500
3   8   Auto 15.05000
4   4 Manual 28.07500
5   6 Manual 20.56667
6   8 Manual 15.40000
>
```

上述程式第 9 列，mpg 是 cyl 和 am 的函數，另外，aggregate( ) 函數內需增加 "data = mycar"，如此，aggregate( ) 函數才了解是處理 mycar 物件。

15-12　建立與認識數據表格

在正式介紹本節內容前，筆者想先建立一個數據框 (Data Frame)：

實例 ch15_68：建立一個籃球比賽的數據資料。

```
> game <- c("G1", "G2", "G3", "G4", "G5")      #比賽場次
> site <- c("Memphis", "Oxford", "Lexington", "Oxford", "Lexington") #比賽地點
> Lin <- c(15, 6, 26, 22, 18)              #Lin各場次得分
> Jordon <- c(18, 32, 21, 25, 12)          #Jordon各場次得分
> Peter <- c(10, 6, 22, 9, 12)             #Peter各場次得分
> balls <- data.frame(game, site, Lin, Jordon, Peter)
> balls
  game      site Lin Jordon Peter
1   G1   Memphis  15     18    10
2   G2    Oxford   6     32     6
3   G3 Lexington  26     21    22
4   G4    Oxford  22     25     9
5   G5 Lexington  18     12    12
>
```

上述是 Lin、Jordon 和 Peter 三位球員在各個球場的 5 場比賽得分。

15-12-1　認識長格式數據與寬格式數據

　　長格式 (long format) 和寬格式 (wide format) 基本上是指相同的數據使用不同方式呈現效果，若以上述所建的 balls 物件而言，欄位資料分別敘述 game 場次、地點 site、球員 Lin、Jordon 和 Peter 在不同球場各場次得分，這種數據格式稱寬格式數據表。

　　如果我們將同樣數據資料以下列方式表達，則稱長格式數據表。

```
   game      site variable value
1    G1   Memphis      Lin    15
2    G2    Oxford      Lin     6
3    G3 Lexington      Lin    26
4    G4    Oxford      Lin    22
5    G5 Lexington      Lin    18
6    G1   Memphis   Jordon    18
7    G2    Oxford   Jordon    32
8    G3 Lexington   Jordon    21
9    G4    Oxford   Jordon    25
10   G5 Lexington   Jordon    12
11   G1   Memphis    Peter    10
12   G2    Oxford    Peter     6
13   G3 Lexington    Peter    22
14   G4    Oxford    Peter     9
15   G5 Lexington    Peter    12
```

若將長格式數據與寬格式數據作比較，可以發現原先欄位 Lin、Jordon 和 Peter 沒有了，取而代之的是 variable 欄位和 value 欄位，variable 欄位內含各球員資料，value 欄位則是得分資料。當然，我們可以更改 "variable" 和 "value" 名稱，15-2-3 節會介紹。

15-12-2　reshapes2 擴展包

reshapes2 擴展包是 Hadley Wickham 先生所開發的，主要功能是可以很簡單的讓你執行長格式 (long format) 和寬格式 (wide format) 數據的轉換。可以使用下列方式安裝。

```
> install.packages("reshape2")        #安裝
also installing the dependencies 'plyr', 'Rcpp'

嘗試 URL 'http://cran.rstudio.com/bin/macosx/contrib/3.2/plyr_1.8.3.tgz'
Content type 'application/x-gzip' length 786129 bytes (767 KB)
==================================================
downloaded 767 KB

嘗試 URL 'http://cran.rstudio.com/bin/macosx/contrib/3.2/Rcpp_0.12.0.tgz'
Content type 'application/x-gzip' length 2591089 bytes (2.5 MB)
==================================================
downloaded 2.5 MB

嘗試 URL 'http://cran.rstudio.com/bin/macosx/contrib/3.2/reshape2_1.4.1.tgz'
Content type 'application/x-gzip' length 191395 bytes (186 KB)
==================================================
downloaded 186 KB


The downloaded binary packages are in

/var/folders/4y/blg8hggj1qj_4qfvnrctdp240000gn/T//Rtmp1VBKyI/downloaded_packages
>
```

可以使用下列方式載入。

```
> library("reshape2")                 #下載
>
```

15-12-3　將寬格式數據轉成長格式數據 melt( ) 函數

在 reshape2 擴展包中，將寬格式數據轉成長格式數據稱融化 (melt)，reshape2 函數有提供 melt( ) 函數可以執行此工作，這個函數基本使用格式如下：

melt(data, …, id.vars= "id.var", variable.name = "variable", value.name="value")

data：寬格式物件。

id.vars：欄位變數名稱，如果省略，系統將自動抓取原寬格式的欄位，一般也可滿足需求。

variable.name：設定 variable 欄位變數名稱，預設是 variable。

value.name：設定 value 欄位變數名稱，預設是 value。

實例 ch15_69：將 balls 物件由寬格式轉成長格式。

```
> lballs <- melt(balls)
Using game, site as id variables
>
```

上述告知系統自動使用 game 和 site 當作 id 變數，其實我們可以將這個想成資料庫的鍵值，下列是驗證結果。

```
> lballs
   game      site variable value
1    G1   Memphis      Lin    15
2    G2    Oxford      Lin     6
3    G3 Lexington      Lin    26
4    G4    Oxford      Lin    22
5    G5 Lexington      Lin    18
6    G1   Memphis   Jordon    18
7    G2    Oxford   Jordon    32
8    G3 Lexington   Jordon    21
9    G4    Oxford   Jordon    25
10   G5 Lexington   Jordon    12
11   G1   Memphis    Peter    10
12   G2    Oxford    Peter     6
13   G3 Lexington    Peter    22
14   G4    Oxford    Peter     9
15   G5 Lexington    Peter    12
>
```

當然我們也可以明顯地指出 id.var 具體的欄位名稱。

實例 ch15_70：將 balls 物件由寬格式轉成長格式，本實例具體的指出欄位名稱。

```
> lballs2 <- melt(balls, id.vars = c("game", "site"))
> lballs2
   game      site variable value
1    G1   Memphis      Lin    15
2    G2    Oxford      Lin     6
3    G3 Lexington      Lin    26
4    G4    Oxford      Lin    22
5    G5 Lexington      Lin    18
6    G1   Memphis   Jordon    18
7    G2    Oxford   Jordon    32
8    G3 Lexington   Jordon    21
9    G4    Oxford   Jordon    25
10   G5 Lexington   Jordon    12
11   G1   Memphis    Peter    10
12   G2    Oxford    Peter     6
13   G3 Lexington    Peter    22
14   G4    Oxford    Peter     9
15   G5 Lexington    Peter    12
>
```

上述欄位名稱 variable 和 value 皆是預設的，下列實例將更改這個預設名稱。

實例 ch15_71：重新設計實例 ch15_70 將 balls 物件由寬格式轉成長格式，同時將 variable 欄位名稱改成 name，將 value 欄位名稱改成 points。

```
> lballs3 <- melt(balls, id.vars = c("game", "site"), variable.name =
"name", value.name = "points")
> lballs3
   game      site  name points
1    G1   Memphis   Lin     15
2    G2    Oxford   Lin      6
3    G3 Lexington   Lin     26
4    G4    Oxford   Lin     22
5    G5 Lexington   Lin     18
6    G1   Memphis Jordon    18
7    G2    Oxford Jordon    32
8    G3 Lexington Jordon    21
9    G4    Oxford Jordon    25
10   G5 Lexington Jordon    12
11   G1   Memphis  Peter    10
12   G2    Oxford  Peter     6
13   G3 Lexington  Peter    22
14   G4    Oxford  Peter     9
15   G5 Lexington  Peter    12
>
```

15-12-4 將長格式數據轉成寬格式數據 dcast( ) 函數

在 reshape2 擴展包中，將長格式數據轉成寬格式數據稱重鑄 (cast)，reshape2 擴展包有提供 dcast( ) 函數可以執行此工作，這個函數是用於數據框 (data frame) 資料，使用格式如下：

dcast(data, formula, fun.aggregate = NULL, …)

data：長格式物件。

formula：這個公式將指示如何重鑄數據。

fun.aggregate：利用公式執行數據重組時所使用的計算函數，常用的計算函數有 sum( ) 和 mean( )。

註 reshape2 擴展包有提供 acast( ) 函數，適用於陣列組 (array) 資料，將長格式轉換成寬格式。

實例 ch15_72：將實例 ch15_69 所建的長格式 lballs 物件，重鑄為 balls 寬格式物件。

```
> dcast(lballs, game + site ~ variable, sum)
  game         site Lin Jordon Peter
1   G1      Memphis  15     18    10
2   G2       Oxford   6     32     6
3   G3    Lexington  26     21    22
4   G4       Oxford  22     25     9
5   G5    Lexington  18     12    12
>
```

由上述執行結果可以看到，我們還原了原先的寬格式物件 balls 的內容了。在上述 dcast( ) 函數中，第 2 個參數實際是一個公式 (formula)。

game + site ~ variable

game 和 site 是欄位變數，在 lballs 物件 variable 欄位內的各個名字，將成為寬格式的欄位。

實例 ch15_73：將實例 ch15_71 所建的長格式 lballs3 物件，重鑄為 balls 寬格式物件。

```
> dcast(lballs3, game + site ~ name, sum)
Using points as value column: use value.var to override.
  game        site Lin Jordon Peter
1  G1     Memphis  15     18    10
2  G2      Oxford   6     32     6
3  G3   Lexington  26     21    22
4  G4      Oxford  22     25     9
5  G5   Lexington  18     12    12
>
```

由於 lballs3 物件的第 3 個欄位是 name，所以上述公式有一點差別如下：

　　　game + site ~ name

其實將長格式物件重鑄過程，有時也可以得到一些特別的資料表，這些資料表類似於電子試算表 (spreadsheet) 的樞紐分析表 (Pivot Table)，R 語言程式設計師又將此工作稱重塑 (reshape)，下列將以實例做解說。

實例 ch15_74：建立樞紐分析表，這個表著重列出球員在各場地得分總計。

```
> dcast(lballs3, name ~ site, sum)
Using points as value column: use value.var to override.
    name Lexington Memphis Oxford
1    Lin        44      15     28
2 Jordon        33      18     57
3  Peter        34      10     15
>
```

實例 ch15_75：建立樞紐分析表，這個表著重列出球員在各場地平均得分。

```
> dcast(lballs3, name ~ site, mean)
Using points as value column: use value.var to override.
    name Lexington Memphis Oxford
1    Lin      22.0      15   14.0
2 Jordon      16.5      18   28.5
3  Peter      17.0      10    7.5
>
```

實例 ch15_76：建立樞紐分析表，這個表著重列出球員在各場地平均得分，和前一個實例不同的是欄位和列名稱對調，相當於轉置矩陣效果。

```
> dcast(lballs3, site ~ name, mean)
Using points as value column: use value.var to override.
       site Lin Jordon Peter
1 Lexington  22   16.5  17.0
2   Memphis  15   18.0  10.0
3    Oxford  14   28.5   7.5
>
```

　　由上述一系列實例可知，基本上所建的樞紐分析表變數欄位是由 " + " 組成，而每個維度是用 " ~ " 隔開，如果有 2 個或更多個 " ~ " 符號出現在公式，表示所處理資料是陣列組 (array)。

實例 ch15_77：建立樞紐分析表，這個表著重列出球員在所有場地以及所有場次的得分。

```
> dcast(lballs3, site + name ~ game, sum)
Using points as value column: use value.var to override.
       site   name G1 G2 G3 G4 G5
1 Lexington    Lin  0  0 26  0 18
2 Lexington Jordon  0  0 21  0 12
3 Lexington  Peter  0  0 22  0 12
4   Memphis    Lin 15  0  0  0  0
5   Memphis Jordon 18  0  0  0  0
6   Memphis  Peter 10  0  0  0  0
7    Oxford    Lin  0  6  0 22  0
8    Oxford Jordon  0 32  0 25  0
9    Oxford  Peter  0  6  0  9  0
>
```

　　上述列出了所有場次以及所有場地相對應關係矩陣，上述會有資料為 0，是因為相對應的場次不在該球場比賽，所以資料填 0。

習題

一：是非題

(　) 1： 使用 sample( ) 函數執行隨機抽樣時，參數 replace 如果是 TRUE，代表抽完一個樣本這個樣本需放回去，供下次抽取。

(　) 2： seed( ) 函數的參數可以是一個數字，當設定種子值後，在相同種子值後面的 sample( ) 所產生的隨機數序列將相同。

(　) 3： 如果在取樣時，希望某些樣本有較高的機率被採用，可更改權重 (weights)。下列指令將造成，"1" 出現機率最高。

```
> sample(1:6, 12, replace = TRUE, c(3, 1, 1, 1, 2, 4))
```

(　) 4： 下列指令是擷取 islands 物件中，排除索引為 21 至 48 的資料。

```
> islands[-(21:48)]
```

(　) 5： iris 物件是一個數據框資料，如下：

```
> str(iris)
'data.frame':    150 obs. of  5 variables:
 $ Sepal.Length: num  5.1 4.9 4.7 4.6 5 5.4 4.6 5 4.4 4.9 ...
 $ Sepal.Width : num  3.5 3 3.2 3.1 3.6 3.9 3.4 3.4 2.9 3.1 ...
 $ Petal.Length: num  1.4 1.4 1.3 1.5 1.4 1.7 1.4 1.5 1.4 1.5 ...
 $ Petal.Width : num  0.2 0.2 0.2 0.2 0.2 0.4 0.3 0.2 0.2 0.1 ...
 $ Species     : Factor w/ 3 levels "setosa","versicolor",..: 1 1
1 1 1 1 1 1 1 ...
```

使用下列方式擷取資料時，將造成 x 物件是向量資料。

```
> x <- iris[, "Petal.Length", drop = FALSE]
```

(　) 6： identical( ) 這個函數基本用法是測試 2 個物件是否完全相同，如果完全相同將傳回 TRUE，否則傳回 FALSE。

(　) 7： 有了 with( ) 它在欄位運算時可以省略物件名稱和 "$" 符號，此函數另外用在欄位運算時，可將運算結果放在相同物件新建欄位上。

(　) 8： 假設 merge( ) 函數使用如下：

```
> merge(A, B)
```

由上述指領可判斷它是交集 (AND) 的合併。

( ) 9： 假設 merge( ) 函數使用如下：

> merge(A, B, all = TRUE)

由上述指領可判斷它是聯集 (OR) 的合併。

( )10： 有時候我們可能會想要將部分欄位在排序時使用遞增排序，部分欄位使用遞減排序，此時可以使用 xtfrm( ) 函數。

( )11： 有一數據如下：

```
   game       site variable value
1    G1    Memphis      Lin    15
2    G2     Oxford      Lin     6
3    G3  Lexington      Lin    26
4    G4     Oxford      Lin    22
5    G5  Lexington      Lin    18
6    G1    Memphis   Jordon    18
7    G2     Oxford   Jordon    32
8    G3  Lexington   Jordon    21
9    G4     Oxford   Jordon    25
10   G5  Lexington   Jordon    12
11   G1    Memphis    Peter    10
12   G2     Oxford    Peter     6
13   G3  Lexington    Peter    22
14   G4     Oxford    Peter     9
15   G5  Lexington    Peter    12
```

通常我們將上述數據資料表達方式，則稱長格式 (long format) 數據表。

二：選擇題

( ) 1： %in% 功能類似於那一個函數。

A：within( )　　　B：identical( )　　　C：match( )　　　D：merge( )

( ) 2： 一個排序函數，這個函數將傳回每一筆元素在所排序列的位置。

A：order( )　　　B：sort( )　　　C：rev( )　　　D：rank( )

( ) 3： 下列那一個 sample( ) 函數在設計時，對出現 5 的權種設計最高。

A： > sample(1:6, 12, replace = TRUE, c(6, 1, 1, 1, 2, 4))

B： > sample(1:6, 12)

C： > sample(1:6, 12, replace = TRUE)

D： > sample(1:6, 12, replace = TRUE, c(1, 2, 3, 4, 5, 1))

( )4：有指令如下，其執行結果為何？

```
> duplicated(c(1, 1, 1, 2, 2))
```

A：[1] FALSE TRUE TRUE FALSE TRUE

B：[1] FALSE TRUE FALSE TRUE TRUE

C：[1] FALSE TRUE TRUE TRUE TRUE

D：[1] FALSE FALSE TRUE TRUE TRUE

( )5：有指令如下，其執行結果為何？

```
> which(duplicated(c(1, 1, 1, 2, 2)))
```

A：[1] 3 4 5

B：[1] 3 4

C：[1] 2 3 5

D：[1] 2 4

( )6：下列那一個函數可以將數據等量切割。

A：cut( )　　　　　B：melt( )　　　　　C：decast( )　　　　　D：table( )

( )7：使用 merge( ) 函數時若加那個參數代表，所有 x 物件資料均在這個合併結果內，在合併結果原屬於 y 物件的欄位，如果原先欄位不存在的資料將以 NA 值填充。

A：all.x = FALSE　　　　　　　　B：all.y = FALSE

C：all.x = TRUE　　　　　　　　 D：all.y = TRUE

( )8：將寬格式 (wide format) 數據轉成長格式 (long format) 數據稱融化可以使用那一個函數。

A：match( )　　　　B：melt( )　　　　C：dcast( )　　　　D：aggregate( )

三：複選題

( ) 1：有一個 iris 物件，其前 6 筆資料如下，下列那些程式片段可以刪除重複資料，
並將結果存在 x 物件。(選擇 2 項)

```
> head(iris)
  Sepal.Length Sepal.Width Petal.Length Petal.Width Species
1          5.1         3.5          1.4         0.2 setosa
2          4.9         3.0          1.4         0.2 setosa
3          4.7         3.2          1.3         0.2 setosa
4          4.6         3.1          1.5         0.2 setosa
5          5.0         3.6          1.4         0.2 setosa
6          5.4         3.9          1.7         0.4 setosa
```

A：
```
> i <- which(duplicated(iris))
> x <- iris[-i, ]
```

B：
```
> i <- which(duplicated(iris))
> x <- i[-iris, ]
```

C： `> x <- iris[duplicated(iris), ]`

D： `> x <- iris[!duplicated(iris), ]`

E： `> x <- iris[, !duplicated((iris))]`

( ) 2：有一個 airquality 物件，其前 6 筆資料如下，下列那些程式片段可以刪除含
NA 的資料，並將結果存在 x 物件。。(選擇 2 項)

```
> head(airquality)
  Ozone Solar.R Wind Temp Month Day
1    41     190  7.4   67     5   1
2    36     118  8.0   72     5   2
3    12     149 12.6   74     5   3
4    18     313 11.5   62     5   4
5    NA      NA 14.3   56     5   5
6    28      NA 14.9   66     5   6
```

A： `> x <- airquality[, complete.cases(airquality)]`

B： `> x <- airquality[complete.cases(airquality), ]`

C： `> x <- na.omit(airquality)`

D： `> x <- airquality(na.omit)`

E： `> x <- na.omit(complete.cases(airquality))`

四：實作題

1: 請重新設計實例 ch13_1.R，但請利用 sample( ) 函數，在 10（含）和 100（含）間，
自行產生 30 天動物出現次數。

```
> source('~/Documents/Rbook/ex/ex15_1.R')
        Tiger Lion Leopard
Day 1     78   65      60
Day 2     14   34      21
Day 3     75   28      50
Day 4     37   44      27
Day 5     35   53      49
Day 6     85   86      30
Day 7     17   21      97
Day 8     13   71      50
Day 9     41   55      80
Day 10    59   92      24
```

2: 請利用 R 語言，設計一個比大小的程式，介面與細節，可自行發揮。

```
> source('~/Documents/Rbook/ex/ex15_2.R')
[1] "請輸入1作為選擇比大(11-18點)，其他回答則表示選擇比小(3-10點)"
1: 1
Read 1 item
[1] "你選擇比大"
[1] "三顆骰子的結果:"
[1] "三顆骰子為:          總合為:"
[1] "骰1 骰2 骰3   點數和"
[1] 2 2 2 3 7
[1] "你得到的是:   小"
> source('~/Documents/Rbook/ex/ex15_2.R')
[1] "請輸入1作為選擇比大(11-18點)，其他回答則表示選擇比小(3-10點)"
1: 2
Read 1 item
[1] "你選擇比小"
[1] "三顆骰子的結果:"
[1] "三顆骰子為:          總合為:"
[1] "骰1 骰2 骰3   點數和"
[1]  4  5  4 13
[1] "你得到的是:   大"
```

3: 請設計骰子遊戲，每次出現 3 組 1-6 間的數字，每次結束詢問是否再玩一次。

```
> source('~/Documents/Rbook/ex/ex15_3.R')
[1] "請輸入1作為選擇比大(11-18點)，其他回答則表示選擇比小(3-10點)"
1: 1
Read 1 item
[1] "你選擇比大"
[1] "三顆骰子的結果:"
[1] "三顆骰子為:            總合為:"
[1] "骰1 骰2 骰3  點數和"
[1] 2 1 1 4
[1] "你得到的是:  小"
[1] "三顆骰子的結果:"
[1] 6 3 4
[1] "請輸入Y或y作為結束，其他回答則繼續產生三顆骰子"
1: n
Read 1 item
[1] "三顆骰子的結果:"
[1] 4 2 4
[1] "請輸入Y或y作為結束，其他回答則繼續產生三顆骰子"
1: y
Read 1 item
[1] "謝謝遊玩"
```

4: 請計算 iris 物件花瓣以及花萼平均的 length / width，下列是部分結果。

```
  Sepal.Ratio Petal.Ratio
1    1.457143    7.000000
2    1.633333    7.000000
3    1.468750    6.500000
4    1.483871    7.500000
5    1.388889    7.000000
```

5: 請將 islands 物件一面積大小分成 10 等份。

```
> source('~/Documents/Rbook/ex/ex15_5.R')
new.islands
 Low  5th  4th  3rd  2nd High
  41    3    1    1    1    1
new.log.islands
 Low  5th  4th  3rd  2nd High
  24   11    5    1    2    5
```

6： 請參考 15-10 節，計算不同汽缸數車輛的平均馬力（hp, horse power）。

```
> source('~/Documents/Rbook/ex/ex15_6.R')
  cyl am     hp.Min. hp.1st Qu. hp.Median   hp.Mean hp.3rd Qu.    hp.Max.
1   4  0    62.00000   78.50000  95.00000  84.66667   96.00000   97.00000
2   6  0   105.00000  108.75000 116.50000 115.25000  123.00000  123.00000
3   8  0   150.00000  175.00000 180.00000 194.16667  218.75000  245.00000
4   4  1    52.00000   65.75000  78.50000  81.87500   97.00000  113.00000
5   6  1   110.00000  110.00000 110.00000 131.66667  142.50000  175.00000
6   8  1   264.00000  281.75000 299.50000 299.50000  317.25000  335.00000
  cyl am        hp
1   4  0  84.66667
2   6  0 115.25000
3   8  0 194.16667
4   4  1  81.87500
5   6  1 131.66667
6   8  1 299.50000

> source('~/Documents/Rbook/ex/ex15_3.R')
  cyl am     hp.Min. hp.1st Qu. hp.Median   hp.Mean hp.3rd Qu.
1   4  0    62.00000   78.50000  95.00000  84.66667   96.00000
2   6  0   105.00000  108.75000 116.50000 115.25000  123.00000
3   8  0   150.00000  175.00000 180.00000 194.16667  218.75000
4   4  1    52.00000   65.75000  78.50000  81.87500   97.00000
5   6  1   110.00000  110.00000 110.00000 131.66667  142.50000
6   8  1   264.00000  281.75000 299.50000 299.50000  317.25000
   hp.Max.
1  97.00000
2 123.00000
3 245.00000
4 113.00000
5 175.00000
6 335.00000
  cyl am        hp
1   4  0  84.66667
2   6  0 115.25000
3   8  0 194.16667
4   4  1  81.87500
5   6  1 131.66667
6   8  1 299.50000
```

7：　請參考 15-12 節，自行建立班上 5 位籃球隊員主力，到各處比賽的資料，可自行
　　建立比賽場地以及得分資料，請製作長格式數據與寬格式數據。

```
> source('~/Documents/Rbook/ex/ex15_7.R')
  game site 丁一 陳二 張三 李四 王武
1   G1 新莊   18   19   15   18   10
2   G2 龜山   32   16    6   32    6
3   G3 士林   21   22   26   21   22
4   G4 龜山   25   19   22   25    9
5   G5 士林   12   18   18   12   12
6   G6 中山   24   17   20   24   13


   game site variable value
1    G1 新莊    丁一      18
2    G2 龜山    丁一      32
3    G3 士林    丁一      21
4    G4 龜山    丁一      25
5    G5 士林    丁一      12
6    G6 中山    丁一      24
7    G1 新莊    陳二      19
8    G2 龜山    陳二      16
9    G3 士林    陳二      22
10   G4 龜山    陳二      19
11   G5 士林    陳二      18
12   G6 中山    陳二      17
13   G1 新莊    張三      15
14   G2 龜山    張三       6
15   G3 士林    張三      26
16   G4 龜山    張三      22
17   G5 士林    張三      18
18   G6 中山    張三      20
19   G1 新莊    李四      18
20   G2 龜山    李四      32
21   G3 士林    李四      21
22   G4 龜山    李四      25
23   G5 士林    李四      12
24   G6 中山    李四      24
25   G1 新莊    王武      10
26   G2 龜山    王武       6
27   G3 士林    王武      22
28   G4 龜山    王武       9
29   G5 士林    王武      12
30   G6 中山    王武      13
```

第十六章

數據彙總與簡單圖表製作

經過前面 15 章，筆者完整地介紹了 R 語言的知識，接下來的章節筆者將介紹如何使用 R 語言製作簡單的圖表，以及執行基本有關統計方面的應用。

16-1 先前準備工作

本章筆者將使用幾個 R 語言系統內建的函數，或擴展包的數據做解說。

16-1-1　下載 MASS 擴展包與 crabs 物件

本節筆者將介紹 crabs 物件，這個物件是在 MASS 擴展包內，可以使用下列指令安裝和下載。

```
install.packages("MASS")
library(MASS)
```

crabs 數據框是澳洲收集的公、母 (參雜藍、橘 2 色) 各 100 隻螃蟹共計 200 隻的量測數值，下列是其數據框內容。

```
> str(crabs)
'data.frame':    200 obs. of  8 variables:
 $ sp   : Factor w/ 2 levels "B","O": 1 1 1 1 1 1 1 1 1 1 ...
 $ sex  : Factor w/ 2 levels "F","M": 2 2 2 2 2 2 2 2 2 2 ...
 $ index: int  1 2 3 4 5 6 7 8 9 10 ...
 $ FL   : num  8.1 8.8 9.2 9.6 9.8 10.8 11.1 11.6 11.8 11.8 ...
 $ RW   : num  6.7 7.7 7.8 7.9 8 9 9.9 9.1 9.6 10.5 ...
 $ CL   : num  16.1 18.1 19 20.1 20.3 23 23.8 24.5 24.2 25.2 ...
 $ CW   : num  19 20.8 22.4 23.1 23 26.5 27.1 28.4 27.8 29.3 ...
 $ BD   : num  7 7.4 7.7 8.2 8.2 9.8 9.8 10.4 9.7 10.3 ...
>
```

下列是前 6 筆資料內容。

```
  sp sex index   FL  RW   CL   CW  BD
1  B   M     1  8.1 6.7 16.1 19.0 7.0
2  B   M     2  8.8 7.7 18.1 20.8 7.4
3  B   M     3  9.2 7.8 19.0 22.4 7.7
4  B   M     4  9.6 7.9 20.1 23.1 8.2
5  B   M     5  9.8 8.0 20.3 23.0 8.2
6  B   M     6 10.8 9.0 23.0 26.5 9.8
>
```

其中 sex 欄位是判別公母，CL 是螃蟹甲殼長度，CW 是螃蟹甲殼寬度。

16-1-2　準備與調整系統內建 state 相關物件

在真實情況的大數據資料庫中，所有數據皆是儲存在一份大文件內，坦白說原始數據筆者看了也是頭痛，通常這類的文件須經過多次處理才可以成為我們所要的文件，本小節所介紹處理文件方式其實只是小小的工作。先前章節我們已經多次使用 state. x77 和 state.region 數據了，本小節我們將轉換成想要的文件。

實例 ch16_1：建立一個向量 state.popu，這個向量包含 state.x77 內的 Population 欄位 (在第 1 個欄位)，建好後取消向量名稱。

```
> state.popu <- state.x77[, 1]      #取得人口數資料
> head(state.popu)                  #驗證人口數資料
   Alabama      Alaska     Arizona   Arkansas California    Colorado
      3615         365        2212       2110      21198        2541
> names(state.popu) <- NULL         #刪除向量元素名稱
> head(state.popu)                  #驗證結果
[1]  3615   365  2212  2110 21198  2541
>
```

上述建立好後，接下來將建立數據框資料。

實例 ch16_2：建立一個數據框 stateUSA，這個數據框包含 4 筆向量。

　　state.name：美國各州州名 (系統內建)

　　state.popu：美國各州人口數 (前一實例所建)

　　state.area：美國各州面積 (系統內建)

　　state.region：美國各州所屬區域 (系統內建)

```
> stateUSA <- data.frame(state.name, state.popu, state.area, state.region)
> head(stateUSA)
  state.name state.popu state.area state.region
1    Alabama       3615      51609        South
2     Alaska        365     589757         West
3    Arizona       2212     113909         West
4   Arkansas       2110      53104        South
5 California      21198     158693         West
6   Colorado       2541     104247         West
>
```

上述欄位名稱有點長，下列實例將予以簡化。

實例 ch16_3：將 stateUSA 數據框的欄位名稱分別簡化為，"name"、"popu" 、"area" 和 "region"。

```
> names(stateUSA) <- c("name", "popu", "area", "region")
> head(stateUSA)                        #驗證結果
        name  popu   area region
1    Alabama  3615  51609  South
2     Alaska   365 589757   West
3    Arizona  2212 113909   West
4   Arkansas  2110  53104  South
5 California 21198 158693   West
6   Colorado  2541 104247   West
> str(stateUSA)
'data.frame':   50 obs. of  4 variables:
 $ name  : Factor w/ 50 levels "Alabama","Alaska",..: 1 2 3 4 5 6 7 8 9 10 ...
 $ popu  : num  3615 365 2212 2110 21198 ...
 $ area  : num  51609 589757 113909 53104 158693 ...
 $ region: Factor w/ 4 levels "Northeast","South",..: 2 4 4 2 4 4 1 2 2 2 ...
>
```

16-1-3　準備 mtcars 物件

mtcars 數據集前一章已介紹過是各種汽車發動機數據資料，在繼續下一節內容前，筆者將依上述資料建立一個新的數據框物件。

實例 ch16_4：建立 mycar 物件，這個物件包含原 mtcars 物件 4 個欄位，第 1 個欄位是每加侖可行駛距離 (mpg 單位是英里)(這是原物件第 1 個欄位)，第 2 欄位是汽缸數 (cyl) (這是原物件第 2 個欄位)，第 3 欄位是自排或手排 (am，0 表示自排，1 表示手排) (這是原物件第 9 個欄位)，第 4 欄位是擋位數 (gear) (這是原物件第 10 個欄位)。

```
> mycar <- mtcars[c(1, 2, 9, 10)]
> head(mycar)                       #驗證
                   mpg cyl am gear
Mazda RX4         21.0   6  1    4
Mazda RX4 Wag     21.0   6  1    4
Datsun 710        22.8   4  1    4
Hornet 4 Drive    21.4   6  0    3
Hornet Sportabout 18.7   8  0    3
Valiant           18.1   6  0    3
>
```

由上圖可知，我們已經成功地建立 mycar 物件了。

實例 ch16_5：將 mycar 物件的 am 欄位的向量改成因子，同時 0 表示自排，1 表示手排。

```
> mycar$am <- factor(mycar$am, labels = c("Auto", "Manual"))
> str(mycar)
'data.frame':   32 obs. of  4 variables:
 $ mpg : num  21 21 22.8 21.4 18.7 18.1 14.3 24.4 22.8 19.2 ...
 $ cyl : num  6 6 4 6 8 6 8 4 4 6 ...
 $ am  : Factor w/ 2 levels "Auto","Manual": 2 2 2 1 1 1 1 1 1 1 ...
 $ gear: num  4 4 4 3 3 3 3 4 4 4 ...
>
```

下列是查詢驗證前 6 筆資料的結果。

```
> head(mycar)
                   mpg cyl     am gear
Mazda RX4          21.0   6 Manual    4
Mazda RX4 Wag      21.0   6 Manual    4
Datsun 710         22.8   4 Manual    4
Hornet 4 Drive     21.4   6   Auto    3
Hornet Sportabout 18.7   8   Auto    3
Valiant            18.1   6   Auto    3
>
```

16-2　瞭解數據的唯一值

對於某些數據框的變數欄位資料元素而言，到底是以數值呈現或是以因子 (factor) 呈現較佳，完全視所需要分析的資料類型而定，基本原則是若資料是可以當做分類數據，則可以考慮改成因子。另外，也可以由數據的唯一值的計數判斷，一般若是計數值少的欄位也適合改成因子。要做這個分析之前，我們可以先了解數據框內每一個變數欄位資料元素的個數。

實例 ch16_6：了解 mycar 物件各欄位數據唯一值的計數 (counter)。

```
> sapply(mycar, function(x) length(unique(x)))
 mpg  cyl   am gear
  25    3    2    3
>
```

由上述數據可知，其實儘管實例 ch16_5 筆者只將 am 欄位改成因子，但是 cyl 和 gear 欄位其實也適合改成因子。例如，由上述數據我們可以直接求得自排 (Auto) 或手排 (Manual) 車的平均油耗 (每加侖可跑多少距離)。若是我們將 cyl 欄位改成因子，則可計算多少汽缸數的車的平均油耗 (每加侖可跑多少距離)。若是我們將 gear 欄位改成因子，則可計算多少汽車擋位數的車的平均油耗 (每加侖可跑多少距離)。但若是將 mpg 欄位改成因子，則看不出有多少意義。

16-3 基礎統計知識與 R 語言

坦白說 R 語言的誕生，主要是供統計學者做資料分析之用，其實如果各位到書局或圖書館參考 R 語言書籍時應可發現這個事實，因為大多數的 R 語言書籍真正介紹 R 語言內涵是不多，大多數是只花一點內容講解 R，然後就直接講解 R 在各種大數據類別的統計分析與應用。筆者在撰寫此書時，決定花許多篇幅介紹 R 語言，為的是希望讀者能完全瞭解 R 語言後，才進入統計領域的主題，但是筆者將盡量淡化統計專有名詞，盡量以非統計學生也容易懂的語言做解說。該是時候了，本節的各小節，筆者會將統計學的相關基礎名詞，用 R 語言呈現，同時用 16-1 節的數據做解說。

單一的數值資料，對我們而言是參考價值並不是太高，但對於大量的數據集，則是數據分析師 (Data Analyst) 或大數據工程師 (Big Data Engineer) 感興趣的主題，對於大量的數據集我們多會研究二個基本性質，一個是集中趨勢 (Central Tendency)，另一個是離散情形 (Variability 或 Dispersion)。

16-3-1　數據集中趨勢

通常資料會群聚在中央值附近，這樣的模式就被稱為集中趨勢，也可以看做資料的中心代表。常被用來測量集中趨勢的方法有三種，1：平均數 (Mean) 2：中位數 (Median) 3：眾數 (Mode)。

16-3-1-1　認識數據名詞 – 平均數

所謂的平均數 (mean) 是指在一個數據集中，所有觀察值的總和除以觀察值總個數。

在系列的數字數據中，你可能關心的是平均值是多少。例如，在一次考試中你考了 75 分，這對於你是一個參考而已，如果你知道平均數是 95，可能你是傷心的，因為低於平均數太多了，但如果你知道平均數是 50，可能你會高興，因為你知道你高於平均數很多。所以平均數對於系列數據而言是一個非常好的參考數據。在 R 語言內，可以使用 mean( ) 函數獲得平均數。

實例 ch16_7：使用 crabs 物件計算澳洲螃蟹甲殼寬度平均值。

```
> mean(crabs$CW)
[1] 36.4145
>
```

有了上述數據，下回吃澳洲螃蟹時即可了解所吃螃蟹的等級了。

實例 ch16_8：使用 mycar 物件計算所有汽車的平均耗油量。

```
> mean(mycar$mpg)
[1] 20.09062
>
```

實例 ch16_9：使用 stateUSA 物件計算美國每州平均人口數。

```
> mean(stateUSA$popu)
[1] 4246.42
>
```

其實使用數據做資料分析，也是要小心，因為有些數據是無意義的，例如，我們用 mycar 物件計算汽車的平均擋位數或汽缸數則是較無意義的參考值。

16-3-1-2　認識數據名詞 – 中位數

所謂的中位數 (median) 是指在一組可排序的資料中，將資料切成下 50% 及上 50% 的值 (或是最中間的值) 即為中位數，也就是將資料排序以後恰好有一半的資料大，也恰有一半的資料小於等於中位數。簡單說如果資料量是奇數，最中間的數字就是中位數。如果資料量是偶數，則最中間的 2 個數字的平均值就是中位數。在 R 語言內，可以使用 median( ) 函數獲得平均數。下列是簡單求中位數的測試結果。

```
> x <- c(100, 7, 12, 6)
> median(x)
[1] 9.5
> x <- c(100, 7, 8, 9, 10)
> median(x)
[1] 9
>
```

上述第一個測試實例有 4 筆資料，所以排序後最中間的 2 筆數字分別是 7 和 12，取平均，所以中位數是 9.5。第二個測試實例有 5 筆資料，所以排序後最中間的數字就是中位數，此例是 9。

如果參考 16-3-1 節計算 mycar 物件汽車擋位的平均數，得到結果如下：

```
> mean(mycar$gear)
[1] 3.6875
>
```

我們獲得了 mycar 物件汽車擋位平均數是 3.6875，其實這是一個無意義的值，但如果我們想瞭解 mycar 物件汽車擋位的中位數值就有意義了。

實例 ch16_10：使用 mycar 物件，了解汽車擋位的中位數值。

```
> median(mycar$gear)
[1] 4
>
```

實例 ch16_11：使用 crabs 物件計算澳洲螃蟹甲殼寬度中位數。

```
> median(crabs$CW)
[1] 36.8
>
```

實例 ch16_12：使用 stateUSA 物件計算美國每州人口數的中位數。

```
> median(stateUSA$popu)
[1] 2838.5
>
```

16-3-1-3　認識數據名詞 – 眾數

所謂的眾數 (Mode) 是指在數據集中，出現次數最多的值。需特別注意的是，這並不是指數據的中心，我們可能面對有序數據與無序數據，對於無序數據而言，也就沒有所謂的數據的中心。其實眾數一般最常用在列出分類數據中最常出現的值，對於 R 語言而言，因子是最適合應用在求眾數，可惜 R 語言目前沒有求眾數的函數，但可以用其他方法達成。

有關眾數的實例解說，筆者將在講解更多統計學名詞及觀念後做一系列實例說明。

16-3-2　數據離散情形

單一數據價值性不高，但對於大量數據集而言，瞭解數據的離散變化是非常重要。而用來衡量離散 (變化) 情形的量數有標準差 (Standard Deviation)、變異數 (Variance)、

變異係數 (Coefficient of Variation)、全距 (Range)、四分位數 (Quartile)、百分位數 (Percentile)、內四分位距 (Inter-quartile Range) 等等。

16-3-2-1　認識數據名詞 – 標準差、變異數

其實標準差 (Standard Deviation)、變異數 (Variance)、變異係數 (Coefficient of Variation) 皆是用來瞭解數據的變化性，有關這方面的真實統計定義，請參考相關統計的書籍。在 R 語言中相關使用的函數如下：

sd( )：標準差函數

var( )：變異數函數

實例 ch16_13：計算 crabs 物件，BD(相當於螃蟹身體厚度) 的標準差。

```
> sd(crabs$BD)
[1] 3.424772
>
```

實例 ch16_14：計算 crabs 物件，BD(相當於螃蟹身體厚度) 的變異數。

```
> var(crabs$BD)
[1] 11.72907
>
```

實例 ch16_15：計算 mycar 物件 mpg 的標準差。

```
> sd(mycar$mpg)
[1] 6.026948
>
```

實例 ch16_16：計算 mycar 物件 mpg 的變異數。

```
> var(mycar$mpg)
[1] 36.3241
>
```

16-3-2-2　認識數據名詞 – 全距

所謂全距 (Range) 是指資料集中最大觀察值減掉最小觀察值即為全距，在實務上可想成數據的範圍，本書 4-2 節有介紹 max( ) 函數可求得最大值，min( ) 函數可求得最小

值，依照定義最大值減去最小值即為全距。事實上 R 語言有提供 range( ) 函數，可以列出數據的最大值與最小值。

實例 ch16_17：列出 crabs 物件螃蟹甲殼寬度的範圍。

```
> range(crabs$CW)
[1] 17.1 54.6
>
```

實例 ch16_18：列出 stateUSA 物件各州的人口數範圍。

```
> range(stateUSA$popu)
[1]    365 21198
>
```

實例 ch16_19：列出 mycar 物件每加侖可行駛的距離範圍。

```
> range(mycar$mpg)
[1] 10.4 33.9
>
```

16-3-2-3　認識數據名詞 – 四分位數

所謂的四分位數 (Quartile) 是指將資料集分成 4 等份的 3 個數值即為四分位數，第 1 四分位數 (通常為 25%)，其中第 2 四分位數也就是中位數 (通常為 50%)，而第 3 四分位數 (通常為 75%)。我們可以用 quantile( ) 函數取得這些值，下列實例是觀察 quantile( ) 函數的基本操作原則。

```
> x <- c(1, 3, 5, 11, 23, 33, 66, 99)
> quantile(x)
   0%   25%   50%   75%  100%
 1.00  4.50 17.00 41.25 99.00
>
```

對上述實例而言，共有 8 筆資料，所以第 2 個四分位數也就是中位數，序位的計算為 (8+1)/2=4.5，也就是第 4 筆資料和第 5 筆資料的平均值，得到結果為 (11+23)/2=17；第 1 四分位數 (也就是 25%) 是由兩個序位最小值的 1 與中位數的 4.5 取平均得到 (1+4.5)/2=2.75，再由第 2 筆資料和第 3 筆資料取內插求得，所以是 (3+0.75(5-3)) 得到的結果是 4.5。相類似的第 3 四分位數 (也就是 75%) 是由兩個序位最大值的 8 與中位數的 4.5 取平均得到 (8+4.5)/2=6.25，再由第 6 筆資料和第 7 筆資料取內插求得，所以是 (33+0.25(66-33)) 得到的結果是是 41.25。

實例 ch16_20：計算 stateUSA 物件各州的人口數的四分位數。

```
> quantile(stateUSA$popu)
     0%     25%     50%     75%    100%
  365.0  1079.5  2838.5  4968.5 21198.0
>
```

實例 ch16_21：計算 crabs 物件螃蟹甲殼寬度的四分位數。

```
> quantile(crabs$CW)
  0%  25%  50%  75% 100%
17.1 31.5 36.8 42.0 54.6
>
```

實例 ch16_22：計算 mycar 物件每加侖可行駛距離的四分位數。

```
> quantile(mycar$mpg)
     0%     25%     50%     75%    100%
 10.400 15.425 19.200 22.800 33.900
>
```

16-3-2-4　認識數據名詞 – 百分位數

所謂的百分位數 (percentile) 是指將數據等分為 100 份的資料，我們一樣是可以使用 quantile( ) 函數計算此百分位數，筆者將直接以實例做解說。

實例 ch16_23：計算 crabs 物件螃蟹甲殼寬度 10% 和 90% 的值。

```
> quantile(crabs$CW, probs = c(0.1, 0.9))
  10%   90%
25.67 46.57
>
```

其實若和前一小節相比較用同樣的函數，但是我們獲得指定的百分位數，主要的原因是使用 quantile( ) 函數時若忽略第 2 個參數 "probs = … "，這個函數將直接用預設值處理，預設值是如下：

probs = seq(0, 1, 0.25)

可想成：

probs = c(0, 0.25, 0.5, 0.75, 1)

實例 ch16_24：計算 stateUSA 物件各州的人口數 10% 和 90% 的值。

```
> quantile(stateUSA$popu, probs = c(0.1, 0.9))
    10%       90%
  632.3 10781.2
>
```

實例 ch16_25：計算 mycar 物件每加侖可行駛距離 10% 的值。

```
> quantile(mycar$mpg, 0.1)
  10%
14.34
> .
```

　　如果只想列出一個特定值，可以省略 "probs = "，直接輸入值，如上述實例 16_25 所述。

16-3-3　數據的統計

　　當我們有了前 2 個小節的知識後，接下來我們須執行數據的統計，當有了數據的統計資料後，我們將對整個數據有一些基本的瞭解。

16-3-3-1　計數值

　　有關計數觀念主要是應用在數據框內的因子，在某個因子元素時，數據出現的次數或稱頻率。我們常用 table( ) 函數執行這個工作，也可以將這個 table( ) 函數的執行結果稱頻率表 (Frequency Table)。

實例 ch16_26：使用 stateUSA 物件，計算美國 50 州屬於那一區的實際數量。

```
> table(stateUSA$region)

    Northeast       South North Central       West
            9          16            12         13
>
```

實例 ch16_27：使用 crabs 物件，計算澳州螃蟹公或母的實際性別數量。

```
> table(crabs$sex)

  F   M
100 100
>
```

實例 ch16_28：使用 mycar 物件，計算自排 (Auto) 或手排 (Manual) 車的數量。

```
> table(mycar$am)

  Auto Manual
    19     13
>
```

16-3-3-2 table 物件

在前一小節中，我們使用 table( ) 函數產生了表格資料，到底這個表格資料是屬於那一資料物件？下面我們可以驗證。

```
> regioninfo <- table(stateUSA$region)
> regioninfo        #驗證結果

  Northeast         South North Central         West
          9            16            12           13
> class(regioninfo)  #瞭解物件的資料類型
[1] "table"
>
```

由上述執行結果可以獲得我們有了新的數據類型 " 表格 (table)"，這個結果與一維陣列組 (Array) 相同，對於陣列組資料而言，可以有 1 到多維的表格，每個維度的表格又可以有個別的名稱。

16-3-3-3 計算佔有率

有了計數資料後，接下來可以計算各個因子元素數值的佔有率，計算佔有率很容易，只要將計數值除以總數即可。

實例 ch16_29：使用 stateUSA 物件，計算美國各區的實際州數的佔比。

```
> regioninfo / sum(regioninfo)

  Northeast         South North Central         West
       0.18          0.32          0.24         0.26
>
```

實例 ch16_30：使用 crabs 物件，計算澳洲螃蟹公或母的佔比。

```
> crabsinfo <- table(crabs$sex)
> crabsinfo / sum(crabsinfo)
```

```
   F   M
0.5 0.5
>
```

實例 ch16_31：使用 mycar 物件，計算自排 (Auto) 或手排 (Manual) 車的佔比。

```
> carinfo <- table(mycar$am)
> carinfo / sum(carinfo)

   Auto  Manual
0.59375 0.40625
>
```

16-3-3-4　再看眾數

在 16-3-1-3 節我們介紹了眾數 (Mode)，再解釋一遍所謂眾數是指在分類數據中最常出現的值，若由 16-3-3-3 節的實例可知：

> stateUSA$region 物件的眾數是 "South"
> mycar$am 物件的眾數是 "Manual"

crabs$sex 物件的眾數是 "M" 或 "F"？

有了先前的觀念，現在我們可以直接以實例說明眾數了。

實例 ch16_32：計算 stateUSA$region 物件的眾數。

```
> index <- regioninfo == max(regioninfo)
> index                    #列出index邏輯向量

   Northeast        South North Central          West
       FALSE         TRUE         FALSE         FALSE
> names(regioninfo)[index]
[1] "South"
>
```

上述實例第 2 列，筆者故意列出 index 內容，重點是希望讀者瞭解經過執行第 1 列後，index 的內容。

實例 ch16_32_1：計算 mycar$am 物件的眾數。

```
> index <- carinfo == max(carinfo)
> index                       #列出index邏輯向量
```

```
 Auto Manual
 TRUE  FALSE
> names(carinfo)[index]
[1] "Auto"
>
```

　　在前面幾小節，筆者一直用 3 個物件做解說，本節筆者故意先忽略 crabs 物件，因為我們已知螃蟹共 200 隻，公、母各 100 隻，那麼眾數到底是什麼？看實例吧！

實例 ch16_33：計算 crabs$sex 物件的眾數。

```
> index <- crabsinfo == max(crabsinfo)
> index                    #列出index邏輯向量

   F    M
TRUE TRUE
> names(crabsinfo)[index]
[1] "F" "M"
>
```

　　可以獲得公或母皆是眾數，現在我們已經獲得結論了，眾數不是唯一的，如果發生出現次數相同情況，這些元素都將是眾數。

16-3-3-5　which.max( ) 函數

　　其時 R 語言提供了一個函數 which.max( ) 可以求得物件的最大值，我們也可以使用這個函數的最大值求得眾數。

實例 ch16_34：使用 which.max( ) 函數計算 stateUSA$region 物件的眾數。

```
> which.max(regioninfo)
South
    2
>
```

實例 ch16_35：使用 which.max( ) 函數計算 mycar$am 物件的眾數。

```
> which.max(carinfo)
Auto
   1
>
```

由上述結果可知 which.max( ) 函數真的很好用，那為什麼筆者在前一小節不直接使用呢？最大的原因是，如果物件內有 2 個或更多個最大值出現時，which.max( ) 函數將只傳回第 1 筆資料，可參考下列實例。

實例 ch16_36：使用 which.max( ) 函數計算 crabs$sex 物件的眾數。

```
> which.max(crabsinfo)
F
1
>
```

理論上 "F" 和 "M" 皆是 100 隻，但只傳回 "F"，所以這個函數儘管好用，使用上仍要小心。

16-4　使用基本圖表認識數據

如果想要更進一步對數據有瞭解，R 語言有提供圖表繪製功能，這將是本節的重點。

16-4-1　建立直方圖

直方圖 (histogram) 又稱量化資料分佈圖，它是根據數據分佈情況，自動選擇有利於表現數據的柱狀作 x 軸間隔，以頻數 (或稱計數) 或者百分比為 y 軸的一系列連接起來的直方型條圖。直方圖的優點是不論資料樣本數量的多寡都能使用直方圖。

註　使用 R 系統繪製數據圖時，若使用 PC 的 Windows 系統則可以在數據圖內加註中文字，但目前在數據圖內加註中文字的功能並不支援 Mac 系統上的 R。本書有些數據圖有中文，那是筆者用 PC 的 Windows 系統測試的結果。

實例 ch16_37：使用物件 stateUSA$popu 繪製美國各州人口數的直方圖。

```
> hist(stateUSA$popu, col = "Green")
>
```

執行結果

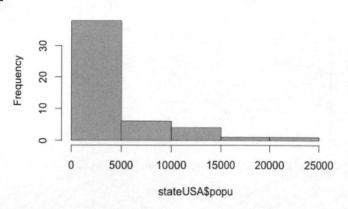

　　上述圖形主標題、x 和 y 軸標題均是預設，有了圖表方便太多了，數據也更清楚了，原來美國大多數的州人口數均在 500 萬以下。

16-4-1-1　設定直方圖的標題

　　其實在 hist( ) 函數中，可以加上下列參數：

main：圖表標題

xlab：x 軸標題

ylab：y 軸標題

　　如果 R 是在 Windows 系統下執行，你可以建立中文標題，但上述功能目前並不支援 Mac 系統下執行的 R 語言。

實例 ch16_38：使用物件 crabs$CW 繪製澳州螃蟹甲殼寬度的直方圖，直方圖使用灰色。

```
> hist(crabs$CW, col = "Gray", main = "Histogram of Crab", xlab = "Ca
rapace width", ylab = "Counter")
>
```

執行結果

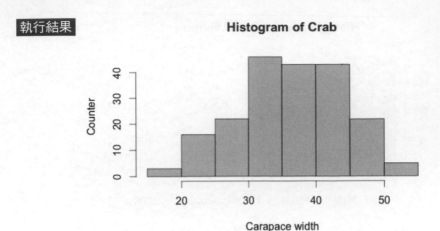

實例 ch16_39：使用物件 mycar$CW 繪製汽車油耗的直方圖，直方圖使用黃色。

```
> hist(mycar$mpg, col = "Yellow", main = "Histogram of MPG", xlab = "
Mile per Gallon")
>
```

執行結果

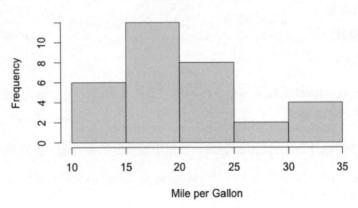

16-4-1-2　設定直方圖的柱狀數

在 hist( ) 函數內，可以直接指定直方圖柱狀的數量。

實例 ch16_40：使用物件 mycar$CW 繪製汽車油耗的直方圖，直方圖使用黃色，直接指定柱狀數量為 3。

```
> hist(mycar$mpg, col = "Yellow", main = "Histogram of MPG", xlab = "
Mile per Gallon", breaks = 3)
>
```

執行結果

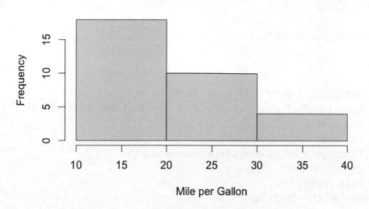

另外，你也可以直接使用 breaks 參數，設定柱狀的區間。

實例 ch16_41：重新設計實例 ch16_38，使用物件 crabs$CW 繪製澳洲螃蟹甲殼寬度的直方圖，直方圖使用灰色。設定柱狀區間為 15–25, 25-35, 35-45, 45-55。

```
> hist(crabs$CW, col = "Gray", main = "Histogram of Crab", xlab = "Ca
rapace width", ylab = "Counter", breaks = c(15, 25, 35, 45, 55))
>
```

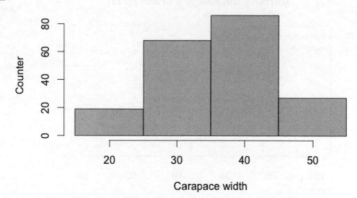

16-4-2　建立密度圖

R 語言有提供一個密度函數 density( )，可以將欲建圖表的數據利用這個函數轉成一個密度物件串列 (List)，未來可將這個物件放入 plot( ) 函數內就可以繪製密度圖。下列是將 crabs$CW 物件轉成密度，同時用 str( ) 函數驗證這個密度物件。

```
> dencrabs <- density(crabs$CW)
>
> str(dencrabs)
List of 7
 $ x        : num [1:512] 9.77 9.87 9.97 10.07 10.18 ...
 $ y        : num [1:512] 1.11e-05 1.27e-05 1.43e-05 1.63e-05 1.85e-05 ...
 $ bw       : num 2.44
 $ n        : int 200
 $ call     : language density.default(x = crabs$CW)
 $ data.name: chr "crabs$CW"
 $ has.na   : logi FALSE
 - attr(*, "class")= chr "density"
>
```

由上述執行結果可以看到我們已經將 crabs$CW 物件轉成串列 (List) 物件。只要將上述密度物件放入 plot( ) 函數，即可繪製密度圖。

實例 16_42：使用 dencrabs 密度物件繪製密度圖。

```
> plot(dencrabs)
>
```

執行結果

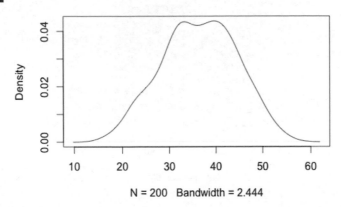

與 hist( ) 函數一樣，可以使用下列參數建立圖標標題。

main：圖表標題

xlab：x 軸標題

ylab：y 軸標題

實例 ch16_43：使用 mycar$mpg 建立密度圖。

```
> dencars <- density(mycar$mpg)
> plot(dencars, main = "Miles per Gallon")
>
```

執行結果

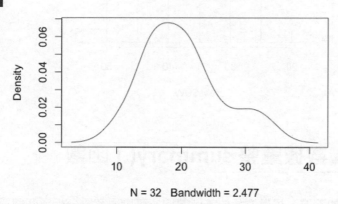

16-4-3　在直方圖內繪製密度圖

　　R 語言是允許你在直方圖內多加上密度圖，若想完成這個目標，在使用 hist( ) 函數時，需增加下列參數：

　　freq = FALSE

然後執行下列函數：

　　lines( )

實例 ch16_44：建立物件 crabs$CW 的直方圖，再加上密度圖。

```
> hist(crabs$CW, freq = FALSE)
> dencrabs <- density(crabs$CW)
> lines(dencrabs)
>
```

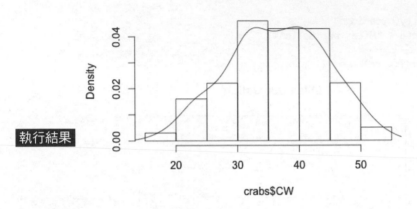

執行結果

16-5 認識數據彙整 summary( ) 函數

經過前面章節的洗禮，相信位各位拿到數據，可以很容易分析這個數據的基本資料，例如，可以使用輸入物件名稱瞭解內容，可以使用 str( ) 函數瞭解數據結構。不過，對於數據分析師 (Data Analyst) 或大數據工程師 (Big Data Engineer) 而言這些資料是不足的，本節將講解另一個函數 summary( )，這個函數可以傳回數據分佈的資訊。

實例 ch16_45：使用 summary( ) 函數瞭解 mycar 物件。

```
> summary(mycar)
      mpg             cyl              am            gear
 Min.   :10.40   Min.   :4.000   Auto  :19   Min.   :3.000
 1st Qu.:15.43   1st Qu.:4.000   Manual:13   1st Qu.:3.000
 Median :19.20   Median :6.000               Median :4.000
 Mean   :20.09   Mean   :6.188               Mean   :3.688
 3rd Qu.:22.80   3rd Qu.:8.000               3rd Qu.:4.000
 Max.   :33.90   Max.   :8.000               Max.   :5.000
>
```

實例 ch16_46：使用 summary( ) 函數瞭解 stateUSA 物件。

```
> summary(stateUSA)
      name           popu            area              region
 Alabama   : 1  Min.   :  365  Min.   :  1214  Northeast    : 9
 Alaska    : 1  1st Qu.: 1080  1st Qu.: 37317  South        :16
 Arizona   : 1  Median : 2838  Median : 56222  North Central:12
 Arkansas  : 1  Mean   : 4246  Mean   : 72368  West         :13
 California: 1  3rd Qu.: 4968  3rd Qu.: 83234
 Colorado  : 1  Max.   :21198  Max.   :589757
 (Other)   :44
>
```

由上述 2 個實例，我們可以獲得下列訊息：

1： 數值變數：會列出最小值、最大值、平均值、第 1 四分位值、中位值 (也可想成
第 2 四分位值)、第 3 四分位值。如果有 NA 值，也會列出 NA 值得數量。

2： 因子：列出頻率表，如果有 NA 值，也會列出 NA 值得數量。

3： 字串變數：列出字串長度。

上述 2 個實例中，stateUSA 物件，使用 summary( ) 函數後所獲得的結果是完美的。
但仔細看 mycar 物件在 cyl 變數和 gear 變數皆可以發現最小值和第 1 四分位值相同，
為了避免這種狀況，其實未來碰上類似的數據只要將它們轉成因子即可。

實例 ch16_47：將 mycar 物件的 cyl 和 gear 變數轉成因子。

```
> mycar$cyl <- as.factor(mycar$cyl)      #cyl物件轉成因子
> mycar$gear <- as.factor(mycar$gear)    #gear物件轉成因子
> summary(mycar)                         #驗證結果
      mpg        cyl         am        gear
 Min.   :10.40  4:11  Auto  :19  3:15
 1st Qu.:15.43  6: 7  Manual:13  4:12
 Median :19.20  8:14             5: 5
 Mean   :20.09
 3rd Qu.:22.80
 Max.   :33.90
>
```

16-6 繪製箱型圖

在 16-4 節所繪製的圖表其實所使用的變數只有 1 個，雖然我們也獲得了一些有用的資訊，但是若想瞭解物件全面的訊息，那是不夠的，例如，如果我們想瞭解下列資訊，如果只有一個變數是無法得到結果的。

1： 汽缸數 (cyl) 對油耗 (mpg) 的影響？

2： 自排與手排 (am) 對油耗 (mpg) 的影響？

3： 擋位數 (gear) 對油耗 (mpg) 的影響？

當然如果你已經熟悉 R 語言了，可以立即想到可以使用 tapply( ) 函數，其實 R 語言不僅如此，我們可以使用本節介紹的繪製箱型圖 (boxplot) 解決上述問題。這個繪製箱型圖工具的原理，基本上是將因子變數的每個類別視為原始數據物件的子集，依照每一個類別的最小值、最大值、平均值、第 1 四分位值 (也有人稱下四分位值)、中位值 (也可想成第 2 四分位值)、第 3 四分位值 (也有人稱上四分位值) 繪出箱型圖。在此，筆者先介紹實例，最後再解說箱型圖的意義。

實例 ch16_48：使用 mycar 物件繪製汽缸數 (cyl) 對油耗 (mpg) 之間的箱型圖。

```
> boxplot(mpg ~ cyl, data = mycar)
>
```

執行結果

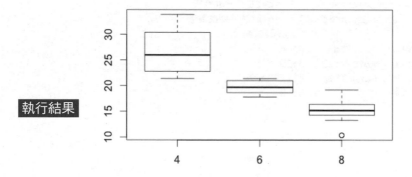

上述 boxplot( ) 函數第 1 個參數其實是一個公式。

    mpg ~ cyl

意義是變數 cyl 類別 (可想成與這個汽缸數) 相關的 mpg 數值，將被帶入 boxplot( ) 函數中運算，而箱型圖各線條意義如下：

1： 箱子上下邊緣線條：代表上四分位數和下四分位數。

2： 橫向貫穿箱子粗線條：中位數。

3： 貫穿箱子的線條則是最大值與最小值或是上下四分位間距離的 1.5 倍。

先前使用的 main 參數仍可以用在這裡列出箱型圖的標題，"col =" 參數仍可用於產生彩色箱型圖。

實例 16_49：使用 mycar 物件繪製手排或自排 (am) 對油耗 (mpg) 之間的箱型圖，圖表標題是 "am vs mpg"，箱型圖用黃色繪製。

```
> boxplot(mpg ~ am, data = mycar, main = "am vs mpg", col = "Yellow")
>
```

執行結果

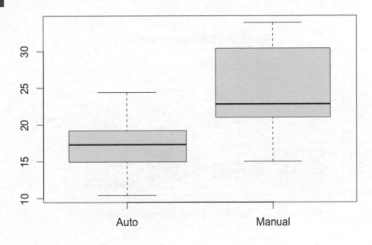

實例 16_50：使用 mycar 物件繪製擋位 (gear) 對油耗 (mpg) 之間的箱型圖，圖表標題是 "gear vs mpg"，箱型圖用藍色繪製。

```
> boxplot(mpg ~ gear, data = mycar, main = "gear vs mpg", col = "Blue")
>
```

執行結果

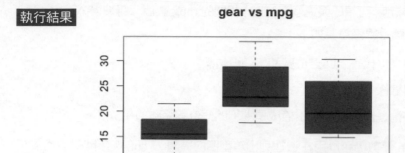

實例 ch16_51：使用 stateUSA 物件繪製美國區域 (region) 對人口數 (popu) 之間的箱型圖，圖表標題是 "Region vs Population"，箱型圖用綠色繪製。

```
> boxplot(popu ~ region, data = stateUSA, main = "Region vs Population",
col = "Green")
>
```

執行結果

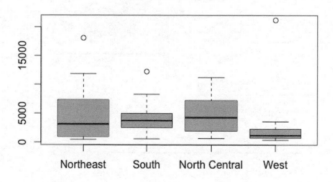

其實如果仔細看上述箱型圖，可以看到 Northeast、South 和 West 上方有空心圓點，那才是真正的線段的最大值（在其他實例中也許會在線段下方看到空心圓點，此時是代表線段的最小值），若是希望箱型圖線段指向最大或最小值，可以在 boxplot( ) 函數內加上參數 "range = 0"。

實例 ch16_52：在 boxplot( ) 函數內加上參數 "range = 0"，然後重新設計實例 ch16_51，使用 stateUSA 物件繪製美國區域 (region) 對人口數 (popu) 之間的箱型圖，圖表標題是 "Region vs Population"，箱型圖用綠色繪製。

```
> boxplot(popu ~ region, data = stateUSA, main = "Region vs Population",
col = "Green", range = 0)
>
```

執行結果

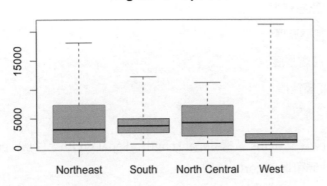

16-7 數據的關聯性分析

對於兩個數值變數向量來看，兩個變數向量的線性變化也可以用量化來進行分析。當其中一個增加、另一個也會相對地增加，這樣的關聯關係就是正向相關。例如身高高的人往往體重也會比較重一些，就是符合正相關的概念。反之若是其中一個增加、另一個反隨之減少，這樣就會是負相關了。例如貨車承載的貨物越重則其每公升汽油可以行駛的距離也就越短，可以說是符合負相關的概念。

統計學中對於 2 個變數向量之關聯性稱相關係數 (Correlation Coefficient)，相關係數的數值是在 -1 至 1 之間；愈靠近 1 的相關係數數值代表正相關越強烈，而越靠近 -1 的相關係數數值則表示負相關越強烈；而靠近在 0 附近則表示兩變數間的線性相關是相對微弱的。

有了以上觀念，接下來我們將以 R 語言內建的數據及做關聯性分析。

16-7-1　iris 物件的關聯性數據分析

先前已有多次使用這個物件了，下列先列出它的欄位資訊。

```
> names(iris)
[1] "Sepal.Length" "Sepal.Width"  "Petal.Length" "Petal.Width"  "Species"
>
```

上述是 3 個品種 150 朵鳶尾花的數據：

Sepal.Length：花萼長度

Sepal.Width：花萼寬度

Petal.Length：花瓣長度

Petal.Width：花瓣寬度

Species：品種名稱

如果我們想要瞭解上述 iris 數據 Sepal.Length、Sepal.Width、Petal.Length、Petal.Width 的關聯性，我們可以使 cor( ) 函數。

實例 ch16_53：針對 Sepal.Length 和 Sepal.Width 作關聯性分析。

```
> cor(iris$Sepal.Length, iris$Sepal.Width)
[1] -0.1175698
>
```

由上述執行結果可以發現，原來花萼長度和花萼寬度是負相關的關係。

實例 ch16_54：針對 Petal.Length 和 Petal.Width 作關聯性分析。

```
> cor(iris$Petal.Length, iris$Petal.Width)
[1] 0.9628654
>
```

由上述執行結果接近 1 可以發現，原來花瓣長度和花瓣寬度是正相關強烈的關係。接著，筆者將用相關係數矩陣列出 Sepal.Length、Sepal.Width、Petal.Length、Petal.Width 的關聯性做此項數據的總結。

實例 ch16_55：列出 iris 物件 Sepal.Length、Sepal.Width、Petal.Length、Petal.Width 的相關係數矩陣。

```
> cor(iris[-5])
             Sepal.Length Sepal.Width Petal.Length Petal.Width
Sepal.Length    1.0000000  -0.1175698    0.8717538   0.8179411
Sepal.Width    -0.1175698   1.0000000   -0.4284401  -0.3661259
Petal.Length    0.8717538  -0.4284401    1.0000000   0.9628654
Petal.Width     0.8179411  -0.3661259    0.9628654   1.0000000
>
```

上述執行結果中，其主對角線的相關係數是自我變數的關係，因此都是 1，其他則是兩兩不同變數間的相關係數。其實我們也可以利用 plot( ) 函數，繪出兩兩不同變數間的相關係數散點圖 (Scatterplot)。

實例 ch16_56：繪出 iris 物件 Sepal.Length、Sepal.Width、Petal.Length、Petal.Width，兩兩不同變數間的相關係數散點圖。

```
> plot(iris[-5])
>
```

執行結果

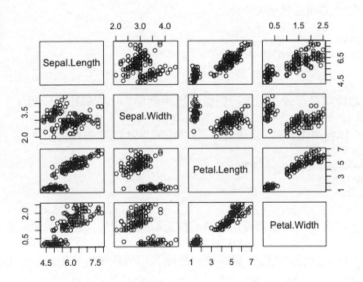

上述執行結果散點圖，由於主對角線的相關係數是自我變數的關係，結果是 1，因此直接用數據名稱取代。其實數據名稱也同時指出 x 軸和 y 軸所代表意義，當然 x 軸和

y 軸所代表意義也和實例 ch16_55 相同。此外，這個實例筆者使用 plot( ) 函數執行繪製散點圖，這個函數其實和 print( ) 函數類似，這是一個很有彈性的函數，當它發現所傳入的參數是數據框時，它是呼叫 pairs( ) 執行繪製上述散點圖。所以，你也可以使用下列方式繪製上述散點圖，可以獲得一樣的結果。

```
> pairs(iris[-5])
>
```

最後使用 cor( ) 函數時須考慮數據中有 NA 值的情形，此時需使用參數 "use ="，其基本原則如下：

1： 參數 use = "everything" 這是預設，若是變數向量元素中有 NA，該元素的計算結果也是 NA。

2： 參數 use = "complete"，不處理 NA 值，此時只計算非 NA 值的部分。

3： 參數 use = "pairwise"，變數內有 NA 值則不予計算。

16-7-2　stateUSA 物件的關聯性數據分析

stateUSA 物件的欄位名稱如下：

```
> names(stateUSA)
[1] "name"   "popu"   "area"   "region"
>
```

接著筆者想瞭解在美國各州人口數量與該州面積大小的關聯性分析。

實例 ch16_57：執行美國各州人口數量與該州面積大小的關聯性分析。

```
> cor(stateUSA$popu, stateUSA$area)
[1] 0.02156692
>
```

其實經過上述實例，結果數值接近 0，原來美國各州的人口數與州面積關聯不大。

實例 ch16_58：為美國各州人口數量與該州面積大小的關聯性分析繪製散點圖。

```
> plot(stateUSA[2:3])
>
```

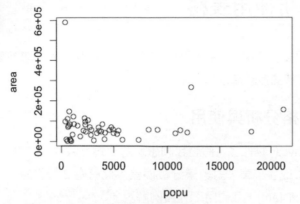

16-7-3 crabs 物件的關聯性數據分析

crabs 物件欄位名稱如下：

```
> names(crabs)
[1] "sp"    "sex"   "index" "FL"    "RW"    "CL"    "CW"    "BD"
>
```

上述第 4 欄位至第 8 欄位是 200 隻澳洲螃蟹身體各部位的測量值。

實例 ch16_59：列出 crabs 物件 FL(甲殼額葉區域的寬度 frontal lobe size)、RW(甲殼後方寬度 rear width)、CL(甲殼長度)、CW(甲殼寬度) 和 BD(身體厚度) 的相關係數矩陣。

```
> cor(crabs[4:8])
          FL        RW        CL        CW        BD
FL 1.0000000 0.9069876 0.9788418 0.9649558 0.9876272
RW 0.9069876 1.0000000 0.8927430 0.9004021 0.8892054
CL 0.9788418 0.8927430 1.0000000 0.9950225 0.9832038
CW 0.9649558 0.9004021 0.9950225 1.0000000 0.9678117
BD 0.9876272 0.8892054 0.9832038 0.9678117 1.0000000
>
```

由上述矩陣可以看到所有相關係數數值皆在 0.84 以上，所以上述螃蟹身體各部位大小皆是有強烈的正相關。

16-8 數據分析使用表格

在本章前面我們已經多次使用 table( ) 函數，針對一個變數的情況進行數據彙總，當然表格也適合為多個變數的資料進行彙總。

16-8-1　簡單的表格分析與使用

本章已經使用多次 mycar 物件了，假設我們想瞭解 3 擋 (gear)、4 擋和 5 擋數車子各有多少種是屬於自排車或手排車，對數據分析而言，此時有 2 個變數，一個是擋數 (gear) 另一個是自排或手排 (am)，我們用下列實例解說。

實例 ch16_60：使用 mycar 物件建立擋數 (gear) 和自排或手排 (am) 各種可能組合的表格。

```
> mycartable <- with(mycar, table(am, gear))
> mycartable
        gear
am        3  4  5
  Auto   15  4  0
  Manual  0  8  5
>
```

對上述 table( ) 函數而言，第 1 個參數被作為列名稱，第 2 個參數則作為欄名稱。這個表已經將所有組合都列出來了，例如，由上述可以得到 4 個擋的車有 4 種是手排車，8 種是自排車。

16-8-2　從無到有建立一個表格資料

前一個小節我們利用了現有的數據框物件建立了一個表格資料，本節筆者將從最基礎開始從無到有一步一步講解建立表格。

在醫學研究中，常常發現吃某種食物可能造成某些疾病的研究，例如，常吃雞鴨的頸部，可能造成身體疾病。或常抽煙可能造成肺癌。這時會有下列 4 種可能。

1： 抽煙造成肺癌。

2： 抽煙身體仍保持健康。

3： 不抽煙仍有肺癌。

4： 不抽煙身體仍保持健康。

假設目前我們抽樣調查數據如下：

	肺癌	健康
不抽煙	20	80
抽煙	72	28

接下來，筆者將講解如何一步一步用上述資料建立成表格。

實例 ch16_61：將上述抽樣調查數據轉換成矩陣。

```
> myresearch <- matrix(c(20, 72, 80, 28), ncol = 2)
> rownames(myresearch) <- c("No.Smoking", "Smoking")
> colnames(myresearch) <- c("Lung.Cancer", "Health")
>
```

下列是驗證這個矩陣 myresearch 的結果。

```
> myresearch
           Lung.Cancer Health
No.Smoking          20     80
Smoking             72     28
>
```

上述實例筆者先建立矩陣 myresearch，接著為這個矩陣的列和欄建立名稱。接下來我們可以使用上述矩陣建立表格。

實例 ch16_62：將矩陣 myresearch 轉成表格資料，筆者為這個表格取名 mytable。

```
> mytable <- as.table(myresearch)
>
```

執行結果
```
> mytable
           Lung.Cancer Health
No.Smoking          20     80
Smoking             72     28
>
```

我們已經成功地將實驗收集的數據轉成表格資料了，由上述執行結果看來，矩陣 myresearch 物件和表格 mytable 物件好像相同，其實不然，若是我們使用 str( ) 函數，可以發現他們彼此是有差別的，下一個小節筆者會介紹它們之間的差別。表格建立好了以後，如果想要存取資料，與其他資料類似其實很容易，下列是實例。

```
> str(myresearch)
 num [1:2, 1:2] 20 72 80 28
 - attr(*, "dimnames")=List of 2
  ..$ : chr [1:2] "No.Smoking" "Smoking"
  ..$ : chr [1:2] "Lung.Cancer" "Health"
> str(mytable)
 table [1:2, 1:2] 20 72 80 28
 - attr(*, "dimnames")=List of 2
  ..$ : chr [1:2] "No.Smoking" "Smoking"
  ..$ : chr [1:2] "Lung.Cancer" "Health"
>
```

實例 ch16_63：在數據中瞭解抽煙的人獲得肺癌的人數。

```
> mytable["Smoking", "Lung.Cancer"]
[1] 72
>
```

實例 ch16_64：在數據中瞭解不抽煙的人健康的人數。

```
> mytable["No.Smoking", "Health"]
[1] 80
>
```

16-8-3　分別將矩陣與表格轉成數據框

　　前面筆者已有講解矩陣與表格資料雖然看起來相同，但使用 str( ) 函數後，可以看到不同，如果我們分別將 myresearch 矩陣物件和 mytable 表格物件轉成數據框則更可以看出彼此的差別。

實例 ch16_65：將 myresearch 矩陣物件轉成數據框。

```
> myresearch.df <- as.data.frame(myresearch)
> str(myresearch.df)
'data.frame':   2 obs. of  2 variables:
 $ Lung.Cancer: num  20 72
 $ Health     : num  80 28
>
```

　　由上述執行結果可以看出，上述有 2 個變數，每個變數有 2 個實驗的數據。

實例 ch16_66：將 mytable 表格物件轉成數據框。

```
> mytable.df <- as.data.frame(mytable)
> str(mytable.df)
'data.frame':    4 obs. of  3 variables:
 $ Var1: Factor w/ 2 levels "No.Smoking","Smoking": 1 2 1 2
 $ Var2: Factor w/ 2 levels "Lung.Cancer",..: 1 1 2 2
 $ Freq: num  20 72 80 28
>
```

此時的數據框有 3 個變數，其中 Var1 和 Var2 皆是因子，另一個變數是 Freq，Freq 包含 Var1 和 Var2 各種組合的實驗數據。

16-8-4 邊際總和

在數據分析過程中，我們很可能會對表格的列或欄進行加總運算，這個行為我們稱邊際總和 (Marginal Totals)。我們可以使用下列函數：

addmargins(A, margin)

A：表格資料或陣列組。

margin：若省略則列與欄皆計算，若為 1 則計算 " 欄 " 所以 " 列 " 會增加 Sum，若為 2 則計算 " 列 " 所以 " 欄 " 會增加 Sum。

實例 ch16_67：使用 mytable 物件，計算參與研究中抽煙者和不抽煙者的總人數。

```
> addmargins(mytable, margin = 2)
           Lung.Cancer Health Sum
No.Smoking          20     80 100
Smoking             72     28 100
>
```

由於是要將 Smoking 和 No.Smoking 這 2 列資料相加，然後增加 Sum 這一欄位，所以設定 "margin = 2"。

實例 ch16_68：使用 mytable 物件，計算參與研究中健康和不健康的總人數。

```
> addmargins(mytable, margin = 1)
           Lung.Cancer Health
No.Smoking          20     80
Smoking             72     28
Sum                 92    108
>
```

實例 ch16_69：使用 mytable 物件，同時計算參與研究中抽煙者和不抽煙者的總人數和參與研究中健康和不健康的總人數。

```
> addmargins(mytable)
           Lung.Cancer Health Sum
No.Smoking          20     80 100
Smoking             72     28 100
Sum                 92    108 200
>
```

16-8-5　計算數據佔比

在分析表格過程中，如果純數字，可能感覺沒有這麼強烈，例如若以 mytable 為例，我想瞭解在實驗的抽樣調查中，抽煙同時有肺癌者的比率是多少？或是不抽煙同時身體健康者的比率是多少？ R 語言提供一個函數 prob.table( ) 可以很輕易給我們答案。

實例 ch16_70：計算 mytable 表格物件的數據佔比。

```
> prop.table(mytable)
           Lung.Cancer Health
No.Smoking        0.10   0.40
Smoking           0.36   0.14
>
```

由上述執行結果我們獲得了下列資訊。

1： 不抽煙而罹患肺癌在全部受測者中佔比是 10%。

2： 抽煙而罹患肺癌在全部受測者中佔比是 36%。

3： 不抽煙而健康者在全部受測者中佔比是 40%。

4： 抽煙而健康者在全部受測者中佔比是 14%。

16-8-6　計算列與欄的數據佔比

假設我們現在只想要瞭解實驗數據中抽煙者有多少比率的人是罹患肺癌或是健康的，以及不抽煙者有多少比率是罹患肺癌或是健康的。此時在利用 prob.table( ) 函數時，也可以再增加參數 margin，執行只針對列做計算或欄做計算。

實例 ch16_71：計算抽煙者有多少比率的人是罹患肺癌或是健康的，以及不抽煙者有多少比率是罹患肺癌或是健康的。

```
> prop.table(mytable, margin = 1)
          Lung.Cancer Health
No.Smoking       0.20   0.80
Smoking          0.72   0.28
>
```

由上述執行結果可以獲得下列資訊：

1： 不抽煙而罹患肺癌在全部不抽煙受測者中佔比是 20%。

2： 不抽煙而健康者在全部不抽煙受測者中佔比是 80%。

2： 抽煙而罹患肺癌在全部抽煙受測者中佔比是 72%。

4： 抽煙而健康者在全部抽煙受測者中佔比是 28%。

習題

一：是非題

( ) 1： 我們可以使用 install( ) 函數來下載所需要的擴展包。

( ) 2： 常被用來獲得數據集中趨勢的 R 函數有三種 :mean( ), median( ) 與 mode( )。

( ) 3： R 程式求取標準差的函數為 stdev( )。

( ) 4： 有 2 個指令如下：

```
> x<- c(3,3,3,2,2,1)
> unique(x)
```

上述指令執行結果如下：

```
  [1] 3 2 1
```

( ) 5： 我們可以用 quantile( ) 函數同時取得第 1 四分位數、第 2 四分位數以及第 3 四分位數。

( ) 6： 有 1 個指令如下：

```
> quantile(1:7)
```

上述指令執行結果如下：

```
  0%  25%  50%  75% 100%
  1.0  2.5  4.0  5.5  7.0
```

(　) 7： 可以使用 table( ) 函數去取得數據出現的次數或稱頻率。

(　) 8： 可以使用 hist( ) 函數去繪製直方圖，若使用參數 nbreaks =10，表示指定柱狀的數量為 10。

(　) 9： R 語言有提供一個密度函數 density( )，可以將欲建圖表的數據利用這個函數轉成一個密度物件串列 (List)，未來可將這個物件放入 plot( ) 函數內就可以繪製密度圖。

(　)10： mycar 物件的前 6 筆內容如下：

```
                      mpg cyl      am gear
Mazda RX4            21.0   6 Manual    4
Mazda RX4 Wag        21.0   6 Manual    4
Datsun 710           22.8   4 Manual    4
Hornet 4 Drive       21.4   6   Auto    3
Hornet Sportabout    18.7   8   Auto    3
Valiant              18.1   6   Auto    3
```

若使用 mycar 數據框物件繪製汽缸數 (cyl) 對油耗 (mpg) 之間的箱型比較圖。可以使用以下的 R 指令：

```
> boxplot(mpg ~ cyl, data = mycar)
```

二：選擇題

(　) 1： 以下哪一個不是正確的求取數據集中趨勢的函數？
  A：mean( )   B：median( )
  C：所列三個函數都是   D：mode( )

(　) 2： R 程式求取標準差的函數為何？
  A：stdev( )   B：std( )   C：sd( )   D：dev( )

(　) 3： 以下指令會得到何數值結果？
```
> x<- c(3,3,3,2,2,1)
> length(unique(x))
```
  A：[1] 1   B：[1] 6   C：[1] 3   D：[1] 0

( ) 4： 以下指令會得到何結果？

```
> x <- c(1,1,1,1,2,2,3)
> table(x)
```

A：[1] 1 2 3

```
    x
B： 1 2 3
    4 2 1
```

```
    x
C： 1 2 3
    1 2 3
```

D：[1] 1 4 2 2 3 1

( ) 5： 以下指令會得到何結果？

```
> x <- c(1,1,1,1,2,2,3,4)
> tx <- table(x)
> index <- tx == max(tx)
> names(tx[index])
```

A：[1] "1"   B：[1] "2"   C：[1] "3"   D：[1] "4"

( ) 6： 以下指令會得到何數值結果？

```
> x <- c(1,1,1,1,2,2,3,4)
> which.max(x)
```

A：[1] 1   B：[1] 4   C：[1] 8   D：[1] 6

( ) 7： 給定 x 向量內容為 (1, 2, 2, 3, 3, 3, 4, 4, 4, 4, 5, 5, 5, 6, 6, 7)，使用以下何指令可以得到以下的統計圖？

Histogram of x

A：
```
> hist(x)
> density(x)
```

B：
```
> hist(x,freq=FALSE)
> lines(density(x))
```

C：
```
> plot(density(x))
> hist(x)
```

D：
```
> hist(x)
> lines(density(x))
```

(　　)8： mycar 物件的前 6 筆內容如下：

```
                     mpg cyl      am gear
Mazda RX4           21.0  6 Manual    4
Mazda RX4 Wag       21.0  6 Manual    4
Datsun 710          22.8  4 Manual    4
Hornet 4 Drive      21.4  6   Auto    3
Hornet Sportabout   18.7  8   Auto    3
Valiant             18.1  6   Auto    3
```

若使用 mycar 數據框物件繪製汽缸數 (cyl) 對油耗 (mpg) 之間的箱型比較圖。
應該使用以下的那一個指令？

A： > boxplot(mpg | cyl,data=mycar)

B： > boxplot(mpg ~ cyl, data = mycar)

C： > boxplot(mycar$mpg + mycar$cyl)

D： > boxplot(~mpg+cyl,data=mycar)

(　　)9： 若兩個向量 x 與 y 執行了以下的指令與結果：

```
> length(x)
[1] 10
> cor(x,y)
[1] -0.9006627
```

可知兩向量之間的關係為何？

A：輕微的正線性相關

B：強烈正線性相關

C：強烈負線性相關

D：無法判斷線性相關性

(　)10：若給定一個 table 物件 tab1 顯示如下：

```
> tab1
  C D
A 1 3
B 2 4
```

使用以下何指令可以得到下列列加總的結果？

```
  C D Sum
A 1 3   4
B 2 4   6
```

A：> addrow(tab1)

B：> addmargins(tab1,margin=1)

C：> addmargins(tab1,margin=2)

D：> addmargins(tab1)

三：複選題

(　) 1： 以下何指令可以用來下載 MASS 擴充包？(選擇 2 項)

A：> load(MASS)　　　　　　　B：> install.packages(MASS)

C：> download(MASS)　　　　　D：> library(MASS)

E：> install(MASS)

(　) 2： summary( ) 函數所提供的結果中不包含以下何種統計 ？(選擇 2 項)

A：mean

B：3rd. Qu.

C：median

D：mode

E：var

四：實作題

1： 以 rnorm(100,mean=60,sd=12) 產生 100 筆平均數為 60 標準差為 12 的常態分配隨機數向量 x，並計算出 x 的平均數、中位數、眾數、變異數、標準差、全距、最大值、最小值、第一四分位數、第三四分位數等各項統計。

註 rnorm( ) 函數的第一個參數是表示產生 100 筆資料。

```
> source('~/Documents/Rbook/ex/ex16_1.R')
$quartiles
       0%      25%      50%      75%     100%
28.84666 49.48792 59.15335 70.79765 84.25616

$mean
[1] 59.82622

$std
[1] 13.09589

$var
[1] 171.5023

$mode
numeric(0)

$range
[1] 55.4095
```

2： 參考實例 ch16-44 建立上題 x 的直方圖並加上密度圖。

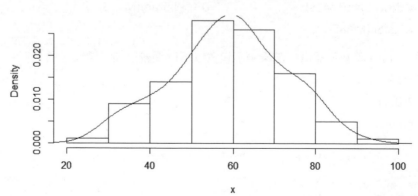

3： 使用 summary( ) 函數以了解前題的向量 x 的各項總結統計並繪製其箱型圖。

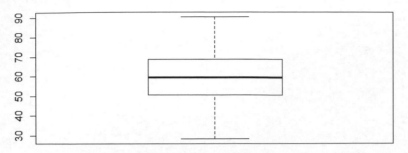

4： 以 rchisq(100, df=8) 產生 100 筆自由度為 8 卡方分配的隨機向量 y，並如重複前面
三題的方式，求取各項統計 、繪製直方圖加密度圖、套用 summary( ) 函數並繪製
箱型圖。

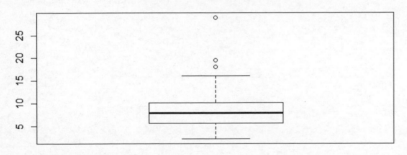

5： 檢討上述題目所產生的 x 與 y 兩向量間的線性相關係數。

```
> source('E:/20201102-1/ex16_5.R')
[1] -0.00950611
```

第十七章

常態分配

　　所謂的常態分配 (Normal Distribution) 又稱高斯分配 (Gaussian Distribution)，許多統計學的理論都是假設所使用的數據是常態分配，這也是本章的主題。

　　數據分析師 (Data Analyst) 或大數據工程師 (Big Data Engineer) 在研究數據時，首先要做的是確定數據是否合理？也就是要求數據是常態分配，接下來我們將舉一系列實例作說明。

17-1 用直方圖檢驗 crabs 物件

　　數據是否常態分配，很簡單的方式是我們可以用 histogram( ) 函數將數據導入，直接瞭解數據的分佈作推斷。由於這個函數是在擴展包 lattice 內，所以使用前須先載入。

```
> library(lattice)
>
```

　　在前面章節我們已經多次使用了這個物件 crabs，本小節筆者將用物件的變數 CW(甲殼寬度) 為例做說明。

實例 ch17_1：使用 histogram( ) 函數繪出 crabs 物件 CW(螃蟹甲殼寬度) 的直方圖。

```
> histogram(crabs$CW)
>
```

執行結果

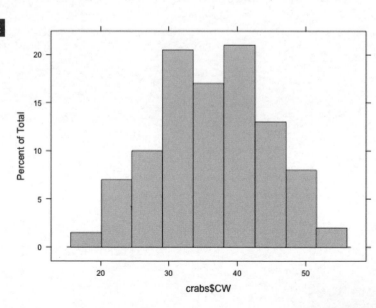

　　由上圖判斷 crabs$CW 數據是否常態分配？可能不同的數據分析師有不同的看法，不過沒關係，因為接下來筆者還會介紹直接用數據作檢驗。不過筆者在此還是先下結論，上述是不拒絕服從常態分配假設。其實我們也可以使用 crabs 物件的 sex 欄位，將公的螃蟹和母的螃蟹分開檢驗其 CW 數據，瞭解是否常態分配。

實例 ch17_2：繪出公螃蟹和母螃蟹 CW 數據的直方圖。

```
> histogram(~CW | sex, data = crabs)
>
```

執行結果

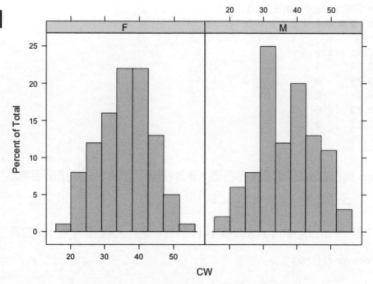

　　在上述 histogram( ) 函數中，我們在第 1 個參數中使用了，一個公式：

　　~CW | sex

~：左邊沒有資料，右邊有下列 2 個資料。

CW：繪圖是使用 CW 變數內容。

sex：由於這是一個因子變數，F 表示母螃蟹，M 表示公螃蟹。

　　sex 參數左邊有 " | "，這是統計學符號，表示 " 基於 … 條件 "，由此可以分開處理公螃蟹和母螃蟹的數據。得到上述結果後，筆者在此還是先下結論，上述 2 個數據皆是服從常態分配假設。

17-2　用直方圖檢驗 beaver2 物件

beaver2 這組數據是美國威斯康辛州的生物學家 Reynolds 在 1990 年 11 月 3 日和 4 日 2 天每隔 10 分鐘記錄一次海狸 (beaver) 的體溫，同時他還記錄當時的海狸是否屬於活躍 (active) 狀態，下列是這個物件的資料。

```
> str(beaver2)
'data.frame':    100 obs. of  4 variables:
 $ day  : num  307 307 307 307 307 307 307 307 307 307 ...
 $ time : num  930 940 950 1000 1010 1020 1030 1040 1050 1100 ...
 $ temp : num  36.6 36.7 36.9 37.1 37.2 ...
 $ activ: num  0 0 0 0 0 0 0 0 0 0 ...
> head(beaver2)
  day time  temp activ
1 307  930 36.58     0
2 307  940 36.73     0
3 307  950 36.93     0
4 307 1000 37.15     0
5 307 1010 37.23     0
6 307 1020 37.24     0
>
```

上述 temp 欄位記錄的是海狸的體溫，activ 欄位記錄的是海狸是否處於活躍狀態，1 表示 " 是 "，0 表示 " 否 "。

實例 ch17_3：使用 histogram( ) 函數繪出 beaver2 物件海狸體溫 temp 的直方圖。

```
> histogram(beaver2$temp)
>
```

執行結果

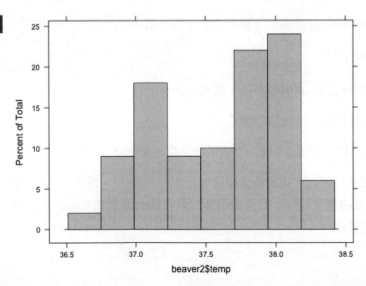

　　由上述結果可以發現數據的高峰有 2 塊，同時中位部分往下凹，筆者在此還是先下結論，上述海狸數據與常態分配有較大的偏差。但是上述由於部分海狸是屬活躍狀態，部分是屬非活躍狀態，接下來我們分開處理這 2 種狀態的海狸。

實例 ch17_4：繪出活躍和不活躍海狸體溫 temp 數據的直方圖。

```
> histogram(~temp | factor(activ), data = beaver2)
>
```

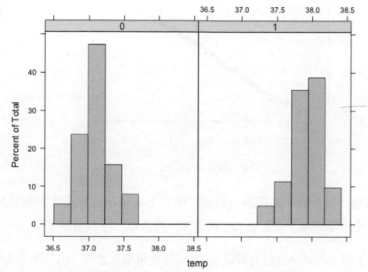

　　與實例 ch17_2 相同的是，筆者在 histogram( ) 函數的第一個參數，輸入了一個公式如下：

　　~temp | factor(activ)

　　由於在 beaver2 物件內 activ 是一個數值向量，所以筆者使用 factor( ) 函數將 activ 變數轉成因子。當然若是由上圖看來，個別活躍的海狸體溫數據和不活躍的海狸體溫數據是不拒絕服從常態分配假設。

17-3 用 QQ 圖檢驗數據是否常態分配

　　R 語言提供 qqnorm( ) 函數可以繪製 QQ 圖，我們可以用所繪製的圖是否呈現一直線判斷是否常態分配。另外，R 語言還提供了一個 qqline( ) 函數，這個函數會在 QQ 圖中繪一條直線，如果 QQ 圖的點越接近這條直線，表示數據越接近常態分配。

實例 ch17_5：使用 qqnorm( ) 函數繪出 crabs 物件 CW(螃蟹甲殼寬度) 的 QQ 圖，然後判斷是否常態分配。

```
> qqnorm(crabs$CW, main = "QQ for Crabs")
>
```

執行結果

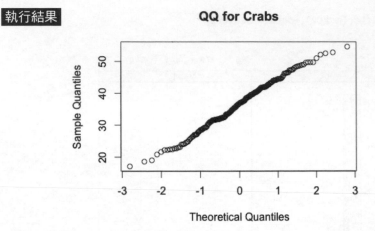

由上述數據可以發現，數據趨近直線，所以上述是不拒絕服從常態分配假設。接下來我們可以使用 qqline( ) 為上述 QQ 圖增加一條直線，再觀察結果。

實例 ch17_6：使用 qqline( ) 函數為實例 ch17_5 的結果增加直線，再判斷是否常態分配。

```
> qqline(crabs$CW)
>
```

執行結果

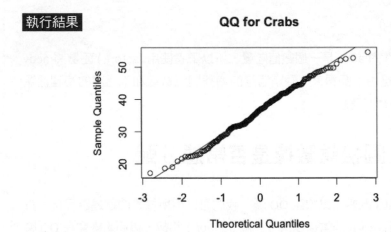

　　由上述執行結果可以看到 QQ 圖的確是非常趨進一條直線，所以更加確定上述是不拒絕服從常態分配假設。接下來我們看看海狸的實例。

實例 ch17_7：使用 qqnorm( ) 函數繪出 beaver2 物件海狸體溫 temp 的 QQ 圖，再判斷是否常態分配。

```
> qqnorm(beaver2$temp, main = "QQ for Beaver")
>
```

執行結果

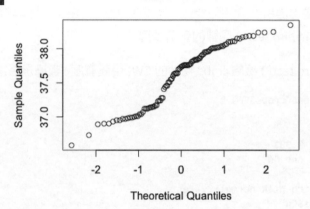

　　由上述數據可以發現，數據沒有趨近直線，所以上述是拒絕常態分配假設。接下來我們可以使用 qqline( ) 為上述 QQ 圖增加一條直線，再觀察結果。

實例 ch17_8：使用 qqline( ) 函數為實例 ch17_7 的結果增加直線，再判斷是否常態分配。

```
> qqline(beaver2$temp)
>
```

執行結果

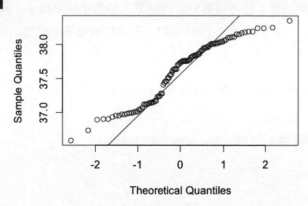

　　由上述數據可以發現，上述數據偏離直線許多，所以更加確定上述海狸數據是拒絕服從常態分配假設。

17-4　使用 shapiro.test( ) 函數

　　前 2 節筆者使用了直方圖顯示了數據的分佈，最後判斷是否數據呈現常態分配難免受到主客觀因素的干擾，因此我們可能需使用更客觀的方法來檢驗數據是否常態分配，一般最廣泛使用的是本節所要介紹的 Shapiro Wilks 檢驗，這個方法非常容易，只要將要檢驗的數據當作 shapiro.test( ) 函數的參數即可。

實例 ch17_9：使用 shapiro.test( ) 檢驗 crabs 物件的 CW(甲殼寬度) 數據是否常態分配。

```
> nortest1 <- shapiro.test(crabs$CW)
> str(nortest1)
List of 4
 $ statistic: Named num 0.991
 ..- attr(*, "names")= chr "W"
 $ p.value  : num 0.254
 $ method   : chr "Shapiro-Wilk normality test"
 $ data.name: chr "crabs$CW"
 - attr(*, "class")= chr "htest"
>
```

　　上述 R 將傳回一個串列 (List) 物件，所以筆者使用 str( ) 函數列出結果物件，當然對於上述傳回的串列資料最重要的元素是 p.value，所以下列筆者單獨列出值。

```
> nortest1$p.value
[1] 0.2541548
>
```

　　p-value 主要是反映數據樣本是否常態分配的機率，值越小機率越小，通常用 0.05 做臨界標準，如果值大於 0.05(此例是 0.2541548)，表示此數據不拒絕服從常態分配的假設。

實例 ch17_10：使用 shapiro.test( ) 檢驗 crabs 物件公螃蟹和母螃蟹的 CW(甲殼寬度) 數據是否常態分配。

```
> nortest2 <- with(crabs, tapply(CW, sex, shapiro.test))
> str(nortest2)
List of 2
 $ F:List of 4
```

```
..$ statistic: Named num 0.988
.. ..- attr(*, "names")= chr "W"
..$ p.value  : num 0.526
..$ method   : chr "Shapiro-Wilk normality test"
..$ data.name: chr "X[[i]]"
..- attr(*, "class")= chr "htest"
$ M:List of 4
..$ statistic: Named num 0.983
.. ..- attr(*, "names")= chr "W"
..$ p.value  : num 0.237
..$ method   : chr "Shapiro-Wilk normality test"
..$ data.name: chr "X[[i]]"
..- attr(*, "class")= chr "htest"
- attr(*, "dim")= int 2
- attr(*, "dimnames")=List of 1
..$ : chr [1:2] "F" "M"
>
```

上述傳回的串列內又有 2 個串列，我們可以使用下列方法瞭解個別的 p-value 值。

```
> nortest2$F$p.value          #母螃蟹的p.value值
[1] 0.5256088
> nortest2$M$p.value          #公螃蟹的p.value值
[1] 0.2368288
>
```

由上述數據可以得到，p.value(母螃蟹) 和 p.value(公螃蟹) 的值皆遠大於 0.05，所以 crabs 物件公螃蟹和母螃蟹的 CW(甲殼寬度) 數據是不拒絕服從常態分配的假設。

實例 ch17_11：使用 shapiro.test( ) 檢驗 beaver2 物件的 temp(海狸體溫) 數據是否常態分配。

```
> nortest3 <- shapiro.test(beaver2$temp)
> nortest3$p.value
[1] 7.763623e-05
>
```

由於最後 p.value 值小於 0.05，表示此數據拒絕服從常態分配的假設。

實例 ch17_12：使用 shapiro.test( ) 檢驗 beaver2 物件，了解個別活躍海狸和不活躍海狸的 temp(海狸體溫) 數據是否常態分配。

```
> nortest4 <- with(beaver2, tapply(temp, activ, shapiro.test))
> nortest4$`0`$p.value
[1] 0.1231222
> nortest4$`1`$p.value
[1] 0.5582682
>
```

由於最後不論是活躍的或非活躍的海狸之 p.value 值接大於 0.05，表示此數據不拒絕服從常態分配的假設。

習題

一：是非題

(　) 1： 我們可以用 histogram( ) 函數將數據導入，直接瞭解數據的分佈作推斷。由於這個函數是在擴展包 lattice 內，所以使用前先以 library(lattice) 載入。

(　) 2： histogram( ) 函數已經在 R 的基本設定中，因此不需要下載任何擴充包，可以直接執行，不會有任何錯誤訊息。

(　) 3： shapiro.test( ) 函數已經在 R 的基本設定中，因此不需要下載任何擴充包，可以直接執行檢測，不會有任何錯誤訊息。

(　) 4： 我們想要了解數據框 x 中的數值變數 y 在不同的因子變數 sex 下分開檢驗其 y 數據，瞭解是否符合常態分配。我們已經下載了相關的擴充包後，可以使用以下指令來完成檢測。

```
> histogram( ~ y | sex, data=x)
```

(　) 5： 我們可以僅使用 qqnorm( ) 函數繪製出以下的統計圖。

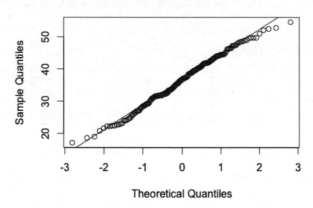

(　)6：以下的 QQ 圖可以看出 Beaver 變數大致是服從常態分配的。

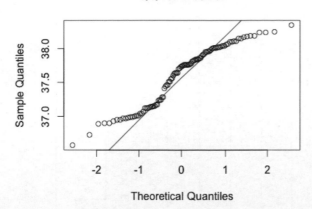

(　)7：我們使用了 shapiro.test(x) 函數對數值變數 x 進行檢測，結果 x$p.value 的數值為 0.12。表示有強烈證據顯示 x 符合了常態分配。

二：選擇題

(　)1：以下何種函數在使用前必須下載擴充包才能夠順利執行，不會產生錯誤訊息。
A：histogram( )　　B：shapiro.test( )　C：qqnorm( )　　　D：qqline( )

(　)2：我們想要了解數據框 x 中的數值變數 y 在不同的因子變數 sex 下分開檢驗其 y 數據，瞭解是否符合常態分配。我們已經下載了相關的擴充包後，可以使用以下 histogram( ) 指令來正確完成檢測。

A：> histogram(~ y | sex, data=x)

B：> histogram(y | sex, data=x)

C：> histogram(x$y | sex)

D：> histogram(~ y | sex)

(　) 3： 以下的統計圖是使用哪一個函數所繪製得到的？

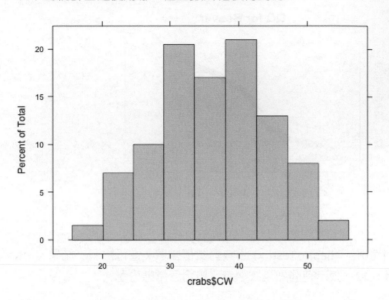

A：histogram( )　　B：qqline( )　　　C：boxplot( )　　　D：plot( )

(　) 4： 以下的統計圖是使用哪一個函數所繪製得到的？

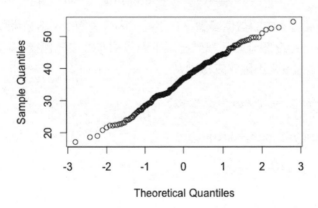

A：qqline( )　　　B：qqnorm( )　　C：qqpoints( )　　D：histogram( )

(　) 5 ： 我們使用了 shapiro.test(x) 函數對數值變數 x 進行檢測，以下哪一個 x$p.value 數值結果。表示有強烈證據顯示拒絕了 x 符合常態分配。

A：0.12　　　　　B：0.58　　　　　C：0.001　　　　　D：0.95

(　) 6 ： 我們使用了 shapiro.test( ) 分別對 nortest2$F 與 nortest2$M 進行了檢測得到如下的結果。以下的結論哪一個最正確？

```
> nortest2$F$p.value
[1] 0.5256088
> nortest2$M$p.value
[1] 0.0068288
```

A：nortest2$F 與 nortest2$M 均符合常態分配
B：nortest2$F 與 nortest2$M 均不符合常態分配
C：nortest2$F 不符合常態分配而 nortest2$M 符合常態分配
D：nortest2$F 符合常態分配而 nortest2$M 不符合常態分配

(　) 7 ： 以下在不同的條件下 temp 變數所繪製的直方圖是由哪一個繪圖函數所繪製出來的？

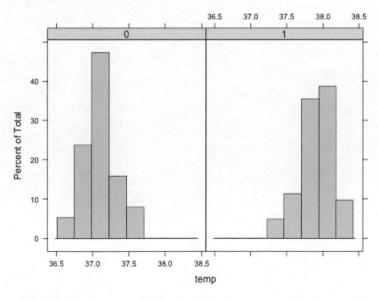

A：qqplot( )　　　　B：histogram( )　　　C：barplot( )　　　　D：polygon( )

三：複選題

(　　) 1： 以下何種函數可以將數據導入，不需要下載擴充包，直接瞭解數據的分佈作推斷。(選擇 3 項)

A：hist( )　　　　B：qqnorm( )　　　C：shapiro.test( )

D：dotplot( )　　　E：histogram( )

(　　) 2： 以下何種函數可以用來檢測數值數據是否為常態分配。(選擇 3 項)

A：histogram( )　　B：qqnorm( )　　　C：shapiro.test( )

D：boxplot( )　　　E：dotchart( )

四：實作題

1： 使用 histogram( ) 函數繪製 crabs 數據框的 FL 變數的直方圖；並使用 sex 因子變數作為條件變數再繪製條件直方圖，並解說你所得到的結果。

2： 使用 qqnorm( ) 與 qqline( ) 函數繪製 crabs 數據框的 FL 變數的 QQ 圖，並解說你所得到的結果；再使用 shapiro.test( ) 檢測 crabs$FL 變數是否符合常態分配。

第十八章

資料分析 - 統計繪圖

18-1 類別資料的圖形描述

在進行資料分析時，如果能夠有相關的圖形做輔助，更能夠讓分析能夠讓人印象深刻。類別 (質化) 資料的描述繪圖，相對比較簡單，主要只有直條圖 (barplot) 與圓餅圖 (pie chart)，均可以用直觀去了解各個類別間次數或者量化多寡的比較。前面我們使用 table 函數已經能夠以彙整表的方式呈現，在此我們以兩種統計圖的方式來呈現各類別間的相互比較。

18-1-1 直條圖 barplot( ) 函數

直條圖又可分為長條圖與橫條圖，主要是用來標示某變數的資料變化，我們可以使用 barplot( ) 函數輕易完成此工作。有關於 barplot( ) 繪圖函數的使用格式如下：

```
barplot(height, width = 1, space = NULL, horiz = FALSE,
        xlim = NULL, ylim = NULL, legend.text = NULL,
        main = NULL, xlab = NULL, ylab = NULL)
```

參數	說明
height	可以為向量或者矩陣提供長條的高度值
width	長條圖每一長條的寬度
space	長條圖兩相鄰長條的間隔
horiz	邏輯值；若為 FALSE 繪製的是直立式反之若為 TRUE 則繪製水平式
legend.text	一個文字向量作為圖例說明
main, sub	繪圖的抬頭文字及副抬頭文字
xlab , ylab	x 軸及 y 軸的標籤
xlim, ylim	x 軸及 y 軸的數值界限

其他參數及說明請使用 ?barplot 指令。

實例 ch18_1：使用 barplot( ) 函數利用 islands 數據列出前 5 大島嶼的面積直條圖，下列是先建立前 5 大島嶼的面積向量。

```
> big.islands <- head(sort(islands, decreasing = TRUE), 5)
>
```

下列是驗證 big.islands 向量物件內容。

```
> big.islands
        Asia         Africa North America South America    Antarctica
       16988          11506          9390          6795          5500
>
```

下列是繪製值條圖指令。

```
> barplot(big.islands, width = 1, space = 0.2, main = "Land area of islands")
>
```

執行結果

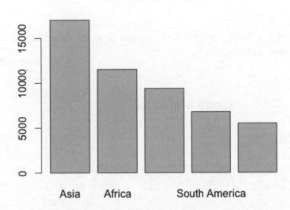

可以看到部分島嶼的名稱未顯示，加大寬度即可顯示，如下所示：

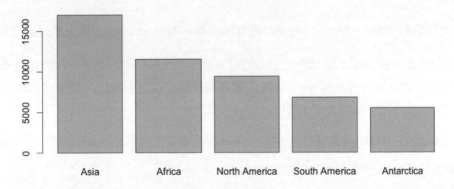

實例 ch18_2：建立一個血型資料向量，同時依此血型資料繪出橫條圖。下列是建立此血型資料向量以及給此資料向量名稱。

```
> blood.info <- c(23, 40, 38, 12)
> names(blood.info) <- c("A", "B", "O", "AB")
>
```

下列是驗證此向量資料。

```
> blood.info
 A  B  O AB
23 40 38 12
```

下列是建立橫條圖。

```
> barplot(blood.info, horiz = TRUE, width = 1, space = 0.2, legend.text = names
(blood.info), main = "Blood Statistics")
>
```

執行結果

上述參數 "horiz = TRUE"，相當於建立橫條圖，"legend.text" 參數主要是建立圖例。

實例 ch18_3：在 16-1-2 節我們已經建立了一個 stateUSA 的數據框，我們先用 region 欄位建立一個表格，再利用 barplot( ) 函數為這個表格建立長條圖。最後可以建立，美國各區 (region) 的州數量的長條圖。

下列是為 stateUSA 數據框物件的 region 欄位建立一個表格 state.table：

```
> state.table <- table(stateUSA$region)
>
```

下列是驗證 state.table 表格內容：

```
> state.table

  Northeast          South North Central         West
          9             16            12           13
>
```

下列是建立長條圖：

```
> barplot(state.table, xlab = "Region", ylab = "Population", col = "Green")
>
```

執行結果

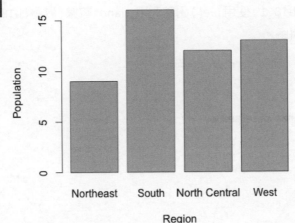

上述在建立長條圖過程中我們建立了 x 和 y 軸的標籤，同時也將長條圖顏色設為綠色。

18-1-2　圓餅圖 pie( ) 函數

圓餅圖（也稱圓瓣圖）適合表示於類別資料中各個不同類別佔總數的比例，因此可以說是質化資料下相對次數表的圖示。在圓餅中顯示所有類別及各類實際出現的相對次數或比例，以面積表達相對差異。面積大小的比例計算即化為角度大小可以使用 (360 度)* (所佔百分比) 得到。有關於 pie( ) 繪圖函數的使用格式如下：

pie(x, labels = names(x), radius = 0.8, clockwise = FALSE, main = NULL, ...)

參數	說明
x	一個非負值向量，作為每一塊圓餅面積大小的比例
labels	一個文字向量作為每一塊圓餅的名稱說明
radius	圓餅圖的半徑長度，數值在 -1 與 1 之間超過 1 時會有部分圖被切割
clockwise	邏輯值，表示所給數值為順時針或逆時針繪圖
col	一組向量表達圓餅顏色的選擇
main	繪圖的標題文字

其他參數及說明請使用 ?pie 指令。

實例 ch18_4：重新設實例 ch18_1，使用 pie( ) 函數利用 islands 數據 (實例 ch18_1 所建)，列出前 5 大島嶼的面積圓餅圖。

```
> pie(big.islands, main = "Land area of islands")
>
```

執行結果　　**Land area of islands**

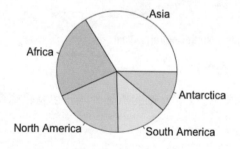

實例 ch18_5：重新設計實例 ch18_2，建立一個血型資料向量，同時依此血型資料繪出圓餅圖，所有數據資料均使用實例 ch18_2 所建的資料。

```
> pie(blood.info, main = "Blood Statistics")
>
```

執行結果 **Blood Statistics**

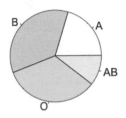

實例 ch18_6：重新設計實例 ch18_3，使用 pie( ) 函數為美國各區 (region) 的州數量建立圓餅圖，同時設定每筆變數的顏色。

```
> pie(state.table, col = c("Yellow", "Green", "Gray", "Red"))
>
```

執行結果

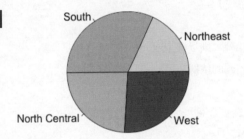

18-2 量化資料的圖形描述

　　一般常見的單變量量化資料的統計圖形有點圖 (dotchart)、直方圖 (histogram)、箱型圖 (boxplot)、莖葉圖 (stem and leaf) 等等。都能夠清楚表達資料的散佈分配情形。以下分別使用 dotchart、hist、stem 與 boxplot 來描述量化資料。

　　繪圖函數內部的參數，諸如：xlim、ylim、xlab、ylab 以及 main 均已經在上一節類別資料繪圖函數 barplot 中有說明，他們的使用均是一樣的，因此在此也就不加以贅述了。

18-2-1　點圖 dotchart( ) 函數

R 中的點圖是使用 dotchart( ) 函數來繪製。水平軸是用來標示出現數值的次數值；垂直軸則是用來表示數值資料變數值的範圍；每一個點代表某一個數值出現了幾次。所以由點圖就能夠了解資料實際出現在那些數值即隱含的分配情形，也能夠迅速的得到數值資料的眾數。有關於 pie( ) 繪圖函數的使用格式如下：

```
dotchart(x, labels = NULL, groups = NULL, gdata = NULL,
    cex = par("cex"), pch = 21, gpch = 21, bg = par("bg"),
    color = par("fg"), gcolor = par("fg"), lcolor = "gray",
    xlim = range(x[is.finite(x)]),
    main = NULL, xlab = NULL, ylab = NULL, ...)
```

參數名	說明
x	可以是向量或者矩陣 (使用列)
labels	資料的標籤
groups	列出資料如何分組，若為矩陣，則以欄 (column) 進行分組
gdata	標示出使用何者統計作為繪圖的依據
cex	繪圖字元的大小
pch	繪圖字元，預設是 19，代表空心圓
gpch	不同的分組使用何字元繪圖
bg	背景顏色
color	標籤與繪圖點的顏色
gcolor	分組標籤與值的顏色
lcolor	繪製水平線的顏色

其他參數及說明請使用 ?dotchart 指令。

實例 ch18_7：使用 dotchart( ) 函數，繪出美國人口最小 5 個州資料的點陣圖。

```
> state.po <- state.x77[, 1]            #取得各州人口數向量
> small.st <- head(sort(state.po), 5)   #取得最小5個州資料
>
```

下列是驗證 small.st 物件資料內容：

```
> small.st
  Alaska Wyoming Vermont Delaware  Nevada
     365     376     472      579     590
>
```

下列是建立點陣圖程式碼。

```
> dotchart(small.st)
>
```

執行結果

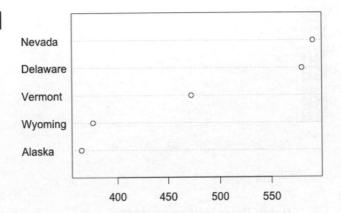

在 R 系統有一個內建的矩陣 VADeaths 物件，這個物件記錄 1940 年代美國 Virginia 州每 1000 人，死亡率，其中年齡層區分為 50-54、55-59、60-64、65-69、70-74。同時區分鄉村 (Rural) 男性與女性，都會 (Urban) 男性和女性。下列是瞭解其結構。

```
> str(VADeaths)
 num [1:5, 1:4] 11.7 18.1 26.9 41 66 8.7 11.7 20.3 30.9 54.3 ...
 - attr(*, "dimnames")=List of 2
 ..$ : chr [1:5] "50-54" "55-59" "60-64" "65-69" ...
 ..$ : chr [1:4] "Rural Male" "Rural Female" "Urban Male" "Urban Female"
>
```

下列是列出其內容。

```
> VADeaths
      Rural Male Rural Female Urban Male Urban Female
50-54       11.7          8.7       15.4          8.4
55-59       18.1         11.7       24.3         13.6
60-64       26.9         20.3       37.0         19.3
65-69       41.0         30.9       54.6         35.1
70-74       66.0         54.3       71.1         50.0
>
```

實例 ch18_8：使用 dotchart( ) 函數繪出系統內建物件 VADeaths 的點陣圖。

```
> dotchart(VADeaths, main = "Death Rates in Virginia(1940)")
>
```

執行結果

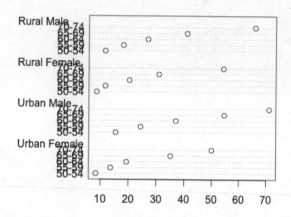

適度增加高度，可以得到下列結果。

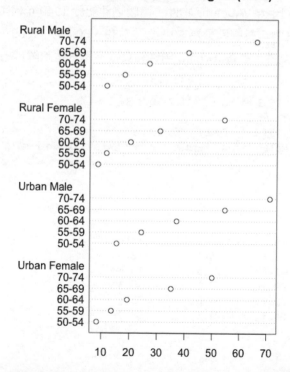

　　上述 dotchart( ) 函數，參數 pch 是可設定點的形狀，預設是 "pch = 19" 代表空心圓，其他幾個常用的數值其意義如下：

　　pch = 19：實心圓

　　pch = 20：項目符號，小一點的實心圓（約 2/3 大小）

　　pch = 21：空心圓

　　pch = 22：空心正方形

　　pch = 23：空心菱形

　　pch = 24：空心箭頭向上三角形

　　pch = 25：空心箭頭向下三角形

　　此外 xlim 參數可以設定 x 軸的區間大小。

實例 ch18_9：設定 x 軸區間從 0 至 100 歲，此外設定點狀是藍色菱形。

```
> dotchart(VADeaths, main = "Death Rates in Virginia(1940", xlim = c(0, 100),
pch = 23, col = "Blue")
>
```

執行結果

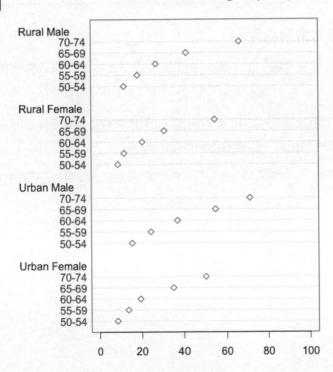

18-2-2　繪圖 plot( ) 函數

plot ( ) 函數其實是一個通用函數，他會依照所輸入的物件，自行分配適當的繪圖函數執行所要的工作。此函數可繪製兩數量變數的散佈圖 (scatter plot)，可以從中觀察出兩數值變數間的線性相關的性質。當然 plot 也被用來繪製 table、factor 以及 ts 等物件的繪圖，只是不同的物件時所定義出來的圖形也會有所不同。我們先來介紹 plot( ) 函數的語法與所需要的參數，並實際舉出各種不同物件的範例來加以說明與應用。有關於 plot( ) 繪圖函數的使用格式如下：

plot(x, y, ...)

x	x 數值向量資料，不同的物件可以繪製出不同的結果
y	y 數值向量資料，視 x 有無情況而定
type	繪圖的形式。"p" 為點 ;"l" 為線 ; "b" 為兩者 ;"o" 為重疊 ;"h" 為直方圖 ;"s" 為階梯型 ;
"n" 為不繪圖	
main, sub, xlab, ylab	標題、次標題、x 軸標籤、y 軸標籤
asp	y/x(y 對比於 x) 間的比值

18-2-2-1　繪製時間數列物件

我們首先繪製的是時間數列 (ts) 圖，也就是在圖型上依時間序列繪出唯一提供的數值向量。

實例 ch18_10：使用實例 ch10_25 所建的台灣人口出生的時間數列 num.birth 物件，然後利用 plot( ) 函數繪製只有一個變數的時間數列圖。

```
> plot(num.birth, xlab = "Year", ylab = "Born Population", type = "l", main =
"type = l -- Default")
>
```

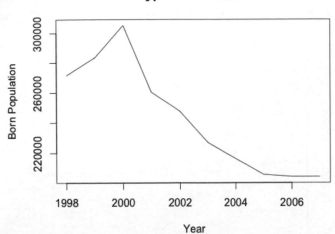

type = I -- Default

上述參數 "type = "，將直接影響所繪製圖的類型，預設 type = "l"，表示各點間將用直線連接，所以上述實例若省略參數 "type =" 將獲得一樣的結果，下列是不同 type 參數所獲得的圖形，請留意筆者在標題標註所用的 type 類型。

type = p：點

```
> plot(num.birth, xlab = "Year", ylab = "Born Population", type = "p", main =
"type = p")
>
```

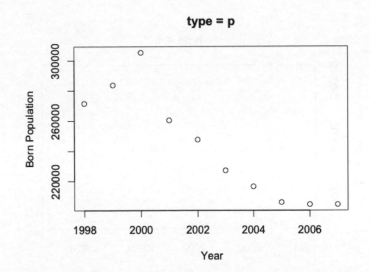

type = p

type = b：點和線

```
> plot(num.birth, xlab = "Year", ylab = "Born Population", type = "b", main =
"type = b")
>
```

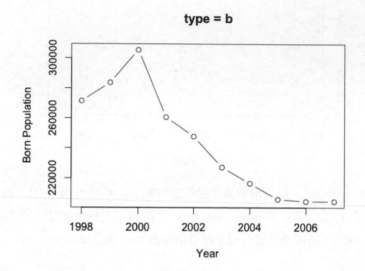

type = c："b" 的線部分

```
> plot(num.birth, xlab = "Year", ylab = "Born Population", type = "c", main =
"type = c")
>
```

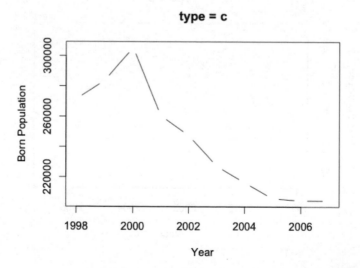

type = o：堆疊兩種圖

```
> plot(num.birth, xlab = "Year", ylab = "Born Population", type = "o", main =
"type = o")
>
```

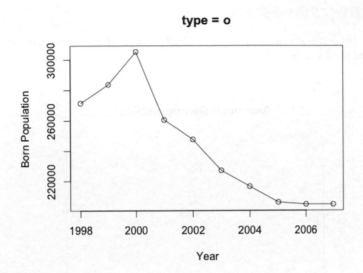

type = h：垂直線圖

```
> plot(num.birth, xlab = "Year", ylab = "Born Population", type = "h", main =
"type = h")
>
```

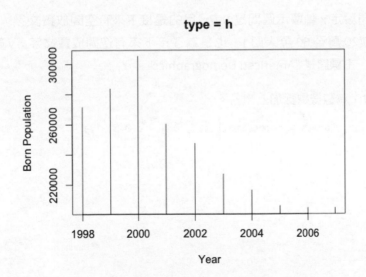

18-2-2-2 向量資料的應用

接下來,筆者想用 plot( ) 函數繪製向量資料圖。

實例 ch18_11:以實例 ch18_7 所建的向量資料 state.po 為例,說明使用 plot( ) 函數,繪製美國人口數最少 5 個州的數據圖。

```
> plot(small.st, xlim = c(0, 6), ylim = c(200, 650), ylab = "Population", main =
"American Demographics")
>
```

執行結果

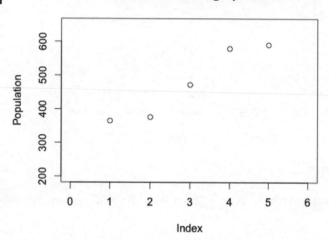

上述我們設定 x 軸顯示區間是 0-6,目的是接下來有空間放置文字,y 軸顯示區間是 200-600(20 萬至 60 萬人口),也是為了接下來有空間放置文字,y 軸標題設為 "Population",主標題是 "American Demographics"。

實例 ch18_12:為數據標籤加上州名。

```
> text(small.st, labels = names(small.st), adj = c(0.5, 1))
>
```

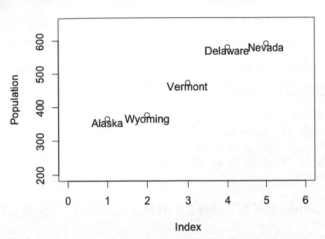

由上述可以看到，我們已經成功使用 text( ) 函數為數據標籤加上州名稱了。另外在 text( ) 函數內參數 adj 的用法主要是指出文字的資料對齊方式。這是一個向量含 2 個元素，它的可能值是 0、0.5 和 1，分別表示靠左 / 靠下、中間和靠右 / 靠上對齊。

18-2-2-3 數據框資料的應用

在前幾章節筆者已經多次使用 crabs 物件，在此我們也繼續使用此物件，這是一個數據框物件。

實例 ch18_13：使用 plot( ) 函數繪製 crabs 物件的 FL(前額葉長度) 和 CW(甲殼寬度) 的數據關係圖。

```
> plot(crabs$CW, crabs$FL)
>
```

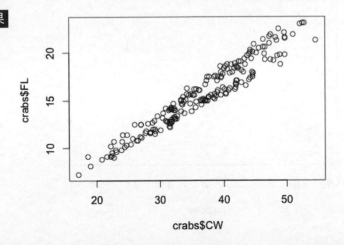

　　由上述圖形趨勢看來，可以發現螃蟹的前額葉長度 (FL) 較長則甲殼寬度也將較寬，前額葉長度 (FL) 較短則甲殼寬度也將較小。美國黃石國家公園 (Yellow Stone) 有一個著名的景點老實泉 (Old Faithful)，它會固定時間噴發溫泉。在 R 系統內有一個數據集 faithful，這個數據集記錄每次溫泉噴發的時間長短 (eruptions) 和 2 次噴發之間的時間 (waiting)，兩個單位皆是分鐘。下列是這個物件的數據結構。

```
> str(faithful)
'data.frame':   272 obs. of  2 variables:
 $ eruptions: num  3.6 1.8 3.33 2.28 4.53 ...
 $ waiting  : num  79 54 74 62 85 55 88 85 51 85 ...
>
```

　　由上圖可以知道 faithful 物件有 2 個欄位，共有 272 筆資料，下列是此數據框的前 6 筆資料。

```
> head(faithful)
  eruptions waiting
1     3.600      79
2     1.800      54
3     3.333      74
4     2.283      62
5     4.533      85
6     2.883      55
>
```

實例 ch18_14：使用 plot( ) 函數繪製 faithful 物件的數據圖。同時筆者參考 18-2-1 節，使用 "pch = 24" 將標註符號設為箭頭朝上三角形，同時設此符號為綠色。

```
> plot(faithful, pch = 24, col = "Green")
>
```

執行結果

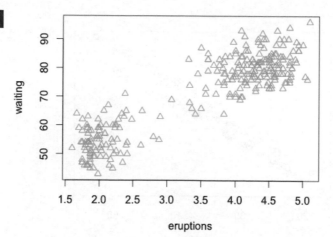

　　其實也可以設定標記符號的背景色，此時可以使用 "bg = " 參數，可以類似 "col ="
方式設定背景色。

實例 ch18_15：重新設計實例 ch18_14，但將標註符號設為菱形以及背景紅色。

```
> plot(faithful, pch = 23, col = "Green", bg = "Red")
>
```

執行結果

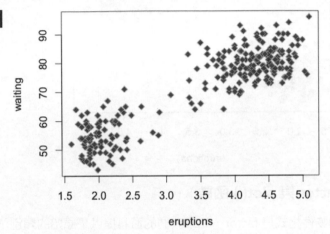

　　從上述數據圖趨勢可以發現，溫泉噴發時間越短，等待時間也越短。若是溫泉噴
發時間越長則等待時間也越長。在使用圖表設計時，也可以將不同的資料區塊以不同
顏色顯示。

實例 ch18_16：將溫泉噴發 3 分鐘之內的以紅色實心圓形顯示，將溫泉噴發 4 分鐘以
上的以藍色實心圓形顯示。

　　在設計這個實例之前，我們必須先將溫泉噴發大於 4 分鐘 (long.eru) 和小於 3 分鐘
(short.eru) 的資料挖掘出來，可參考下列指令。

```
> long.eru <- with(faithful, faithful[eruptions > 4, ])
> short.eru <- with(faithful, faithful[eruptions < 3, ])
>
```

　　接下來再使用 plot( ) 函數繪製 faithful 的數據圖，然後再用 points( ) 函數標註外形
和顏色。

```
> plot(faithful)
> points(long.eru, pch = 19, col = "Blue")
> points(short.eru, pch = 19, col = "Red")
>
```

執行結果

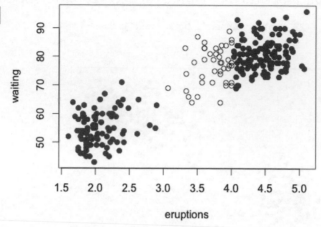

18-2-2-4　因子 factor 與 plot( ) 函數

　　另外一個常用的物件格式是 factor，如果我們的資料提供是原始的類別，並使用了 as.factor 函數，則 plot 函數會自動彙整因子變數的次數分配，並繪製成為長條圖，這對於類別資料的分析與繪圖也是相當有幫助的。

實例 ch18_17：因子與 plot( ) 函數的應用。

```
> #create factor variable then plot it
> y <- c(1:3, 2:4, 3:5,4:6)
> yf<-as.factor(y)
> plot(yf,main="Using plot to graph factor variable")
```

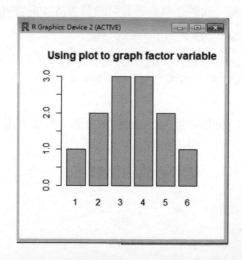

　　當我們提供了 x 向量為因子變數，而 y 向量為數值向量則所繪製的 plot 圖形則為各個因子分群組的箱型圖。

實例 ch18_18：這個範例我們將 crabs 資料集內的前面兩個類別變數以 paste 函數連結起來，並重新定義為因子變數，並將所需要提供的 y 數值變數以該資料集的 FL 變數帶入了 plot 函數就能夠繪製出四種群組的箱型圖以供進一步的圖形比較。

```
> #FL numeric variable VS ss factor variable to create boxplot
> crabs$ss <- as.factor(paste(crabs$sp, crabs$sex, sep="-"))
> plot(crabs$ss,crabs$FL,main='plot(boxplot) FL vs ss')
```

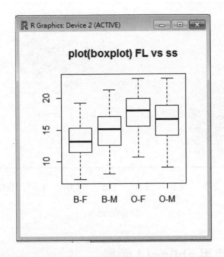

18-2-2-5　繪製趨勢線使用 lines( ) 函數

　　當我們瞭解上述繪製數據圖後，我們也可以使用上述數據圖繪製趨勢線，步驟如下：

1： 使用 lm( ) 函數可以建立一個最簡單的線性模型。在此例可以使用 lm( ) 函數建立噴發溫泉的等待模型，如下所示：

```
> model.waiting <- lm(waiting ~ eruptions, data = faithful)
>
```

　　上述 model.waiting 是一個 lm( ) 的物件，同時上述會將 waiting 作為 eruptions 的一個函數。

2： 接著我們可以使用 fitted( ) 函數，從回歸模型中獲得擬合值。

```
> model.value <- fitted(model.waiting)
>
```

實例 ch18_19：為 faithful 數據圖增加趨勢線。

```
> plot(faithful)
> lines(faithful$eruptions, model.value, col = "Green")
>
```

執行結果

18-2-2-6　繪製線條使用 abline( ) 函數

若在 abline( ) 函數內加上參數 "v = " 可以繪製垂直線。

實例 ch18_20：在 "v = 3.5" 位置為 faithful 數據圖增加垂直線。

```
> plot(faithful)
> abline(faithful, v= 3.5, col = "Blue")
>
```

執行結果

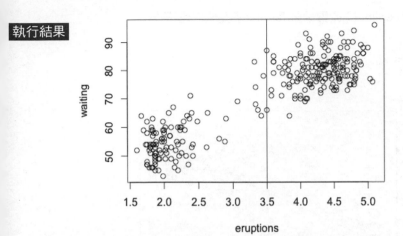

若在 abline( ) 函數內加上參數 "h = " 可以繪製水平線。

實例 ch18_21：在 waiting 變數的四分位線位置繪製水平線。

```
> plot(faithful)
> abline(faithful, h = quantile(faithful$waiting), col = "Blue")
>
```

執行結果

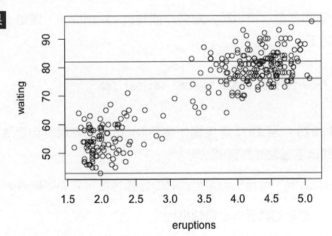

其實 abline( ) 函數也是一個通用函數，如果傳遞 18-2-2-4 節所建的 model.
waiting，也可以直接繪出 faithful 數據圖的趨勢線。

實例 ch18_22：使用 abline( ) 函數繪製 faithful 數據圖的趨勢線。

```
> plot(faithful)
> abline(model.waiting, col = "Blue")
>
```

執行結果

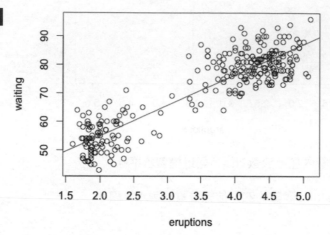

18-2-2-7　控制其它繪圖的參數說明

在正式講解本小節實例前，筆者將介紹另一個物件 LakeHuron，這是一個時間序列物件，其資料結構如下：

```
> str(LakeHuron)
 Time-Series [1:98] from 1875 to 1972: 580 582 581 581 580 ...
>
```

上述物件是紀錄 1875 年至 1972 年美國休倫湖 (Huron) 的湖面平均高度，單位是英呎。接下來的圖形將以這個物件為實例說明。

las 參數，las(label style)，可用於設定坐標軸的標籤角度，它的可能值如下：

0：這是預設值，坐標軸的標籤與坐標軸平行。

1：坐標軸的標籤保持水平。

2：坐標軸的標籤與坐標軸垂直。

3：坐標軸的標籤保持垂直。

實例 ch18_23：測試 las 參數，瞭解其意義的應用。

```
> plot(LakeHuron, las = 0, main = "las = 0 -- default")
>
```

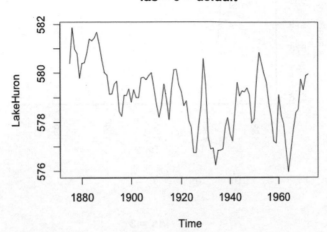

```
> plot(LakeHuron, las = 1, main = "las = 1")
>
```

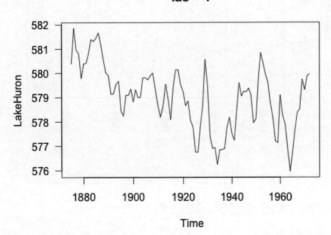

```
> plot(LakeHuron, las = 2, main = "las = 2")
>
```

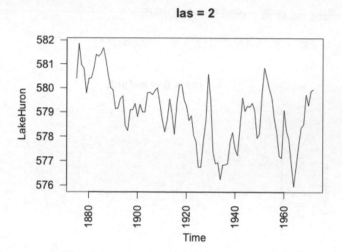

```
> plot(LakeHuron, las = 3, main = "las = 3")
>
```

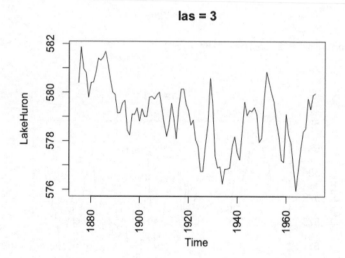

bty 參數：bty(box type)，可用於設定外框類型，它的可能值如下：

"o"：這是預設值，會繪出完整的圖表外框。

"n"：不繪製圖表外框。

"l"、"7"、"c"、"u"、"]"：可根據這些參數對應的字母形狀，繪出邊框的方向。

接下來的實例，將使用實例 ch10_27 所建時間序列變數 water.levels 這是石門水庫的水位數據。

實例 ch18_24：使用 bty = "n"，不繪邊框的應用。

```
> plot(water.levels, bty = "n", main = "bty = n")
>
```

執行結果

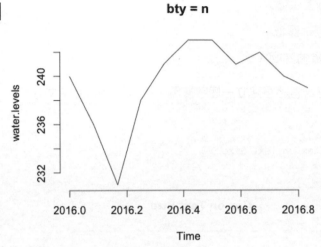

實例 ch18_25：使用 bty = "7"，繪邊框的應用。

```
> plot(water.levels, bty = "7", main = "bty = 7")
>
```

執行結果

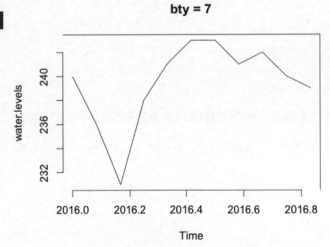

cex 參數：cex(character expansion ratio)，這個參數可用於設定圖表標籤、坐標軸標籤和坐標軸刻度的文字大小。它的預設值是 1，若此值小於 1 則字縮小，若此值大於 1 則字放大。它的使用方式如下：

cex.main：設定圖表標籤大小。

cex.lab：設定坐標軸標籤。

cex.axis：設定坐標軸刻度。

實例 ch18_26：下列是筆者隨意建立一個數據圖，使用預設的字型大小。

```
> x <- seq(0, 10, 2)
> y <- rep(1, length(x))
> plot(x, y, main = "Cex on Text Size")
> .
```

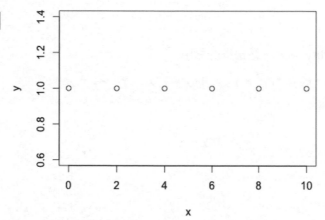

實例 ch18_27：cex 對圖表標籤、坐標軸標籤和坐標軸刻度的文字大小的應用。

```
> plot(x, y, main = "New Cex on Text Size", cex.main = 2, cex.lab = 1.5, cex.axis = 0.5)
> .
```

執行結果

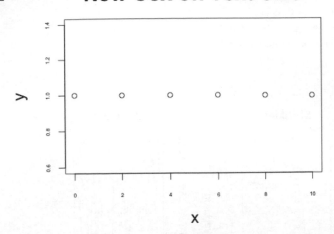

18-3　在一個頁面繪製多張圖表的應用

　　如果想要在單張頁面放置多張圖片，需使用 2 個參數，分別是 mfrow 和 mfcol，可由此設定一張頁面要放多少張圖，mfrow 可控制循列的圖形數，mfcol 可控制循欄的圖形數，這 2 個參數將接收一個含 2 個元素的向量，由此判斷應該如何安排圖。如果需要設定左右並排的圖，可以執行下列設定：

　　如果想要設定一列有 2 張圖，其設定如下：

　　　mfrow = c(1, 2)

　　如果想要設定一欄有 2 張圖，其設定如下：

　　　mfcol = c(2, 1)

　　如果想要設定一張頁面有 4 張圖，可以設定如下：

　　　mfrow = c(2, 2)

　　另外，我們還需使用 par( ) 函數，我們需將上述設定放入 par( ) 函數，若想結束目前單張頁面放置多張圖狀態，也需使用將上述設定放入 par( ) 函數。

實例 ch18_28：單張頁面並排放置 2 張圖表的應用。

```
> x.par <- par(mfrow = c(1, 2))
> plot(water.levels, main = "ShihMen")
> plot(LakeHuron, main = "Lake Huron")
> par(x.par)
>
```

執行結果

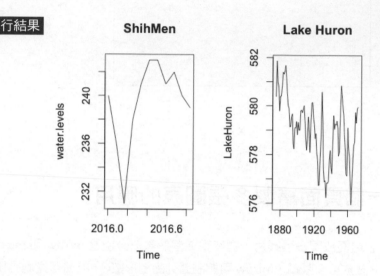

實例 ch18_29：單張頁面上下放置 2 張圖表的應用。

```
> y.par <- par(mfcol = c(2, 1))
> plot(water.levels, main = "ShihMen")
> plot(LakeHuron, main = "Lake Huron")
> par(y.par)
>
```

執行結果

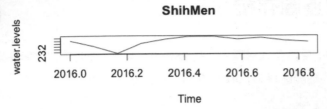

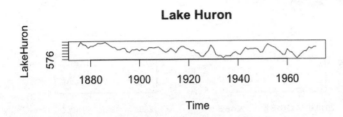

實例 ch18_30：單張頁面放置 4 張圖表的應用。

```
> x.par <- par(mfrow = c(2, 2))
> plot(water.levels, main = "ShihMen")
> plot(LakeHuron, main = "Lake Huron")
> plot(faithful, main = "faithful")
> plot(crabs$FL, crabs$CW, main = "Crabs")
> par(x.par)
>
```

執行結果

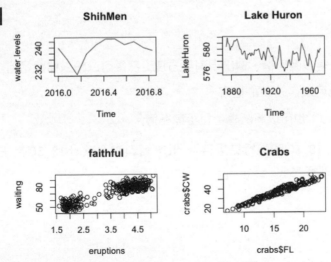

18-4 將數據圖存檔

我們可以將所建的圖片存入磁碟內，在 RStudio 環境，這個工作變得非常簡單，在 RStudio 視窗右下方的繪圖區有 Export 功能鈕，可按此鈕，如下所示：

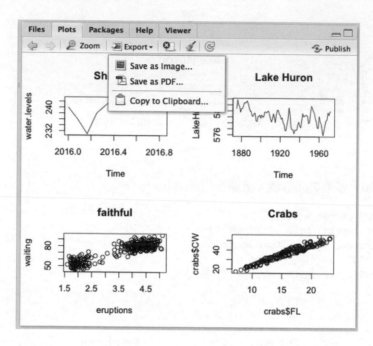

上述有 3 個指令：

Save as Image：存成圖形檔，會出現對話方塊，然後可以輸入檔案名稱，即可。

Save as PDF：也可以存成 PDF 檔案。

Copy to Clipboard：也可以將圖檔拷貝至剪貼簿。

下列是將實例 ch18_30 的執行結果存至 ch18 資料夾，以 ch18_30 為主要檔名的步驟。上述視窗筆者執行 "Save as Image"。

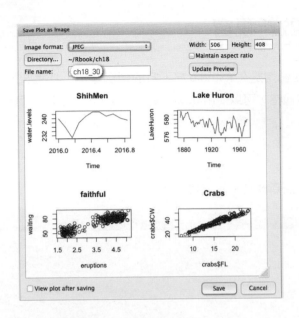

上述主要設定下列 3 個欄位：

Image format：選擇檔案格式，此例筆者選擇 JPEG 檔。

Directory：可點選，然後選擇要將圖檔存至那一個資料夾 (Directory)。

File name：要儲存的檔案名稱。

上述設定完成後可以按 Save 鈕，就可以存檔案了，下列是驗證結果。

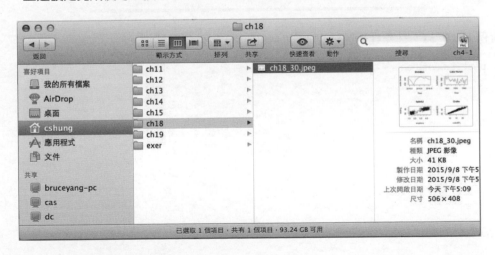

由上述執行結果可知這個檔案儲存成功了。

18-5 開啟新視窗

　　至今所繪製的圖均是在 RStudio 右下方的視窗顯示，其實 R 系統也允許你開一個
視窗顯示所建的數據檔，可以使用 dev.new( ) 函數，表示開啟一個新視窗：

```
> dev.new()
NULL
>
```

　　上述執行後，將新建立一個視窗。

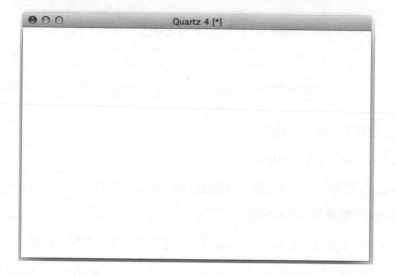

實例 ch18_31：在新建視窗建立一個 LakeHuran 物件的數據檔。

```
> plot(LakeHuron)
>
```

執行結果

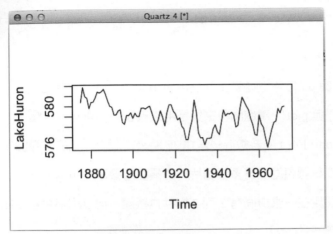

　　未來如果沒有關閉上述視窗，則所有繪圖均在此視窗顯示，例如筆者再繪一個數據圖，如下：

```
> plot(faithful)
>
```

　　可以得到下列結果。

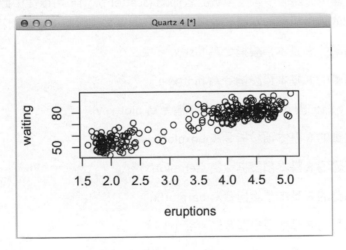

　　開啟上述視窗後，如果想關閉上述視窗，可以使用下列函數。

```
> dev.off( )
RStudioGD
        2
>
```

　　此時原先所建視窗將被關閉，未來又將以 RStudio 右下方視窗顯示所建的數據圖。

習題

一：是非題

( ) 1： barplot( ) 與 pie( ) 兩個函數主要是用來繪製類別資料統計圖。

( ) 2： dotchart( ) 與 plot( ) 兩個函數主要是用來繪製類別資料統計圖。

( ) 3： 設定函數 barplot( ) 的參數 horiz=TRUE 將會繪製水平式的長條圖。

( ) 4： 如果想要在單張頁面放置多張圖片，必須使用參數 mfrow。

( ) 5： 如果想要設定在一張頁面有 2 列 3 欄共六張圖，可以用指令設定如下：

```
> par(mfrow=c(2, 3))
```

( ) 6： Plot 主要是繪製兩數量變數的散佈圖 (scatter plot)，可以從中觀察出兩數值變數間的線性相關的性質。當然 plot 也被用來繪製 table、factor 以及 timeSeries 等物件的繪圖，只是不同的物件時所定義出來的圖形也會有所不同。

( ) 7： Plot 僅用來繪製兩數量變數的散佈圖 (scatter plot)，可以從中觀察出兩數值變數間的線性相關的性質，並無法使用來對應類別變數，繪製出箱型圖。

( ) 8： 直方圖的 R 基本預設指令為 hist(x)。

( ) 9： 箱型圖的 R 基本預設指令為 plot(x)。

( )10： x 與 y 散佈圖 (scatter plot) 的 R 指令為 plot(x, y)。

( )11： 箱型圖的 R 基本預設指令為 boxplot(x)。

( )12： 莖葉圖的 R 基本預設指令為 stemplot(x)。

( )13： 長條圖的 R 基本預設指令為 barplot(x)。

( )14： 莖葉圖的 R 基本預設指令為 stem(x)。

二：選擇題

( ) 1： 以下哪一個函數主要是用來繪製類別資料統計圖。

A：boxplot( )   B：dotchart( )   C：barplot( )   D：hist( )

( ) 2： 以下哪一個函數主要是用來繪製數值資料統計圖？

A：boxplot( )　　　B：pie( )　　　C：barplot( )　　　D：points ( )

( ) 3： 以下哪一種類型的統計圖是 plot( ) 函數無法達成的？

A：成對的散佈圖　　　　　　B：時間序列圖
C：箱型比較圖　　　　　　　D：所列三種都可以達成

( ) 4： 當以下的指令被執行後，我們可以得到何種的統計圖形？

```
> plot(as.factor(x))
```

A：散佈圖　　　B：時間序列圖　　　C：箱型圖　　　D：長條圖

( ) 5： 使用哪一個函數可以建立一個最簡單的線性模型？

A：abline( )　　　B：anova( )　　　C：lines( )　　　D：lm( )

( ) 6： 以下圖型 R 指令可能為？

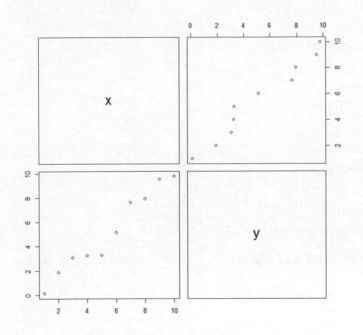

A：plot(matrix(x, y))　　　　B：matrix(plot(x, y))
C：pairs(cbind(x, y))　　　　D：pair(cbind(x, y))

( ) 7： 以下圖型 R 指令可能為？

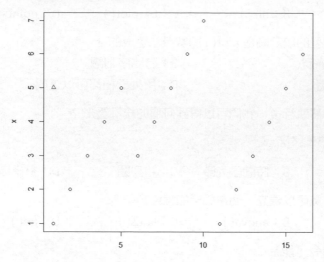

A：

```
plot(x)
points(5, col = "red")
```

B：

```
plot(x)
points(5, pch = 2)
```

C：

```
plot(x)
points(5)
```

D：

```
plot(x)
points(5, col ="red" ,pch = 2)
```

( ) 8： 何組 R 指令會產生以下圖型？

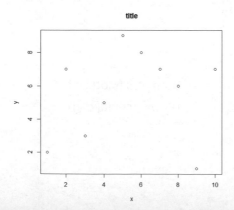

A：
```
1  x=1:10
2  y=c(2,7,3,5,9,8,7,6,1,7)
3  plot(x, y)
```

B：
```
1  x=1:10
2  y=c(2,7,3,5,9,8,7,6,1,7)
3  plot(x, y)
4  title(main="title")
```

C：
```
1  x=1:10
2  y=c(2,7,3,5,9,8,7,6,1,7)
3  plot(x, y)
4  title(sub="title")
```

D：
```
1  x=1:10
2  y=c(2,7,3,5,9,8,7,6,1,7)
3  plot(x, y)
4  title(xlab="title")
```

( ) 9： 何組 R 指令會產生以下圖型？

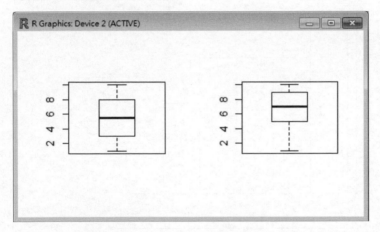

A：
```
1  boxplot(x)
2  boxplot(y)
3  par(mfrow=c(1,2))
```

B：
```
1  par(mfrow=c(1,2))
2  boxplot(x)
3  boxplot(y)
```

C：
```
1  par(mfrow=c(boxplot(x),boxplot(y)))
```

D：以上皆非

( )10： 以下 R 指令結果為？

```
1  x=c(1:5,3:7,1:6)
2  hist(x)
```

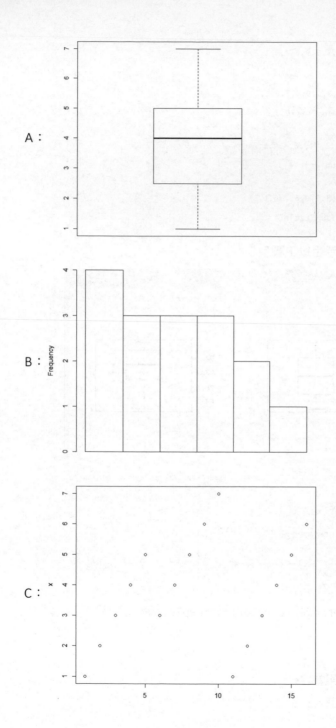

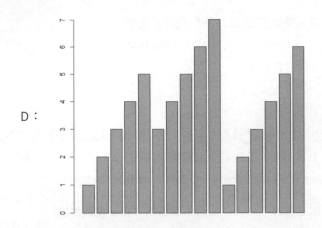

D：

(　)11：以下圖型 R 指令可能為？

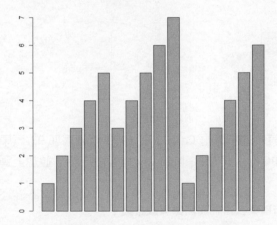

A：hist(x)

B：boxplot(x)

C：barplot(x)

D：stem(x)

三：複選題

(　) 1：以下哪些函數是用來繪製類別資料統計圖？(選擇 2 項)

A：hist( )　　　　B：pie( )　　　　C：barplot( )

D：dotplot( )　　E：stem( )

(　) 2： 以下哪些函數是用來繪製數值資料統計圖？(選擇 3 項)
　　　 A：hist( )　　　　　B：pie( )　　　　C：barplot( )
　　　 D：plot( )　　　　　E：pairs( )

四：實作題

1： 下載軟體包 MASS 並使用其中的數據框 Cars93 在 1993 年銷售部 93 汽車資料。將
　　其中的汽車類別變數 Type 轉換成為 table 變數並使用 mfcol=c(1,2) 繪圖參數設定
　　在單張頁面中並排繪製一張直條圖 (barplot) 與另一張圓餅圖 (pie)。

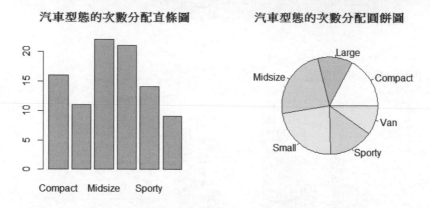

2： 下載軟體包 MASS 並使用其中的數據框 Cars93 在 1993 年銷售部 93 汽車資料。使
　　用兩個耗油量數值變數 MPG.city 與 MPG.highway 繪製散佈圖，並加上迴歸線與加
　　註標題。

第十九章

再談 R 的繪圖功能

　　R 語言內建了許多的繪圖工具函數以供參考使用，對於初學者來說，可以先使用 demo(graphics) 或者 demo(image) 兩個指令來參考 R 所提供的繪圖示範。

　　R 的繪圖指令可以分成三個基本類型：

1： 高階繪圖 (High-level Plotting Functions): 主要用來建立一個新的圖形，在第十六章我們所介紹的各種統計繪圖，基本上都是屬於高階繪圖。

2： 低階繪圖 (Low-level Plotting Functions): 在一個已經繪製好的圖形上加上其他的圖形元素，例如加上說明文字、直線或點等等。

3： 互動式繪圖 (Interactive Graphics Functions): 允許使用者以互動的方式使用其他的設備，例如滑鼠，在一個已經存在的圖形上加入繪圖相關資訊。

19-1　繪圖的基本設定

　　在 R 軟體製作統計繪圖時可以開啟單一視窗，也可以開啟多個繪圖視窗，也可以設計成單一視窗內含多個圖形的方式，甚至可以儲存為物件以備後續的參照修改與使用。當然也需要設定繪圖區域的大小範圍與紙張的邊緣尺寸等等參數以使得圖形更加完善。

19-1-1　繪圖設備

　　R 在繪圖時會關係到各種的相關裝置，例如視窗、印表機、螢幕環境等等，也需要考慮所使用的作業系統。例如在 UNIX 作業系統的圖形視窗開啟是使用 X11( ) 指令，但是在 WINDOWS 作業系統環境，則開啟繪圖視窗則是 windows( ) 指令。以下介紹幾個常用的繪圖設備設定。

　　dev.cur( )：目前設備詢問

　　dev.list( )：所有設備列表

　　dev.next( )：選擇向後方向打開的下一設備

　　dev.prev( )：選擇向前方向打開的下一設備

　　dev.off(which = dev.cur())：關閉設備指令

　　dev.set(which = dev.next())：設定目前設備

dev.new(...)：開啟新的設備

graphics.off( )：關閉所有繪圖設備

　　只有一個設備是正在運作中 (active) 的目前設備，這是所有圖形繪製時實際繪圖的設備。還有一種始終是開啟的 " 空裝置 " (null device)，只是一個預留位置。任何嘗試使用 " 空裝置 " 將打開一個繪圖的新設備，並且設定該繪圖設備的參數設定。我們在前幾章作的任何繪圖，因為都沒有實際開啟任何繪圖設備，因此 R 就自動替我們開啟了一個新的視窗，並且套入了預設的繪圖環境參數。

　　所有的設備是有相關聯名稱的 (例如，"X11"、"windows" 或 "postscript" 和一個從 1 到 63 範圍內的數值作為簡單參照，" 空設備 " 始終是設備 1。一旦有繪圖設備被打開則 " 空裝置 " 將不被視運作中的裝置。我們可以使用 dev.list()，來列出開啟繪圖設備的清單。dev.next() 和 dev.prev() 查詢適當的方向打開的下或者上一設備，除非沒有設備是開放的。

　　dev.off() 關閉指定的設備，若未指定的話預設情況下是關閉目前設備。如果關閉的是目前設備而還有其他設備是開啟的情況下，則下一個已開啟中的設備將被設定為運作中的目前設備。當所有的繪圖設備已經被關閉僅剩下唯一的 " 空設備 " 也就是設備 1；若再繼續嘗試關閉設備 1 將會產生一個錯誤的訊息。而 graphics.off() 將關閉所有打開的圖形設備。

　　dev.set() 可以設定特定的裝置成為運作中的目前設備。如果沒有與這一數值相同的設備，它等同於執行輪迴設定該數值的下一個設備為目前設備。如果參數設為 which=1，它將打開一個新的設備。

　　dev.new() 將打開一個新的設備。通常 R 將會自動在需要時打開新的設備，這使我們能夠在獨立於繪圖平台的方式開設更多設備。對於檔案類型的設備例如 pdf 格式型等等的檔案。 會自動以 'Rplots1.pdf'、'Rplots2.pdf'、'Rplots3.pdf'...... 、'Rplots999.pdf' 來依序命名。檔案型的繪圖設備開啟指令有很多，例如：jpeg( )、 png( )、bmp( )、tiff( )、pdf( ) 與 postscript( ) 等等。

　　下面我們設計了一系列的繪圖指令，讓讀者能夠迅速有效的掌握 R 的繪圖設備與應用。在視窗系統下我們使用了三種開啟新設備的方式：windows( )(這個函數適用在 Windows 作業系統)、dev.new( ) 以及開啟繪圖檔案的方式。R 也會依照我們所給予的指令回應所有的設備，下列是筆者用 Mac 系統開啟一個繪圖視窗的實例說明。

```
> #新增一個繪圖設備,多開啟一個繪圖視窗
> dev.new()
NULL
> #查詢所有的繪圖設備,列表
> dev.list()
        RStudioGD quartz_off_screen              quartz
                2                 3                   4
> #查詢運作中的目前繪圖設備
> dev.cur()
quartz
     4
>
```

上述 RStudioGD 是 RStudio Graphics Device,quartz 是筆者使用 dev.new( ) 新建的繪圖設備。接下來筆者將用 Windows 作業系統執行測試。下列是實例。

```
> #查詢系統所有的繪圖設備,列表
> dev.list()
RStudioGD        png
        2          3
> #開啟一個繪圖視窗
> windows()
> #再度查詢系統所有的繪圖設備,列表
> dev.list()
RStudioGD        png    windows
        2          3          4
> #查詢運作中的目前繪圖設備
> dev.cur()
windows
      4
>
```

下列筆者將返回 Mac 系統測試與執行,當我們要繪圖時如果並未開啟任何繪圖設備的話,R 會自動開啟一個繪圖視窗並將圖繪製至該新開啟的視窗。如果已經有開啟唯一的繪圖設備,則圖自然會繪製至此繪圖設備內。若有多個繪圖設備被開啟時,我們可以以 dev.set( ) 指令先設定運作中的目前設備,也可以用 dev.cur( ) 確認,目前開啟的設備確定是我們希望將圖繪製入的設備。

```
> #設定第2個繪圖設備為目前設備
> dev.set(2)
RStudioGD
        2
>
```

如以上的指令集我們知道如果目前繪圖,將繪在 RStudio 視窗,下列筆者先將目前繪圖視窗改為編號 4 的 Quartz 視窗,然後又關閉此視窗再列出所有繪圖設備,讓讀者

瞭解其變化，最後再關閉所有繪圖設備。

```
> #設定第4個繪圖設備為目前設備
> dev.set(4)
quartz
      4
> #關閉目前預設的設備
> dev.off()
RStudioGD
        2
> #查詢所有的繪圖設備，列表
> dev.list()
        RStudioGD quartz_off_screen
              2                 3
> #關閉所有的繪圖設備
> graphics.off()
> #查詢所有的繪圖設備，列表。NULL表示所的繪圖設備均已關閉
> dev.list()
NULL
>
> dev.off()
Error in dev.off() : cannot shut down device 1 (the null device)
> .
```

　　當我們需要關閉目前的繪圖設備就可以使用 dev.off( ) 函數，R 會回傳告訴我們有關於關閉後運作的目前繪圖設備，若沒有任何繪圖設備被開啟的話，則會傳遞錯誤的訊息。另外我們可以使用 graphics.off( ) 去關閉所有的繪圖設備。

實例 ch19_1：開啟一個圖檔，未來所繪的圖將在此圖檔內。

```
> getwd()                 #瞭解目前工作目錄
[1] "/Users/cshung"
> #開啟一個繪圖檔案，以供繪圖使用及存檔
> jpeg(filename = "mypict.jpg")      #在目前工作目錄下建立此圖檔
> pie(4:1)                           #所建的圖
> dev.off()                          #關閉此圖檔
RStudioGD
        2
>
```

　　然後可以在目前工作目錄看到 mypict.jpg 檔案。

☐ 🖼 mypict.jpg　　　　　15.3 KB　　Sep 9, 2015, 10:27 PM

特別留意，必須要執行 dev.off( ) 函數後，才可以打開檔案，因為如果不結束此繪圖設備 (此時，圖檔也被視為是存圖檔設備)，R 系統認為還可能要繪圖，即使打開檔案也將看不到任何內容。在這裡，最後可以得到 mypict.jpg 內容如下所示。

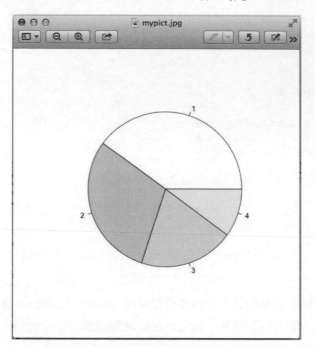

19-1-2　繪圖設定

其實本節內容部分已在前三章做過解說，在此則做完整的說明。R 的繪圖相關的設定參數有很多，我們可以使用 ?par 指令來加以了解。而了解後就可以使用 par( ) 函數來進行查詢目前設定與進行相關的設定了。我們可以使用 par() 或 par(no.readonly = TRUE) 來獲取目前所有圖形參數的設定值，總計有 72 個。這些參數的名稱也可以使用 graphics:::.pars 指令來獲取。

實例 ch19_2：獲得 par( ) 的所有參數。

```
> graphics:::.Pars
 [1] "xlog"      "ylog"      "adj"       "ann"       "ask"
 [6] "bg"        "bty"       "cex"       "cex.axis"  "cex.lab"
[11] "cex.main"  "cex.sub"   "cin"       "col"       "col.axis"
[16] "col.lab"   "col.main"  "col.sub"   "cra"       "crt"
[21] "csi"       "cxy"       "din"       "err"       "family"
```

```
[26] "fg"        "fig"        "fin"        "font"       "font.axis"
[31] "font.lab"  "font.main"  "font.sub"   "lab"        "las"
[36] "lend"      "lheight"    "ljoin"      "lmitre"     "lty"
[41] "lwd"       "mai"        "mar"        "mex"        "mfcol"
[46] "mfg"       "mfrow"      "mgp"        "mkh"        "new"
[51] "oma"       "omd"        "omi"        "page"       "pch"
[56] "pin"       "plt"        "ps"         "pty"        "smo"
[61] "srt"       "tck"        "tcl"        "usr"        "xaxp"
[66] "xaxs"      "xaxt"       "xpd"        "yaxp"       "yaxs"
[71] "yaxt"      "ylbias"
>
```

　　每個設備會有其自己的圖形參數集合。如果當前設備是空設備 (null device)，par 將根據之前所設置參數打開一個新的設備。設備所需要的參數是由函數 options("device") 來提供。通過一個或多個特徵向量的參數名稱給予 par 所需要的各項參數。我們首先介紹 par() 函數的使用。

　　　　par(...,<tag> = <value>, <tag> = <value>, no.readonly = FALSE)
　　　　<highlevel plot> (\dots, <tag> = <value>)

　　參數標籤 <tag> 必須符合圖形參數名稱。設定時使用的方式為參數標籤 <tag>= 參數值；所有的參數值設定後就形成一組的向量參數清單，作為繪圖參數的依據。

　　no.readonly 是一個邏輯值參數，如果為真 (TRUE) 或者為所有的參數都為空白，將傳回所有目前的圖形參數值。R.O. 代表唯讀參數，這些只可能在查詢中使用，是不能加以設置的。例如 :"cin", "cra", "csi", "cxy" 以及 "din" 等均為唯讀參數。

　　另外只能通過使用 par( ) 來設置的參數如下：

　　"ask"、"fig"、"fin"、"lheight"、"mai"、"mar"、"mex"、"mfcol"、"mfrow"、"mfg"、"new"、"oma"、"omd"、"omi"、"pin"、"plt"、"ps"、"pty"、"usr"、"xlog"、"ylog" 以及 "ylbias"。

　　其餘的參數設置還可以作為高階或者低階繪圖函數參數的設置使用。例如：plot.default、plot.window、points、lines、abline、axis、title、text、mtext、segments、symbols、arrows、polygon、rect、box、contour、filled.contour 以及 image 等等。這種設置的功能，只執行過程中會被啟動。然而 bg、cex、col、lty、lwd 和 pch 等六項只能作為某些特定繪圖函數的參數。

以下儘可能將圖形參數加以說明，部分並佐以範例，以利讀者了解其應用。

adj：設定文字的對齊方式。值為 0 是左對齊；1 則是右對齊； 0.5（預設值）為置中對齊。任何在 [0, 1] 區間的數值都是可以使用的，因此也做相對位置的對應。也可以以向量 adj = c(x, y) 分別表示文字的 x 軸與 y 軸的對齊方式。

ann：此為註釋的邏輯值，預設值是 TRUE 加上註釋，若設定為 FALSE 表示不加上軸的標籤也不加入抬頭。

ask：此為邏輯值，如果為 TRUE（與 R 會話是互動式）。繪製新圖之前將要求使用者輸入參數。因為各種設備的不同，它也會有不同的影響。這不是真的圖形參數且它的使用也被否決支援 devAskNewPage。

bg：用於設備區域的背景顏色。當從 par( ) 呼叫新的圖面時起始會設定為 FALSE。圖形的背景色會自動設為合適的值。許多設備的初始的值設置會遵從 bg 參數的設備，其餘通常它的設定是 " 白色 "。請注意，某些圖形功能，如 plot.default 和點參數此名稱具有不同的含義。

bty：確定關於框的繪製類型的字串。如果是一個 "o"(預設值)，"l"，"7"，"c"，"u" 或 "]" 結果框中類似於相應的大寫字母。值為 "n" 取消框。

cex：所繪製的文字和符號相對於預設值的數值應放大的倍率，當設備被打開時預設是 1，如果設為 2 則為原先的 2 倍，如果設為 0.75 則為原先的 0.75 倍。當我們設定圖片的版面 (layout) 改變時，例如：設定 mfrow 時，即會開啟設定中。有些圖形功能，如 plot.default 有使用這個參數設定值，表示此圖形乘以該數值的參數。如點 (points) 和文字 (text) 等一些繪圖函數接受一組向量值並可以重複輪迴使用。

cex.main：設定圖表標籤大小。

cex.lab：設定坐標軸標籤。

cex.axis：設定坐標軸刻度。

cex.sub：副標籤相對應放大的倍率。

cin：文字的寬與高 (width, height) 尺寸使用英吋為單位。與 cra 為不同單位的描述方式。

col：繪圖的預設顏色，以正整數來表示：常用的顏色有黑色 (1)、紅色 (2)、

綠色 (3)、藍色 (4)、淺藍 (5)、紫紅 (6)、黃色 (7) 與灰色 (8) 等等。我們可以使用 pie(rep(1,8),col=1:8) 繪圖得知。另外我們也常使用 rainbow() 函數去選用紅橙黃綠藍靛紫等色彩。如果對英文各種色彩單字有把握的話，也可以直接使用，例如筆者在前幾章使用顏色的英文，直接設定顏色了。有些函數例如線 (lines) 和文字 (text) 會使用一組整數向量其數值以供重複巡迴使用。

實例 ch19_3：使用 pie( ) 函數，和 col 參數，列出繪圖的 8 個顏色。

```
> pie(rep(1,8), col = 1:8, main = "Colors")
>
```

執行結果

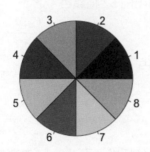

實例 ch19_4：使用 pie( ) 函數，和 rainbow 參數，列出彩虹區分繪圖的 16 個顏色。

```
> pie(rep(1, 16), col = rainbow(16), main = "Rainbow Colors")
>
```

執行結果

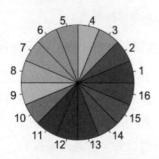

實例 ch19_5：列出所有 colors( ) 函數內建的顏色名稱。

```
> colors( )
  [1] "white"            "aliceblue"        "antiquewhite"     "antiquewhite1"
  [5] "antiquewhite2"    "antiquewhite3"    "antiquewhite4"    "aquamarine"
  [9] "aquamarine1"      "aquamarine2"      "aquamarine3"      "aquamarine4"
 [13] "azure"            "azure1"           "azure2"           "azure3"
 [17] "azure4"           "beige"            "bisque"           "bisque1"
 [21] "bisque2"          "bisque3"          "bisque4"          "black"
 [25] "blanchedalmond"   "blue"             "blue1"            "blue2"
 [29] "blue3"            "blue4"            "blueviolet"       "brown"
 [33] "brown1"           "brown2"           "brown3"           "brown4"
 [37] "burlywood"        "burlywood1"       "burlywood2"       "burlywood3"
 [41] "burlywood4"       "cadetblue"        "cadetblue1"       "cadetblue2"
 [45] "cadetblue3"       "cadetblue4"       "chartreuse"       "chartreuse1"
 [49] "chartreuse2"      "chartreuse3"      "chartreuse4"      "chocolate"
```

共計有 657 種英文顏色描述。上圖僅列出前 52 種顏色。

col.axis：坐標軸的顏色，預設為黑色。

col.lab：坐標軸標籤的顏色，預設為黑色。

col.main：標題的顏色，預設為黑色。

col.sub：下標題的顏色，預設為黑色。

cra：文字的寬與高 (width, height) 尺寸使用點元素 (pixels) 為單位。

crt：字母旋轉的角度，通常使用 90、180、270 度。

csi：唯讀參數，預設的字母高度以英吋為單位。與 par("cin")[2] 設定相同

cxy：唯讀參數，使用者自訂預設的字母大小。par("cxy") 的值可以理解為 par("cin")/ par("pin")。

din：唯讀參數，設備的尺寸 (寬與高) 以英吋為單位。

err：錯誤時回報的程度，通常有點超出範圍，R 並不繪出也不回報。

family：用於繪製文本的字型家族名稱。最大允許長度為 200 個位元組。此名稱獲取映射到特定於設備的字型描述每個圖形設備。預設值是 ""(空字串) 這意味著，預設值將使用設備字型。標準值是 "serif"，"sans" 和 "mono"、和 "Hershey" 字型家族也可。(不同的設備可以定義其他字體，而某一些設備會完全忽略此設置)。

fg：繪圖的前景色，例如繪製座標軸，方塊框等等，預設是黑色。

fig：數值向量形式 c (x 1，x 2，y1、 y2) 給出了在設備的顯示區域圖區域 相對座標的數值向量。例如：par(fig=c(0.5, 1, 0, 0.5)) 表示實際圖形僅繪製在繪圖區的右下方 1/4 大小。

註：RStudio 在 Mac 系統運作時，在筆者轉此書當下，繪圖區仍無法處理中文，所以下列所有程式執行結果皆是在 Windows 作業系統下完成。

實例 ch19_6：控制圖形在繪圖區的右下方 1/4 大小處。

```
> #繪圖參數fig的使用，圖形僅繪製在繪圖區的右下方1/4大小處
> par(mfrow=c(1,1),mai=c(0.4,0.5,1.2,0.2), fig=c(0.5, 1, 0, 0.5))
> plot(1:5,main="圖形僅繪製在繪圖區 \n 的右下方1/4大小處")
>
```

執行結果

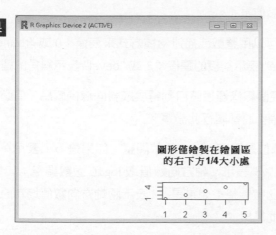

若想復原圖形在原繪圖區位置，可重新調整上述 par( ) 函數，或是可參考實例 ch18_26。

fin：實際繪圖區域的尺寸 (寬與高)，單位為英吋。

font：使用整數值表達使用的文字選取的字體。1 為預設；2 為粗體；3 為斜體；4 為粗斜體；5 為選用符號字體等等。

font.axis：座標軸註解所使用的字體。

font.lab：座標軸標籤所使用的字體。

font.main：抬頭所使用的字體。

font.sub：下標題所使用的字體。

lab：數值向量形式 c(x, y, len)，修改軸被注釋的預設方式。x 和 y 值給出 x 和 y 軸線上的刻度 (近似) 數目而 len 指定標籤的長度。預設值是 c (5，5，7)。注意這只影響參數 xaxp 和 yaxp 都設置在使用者座標系統設置，並不諮詢軸繪製時的方式。

las：數值表示軸標籤的標示方式。0 為預設平行於軸；1 為水平方式；2 為垂直於軸；3 垂直方式。也適用於 mtext 低階繪圖。

lend：線條端點的型式，可以用整數或描述兩種方式來表達。0 或 "round" 為預設值表示圓形的線頂；1 或 "butt" 表示對接的線頂；2 或 "square" 表示方形的線頂。

lheight：列高度的乘數。用於多列文字間的距離空間，文字列的高度是當前字元高和此列高度乘數的乘積。預設值是 1。

ljoin：線條連接的型式，可以用整數或描述兩種方式來表達。0 或 "round" 為預設值表示圓形的連接；1 或 "mitre" 表示斜接的連接；2 或 "bevel" 表示斜角的連接。

lmitre：列斜接限制。此控制線條連接時自動轉換成斜面線條聯結。值必須是大於 1，預設值是 10。並非所有設備都將都履行此設置。

log：字串參數表明座標單位是否取 log10 函數調整。如果是 "x " 表示 x 軸方向值取 log10 函數調整；如果是 "y " 表示 y 軸方向數值取 log10 函數調整；如果是 "xy" 表示兩軸方向數值均取 log10 函數調整；如果是 " " 表示兩軸方向數值均為原始數值不做調整。我們以下列範例呈現此結果。

實例 ch19_7：log 參數的應用。

```
> #繪製四合一圖說明log參數
> x <- 1:10;y <- 1:10;ex <- 10^x; ey <- 10^y
> # mai 設定 留空(英吋): 下0.3 左0.5 上0.3 右0.2
> par(mfrow=c(2,2), mai=c(0.3,0.5,0.3,0.2))
> plot(cbind(x,y),log="", main="標準單位系統")
> plot(cbind(x,ey),log="y",main="x標準單位，ey取log10單位")
> plot(cbind(ex,y),log="x",main="ex取log10單位，y標準單位")
> plot(cbind(ex,ey),log="xy",main="ex與ey均取log10單位")
>
```

執行結果

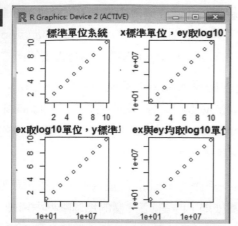

lty：直線的型態。以整數表達 (0= 空白，1= 預設值實線，2= 虛線，3= 點綴線，4= 點虛線，5= 長虛線，6= 兩虛點線) 也可以使用與上列數值對應的的英文描述字 "blank", "solid", "dashed", "dotted", "dotdash", "longdash", or "twodash"。其中空白或 "blank" 指的是繪製看不見的線。

lwd：線條的高度，預設值是 1。通常使用不得小於 1 的數值。

mai：一個四個數值的向量 c(底、左、頂、右) 給定邊界的尺寸、單位是英吋。

mar：一個四個數值的向量 c(底、左、頂、右) 給定邊界的尺寸、單位是文字高或寬度的個數，預設數值為 c(5, 4, 4, 2) + 0.1。

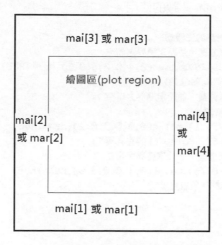

　　mex：用來描述座標系統的邊距座標字元大小擴張因素。這不會更改字體大小，而指定的大小的字體 (如 csi 的倍數) 用於轉換之間 mar (或 mai)，和 oma (或 omi) 之間。當設備開啟時會設為 1，並且重置時的佈局 (layout) 更改時，同時重置 cex。

　　mfcol、mfrow：以一個兩數值的向量 c(nr, nc) 表達一張頁面上繪製的總圖數 =nr*nc；mfcol 是依照列優先順序、mfrow 是依照列優先順序。在一個佈局 (layout)，若是恰好兩個列和欄 "cex" 基本的數值減少到 0.83； 如果有三個或更多的列或欄，"cex" 係數會折減到 0.66。預設的 cex 基值為 1。

　　mfg：在 mfcol 或 mfrow 已設置的前提下，c (i,j) 向量表示下一步正在被繪製的是哪一個圖形。其中 i 和 j 表示是在多圖佈局下的第 i 第 j 欄的那個圖框內繪圖，為了與 S 相容，也接受形式 c (i, j, nr, nc)，當 nr 和 nc 應該是當前多圖佈局下的總列數和總欄數。不匹配將被忽略。

　　mgp：邊緣線 (在 mer 單位系統) 座標軸標題、座標軸標籤和軸線。mgp[1] 影響標題，mgp[2:3] 影響軸標籤和軸線。預設值是 c (3，1，0)。

　　mkh：當 pch 的值是一個整數時，繪製符號的高度以英寸為單位。

　　new：預設的邏輯值為 FALSE。如果設置為 TRUE 時，則下一個高階繪製命令不清除已經先前繪製的圖，直接在新設備上繪製。如果當前設備不支援高階繪圖，使用 new= TRUE 會產生錯誤訊息。

實例 ch19_8：了解 fig 與 mai 參數的使用。

```
> #使用par與fig參數,繪出對應的三種圖形
> #左下角繪製0.75*0.75的直方圖,並設定邊界之留空
> par(fig=c(0, 0.75, 0, 0.75),mai=c(0.4,0,0.3,0.1),new=TRUE)
> plot(crabs[,3:4],main="FL對CL的散佈圖")
> #左上角繪製0.75*0.25的散佈圖,並設定邊界之留空
> #new=TRUE在原繪圖上繼續繪製
> par(fig=c(0, 0.75, 0.75, 1),mai=c(0,0,0.3,0.1),new=TRUE)
> hist(crabs$CL,axes=FALSE, main="CL的直方圖")
> #右下角繪製0.25*0.75的箱型圖,並設定邊界之留空
> par(fig=c(0.75, 1, 0, 0.75),mai=c(0.4,0,0.3,0),new=TRUE)
> boxplot(crabs$FL,main="FL的箱型圖")
>
```

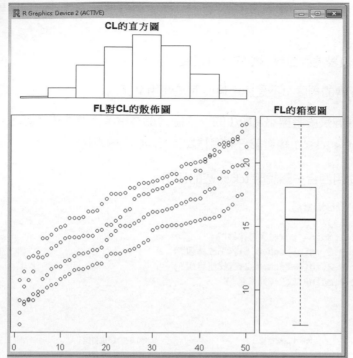

oma：以幾個字母寬或高向量表達外圍邊界的尺寸，c(下 , 左 , 上 , 右)。

omd：一個向量形式 c (x1, x2, y1, y2) 給繪圖區內邊緣的區域裝置標準單位座標，四個數值都是在 [0, 1] 範圍內的設備區域。

omi：以英吋向量表達外圍邊界的尺寸，c(下 , 左 , 上 , 右)。

page：唯讀邏輯參數，TRUE 表示下一次呼叫時開啟一個新頁面。

pch：標示繪點使用的字母或特殊符號，僅能使用數值或單一字母，有些狀況下，可以使用重複輪迴的數值向量。

pin：目前繪圖區的尺寸 (寬與高) 以英吋為單位。

plt：以向量 c(x1, x2, y1, y2) 表達的目前繪圖區。

ps：文字的大小，以整數值表示，單位是 bp。不同的設備可能略有差異，多數的設備，單位是 1bp=1/72 英吋。

pty：以單一字母表示繪圖區的區域，"s" 產生正方形區域而 "m" 利用到最大的繪圖區域。

smo：以數值表達圓弧或圓型的平滑程度。

srt：字母旋轉的角度，不是使用角度而是使用文字描述。

tck：刻度線的長度將標記為較小的一小部分的寬度或高度的繪圖區域。tck = 1 完整繪製網格線；0 < tck < 1 繪製部分的網格線；tck=0 不繪製格線。

實例 ch19_9：使用四合一圖說明 tck 參數的使用。

```
> #繪製四合一圖說明tck參數
> par(mfrow=c(2,2))
> plot(1:10,tck=1,main="tck=1完整格線")
> plot(1:10,tck=0.6,main="tck=0.6長寬6成格線")
> plot(1:10,tck=0.2,main="tck=0.2長寬2成格線")
> plot(1:10,tck=0,main="tck=0無格線")
>
```

執行結果

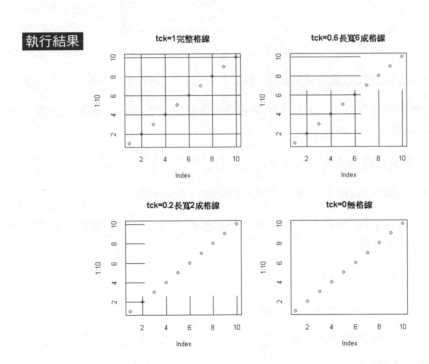

tcl：刻度標示線的長度為一小部分的文本列的高度。預設值是 -0.5，方向為向圖外。設置 tcl = 1 則長度為文字的全高度向圖內。

實例 ch19_10：使用四合一圖說明 tcl 參數的使用。

```
> #繪製四合一圖說明tcl參數
> par(mfrow=c(2,2))
> plot(1:10,tcl=-0.5,main="tcl=-0.5，標示線向外0.5字高")
> plot(1:10,tcl=-1,main="tcl=-1，標示線向外1字高")
> plot(1:10,tcl=0.5,main="tcl=0.5，標示線向內0.5字高")
> plot(1:10,tcl=1,main="tcl=1，標示線向內1字高")
>
```

執行結果

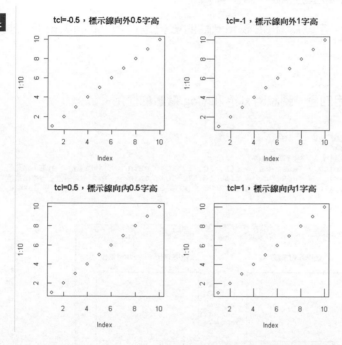

　　usr：數值向量 c(x1, x2, y1, y2) 給定使用者自行定義繪圖區域座標的極端值。當 log 函數應用到座標系統時，例如 :par(xlog=TRUE) 或 par(ylog=TRUE) 相對應的 x- 界線或者 y- 界線也會調整為 10 ^ par("usr")[1:2] 或 10 ^ par("usr")[3:4]。

　　xaxs：要用於 X 軸的軸間隔計算的樣式。可能的值為 "r"、"i"。樣式通常控制一系列的資料的範圍 (xlim)。風格 "r"(regular) 首先通過在每個末端的 4% 擴展資料區域，然後查找擴展範圍內適合最佳標籤與座標軸。風格 "i" (internal) 是查找原始資料範圍內適合最佳標籤與座標軸。

　　xaxt：指定 x 軸類型的字元。指定 "n" 取消繪製軸。標準值是 "s"，其他諸如 "l" 和 "t" 都可接受，除了 "n" 之外的任何值意味著要繪製 x 軸線。

xlog：邏輯值，若設為 TRUE 表示 x 軸的數值是以取 log 函數後的尺度，預設是 FALSE。

xpd：一個邏輯值或 na。如果為 FALSE，圖形被剪切貼到繪圖區域 (plot region)；如果為 TRUE，圖形剪切貼到圖區域 (figure region)；如果是 NA，圖形剪切貼到設備區域。

yaxs：要用於 y 軸的軸間隔計算的樣式。請參考 xaxs。

yaxt：指定 y 軸類型的字元。請參考 xaxt。

ylog：邏輯值，若設為 TRUE 表示 y 軸的數值是以取 log 函數後的尺度，預設是 FALSE。

實例 ch19_11：使用四合一圖說明 xlog 和 ylog 參數的使用。

```
> #繪製四合一圖說明
> x <- 1:10; y <- 1:10; ex <- 10^x; ey <- 10^y
> par(mfrow = c(2, 2))
> plot(cbind(x, y), main = "標準單位系統")
> plot(cbind(x, ey), ylog = TRUE, usr = c(1, 10, 1, 10), main = "x標準單位，ey取log單位")
> plot(cbind(ex, y), xlog = TRUE, usr = c(1, 10, 1, 10), main = "ex取log單位，y標準單位")
> plot(cbind(ex, ey), xlog = TRUE, ylog = TRUE, usr = c(1, 10, 1, 10), main = "ex與ey均取log單位")
>
```

執行結果

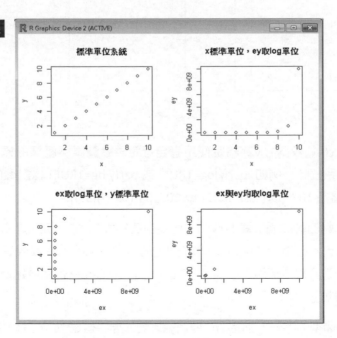

實例 ch19_12：繪圖各種參數的混合使用說明。

```
> #下留空1.2英吋，左留空1.5英吋，上留空1.5英吋，右留空0.5英吋
> par(mfcol=c(1,1),mai=c(1.2,1.5,1.5,0.5))
> plot(1:16,pch=1:16,cex=1+(1:16)/8,xlim=c(-6,16),xlab="")
> abline(h=1:16, lty=1:16, col=1:16,lwd=1+(1:16)/4)
> text(1:16,16:1,labels=as.character(16:1),font=1:8)
> legend(-6,16.5,legend=16:1,col=16:1,lty=16:1,lwd=seq(5,1.25, -0.25), cex=0.8,bty="o",bg="white")
> title(main="繪圖的各項主要參數參照 \n 留空(英吋)：下1.2 左1.5 上1.5 右0.5",sub="col:顏色 lty,lwd:線條種類
、寬度,legend:圖例")
>
```

執行結果

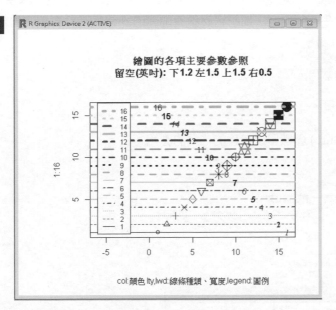

19-1-3　layout( ) 函數設定

　　此一組三個函數主要是用來設定較複雜，且不對稱的繪圖，layout( ) 函數的使用格式如下：

```
layout(mat, widths = rep.int(1, ncol(mat)),
     heights = rep.int(1, nrow(mat)), respect = FALSE)
layout.show(n = 1)
lcm(x)
```

　　mat：為一個矩陣，指定位置的下一個 N 矩陣物件的數位輸出裝置上。矩陣中的每個值必須是 0 或一個正整數。如果 N 是在矩陣中最大的正整數，然後整數 {1，...，N-1}

也必須出現至少一次在矩陣中。數字也可以重複，代表同一個圖，面積擴大。widths：為設備上的欄的寬度值的向量。相對寬度指定數位值。也可以使用 lcm( ) 函數來指定絕對寬度 (釐米)。

heights：為設備上的列的高度值的向量。相對高度指定數位值。也可以使用 lcm( ) 函數來指定絕對高度 (釐米)。

respect：邏輯值或一個矩陣物件；若為 TRUE 表示 x 軸與 y 軸所使用的長度單位一致；預設為 FALSE。如果是矩陣的話，那麼它必須與前面的 mat 矩陣具有相同的維度且矩陣中的每個值必須是 0 或 1。

n：繪圖圖形的數目。

x：表達釐米長度。

實例 ch19_13：layout( ) 函數呈現三種的佈局的應用。

```
> # 將圖分割成2*2四塊
> # 圖1與圖2繪製在第一列
> # 圖3重複兩次表示為同一圖在第2列
> layout(matrix(c(1,2,3,3), 2, 2, byrow = TRUE))
> #顯示此三圖的佈局
> layout.show(3)
>
```

執行結果

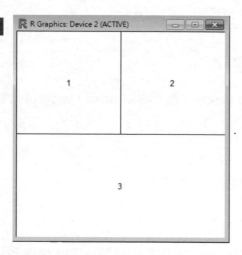

```
> # 將圖分割成2*2四塊
> # 圖1重複兩次表示為同一圖在第1列
> # 第二列0表示不繪圖，2要繪圖
> # x軸與y軸所使用的長度單位一致
```

```
> #列兩圖寬度比為1:3;行兩圖高度比為1:2
> nf <- layout(matrix(c(1,1,0,2), 2, 2, byrow = TRUE),widths=c(1,3) ,
heights= c(1,2),respect = TRUE)
> #顯示此三圖的佈局
> layout.show(nf)
>  .
```

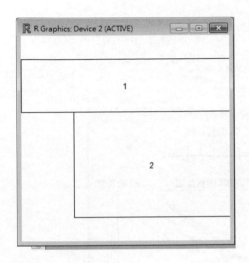

```
> ## 產生單一圖形長與寬，均為 5cm顯示出一個正方型
> nf <- layout(matrix(1), widths = lcm(5), heights = lcm(5))
> #顯示此圖的佈局
> layout.show(nf)
>
```

接下來我們以 MASS 套件內的 crabs 數據框內的 FL 與 CL 兩個變數來繪製相對應的散佈圖，並在此圖上方將所對應的 CL 變數繪製一張直方圖，同時在散佈圖的右方，也繪製相對應的 FL 箱型圖。

實例 ch19_14：繪圖區含有 3 張圖的應用。

```
> library(MASS) #載入R套件
> #設定繪圖的佈局；共繪出對應的三種圖形
> layout(matrix(c(2,0,1,3), 2, 2, byrow = TRUE),widths=c(3,1) , heights= c(1,3),
respect = TRUE)
> plot(crabs[,3:4],main="FL對CL的散佈圖")
> hist(crabs$CL,main="CL的直方圖")
> boxplot(crabs$FL,main="FL的箱型圖")
>
```

執行結果

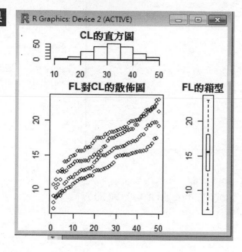

19-2　高階繪圖

我們在前一章常用的統計繪圖中已經講解並使用了許多的高階繪圖，例如 :plot、pie、pairs、qqnorm、qqplot、qqline、hist、dotchart、barplot 與 boxplot 等等。在此我們再列出其他相關的高階繪圖。

19-2-1　curve( ) 曲線繪圖

curve 主要是用來繪製給定函數的曲圖。

```
curve(expr, from = NULL, to = NULL, n = 101, add = FALSE,
    type = "l", xname = "x", xlab = xname, ylab = NULL,
    log = NULL, xlim = NULL, ...)
```

　　expr：函數名稱、表達式或者自訂函數名稱，能夠透過計算得到數值向量的 R 物件。

　　from、to：繪圖的起點與終點。

　　n：繪製的總共點數。

　　add：邏輯參數，若為 TRUE 將會繪製圖至已存在的圖內，若為 NA 將會繪製新圖，也會延續前次所規範的範圍與 log 參數等設置。

　　xname：字串給予所使用變數的座標名稱。但無法與表達式共同使用。

　　xlim、xlab、ylab、log, ...：x 界限、x 標籤、y 標籤、座標值 log 調整等前已敘述過。

實例 ch19_15：以下面四合一圖形來呈現 curve() 函數各項參數的使用方式。

```
> #繪製四合一圖
> par(mfcol=c(2,2))
> #自訂標準常態函數
> mynorm <- function(x){exp(-1/2*x^2)/sqrt(2*pi)}
> curve(sin,from=0, to= pi, n=100,xname="正弦")
> curve(x^2-2*x,0,  3, main="x^2-2*x")
> curve(mynorm, -3, 3, 300, xname="自訂常態")
> curve(exp(x+5),0, 10, log="y",sub="exp(x+5)，值經log調整")
>
```

執行結果

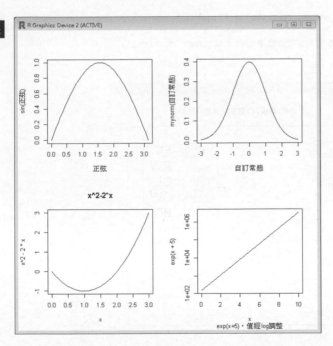

實例 ch19_16.R：使用 crabs 數據框的五個數值變數，在同一張圖內根據變數所計算出來的平均數 mu 與標準差 s 利用 curve 函數來繪製五組常態分配密度函數圖，在這裡我們使用到了參數 add=TRUE 就能夠在繪製好的曲線圖內繼續增加曲線。我們仍然使用到前面所提到的 legend 與 title 兩函數。

```
1   #
2   # 實例ch19_16.R
3   #
4   mynorm2 <- function(x,XX){
5      mu <- mean(XX)
6      s <- sd(XX)
7      exp(-1/2*(x-mu)^2)/sqrt(2*pi)/s
8   }
9   ch19_16 <- function ( ) {
10  #計算出crabs數據框的最小與最大值
11  min <- min(crabs[,4:8]); max <-max(crabs[,4:8])
12  #繪出第一個變數FL的常態分配密度函數圖
13  curve(mynorm2(x,crabs$FL),min, max,ylim=c(0,0.15),
14       lty=1,col=1,add=FALSE)
15  #在圖上持續加上RW,CL,CW BD等四個變數的常態分配密度函數圖
16  curve(mynorm2(x,crabs$RW),min, max,lty=2,col=2,add=TRUE)
17  curve(mynorm2(x,crabs$CL),min, max,lty=3,col=3,add=TRUE)
18  curve(mynorm2(x,crabs$CW),min, max,lty=4,col=4,add=TRUE)
19  curve(mynorm2(x,crabs$BD),min, max,lty=5,col=5,add=TRUE)
20  #加入圖例說明，以利比較了解
21  legend(35,0.15,legend=names(crabs)[4:8],col=1:5,lty=1:5,
22        cex=1)
23  title(main="crabs數據框5個數值變數的比較",sub="大小(mm)")
24  }
```

執行結果

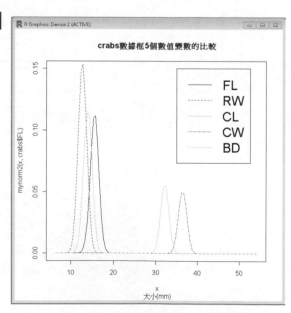

19-2-2　coplot( ) 繪圖函數

coplot( ) 是一種繪製條件式的散佈圖，在散佈圖中加入了第三個因子變數，可以很容易區分與比較因子之間的分布情形。

```
coplot(formula, data, given.values, panel = points, rows, columns,
    show.given = TRUE, col = par("fg"), pch = par("pch"),
    bar.bg = c(num = gray(0.8), fac = gray(0.95)),
    xlab = c(x.name, paste("Given :", a.name)),
    ylab = c(y.name, paste("Given :", b.name)),
    subscripts = FALSE,
    number = 6, xlim, ylim, ...)
```

formula：公式形式 y ~ x | b 指示 x 與 y 兩個變數對應於所給予的因子條件 b。公式形式 y ~ x | a*b 指示 x 與 y 兩個變數對應於所給予的兩個因子條件和 a 與 b。

data：所使用數據框的名稱，可以使得公式變得簡單。

given.values：使用串列將條件變數再加以條件篩選。

panel：一個函數 (x, y, col, pch, ...) 給要在每個面板的顯示進行的操作。

rows, columns：每一個面板的列數與欄數規劃。

show.given：邏輯值參數，表達所對應的因子變數是否顯示。

col、pch：繪圖使用的顏色與字母或符號。

bar、bg：向量內含兩種的元件 "num"(數值) 和 "fac"(因子) 用來給予條件變數的條塊背景顏色。

　　xlab, ylab, xlim, ylim:x 標籤、y 標籤、x 範圍、y 範圍

subscripts：邏輯值，若為 TRUE 則面板函數將給予第三個參數，給下標的資料傳遞到該面板。

number：當條件變數不為因子變數時，指定一個整數給予條件變數的分類數。

接下來我們以一因子條件、兩因子條件與再篩選來呈現 coplot 條件式散佈圖。

實例 **ch19_17**：使用 coplot( ) 函數執行單一因子條件散佈圖。

```
> #根據不同的sp與sex值產生一個一維因子變數
> crabs$ss <- as.factor(paste(crabs$sp, crabs$sex, sep="-"))
> #coplot單一條件因子散佈圖 vs ss
> coplot(CL~FL|ss,data=crabs,bar.bg=c(fac="red"))
> title("coplot單一條件因子散佈圖 vs ss")
>
```

執行結果

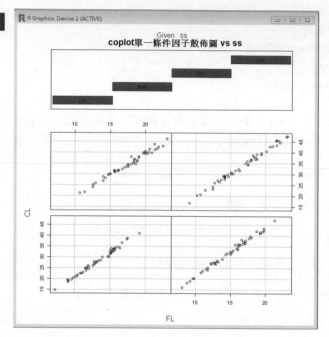

實例 **ch19_18**：使用 coplot( ) 函數執行兩因子條件散佈圖。

```
> #兩因子條件式散佈圖 vs sp*sex
> coplot(CL~FL|sp*sex,data=crabs, col=3, pch=21)
> title("coplot兩因子條件式散佈圖 vs sp*sex")
>
```

執行結果

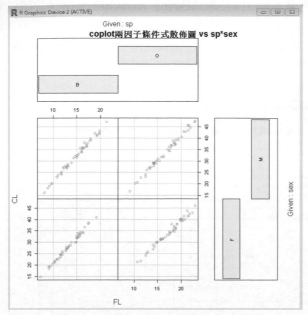

實例 ch19_19：使用 coplot( ) 函數執行再依 given.values 篩選之應用。

```
> # coplot條件式散佈圖 vs ss 再依given.values篩選
> coplot(CL~FL|ss,data=crabs, given.values=list(c("B-F","O-M","O-F")))
> title("coplot條件式散佈圖 vs ss 再依given.values篩選")
>
```

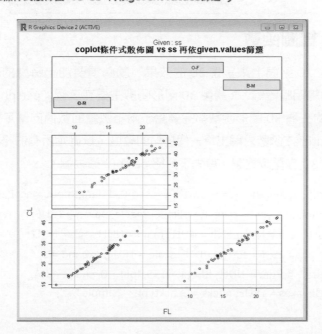

實例 ch19_20：另一個使用 coplot( ) 函數執行再依 given.values 篩選之應用。

```
> # coplot條件式散佈圖 vs sp*sex 再依given.values篩選
> coplot(CL~FL|sp*sex,data=crabs, given.values=list(c("B"),c("M","F")))
> title("coplot條件式散佈圖 vs sp*sex 再依given.values篩選")
>
```

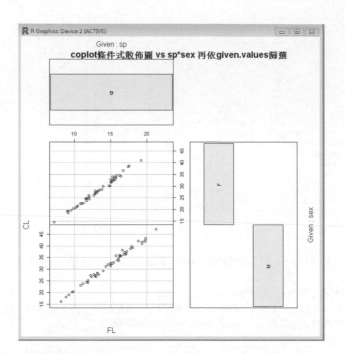

19-2-3　3D 繪圖函數

　　我們想要在 2D 平面上來呈現 3D 的效果，就必須要加上特殊的技巧，諸如：顏色、線條以及格線明暗等等。R 繪製 3D 圖形函數主要有三個：persp( )、contour( ) 與 image( )。所有的三種 3D 圖形函數都需要給予兩組數量的數值向量定義兩個方向上的格點，再使用 outer( ) 函數求解出每一個格點的高度，以確定所有的格點座標位置，才能夠進行正式的 3D 立體圖繪製。首先來介紹 persp( ) 透視圖。

persp(x = seq(0, 1, length.out = nrow(z)), y = seq(0, 1, length.out = ncol(z)),
　　z, xlim = range(x), ylim = range(y), zlim = range(z, na.rm = TRUE),
　　xlab = NULL, ylab = NULL, zlab = NULL, main = NULL, sub = NULL,
　　theta = 0, phi = 15, r = sqrt(3), d = 1, scale = TRUE, expand = 1,
　　col = "white", border = NULL, ltheta =-135, lphi = 0, shade = NA,
　　box = TRUE, axes = TRUE, nticks = 5, ticktype = "simple", ...)

x, y：x, y 兩方向細格排序好的數值向量。

z：z 為一個矩陣，欄數與 x 向量相同，列數與 y 向量相同。

xlim、ylim、zlim、xlab、ylab、zlab：x、y、z 三個方向的界線向量與字串標籤。

main、sub：主標題與下標題。

theta、phi：定義查看立體圖方向的角度與轉動的角度。

r：從中心繪製盒框至視點的距離。

d：一個值，可以用於不同強度的透視變換。d 大於 1 的值會減少的透視效果而 d 值小於 1 會誇大它。

scale：在查看之前的 x，y 和 z 座標的定義表面的點轉換到 [0，1] 區間。如果邏輯值為 TRUE 的 x，y 和 z 座標轉換各自分開。如果邏輯值為 FALSE 座標進行縮放時，會保留縱橫比。主要是方便用於資訊呈現。

expand：適用於 z 座標的擴充因素。經常用 0 < expand 數值 < 1 以便縮小 z 方向的格點在繪圖框中。

col：立體圖表面的顏色。

border：周圍的表面方面繪製的線條的顏色。預設值為 NULL，對應於 par("fg")。若為 NA 值將禁用繪圖邊框：這樣會有利於表面著色。

ltheta、lphi：如果指定 ltheta 和 lphi 為有限值，表面產生陰影，好像它正在從指定的方位 ltheta 和緯線 lphi 的方向照明。

shade：表面的格點的陰影計算為 $((1+d)/2)$ ^shade，其中 d 是於該方面的單位向量，在光源的方向的單位向量的點積。值接近 1 時類似於一個點光源模型；而 0 值產生沒有陰影。0.5 至 0.75 範圍中的值提供一個近似的日光照明。

box：應顯示定界框的表面。預設值為 TRUE。

axes：應將刻度和標籤添加到框中。預設值為 TRUE。如果邏輯值是 FALSE 則不繪製刻度或標籤。

ticktype：為字串 。若為 " simple " 則繪製箭頭平行於軸來指示方向的增加；若為 " detailed " 繪製按正常 2D 刻度。

nticks：刻度線在座標軸上繪製的大約數目。如果 ticktype 是 " simple " 則沒有任何作用。

接著我們介紹 contour( ) 等高線繪圖，與 persp( ) 相同的參數部分，我們就省略不再列出來了。

```
contour(x = seq(0,1,length.out= nrow(z)),y =seq(0,1,length.out= ncol(z)),
    z, nlevels = 10, levels = pretty(zlim, nlevels), labels = NULL,
    xlim = range(x, finite = TRUE), ylim = range(y, finite = TRUE),
    zlim = range(z, finite = TRUE), labcex = 0.6, drawlabels = TRUE,
    method = "flattest",vfont, axes = TRUE, frame.plot = axes,
    col = par("fg"), lty = par("lty"), lwd = par("lwd"), add = FALSE, ...)
```

nlevels, levels：等高線的數量，兩者擇一使用。

labels：標籤為輪廓線的向量。如果為 NULL，則水準作為標籤使用。

labcex：輪廓線標籤的絕對值。不同於相對值的 par("cex")。

drawlabels：邏輯 若為 TRUE 繪製輪廓標籤，FALSE 則不繪。

method：字元字串 ，以指定標籤繪在哪裡的。可能的值為指定會在哪裡標籤的字元字串。可能的值為 "simple", "edge" and "flattest"（預設值）。

vfontif：使用字型家族用於輪廓標籤。

axes、frame.plot：邏輯值，指示是否應繪製軸或框。

col、lty、 lwd：等高線的顏色、型式與線寬度。.

add：邏輯值，若 add = TRUE 表示增加繪圖至已經繪好的圖內。

第三個我們介紹image() 函數與 persp 相同的參數部分，我們就省略不再列出來了.

```
image(x, y, z, zlim, xlim, ylim, col = heat.colors(12),
    add = FALSE, xaxs = "i", yaxs = "i", xlab, ylab,
    breaks, oldstyle = FALSE, useRaster, ...)
```

col：顏色，如由 rainbow、 heat.colors、 topo.colors、 terrain.colors 或類似的函數生成的清單。

xaxs、yaxs：x 和 y 軸的形式。

breaks：一套代表顏色的按遞增順序有限數位中斷點：必須比使用到的顏色更多一個中斷點。若使用未排序的向量，會產生一個警告。

oldstyle：邏輯。如果為 TRUE 則中點的顏色均勻地間隔。預設設置是具有相等的長度限制之間的顏色間隔。

useRaster：邏輯。如果為 TRUE 則點陣圖光柵用於繪製多邊形圖像。

實例 ch19_21.R：以四合一的四個圖形套用以上三種 3D 繪圖配合使用相關的參數繪製出以下的立體圖。我們自己定義了雙變量常態變數的機率密度函數並選用兩者的標準差均為 1、平均數均為 0，相關係數參數 tho 為 0.5。

```
1  #
2  # 實例ch19_21.R
3  #
4  #bivariate normal pdf with tho=0.5
5  f <- function(x,y){
6    exp(-2/3*(x^2-x*y+y^2))/pi/sqrt(3)
7  }
8  ch19_21 <- function ( ){
9  x<-seq(-3,3,0.1); y <- x   #設定 x與y在-3與3倍標準差內
10 z <- outer(x,y,f)          #使用外積函數產生 z 值
11 #繪製2*2四合一圖 設定下左上右留空
12 par(mfrow=c(2,2),mai=c(0.3,0.2,0.3,0.2))
13 persp(x,y,z,main="透視圖") #透視圖(左上)；下一張圖調整角度與方向(右上)
14 persp(x,y,z,theta=60,phi=30,box=T,main="theta=60,phi=30,box=T")
15 contour(x,y,z,main="等高線圖") #等高線圖(左下)
16 image(x,y,z,main="色彩影像圖")   #色彩影像圖(右下)
17 }
```

執行結果

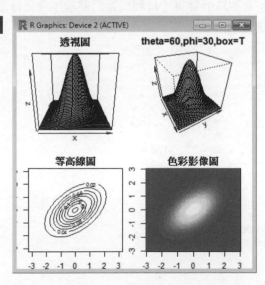

19-3 低階繪圖 - 附加圖形於已繪製完成的圖形

所謂的低階繪圖就是輔助高階函數，在已經繪製好的高階圖形中，再加入各種的點、線、說明文字與圖形等等。其實我們在前一章節已做過相當多的實例說明，下面我們就將這些低階繪圖函數加以補充範例說明。

19-3-1　points( ) 函數與 text( ) 函數

points( ) 函數是在已經繪製好的圖上加上點 (字母、符號)。而 text( ) 函數則是在選定的位置上加入說明文字。

points(x, y = NULL, type = "p", ...)

x,y：繪圖點的座標位置，也可以用兩個數值 n 向量表達 n 個座標點。

Type：使用字母表示會點的形式，預設是 "p" 代表點。

也可以使用繪圖參數例如：pch、col、bg、cex、lwd 等等。

實例 ch19_22.R：將 1 至 25 對應的符號及顏色以四倍正常大小的點繪製在 5*5 的格點上。我們使用了 plot() 與 grid() 兩個繪圖函數先將圖形的格點與線標繪出來，再以 for 迴圈的 try() 函數將 25 點依序繪製在 5*5 的格點上。try() 是用來包裝運行運算式，如果遇到了失敗或錯誤，可以允許使用者的代碼來處理錯誤恢復的函數。在此我們也使用了 %% 取餘數的計算與 %/% 整數除法的計算，以利於我們將座標點正確定位在 5*5 的矩陣格點上。程式範例及繪圖結果如下：

```
1  #
2  # 實例ch19_22.R
3  #
4  ch19_22 <- function ( )
5  {
6  #繪出六個不顯示的點不加入兩軸標題；兩軸的風格"i" (internal)
7  #是查找原始資料範圍內適合最佳標籤與座標軸
8    plot(c(0,6), c(0,6), type = "n", xlab = "", ylab = "",
9          xaxs = "i", yaxs = "i")
10 #繪出6*6 36個格點及線
11   grid(6, 6, lty = 1)
12   title("plot 25 points from 1 to 25")
13 #在相對位置上以25種符號與顏色；文字放大4倍
14   for(i in 0:24) try(points(1+i%%5, 1+i%/%5,
15                     pch = i+1,col=i+1,cex=4))
16 }
```

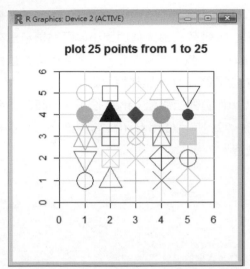

text( ) 函數與 points( ) 函數繪製的觀念是一致的，只是在所結定的座標位置上書寫說明文字而非單一字母或符號。

text(x, y = NULL, labels = seq_along(x), adj = NULL, pos = NULL,
      offset = 0.5, vfont = NULL, L, font = NULL, ...)

x,y：繪圖點的座標位置，也可以用兩個數值 n 向量表達 n 個座標點。

labels：說明文字，也可以配合前面 x, y 向量，做多個說明文字。

adj：數值在 [0, 1] 之間，表達說明文字的對齊方式。

pos：說明文字的位置，可以為 1、2、3 或 4，分別表示向下、向左、向上與向右對齊。使用 pos 將會使 adj 參數失效。

offset：pos 指定時，此值定義說明文字指定座標的位符寬度偏移量。

vfont：NULL 為使用當前的字型家族或長度為 2 的賀雪 (Hershey) 向量字型向量為；向量的第一個元素選擇一個字體，第二個元素選擇樣式。如果標籤是一個運算式將忽略。

另外如 col、cex 等參數都可以使用，定義已經在前面說明過。

實例 ch19_23：使用 MASS 套件的 crabs 數據框先繪製兩變數 FL 與 CL 的散佈圖後再使用 points() 與 text() 低階繪圖函數將 FL 變數的最大值與最小值兩點標示出來。在此我們使用了 which.max() 與 which.min() 兩函數，能夠將我們所需要的最大值與最小值的指標 (index) 找出來，以便於定位出該點的 x 與 y 座標標示該點，並代入 as.charecter() 函數將此指標轉換成為文字以供 text() 函數的標籤 (label) 使用。同時為了能將標籤文字與該標示的點能夠有所距離區隔，我們特別使用 text() 函數內的 offset 參數，或者自行在 x 座標上進行了位置偏移的調整。

```
1   #
2   # 實例ch19_23.R
3   #
4   ch19_23 <- function ( )
5   {
6       attach(crabs)                  #使用crabs數據框
7       FLmax.id <- which.max(FL) #找出FL最大值的位置
8       FLmin.id <- which.min(FL) #找出FL最小值的位置
9       oset <- 3                      #偏移量
10      plot(FL,CL)          #繪製FL VS CL的散佈圖
11      #繪製FL最大值的點, 在該點寫下說明文字
12      points(FL[FLmax.id],CL[FLmax.id],col=2,cex=2)
13      text(FL[FLmax.id]-oset,CL[FLmax.id],col=2,
14          label=as.character(FLmax.id),adj=0.5)
15      #繪製FL最小值的點, 在該點寫下說明文字
16      points(FL[FLmin.id],CL[FLmin.id],col=2,cex=2)
17      text(FL[FLmin.id],CL[FLmin.id],col=2,
18          label=as.character(FLmin.id),pos=2,offset=-oset)
19      text(min(FL)+oset,max(CL)-oset,label="標示出最大及最小的FL點")
20  }
```

執行結果

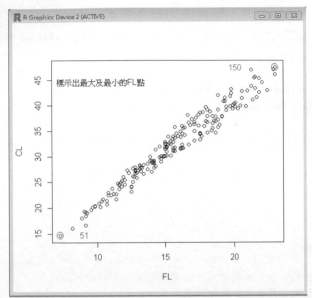

19-3-2　lines( )、arrows( ) 與 segments( ) 函數

　　lines( )、arrows( ) 與 segments( ) 都很相似，通常需要提供兩個點的座標 (x0, y0, x1, y1)，例如 segment( ) 及 arrows( ) 兩函數。而 lines( ) 函數需要提供的是兩個 2 向量作為線段的起點與終點。但是 arrows( ) 函數還需要再提供箭頭的角度與長度。現在先將 arrows( ) 函數語法與參數介紹如下：

arrows(x0, y0, x1 = x0, y1 = y0, length = 0.25, angle = 30, code = 2, col = par("fg"),
　　lty = par("lty"), lwd = par("lwd"), ...)

x0, y0：起點座標。

x1, y1：終點座標。

length：(以英寸為單位) 的箭頭頭邊的長度。

angle：從箭頭的軸到邊緣的箭頭頭部的角度。

code：1 代表箭頭在 (x0, y0)，2 代表箭頭在 (x1, y1)，3 代表兩端都有箭頭。

col、lty、lwd 等參數也都可以使用。

segments( ) 與 lines( ) 的語法，兩者使用的參數與 arrows( ) 均差不多。但是 segments( ) 給予的兩點座標是以四個數值參數，但是 lines( ) 則是以兩個 2 向量所提供，所以 lines( ) 所提供的方式與 arrows() 與 segments() 是不同的。

segments(x0, y0, x1, y1, col = par("fg"), lty = par("lty"), lwd = par("lwd"), …)
lines(x, y, col = par("fg"), lty = par("lty"), lwd = par("lwd"), …)

兩者所使用的參數也與 arrows( ) 對應相同，因此我們不在此贅述。

實例 ch19_24.R：lines( )、arrows( ) 與 segments( ) 函數的應用。

```
1   #
2   # 實例ch19_24.R
3   #
4   ch19_24 <- function ( )
5   {
6       #繪出六個不顯示的點不加入兩軸標題；兩軸的風格"i" (internal)
7       #是查找原始資料範圍內適合最佳標籤與座標軸。
8       plot(c(0,6), c(0,6), type = "n", xlab = "", ylab = "",
9           xaxs = "i", yaxs = "i")
10      #繪出6*6 36個格點及線
11      grid(6, 6, lty = 1)
12      #以lines函數繪製兩條線
13      lines(c(1,5),c(2,2),col=4,lwd=4)
14      lines(c(1,5),c(4,4),col=5,lwd=5)
15      #以segments函數繪製兩條線
16      segments(1,2,1,4,col=3,lwd=3)
17      segments(5,2,5,4,col=2,lwd=2)
18      #以向量提供x, y兩個4向量
19      x<-c(2,2,4,4); y <- c(1,5,1,5)
20      s <- seq(length(x) -1)
21      #繪製三段箭頭
22      arrows(x[1],y[1],x[2],y[2],col=1,
23          lwd=2, angle=30,code=1)
24      arrows(x[2],y[2],x[3],y[3],col=2,
25          lwd=4, angle=60,code=2)
26      arrows(x[3],y[3],x[4],y[4],col=3,
27          lwd=6, angle=90,code=3)
28      title("使用lines, segments與arrows \n 三函數來繪製線段")
29  }
```

執行結果

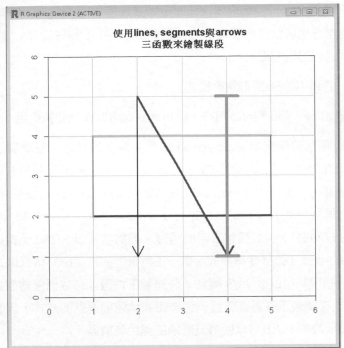

19-3-3　ploygon( ) 函數繪製多邊形

polygon( ) 函數可以將指定的一組座標點繪製成為一個封閉的多邊型，也可以讓我們來製作陰影。具體的程式語法與使用參數如下：

polygon(x, y = NULL, density = NULL, angle = 45, border = NULL, col = NA,
    lty = par("lty"), fillOddEven = FALSE)

x、y：一組數值向量定義多邊型的各個頂點。

density：每英吋陰影中的列數（密度）。預設值為 NULL 則意味著沒有網底線條的繪製，零值的密度意味著沒有陰影，而負值和 NA 抑制網底（因此允許顏色填充）。

angle：陰影線條的反時針角度。

col：多邊形的顏色填充。預設情況下 NA 是不做多邊形填充的除非指定了 density 參數。如果 density 參數指定正值則提供了網底線條的顏色。

border：邊界的顏色。預設情況下，Null 意味著要使用 par("fg")。使用邊框 = NA 省略邊界。相容性邊界也可以使用邏輯 ，在這種情況下 FALSE 是等於 NA（省略的邊界）和 TRUE 是等於 Null（使用前景顏色）。

fillOddEven：邏輯 控制多邊形陰影模式。

另外圖形參數如 lty、xpd、lend、ljoin 和 lmitre 均可以作為參數使用。

接下來我們以兩個範例來呈現 polygon() 繪製多邊型的應用。要繪製正六邊型或者是正五邊型可以在單位圓上找出其頂點，同時我們也可以利用它們的對稱性，使得點的計算可以得到簡化。正弦函數 sin() 與餘弦函數 cos() 都是使用的弧度 (radian)。一個完整的圓的弧度是 2π，所以 2π rad = 360°，1 π rad = 180°，1° =π/180 rad，1 rad = 180° /π（約 57.29577951°）。以度數表示的角度，把數字乘以 π/180 便轉換成弧度；以弧度表示的角度，乘以 180/π 便轉換成度數。正六邊型的六個頂點可以以 2π/6 得到，同理正五邊型的五個頂點可以以 2π/5 得到。在繪製正六邊型時我們僅繪製其邊線，因此選擇 density=0；在繪製正五邊型時我們選擇每次跳過隔壁點的方式，因此選擇填滿內部的時候，選擇預設的 NULL 可以使得五個角的顏色為填滿。

實例 ch19_25：繪製一個正六邊形的應用。

```
1   #
2   # 實例ch19_25.R
3   #
4   ch19_25 <- function ( )
5   {
6       #繪出2個不顯示的點不加入兩軸標題；兩軸的風格"i"
7       #定義兩座標軸資料的範圍。
8       plot(c(-1,-1), c(1,1), type = "n", xlab = "", ylab = "",
9           xaxs = "i", yaxs = "i",xlim=c(-1.2,1.2),ylim=c(-1.2,1.2))
10      co30=sqrt(3)/2;  #計算 cos(30度)另外 sin(30度)= 1/2
11      #定義出正六邊形的六個點x與y座標
12      x<-c(co30, 0, -co30, -co30,  0, co30)
13      y<-c(0.5 , 1,   0.5,  -0.5, -1, -0.5)
14      polygon(x,y,col=2 ,density=0)
15      title("繪製一個正六邊形")
16  }
```

執行結果

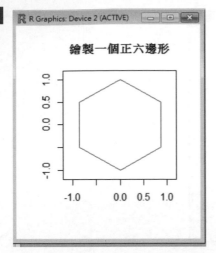

實例 ch19_26.R：繪製一個正五角星形的應用。

```
1   #
2   # 實例ch19_26.R
3   #
4   ch19_26 <- function ( )
5   {
6     #繪出2個不顯示的點不加入兩軸標題；兩軸的風格"i"
7     #定義兩座標軸資料的範圍。
8     plot(c(-1,-1), c(1,1), type = "n", xlab = "", ylab = "",
9         xaxs = "i", yaxs = "i",xlim=c(-1.2,1.2),ylim=c(-1.2,1.2))
10    #定義出正5邊形的5個點x與y座標
11    x1=cos(4*pi/5);y1=sin(4*pi/5);x2=cos(2*pi/5); y2=sin(2*pi/5)
12    x<-c(cos(0), x1, x2, x2,  x1)  #安排頂點時依序跳過隔壁點
13    y<-c(sin(0), y1, -y2, y2, -y1) #安排頂點時依序跳過隔壁點
14    #polygon(x,y,col=2,density=0) #如此僅繪製五角星型的五條線
15    polygon(x,y,col=4,density=NULL)  #可以繪製內部五角型與五個角
16    title("繪製一個正五角星形")
17  }
```

執行結果

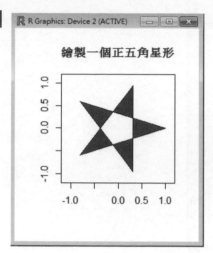

上圖是筆者在 Windows 作業系統的執行結果，但在 Mac 系統執行同樣程式筆者獲得了下列結果。

□□□□□□□□□

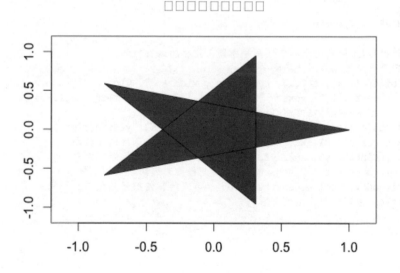

上圖的小空白框是因為 Mac 系統繪圖設備仍不支援 RStudio 的中文所造成，但在繪圖本身，卻有一個正五角形內部實心的不同結果，所以使用上要小心。

實例 ch19_27：自行建立陰影的函數來讓我們快速繪製常態分配陰影的面積；也就是常態分配機率的圖形表達。

　　本函數將啟始點 x0、終點點 xn 與過程需要的點數 np 設為提供參數，並設定其預設 。透過 dnorm 函數我們可以在 -3.5 至 3.5 之間使用 curve() 函數繪製出常態密度函數，也能夠計算出各個過程點的密度 。最後再繪製一條水平參考線與使用 polygon() 多邊型繪圖函數選用陰影 density=500(每英吋 500 條高密度)，與垂直的線填滿，就能夠順利完成此面積繪圖的功能。

```
1    #
2    # 實例ch19_27.R
3    #
4    ch19_27 <- function (x0=-3, xn=3, np=100 )
5    {
6       #給與標準常態分配pdf、起點、終點、過程點個數，就能繪製
7       inc=(xn-x0)/np   # 根據過程點數計算出 增量
8       mid.p=seq(x0, xn, by=inc)
9       x.allp= c(x0, mid.p      ,xn)   #多加入x首尾兩點座標
10      y.allp= c( 0, dnorm(mid.p), 0) #多加入y首尾兩點座標均為0
11      curve(dnorm,-3.5,3.5) #常態分配取-3.5至3.5之間
12      abline(h=0)   #繪製y=0的水平線
13      polygon(x.allp,y.allp,density=500, angle=90)
14      title(paste("常態分配在x0=",x0,"\n 與xn=",xn,"間的面積"))
15   }
```

執行結果

　　實際代入各個參數，我們提供四種情況，並繪製在一 圖形內，可以相互之間做比較。程式及結果如下：

```
> res.par <-par(no.readonly=TRUE) #保留par參數
> #預計繪製四個圖，可以比較參考
> par(mfrow=c(2,2), mai=c(0.3,0,0.4,0.1))
> ch19_27() #所有參數均為預設
> ch19_27(x0=-2,xn=2, np=50) #提供所有參數
> ch19_27(xn=1.3) #提供部分參數
> ch19_27(x0=-2.5,np=6) #6點的多邊形較不平滑
> par(res.par) #恢復原始的par設定
>
```

執行結果

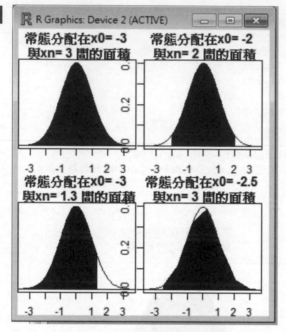

19-3-4　abline( ) 直線、legend( ) 圖例、title( ) 抬頭與 axis( )

title( ) 函數主要是用來標示抬頭與副標題文字，抬頭也就是主標題預設是放在圖形的上端，而副標題 (下標題) 則是置於圖形的下端。

title(main = NULL, sub = NULL, xlab = NULL, ylab = NULL,
　　line = NA, outer = FALSE, ...)

main：主標題位置在頂部；字體和大小可使用 par("font.main") 來設定；顏色設定使用 par("col.main")。

sub：副標題位置在底部；字體和大小可使用 par("font.sub") 來設定；顏色設定使用 par("col.sub")。

xlab、ylab：x 與 y 軸座標標籤；字體和大小可使用 par("font.lab") 來設定；顏色設定使用 par("col.lab")。

line：數值 k 指定列的值將重寫預設位置的標籤，並將它們放繪圖區 k 列邊緣外。

outer：一個邏輯值。如果為 TRUE，則主標題放在繪圖區的外側頁邊距。

axis( ) 則是在圖形上另外加上座標軸，讓讀者能夠清楚掌握圖形的位置。

axis(side, at = NULL, labels = TRUE, tick = TRUE, line = NA, pos = NA,
　　outer = FALSE, font = NA, lty = "solid", lwd = 1, lwd.ticks = lwd,
　　col =NULL, col.ticks = NULL, hadj = NA, padj = NA, ...)

side：一個整數 ，指定在哪一側繪製軸。位置如下所示 =1 為在下端；=2 為在左側；=3 為在上端；=4 為在右側。

at：在要繪製的刻度線標誌點。infinite，NaN 或 NA 等值被省略。預設情況下為 Null 計算刻度線位置。

labels：這可以是一個邏輯值 TRUE，指定是否應在刻度線標示數值標籤也可以是文字標籤標示在刻度線上；若是 FALSE 則不在刻度線上標示任何標籤。

tick：一個邏輯值，指定是否應繪製刻度線和軸的線。

line：數值表示將繪製軸線在 k 列到邊緣。

pos：非 NA　表示軸線是要繪製的座標。

outer：邏輯值，該值指示是否應繪製軸線在邊界外，而不是標準的位置。

font：文字的字體與大小。

lty：軸線和刻度線類型。

lwd、lwd.ticks：為座標軸線和刻度線的線寬。零或負值將不繪製軸線或刻度。

col、col.ticks：軸線和刻度線標記的顏色。

hadj：調整所有標籤的閱讀方向都平行。

padj：對於每個刻度線標籤垂直於閱讀方向的調整。對於標籤平行於軸，padj = 0 意味著向右或向上對齊； padj = 1 為向左或向下對齊。這可以給定單一值或者也可以是一個重覆巡迴使用的向量。

實例 ch19_28.R：下面我們先以 plot( ) 函數繪製簡單的四個點，但不加上座標軸，接著在圖形的右端、上端加上特定的標籤。在接著使用 pos 參數分別在特定位置的下方及左方增加繪製選定顏色的座標軸。

```
1   #
2   # 實例ch19_28.R
3   #
4   ch19_28 <- function ( )
5   {
6       plot(1:4,axes=FALSE)#僅繪圖不標示軸線
7       #在圖的右端加上中文標籤
8       axis(4,at=1:4,labels=c("一","二","三","四"))
9       #在圖的上端加上英文字標籤
10      axis(3,at=1:4,
11          labels=c("one","two","three","four"))
12      #在(2,1)的位置上，下方繪製給定顏色的水平座標軸
13      axis(1,pos=c(2,1),col=2,col.ticks=3)
14      #在(1.5,1)的位置上，左方繪製給定顏色的垂直座標軸
15      axis(2,pos=c(1.5,1),col=4,col.ticks=5)
16  }
```

執行結果

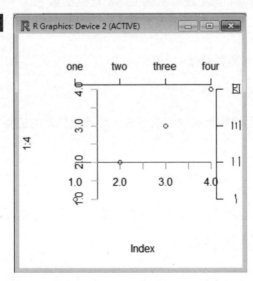

我們已經在之前使用 title( ) 函數多次,在此就不多作範例了。abline( ) 函數也是低階函數的一種,主要是用來繪製水平線,垂直線,或者是斜線的繪圖函數,筆者在 18-2-2-5 節已做過介紹,它的完整指令使用格式如下:

abline(a = NULL, b = NULL, h = NULL, v = NULL, reg = NULL,
    coef = NULL, untf = FALSE, ...)

a, b:a 為直線的截距,b 為直線的斜率。

untf:為一個邏輯值。如果是 TRUE 且一個或兩個軸是經過對數轉換,則會對應於原始座標系統繪製曲線;若為 FALSE 僅以轉換後的座標系統繪製線條。

h:提供水平線的位置;h=2 代表繪製 y=2 的水平線。

v:提供垂直線的位置;v=2 代表繪製 x=2 的垂直線。

coef:數值 2 向量提供截距與斜率。

reg:提供迴歸線物件的截距與斜率。

abline() 函數共有四種型式可以繪製直線;第一種型式是明定 a 為截距 b 為斜率;第二種型式 h 或 v 繪製水平或者垂直線條於指定座標處;第三種型式 **coef 給予一個係數** 2 向量表達截距和斜率;第四種型式 reg 是提供迴歸係數方法的物件,這時僅提供向量的長度為 1 則值採取通過原點直線的斜率,通常是提供長度為 2 的向量表達迴歸線的截距與斜率。

實例 ch19_29:下面的範例我們使用 library(MASS) 與 attach(crabs) 兩個函數後,利用 crabs 數據框的兩個變數 FL 與 CL 來繪製出散佈圖後,分別在 CL 的最大 、最小值與平均數繪製水平線,並在 FL 的平均數處繪製一條垂直線。並利用 R 內建的 lm( ) 迴歸模型函數求取出結果,再以模型的截距與斜率來繪製一條迴歸線,最後再標示抬頭和在適當的位置利用 paste( ) 函數寫下得到的迴歸方程式。

```
> library(MASS)                #載入MASS套件
Warning message:
package 'MASS' was built under R version 3.2.2
> attach(crabs)               #使用crabs數據框
> plot(FL,CL)         #繪製FL VS CL的散佈圖
> #在CL最大值、最小值的點與平均數處,分別繪製水平線
> abline(h=CL[which.max(FL)],col=2)
> abline(h=CL[which.min(FL)],col=2)
```

```
> abline(h=mean(CL),col=2)          #在CL平均數處
> abline(v=mean(FL),col=3,lwd=3)  #在FL平均數處 垂直線
> lm1 <- lm(CL~FL, data=crabs) #迴歸模型結果
> coef<-round(lm1$coef,2);coef    #迴歸模型的系數 結果呈現
(Intercept)           FL
      1.04          1.99
> abline(lm1,col=4) #使用迴歸係數(截距與斜率)繪圖
> title("abline example")
> #在適當的位置寫下迴歸結果方程式
> text(mean(FL),mean(CL)+5,col=6, cex=1.5,label=paste("y=",coef[1],"+",coef[2]
,"x"))
>
```

執行結果

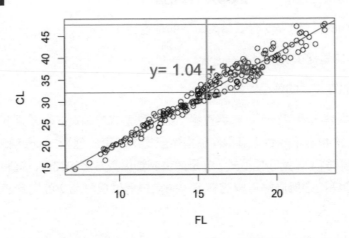

　　legend( ) 函數是在已繪製的圖內加入一塊圖例說明區，這一塊說明區內也可以想像是一個內部完整的小繪圖。所以可以使用到前面所提到的諸多繪圖參數。

```
legend(x, y = NULL, legend, fill = NULL, col = par("col"),
border = "black", lty, lwd, pch, angle = 45, density = NULL,
bty = "o", bg = par("bg"), box.lwd = par("lwd"),
box.lty = par("lty"), box.col = par("fg"), pt.bg = NA, cex = 1,
pt.cex = cex, pt.lwd = lwd, xjust = 0, yjust = 1, x.intersp = 1,
y.intersp = 1, adj = c(0, 0.5), text.width = NULL, text.col =
par("col"),text.font = NULL, merge = do.lines && has.pch,
trace = FALSE,plot = TRUE, ncol = 1, horiz = FALSE, title = NULL,
inset = 0,xpd, title.col = text.col, title.adj = 0.5,seg.len = 2)
```

x, y：圖例左上角的參考座標。

legend：說明的文字向量，後面的 col、lty、lwd、pch 則是對應的設定此說明文字的顏色、線型式、線寬度與文字或符號。

fill：圖例區內填滿的顏色。

Border：圖例區邊框的顏色，只有在 fill 參數被設定後才有用。

density：正整數表示陰影線條的密度；NULL、負數值或 NA 表示是填滿顏色。angle 則表示陰影線條的角度。

bty：圖例區邊框的型式；box.lty 圖例區邊框線條的型式；box.lwd 圖例區邊框線條的寬度；box.col 圖例區邊框線條的顏色。；

bg：圖例區內的背景顏色。

pt.bg：圖例內點的背景顏色；pt.cex 為圖例內點的縮放比例；pt.lwd 為圖例內點的線寬度。

cex：圖例說明文字的縮放比例。

xjust , yjust：水平或垂直方向的對齊方式；值為 0 表示左對齊，0.5 表示為中心，1 表示右對齊；x.intersp, y.intersp 為說明文字水平或垂直方向間隔。

adj：為數值向量，長度可以為 1 或 2。若長度為 1 代表水平方向圖例說明文字的對齊方式；若長度為 2，除了水平調整外也對垂直方向做對齊，主要是用於使用了數學表達式作說明文字時的使用。

text.width：圖例文字的寬度；text.col 為圖例文字的顏色；text.font 為圖例文字的字型。

merge：為邏輯值，預設是 TRUE 會同時呈現點與線合併的說明。

trace：為邏輯值，預設是 FALSE；若改為 TRUE，繪製圖例的計算過程數值列印出來，以供參考。

plot：為邏輯值，預設是 TRUE 會繪製圖例；若改為 FALSE 則不會繪製出圖例，而將圖例的主要參數傳回，以供後續參考使用。

ncol：圖例說明使用的欄數，預設是 1 且是逐列一一列舉。

oriz：為一個邏輯值，若為 TRUE 則說明是逐欄一一列舉，此設定會致使 ncol 失去作用。

title：提供抬頭在圖例區的上方。title.col 為抬頭的顏色。title.adj 為抬頭的對齊方式；title.cex 為圖例抬頭文字的縮放比例。

inset：圖例距邊界插入的距離。

xpd：提供圖例剪貼方式的參數。

seg.len：圖例說明線段的長度。

我們已經使用在實例 ch19_12 以及實例 ch19_16 中，在此就不再加以重複範例了。

19-4 互動式繪圖

當我們繪製了散佈圖後想要選取某些圖形上的特定點或對這些點加上特別的標示時，R 提供了兩個很好的繪圖互動訊息函數，locator( ) 與 identify( )。locator( ) 函數會傳遞回選取的特定點的座標 ，而 identify( ) 函數則會傳回這些特定點的指標數值。在互動執行時也可以按下滑鼠右鍵暫停或結束繼續執行。

我們首先來介紹 locator( ) 函數：當首要的滑鼠按鍵 (第一個、通常就是左鍵) 被按下時，將讀取並傳回圖形點游標的位置。

locator(n = 512, type = "n", ...)

n：限制最多選取的點數，預設是 512 個。

type：可供選擇的有 "n"、"p"、"l" 或 "o"。選擇 "p" 或 "o" 會再繪製點；如果選擇 "l" 或 "o" 還會加入了線。

identify( ) 函數不是傳回圖形上的座標 而是傳回該點的指標 ，以利於後續進一步的使用。

identify(x, y = NULL, labels = seq_along(x), pos = FALSE, n = length(x),
    plot = TRUE, atpen = FALSE, offset = 0.5, tolerance = 0.25, ...)

x, y：散佈圖中點的座標。另外，任何物件的定義座標，例如：散佈圖、時間序列圖等均可以給作為 x，y。

labels：選取點的標籤為一組向量。會被 as.character 強制使用為字串，過長標籤的部分將被丟棄並送出警告。

pos：如果 pos 為 TRUE，則將元件添加到返回的值，該值指示繪製標籤相對於每個確定的點的距離。

n：最多選取的點數。

plot：是一個邏輯 。如果是 TRUE、標籤會列印選取點附近；如為 FALSE 標籤將會被省略。

atpen：是一個邏輯 。如果為 TRUE 且 plot = TRUE，左下角的標籤繪製在按一下而不是相對於點的點。

offset：從標籤至選取點的距離以字元寬度為單位。允許使用負值。但是當 atpen = TRUE 將無法使用。

tolerance：游標足夠接近選取點的最大距離以英寸為單位。

實例 ch19_30：我們在圖上繪製 8 個點，其中第 4 個與第 8 個點較與其他點不相一致，因此我們可以使用 locator( ) 函數，選用 n=2，並使用滑鼠游標選取上述兩點即可探知此兩點的約略座標。接下來我們再以 identify( ) 函數取選取特定 3 點的指標 。

```
> #定義一組八個點的x與y座標值
> x<- c(1:3,8,4:6,2); y <- 1:8
> plot(x,y,xlim=c(0,9),ylim=c(0,9))#8個點的散佈圖
> title("locator函數的應用",col.main="blue")
> #在圖形上以"X"標示選定2個特定點查看該點的座標值
> locator(n=2, type="p",pch="X",col=2)
$x
[1] 0.8915021 5.0631760

$y
[1] 0.9582868 5.8782090

> #使用identify找出3個特定點排序後的指標值
> title(sub="identify函數的應用",col.sub="red")
> s.p=identify(x,y,n=3,label=y, offset=1)
> s.p
[1] 2 3 7
>
```

執行結果
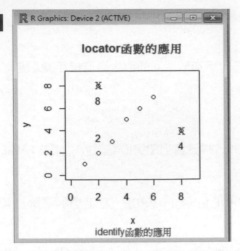

實例 ch19_31：延續上述實例，我們可以將 identify() 函數所選取的三個點，用前面所提過的 text( ) 函數將它們標示在圖形上。

```
> #使用text函數去標示所選取的3點座標
> text(x[s.p[1]],y[s.p[1]],pos=4,offset=0.5,col=6,
+ label=paste("(",x[s.p[1]],"  ,  ",y[s.p[1]],")"))
> text(x[s.p[2]],y[s.p[2]],pos=2,offset=0.5,col=6,
+ label=paste("(",x[s.p[2]],"  ,  ",y[s.p[2]],")"))
> text(x[s.p[3]],y[s.p[3]],pos=4,offset=0.5,col=6,
+ label=paste("(",x[s.p[3]],"  ,  ",y[s.p[3]],")"))
>
```

執行結果
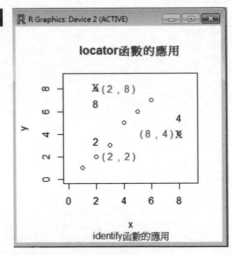

習題

一：是非題

( ) 1： R 語言內建了許多的繪圖工具函數以供參考使用，我們可以先使用 demo(graphics) 或者 demo(image) 兩個指令來參考 R 所提供的繪圖示範。

( ) 2： 低階繪圖 (Low-level Plotting Functions) 是用在一個已經繪製好的圖形上加上其他的圖形元素，例如加上說明文字、直線或點等等。

( ) 3： 低階繪圖 (Low-level Plotting Functions) 是用在建立一個新的圖形，常用的各種統計繪圖，基本上都是屬於低階繪圖。

( ) 4： 互動式繪圖 (Interactive Graphics Functions): 允許使用者以互動的方式使用其他的設備，例如滑鼠，在一個已經存在的圖形上加入繪圖相關資訊。例如 :points( ) 以及 text( ) 兩函數都是屬於互動式繪圖。

( ) 5： 我們可以使用 dev.new( ) 函數來打開一個新的繪圖設備；而使用 dev.off(x) 來關閉指定的繪圖設備。

( ) 6： 我們可以使用 graphics.off( ) 來關閉某一個指定的繪圖設備。

( ) 7： mfrow 參數設置不需要透過 par( ) 來設置，是可以作為高階或者低階繪圖中函數參數的設置使用。

( ) 8： 我們可以使用 square( ) 低階繪圖函數來繪製四邊形。

( ) 9： abline( ) 低階繪圖函數可以用來繪製水平或者垂直線條於指定座標處。

( )10： curve( ) 以及 coplot( ) 兩函數均是屬於高階繪圖函數。

二：選擇題

( ) 1： 以下那個函數可以用來來關閉某一個指定的繪圖設備？
A：dev.quit( )　　B：dev.down( )　　C：graphics.off( )　　D：dev.off( )

( ) 2： 以下那個函數是屬於互動式繪圖 (Interactive Graphics Functions)？
A：identify( )　　B：text( )　　C：plot( )　　D：pairs( )

( ) 3： 以下那個函數是屬於低階繪圖 (Low-level Plotting Functions)？
A：identify( )　　B：text( )　　C：plot( )　　D：pairs( )

(　) 4： 以下那個函數不屬於高階繪圖 (High-level Plotting Functions)？

　　A：identify( )　　　B：hist( )　　　　　C：plot( )　　　　　D：pairs( )

(　) 5： 以下的繪圖結果是由哪一組指令所獲得的？

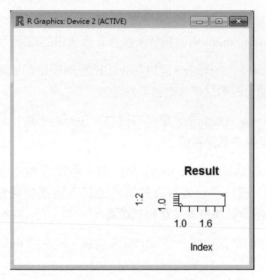

A：
```
> par(fig=c(0.5, 1, 0, 0.5))
> plot(1:2,main="Result")
```

B：
```
> plot(1:2,main="Result")
```

C：
```
> par(mai=(0.5, 1, 0, 0.5))
> plot(1:2,main="Result")
```

D：
```
> par(mfrow=c(1,2))
> plot(1:2,main="Result")
```

( )6： 如果我們要以下列 R 的群組程式產生如下兩個繪圖的佈局，矩陣 x 應該事先
被定義為何？

```
> nf <- layout(x,widths=c(1,1) ,
+ heights= c(1,1),respect = TRUE)
> layout.show(nf)
```

A： > x <- matrix(c(1, 1, 0, 2), 2, 2,byrow=TRUE)

B： > x <- matrix(c(1, 1, 2, 2), 2, 2,byrow=TRUE)

C： > x <- matrix(c(1, 0, 2, 0), 2, 2,byrow=TRUE)

D： > x <- matrix(c(1, 2, 1, 2), 2, 2,byrow=TRUE)

(　　) 7： 如果我們要使用 plot( ) 函數產生如下垂直軸經過 log( ) 函數轉換的繪圖，正確的 R 指令會是哪一個？

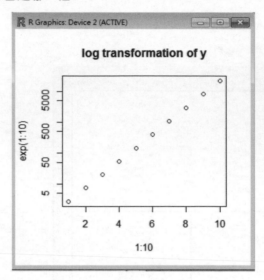

A：
```
> plot(x=1:10,y=exp(1:10),log="y",
+ main="log transformation of y")
```

B：
```
> plot(x=1:10,y=exp(1:10),log="x",
+ main="log transformation of y")
```

C：
```
> plot(x=1:10,y=exp(1:10),
+ main="log transformation of y")
```

D：
```
> plot(x=1:10,y=exp(1:10), ylog=TRUE,
+ main="log transformation of y")
```

(　　) 8： 以下那個函數不是 R 繪製 3D 圖形函數？

A：persp ( )　　　　B：contour ( )　　　　C：image ( )　　　　D：3Dplot ( )

(　　) 9： 低階繪圖 arrow( ) 函數的參數 code 設定為何者時可以在兩個端點都繪製箭頭？

A：1　　　　　　　　B：2　　　　　　　　C：3　　　　　　　　D：4

(　　)10： 低階繪圖 polygon( ) 函數使用何種參數來設定每一英吋內陰影的線條數？

A：density　　　　　B：lty　　　　　　　C：col　　　　　　　D：lines

( )11：以下那個函數可以用來產生 Normal Distribution 的隨機數？

A：dnorm( )　　　　B：pnrom( )　　　C：qnorm( )　　　D：rnorm( )

( )12：在 R 中，那個函數可以繪製以下的箱形圖？

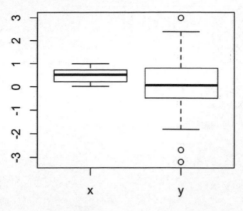

A：hist( )　　　　B：plot( )　　　C：lines( )　　　D：boxplot( )

( )13：何組 R 指令會產生以下圖型？

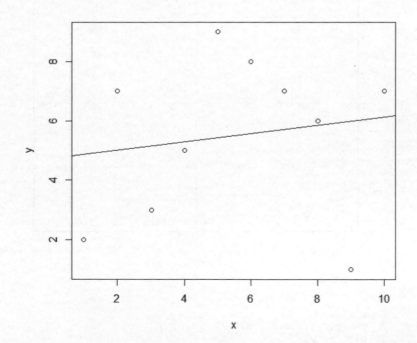

A：
```
1 x=1:10
2 y=c(2,7,3,5,9,8,7,6,1,7)
3 plot(x, y)
4 line(1:10)
```

B：
```
1 x=1:10
2 y=c(2,7,3,5,9,8,7,6,1,7)
3 plot(x, y)
4 line(x, y)
```

C：
```
1 x=1:10
2 y=c(2,7,3,5,9,8,7,6,1,7)
3 plot(x, y)
4 line(lm(y~x))
```

D：
```
x=1:10
y=c(2,7,3,5,9,8,7,6,1,7)
plot(x, y)
abline(lm(y~x))
```

(　)14：何組 R 指令會產生以下圖型？

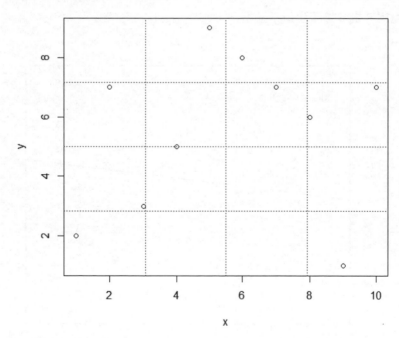

A：
```
1 x=1:10
2 y=c(2,7,3,5,9,8,7,6,1,7)
3 plot(x, y)
4 grid(nx=4,ny=4, col = "red")
```

```
    1  x=1:10
B:  2  y=c(2,7,3,5,9,8,7,6,1,7)
    3  plot(x, y)
    4  lines(nx=4,ny=4, col = "red")
```

```
    1  x=1:10
C:  2  y=c(2,7,3,5,9,8,7,6,1,7)
    3  plot(x, y)
    4  points(nx=4,ny=4, col = "red")
```

```
    1  x=1:10
D:  2  y=c(2,7,3,5,9,8,7,6,1,7)
    3  plot(x, y)
    4  grids(nx=4,ny=4, col = "red")
```

(   )15：何組 R 指令會產生以下圖型？

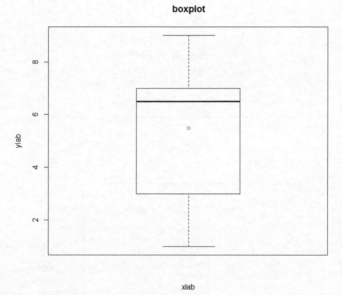

```
A:  1  boxplot(y)
    2  title(main="boxplot",xlab="xlab",ylab="ylab")
```

```
    1  boxplot(y)
B:  2  title(main="boxplot",x_lab="xlab",y_lab="ylab")
    3  points(mean(y),col="red")
```

```
    1  boxplot(y)
C:  2  title(main="boxplot",xlab="xlab",ylab="ylab")
    3  points(mean(y),col="red")
```

```
D:  1  boxplot(y)
    2  title(main="boxplot",x_lab="xlab",y_lab="ylab")
```

(　)16：以下 R 指令執行後的最後結果為何？

```
1  boxplot(y)
2  title(main="boxplot",x_lab="xlab",y_lab="ylab")
3  points(mean(y),col="red")
```

A：
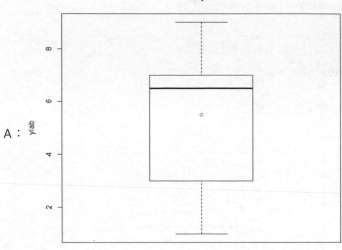

B：
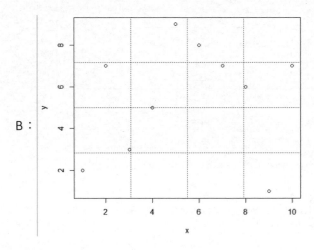

C：

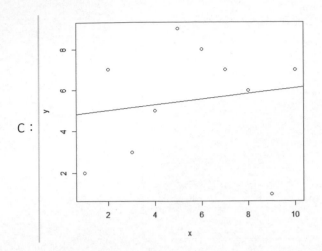

D：出現 warning 訊息

( )17： 欲將箱型圖圖檔輸出成 pdf 格式的 R 指令為何？

A：

```
pdf("e:/aaa.pdf")
boxplot(x)
dev.off( )
```

B：

```
boxplot(x)
pdf("e:/aaa.pdf")
dev.off( )
```

C：

```
plot(x)
pdf("e:/aaa.pdf")
dev.off( )
```

D：

```
box(x)
pdf("e:/aaa.pdf")
dev.off( )
```

( )18： 以下圖型 R 指令可能為？

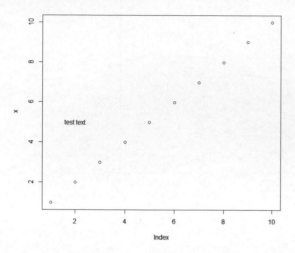

A：

    plot(x)
    texts(2, 5, "test text")

B：

    plot(x)
    point(2, 5, "test text")

C：

    text(2, 5, "test text")
    plot(x)

D：

    plot(x)
    text(2, 5, "test text")

(   )19： 以下圖型 R 指令可能為？

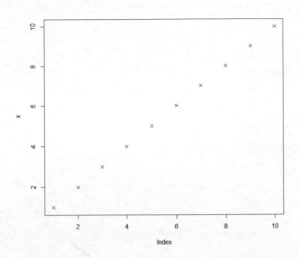

A：plot(x, pch = 4)   B：plot(x, col = 4)
C：plot(x, cel = 4)   D：plot(x, lab = 4)

(   )20： 以下圖型 R 指令可能為？

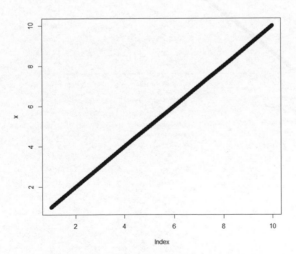

A：

```
plot(x)
lines(x, lty = 10)
```

B：

　　plot(x)

　　points(x, lwd = 10)

C：

　　plot(x)

　　lines(x, lwd = 10)

D：

　　plot(x)

(　　)21：以下 R 指令結果為？

```
> x <- 1:10
> plot(x)
> lines(x, lwd=10)
```

A：

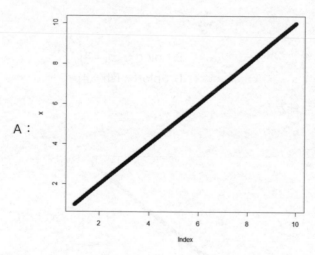

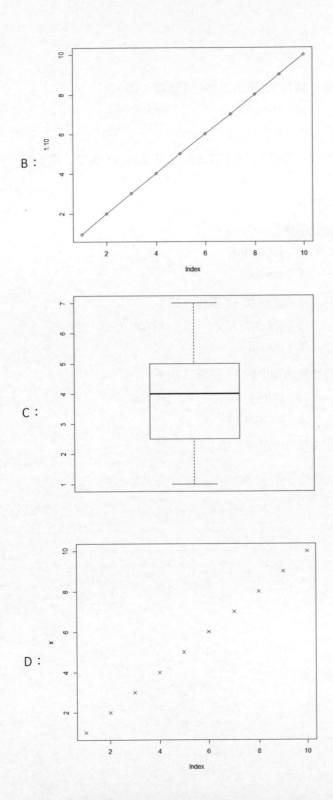

三：複選題

(　) 1： 以下那些函數是 R 繪製 3D 圖形函數？ (選擇 3 項)

    A：persp ( )　　　　　B：contour ( )　　　C：image ( )

    D：hist ( )　　　　　E：curve( )

(　) 2： 以下 abline() 低階繪圖函數哪些參數設定是正確的？ (選擇 3 項)

    A：coef=c(1, 2)　　B：a=3, b=2　　　C：h=4

    D：slope=3, intercept=2　　　　E：s=2, i=3

(　) 3： 以下哪些是屬於低階繪圖函數？ (選擇 3 項)

    A：abline( )　　　　B：legend( )　　　C：axis( )

    D：curve( )　　　　E：persp( )

(　) 4： 以下哪些是屬於高階繪圖函數？ (選擇 3 項)

    A：barplot( )　　　B：legend( )　　　C：coplot( )

    D：curve( )　　　　E：persp( )

(　) 5： 以下哪些是屬於低階繪圖函數？ (選擇 3 項)

    A：segment( )　　　B：title( )　　　　C：points( )

    D：image( )　　　　E：contour( )

(　) 6： 以下 R 指令何者有錯？ (選擇 3 項)

    A：

```
text(2, 5, "test text")
plot(x)
```

    B：

```
plot(x)
lines(x, lty = 10)
```

    C：

```
plot(x)
texts(2, 5, "test text")
```

D：

```
plot(x)
line(2,5,"test text")
```

E：

```
plot(x)
text(2, 5,"test text")
```

( ) 7： 以下 R 指令何者有錯？（選擇 3 項）

A：

```
doc("e:/aaa.doc ")
boxplot(x)
dev.off( )
```

B：

```
bmp("e:/aaa.bmp ")
boxplot(x)
dev.off( )
```

C：

```
pdf("e:/aaa.pdf ")
boxplot(x)
dev.off( )
```

D：box(x)

E：

```
bmp("e:/aaa.bmp")
boxplots(x)
dev.off( )
```

( ) 8： 以下那些 R 指令結果相同？（選擇 2 項）

A：

```
plot(x, pch = 2)
```

B：

```
plot(x, type = "n")
points(x, pch = 2)
```

C：points(x, pch = 2)

D：

```
plot(x,type="n")
point(x, pch=2)
```

E：plot(x, type = 2)

四：實作題

1： 如果我們要產生如下 2 個繪圖的佈局，應該如何使用 layout( ) 函數來達成？

　　HINT: 使用 3 圖寬度比為 1:4:1; 行 3 圖高度比為 5:1:5。

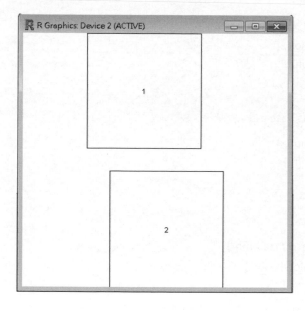

2: 繪製一個正七角星形如下圖所示:

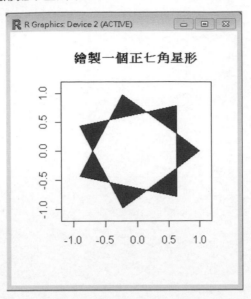

3: 使用 layout( ) 或者是 par( ) 函數並使用 MASS 套件中的數據框 crabs 的兩個變數 FL 與 CL 繪製以下的三合一圖形。

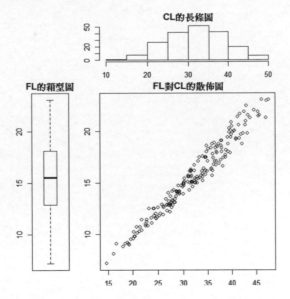

附錄 A

下載和安裝 R

本書筆者將分別介紹在 Windows 和 Mac OS 下安裝 R 語言。

A-1 下載 R 語言

首先請進入下列網站，下載 R。

www.r-project.org

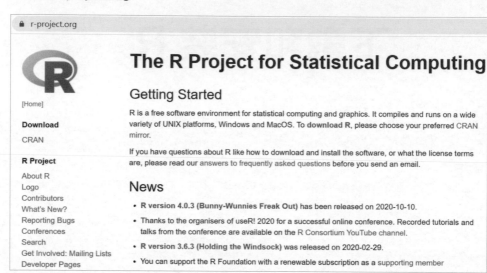

在上圖可以看到 CRAN mirror 字串。CRAN 的全名是 Comprehensive R Archive Network。在這裡你可以看到 R 的可執行檔，原始程式碼以及許多說明文件，同時在此也收錄了許多開發者撰寫的軟體套件。由於 R 語言已是全球最熱門的免費軟體，如果只有一處可下載，必造成塞車與全球使用者的不便，因此，就有了 CRAN 鏡像 (mirror) 網站的產生，目前全球有超過 100 個 CRAN 鏡像 (mirror) 網站，你可以選擇自己最近的 CRAN 鏡像 (mirror) 網站下載 R 軟件。

此例，不論是點選 download R 字串或 CRAN mirror 皆可看到，此例筆者想連線進入台灣大學的 R 鏡像網站。

Taiwan
　　https://cran.csie.ntu.edu.tw/　　　　　　　　　　National Taiwan University, Taipei
Thailand

筆者選擇如下：

- <u>Download R for Linux</u>
- <u>Download R for (Mac) OS X</u>
- <u>Download R for Windows</u>

接著看到下列畫面：

```
                    R for Windows

Binaries for base distribution. This is what you want to install R for the first time.
Binaries of contributed CRAN packages (for R >= 2.13.x; managed by Uwe Ligges). There is also
information on third party software available for CRAN Windows services and corresponding environment
and make variables.
```

點選 install R for the first time 字串後，可以看到下列畫面。

```
                    R-4.0.3 for Windows (32/64 bit)

Download R 4.0.3 for Windows (85 megabytes, 32/64 bit)

Installation and other instructions
New features in this version
```

下載完成後可以看到下列畫面。

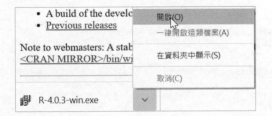

上述點選開啟即可安裝 R 語言。

A-2 下載與安裝 RStudio

RStudio 是 R 的整合視窗環境，如果你想要使用這個視窗整合環境啟用 R，可以到下列網頁。

此例筆者點選 DWWNLOAD。

請參考上圖點選。

上述點選開啟即可安裝 Rstudio。

附錄 B

使用 R 的補充說明

B-1 獲得系統內建的數據集

R 軟體本身就已經提供給我們豐富的資料資源,也就是它內建的數據集,其中大約包含了近百個數據集。例如在第九章我們就使用過內建數據集 state.name。我們可以使用 data( ) 函數得到系統內建數據集的名稱及內容概述。

```
> data(package="datasets")    #查看內建的所有數據集
>
```

執行結果

```
Data sets in package 'datasets':

AirPassengers           Monthly Airline Passenger Numbers 1949-1960
BJsales                 Sales Data with Leading Indicator
BJsales.lead (BJsales)  Sales Data with Leading Indicator
BOD                     Biochemical Oxygen Demand
CO2                     Carbon Dioxide Uptake in Grass Plants
ChickWeight             Weight versus age of chicks on different diets
DNase                   Elisa assay of DNase
EuStockMarkets          Daily Closing Prices of Major European Stock
                        Indices, 1991-1998
Formaldehyde            Determination of Formaldehyde
HairEyeColor            Hair and Eye Color of Statistics Students
Harman23.cor            Harman Example 2.3
Harman74.cor            Harman Example 7.4
Indometh                Pharmacokinetics of Indomethacin
InsectSprays            Effectiveness of Insect Sprays
JohnsonJohnson          Quarterly Earnings per Johnson & Johnson Share
LakeHuron               Level of Lake Huron 1875-1972
LifeCycleSavings        Intercountry Life-Cycle Savings Data
```

除了上述的內建數據集外,R 中還有其他可以使用的套件所附帶的數據集。可以使用 data() 指令來獲得所有 R 數據集的列表。

```
> data(package = .packages(all.available = TRUE)) #查看所有可用的數據集
Warning messages:
1: In data(package = .packages(all.available = TRUE)) :
   datasets have been moved from package 'base' to package 'datasets'
2: In data(package = .packages(all.available = TRUE)) :
   datasets have been moved from package 'stats' to package 'datasets'
```

下列是執行結果。

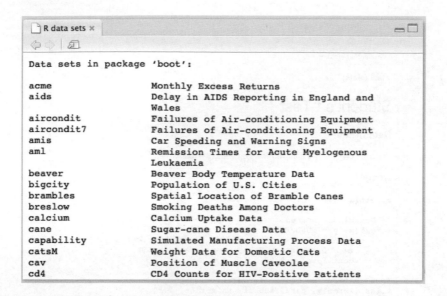

B-2 看到陌生的函數

在使用 R 語言看別人所寫的程式時，如果碰上陌生的函數，一律可用下列方式尋求協助。

help(函數名稱)

或

? 函數名稱

```
> help("t.test")
> ?t.test
>
```

可立刻在 RStudio 視窗右下方的視窗看到函數功能解說，特別是幾乎每個函數的參數都有非常詳細的功能解說。

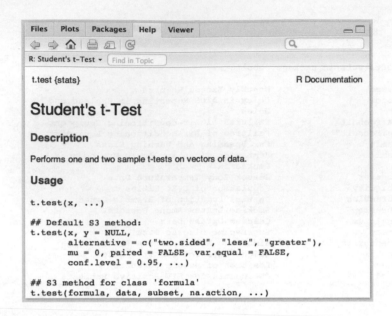

B-3　看到陌生的物件

基本上有幾個方法瞭解它。

1：　和瞭解陌生函數一樣使用 help( ) 函數，例如，下列是用 help( ) 函數瞭解物件 Titanic 的實例。

```
> help(Titanic)
>
```

可以得到下列解說。

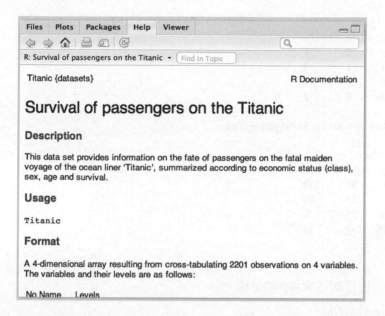

2： 直接輸入它的名稱，若擔心資料量太長，可以增加 head( ) 函數只列出 6 筆資料輔
助。

```
> Titanic
, , Age = Child, Survived = No

       Sex
Class  Male Female
  1st     0      0
  2nd     0      0
  3rd    35     17
  Crew    0      0

, , Age = Adult, Survived = No

       Sex
Class  Male Female
  1st   118      4
  2nd   154     13
  3rd   387     89
  Crew  670      3

, , Age = Child, Survived = Yes
```

```
        Sex
Class  Male Female
  1st     5      1
  2nd    11     13
  3rd    13     14
 Crew     0      0

, , Age = Adult, Survived = Yes

        Sex
Class  Male Female
  1st    57    140
  2nd    14     80
  3rd    75     76
 Crew   192     20

>
```

3：　輸入 str( ) 函數了解物件的結構。

```
> str(Titanic)
 table [1:4, 1:2, 1:2, 1:2] 0 0 35 0 0 0 17 0 118 154 ...
 - attr(*, "dimnames")=List of 4
  ..$ Class   : chr [1:4] "1st" "2nd" "3rd" "Crew"
  ..$ Sex     : chr [1:2] "Male" "Female"
  ..$ Age     : chr [1:2] "Child" "Adult"
  ..$ Survived: chr [1:2] "No" "Yes"
>
```

4：　輸入 class( ) 函數瞭解物件類別。

```
> class(Titanic)
[1] "table"
>
```

B-4　認識 CRAN

CRAN 是 Comprehensive R Archive Network 的縮寫，網址如下：

http://cran.r-project.org

這是遍佈全球的服務器，每個服務器其實只是一個鏡像 (Mirror)，你可以依自己所在位置，尋找最近的鏡像站下載相關資料，在這裡我們可以找到 R 下載區，R 原始碼，R 手冊和擴展包。

B-5　尋找擴展包

　　R 系統有幾千種擴展包，要想整個瀏覽不容易，但有一些熱心的專家已將一些常用的擴展包整理，並建立一個列表，稱 CRAN Task Views，我們可以在下列網址找到。

http://cran.r-project.org/web/views

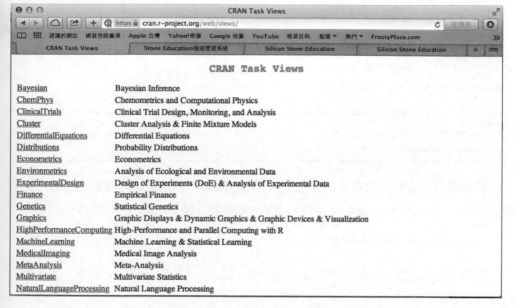

　　上述列出各類主題的擴展包，你可以點選進入瞭解更多訊息。

B-6　安裝與載入擴展包

　　如果在先前畫面再往下捲動視窗，可以看到安裝與載入擴展包的方式。

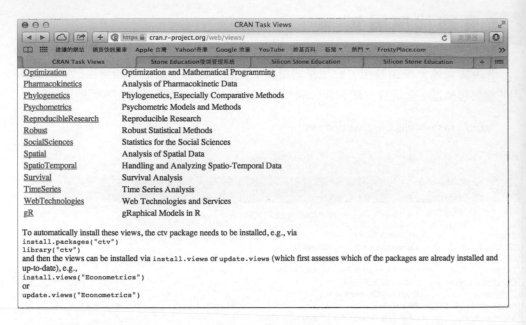

　　安裝與載入擴展包方式在前面各章內容已有說明，在此筆者再度重複說明。安裝擴展包可使用 install.packages( ) 函數。例如，如果想安裝 "lattice" 可以使用下列指令。

　　install.packages("lattice")

　　擴展包安裝完成後，可以使用 library( ) 或 require( ) 函數下載到 R 系統，這 2 個函數使用觀念如下：

　　library( )：如果成功，不傳回訊息。如果失敗，傳回 FALSE。

　　require( )：如果成功，傳回 TRUE。如果失敗，傳回 FALSE。

　　R 文件推薦使用 library( ) 函數。例如想下載 "lattice" 可以使用下列指令。

　　library(lattice)

B-7　閱讀擴展包的內容

　　有 2 個方法可以閱讀擴展包的輔助說明，下列舉擴展包 lattice 為例。

方法 1：輸入下列指令。

```
> library(help="lattice")
> 
```

可以得到下列結果。

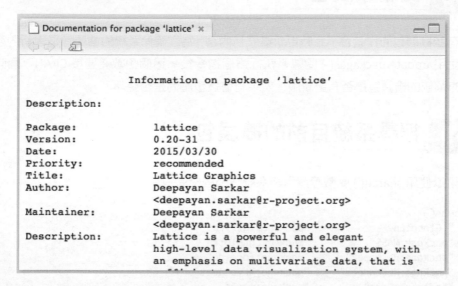

方法 2：

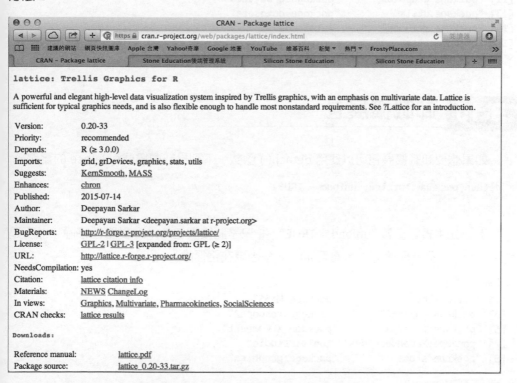

上述 Reference manual 欄位，可以下載 lattice.pdf 文件。

B-8　更新擴展包

有些擴展包的作者會不定時更新擴展包內容，為了確保系統的擴展包是最新內容，可以使用 update.packages( ) 函數。執行這個指令後，這個函數將連接 CRAN，同時檢查你的系統的擴展包是否有更新版，如果有會逐步詢問是否更新。

B-9　搜尋系統目前的擴展包

可以使用 search( ) 函數瞭解目前系統有那些擴展包。

```
> search()
 [1] ".GlobalEnv"          "package:lattice"
 [3] "package:MASS"        "package:ggplot2"
 [5] "package:reshape2"    "package:foreign"
 [7] "package:XLConnect"   "package:XLConnectJars"
 [9] "tools:rstudio"       "package:stats"
[11] "package:graphics"    "package:grDevices"
[13] "package:utils"       "package:datasets"
[15] "package:methods"     "Autoloads"
[17] "package:base"
>
```

B-10　卸載擴展包

如果想要卸載擴展包可以使用 detach( ) 函數，下列是卸載擴展包 lattice 的實例。

```
> detach(package:lattice, unload = TRUE)
>
```

上述如果省略參數 "unload = TRUE"，R 只是將擴展包 lattice 從路徑移除，並不是真正卸載，下列是驗證結果，看看 lattice 是否還在路徑中。

```
> search( )
 [1] ".GlobalEnv"          "package:MASS"
 [3] "package:ggplot2"     "package:reshape2"
 [5] "package:foreign"     "package:XLConnect"
 [7] "package:XLConnectJars" "tools:rstudio"
 [9] "package:stats"       "package:graphics"

[11] "package:grDevices"   "package:utils"
[13] "package:datasets"    "package:methods"
[15] "Autoloads"           "package:base"
>
```

可以發現 lattice 擴展包已經不在，表示被卸載了。

B-11　R-Forge

儘管是開放軟體，但不是所有的包皆可放在 CRAN 的，新開發的包還是需要先被認可，但在被認可之前，R-Forge 開發和管理人員會將這些包放在下列 R-Forge 網站上：

http://r-forge.r-project.org/

如果想安裝上述包，例如：myR，可以用下列方式：

install.packages("myR", repos="http://R-Forge-R-project.org")

附錄 C

本書習題解答

第 1 章：基本觀念

一：是非題

1：O　2：X　3：X　4：O

二：選擇題

1：C　2：A　3：B

三：複選題

1：ABC

第 2 章：第一次使用 R

一：是非題

1：X　2：O　3：X　4：O　5：O

二：選擇題

1：C　2：A　3：C　4：D　5：A　6：B

三：複選題

1：BD

第 3 章：R 的基本算數運算

一：是非題

1：O　2：O　3：O　4：O　5：X　6：O　7：X　8：X　9：O
10：O

二：選擇題

1：D　2：C　3：C　4：B　5：A　6：C　7：B

三：複選題

1：BD

第 4 章：向量對象運算

一：是非題

1：X　　2：X　　3：X　　4：O　　5：X　　6：X　　7：O　　8：O　　9：O

10：X　　11：O　　12：X　　13：X　　14：O　　15：X　　16：O　　17：X

二：選擇題

1：D　　2：C　　3：A　　4：B　　5：A　　6：C　　7：D　　8：C　　9：A

10：B　　11：B　　12：A　　13：A　　14：D　　15：A　　16：B　　17：C

三：複選題

1：BC　　2：ABD

第 5 章：處理矩陣與更高維資料

一：是非題

1：X　　2：X　　3：O　　4：O　　5：X　　6：X　　7：O　　8：O　　9：X

10：O　　11：O

二：選擇題

1：B　　2：B　　3：A　　4：C　　5：B　　6：A　　7：D　　8：C　　9：A

10：B　　11：A　　12：C　　13：D　　14：A

三：複選題

1：ACD　2：AD

第 6 章：因數 factor

一：是非題

1：X　　2：O　　3：O　　4：X

二：選擇題

1：B　　2：A　　3：D　　4：C　　5：B　　6：B　　7：D　　8：C

三：複選題

1：ABD

第 7 章：數據框 Data Frame

一：是非題

1：X　　2：X　　3：O　　4：X　　5：O　　6：X　　7：O

二：選擇題

1：D　　2：D　　3：B　　4：B　　5：A　　6：C　　7：C

三：複選題

1：BCE

第 8 章：串列

一：是非題

1：O　　2：O　　3：O　　4：X　　5：X　　6：X　　7：O　　8：X9：O

二：選擇題

1：D　　2：D　　3：C　　4：A　　5：D　　6：D　　7：C　　8：B

三：複選題

1：AD

第 9 章：進階字串的處理

一：是非題

1：X　　2：O　　3：O　　4：X　　5：X　　6：X　　7：O　　8：X

二：選擇題

1：C　　2：D　　3：A　　4：B　　5：C　　6：B　　7：C　　8：B

三：複選題

1：CD

第 10 章：日期和時間的處理

一：是非題

1：O　　2：X　　3：X　　4：O　　5：X

二：選擇題

1：D　　2：C　　3：D　　4：B　　5：C　　6：B

三：複選題

1：AB

第 11 章：撰寫自己的函數

一：是非題

1：O　　2：X　　3：O　　4：O　　5：X　　6：O　　7：O　　8：O

二：選擇題

1：B　　2：A　　3：D　　4：B　　5：A　　6：D　　7：B

三：複選題

1：CD

第 12 章：程式的流程控制

一：是非題

1：O　　2：X　　3：O　　4：X　　5：O　　6：X　　7：O　　8：X

二：選擇題

1：B　　2：B　　3：B　　4：C　　5：D　　6：B　　7：D　　8：D　　9：A

三：複選題

1：ABC

第 13 章：認識 apply 家族

一：是非題

1：O　　2：O　　3：X

二：選擇題

1：A　　2：D　　3：C　　4：D　　5：B　　6：A　　7：B　　8：A　　9　　：D

三：複選題

1：AD

第 14 章：輸入與輸出

一：是非題

1：X　　2：O　　3：X　　4：O　　5：O　　6：X

二：選擇題

1：C　　2：A　　3：D　　4：D　　5：C　　6：A　　7：C　　8：D

三：複選題

1：BC　　2：CD

第 15 章：數據分析與處理

一：是非題

1：O　　2：X　　3：X　　4：O　　5：X　　6：O　　7：X　　8：O　　9：O
10：O　　11：O

二：選擇題

1：C　　2：A　　3：D　　4：A　　5：C　　6：A　　7：C　　8：B

三：複選題

1：AD　　2：BC

第 16 章：數據彙總與簡單圖表製作

一：是非題

1：X　　2：X　　3：X　　4：O　　5：O　　6：O　　7：O　　8：X　　9：O

10：O

二：選擇題

1：D　　2：C　　3：C　　4：B　　5：A　　6：C　　7：B　　8：B　　9：C

10：C

三：複選題

1：BD　　2：DE

第 17 章：常態分配

一：是非題

1：O　　2：X　　3：O　　4：O　　5：X　　6：X　　7：X

二：選擇題

1：A　　2：A　　3：A　　4：B　　5：C　　6：D　　7：B

10：C

三：複選題

1：ABC　2：ABC

第 18 章：數據彙總與簡單圖表製作

一：是非題

1：O　　2：X　　3：O　　4：X　　5：O　　6：O　　7：X　　8：O　　9：X

10：O　　11：O　　12：X　　13：O　　14：O

二：選擇題

1：C　　2：A　　3：D　　4：D　　5：D　　6：C　　7：D　　8：B　　9：B

10：B　　11：C

三：複選題

1：BC　　2：ADE

第 19 章：再談 R 繪圖功能

一：是非題

1：O　　2：O　　3：X　　4：X　　5：O　　6：X　　7：X　　8：X　　9：O
10：O

二：選擇題

1：D　　2：A　　3：B　　4：A　　5：A　　6：A　　7：A　　8：D　　9：C
10：A　　11：D　　12：D　　13：D　　14：A　　15：C　　16：D　　17：A　　18：D
19：A　　20：C　　21：A

三：複選題

1：ABC　2：ABC　3：ABC　4：ACD　5：ABC　6：ACD　7：ADE　8：AB

附錄 D

函數索引表

附錄 D　函數索引表

Note

Note

Note

Note

Note

Note

Note

Note